U0128948

AutoCAD 学习进阶系列

AutoCAD 2009 中文版室内设计实例教程

三维书屋工作室

胡仁喜 刘昌丽 熊慧 等编著

机械工业出版社

本书主要讲解的是使用 AutoCAD 2009 中文版对室内设计图进行绘制的各种方法和技巧。全书共 10 章，其中，第 1 章介绍了 AutoCAD2009 绘图的基本知识；第 2 章对室内设计图形的基本绘制进行简单介绍；第 3 章主要介绍了图形绘制中的文本、图表与尺寸标注等相关知识；第 4 章是针对室内设计中主要家具设施绘制的讲解；第 5 章介绍了模块化绘图的知识；第 6 章是室内设计制图的准备知识；第 7～9 章分别对写字楼、酒店、卡拉 OK 歌舞厅室内设计图的绘制进行了详细讲解；第 10 章对别墅的室内设计进行综合讲解。本书的实例均为实际设计中的实例，具有很高的使用价值。

本书适合于 AutoCAD 软件的初、中级读者，也适用于室内设计绘图的相关人员。随书多媒体教学光盘包含所有实例的源文件和实例制作过程配音的多媒体动画，可以帮助读者形象直观地理解和学习本书。

图书在版编目(CIP)数据

AutoCAD 2009 中文版室内设计实例教程/胡仁喜等编著. —2 版. —北京：机械工业出版社，2009.1
(AutoCAD 学习进阶系列)
ISBN 978-7-111-25946-6

Ⅰ. A… Ⅱ. 胡… Ⅲ. 室内设计：计算机辅助设计—应用软件，AutoCAD 2009—教材 Ⅳ. TU238-39

中国版本图书馆 CIP 数据核字(2008)第 208262 号

机械工业出版社(北京市百万庄大街 22 号 邮政编码 100037)
责任编辑：曲彩云 责任印制：李妍
北京蓝海印刷有限公司印刷
2009 年 1 月第 2 版第 1 次印刷
184mm×260mm · 19 印张 · 466 千字
0001— 5000 册
标准书号：ISBN 978-7-111-25946-6
ISBN 978-7-89482-945-0(光盘)
定价：35.00 元 (含 DVD)

凡购本书，如有缺页、倒页、脱页，由本社发行部调换
销售服务热线电话：(010) 68326294
购书热线电话：(010) 88379639 88379641 88379643
编辑热线电话：(010) 68351729
封面无防伪标均为盗版

前　言

AutoCAD 是 Autodesk 公司开发的计算机辅助设计软件，在世界范围内最早开发，也是用户群最庞大的 CAD 软件。目前，国内各种 CAD 软件也如雨后春笋般不断涌现，尽管这些后起之秀在不同的方面有很多卓越的功能，但是 AutoCAD 以其开放性的平台和简单易行的操作方法深受工程设计人员喜爱，在历经多年的市场风雨考验与网络信息技术的飞速发展后，其功能不断完善，现已覆盖机械、建筑、服装、电子、气象、地理等各个领域，在全球建立起牢固的用户网络。

在这 20 多年的发展中，AutoCAD 相继进行了 21 次升级，每次升级都带来一次功能的大幅提升。近几年来，随着电子和网络技术的飞速发展，AutoCAD 也加快了更新的步伐，继 2007 年推出 AutoCAD2008 后，在 2008 年又以大手笔方式进入人们的视野，推出了功能更加强大的 AutoCAD2009 及其中文版。本书主要介绍的是 AutoCAD2009 在室内装潢设计行业里的具体应用。

本书介绍了绘制室内设计图的各种方法和技巧。全书共分 10 章，其中第 1 章介绍 AutoCAD2009 的基本知识；第 2 章对室内设计图形的基本绘制进行简单介绍；第 3 章主要介绍了图形绘制中的文本、图表与尺寸标注等相关知识；第 4 章是针对室内设计中主要家具设施绘制的讲解；第 5 章介绍了模块化绘图的知识；第 6 章是室内设计制图的准备知识；第 7～10 章则分别对写字楼、酒店、卡拉 OK 歌舞厅及别墅的室内设计图的绘制进行了详细讲解。书中各章之间紧密联系，前后呼应形成一个整体。

本书由浅入深地介绍了 AutoCAD 2009 中文版绘制室内设计图的各个功能，还提供了作者多年积累的各种不同的设计图例。为了方便广大读者更加形象直观地学习此书，随书配送多媒体光盘，包含全书实例操作过程作者配音录屏 AVI 文件和实例源文件。

本书主要读者对象是初、中级用户以及对室内绘图比较了解的设计人员，旨在帮助读者用较短的时间快速熟练掌握使用 AutoCAD 2009 中文版绘制室内装潢及设施的各种应用技巧，并提高室内设计制图质量。

本书主要由胡仁喜、刘昌丽和熊慧编写，参加编写的还有张日晶、王渊峰、康士廷、王艳池、赵黎、王兵学、陈丽芹、王玉秋、王佩楷、阳平华、李瑞、董伟、王培合、周冰、王敏、王义发、袁涛和张俊生等。书中主要内容来自于作者几年来使用 AutoCAD 的经验总结，也有部分内容取自于国内实际设计图样。考虑到室内设计绘图的复杂性，所以对书中的理论讲解和实例引导都作了一些适当的简化处理，尽量做到深入浅出，抛砖引玉。

虽然作者几易其稿，但由于时间仓促，加之水平有限，书中不足之处在所难免，望广大读者登录www.bjsanweishuwu.com或联系 win760520@126.com批评指正，作者将不胜感激。

目 录

第1章 AutoCAD 2009 入门

本章导读：

在本章中，我们开始循序渐进地学习 AutoCAD 2009 绘图的有关基本知识。了解如何设置图形的系统参数、样板图，熟悉建立新的图形文件、打开已有文件的方法等。为后面进入系统学习准备必要的前提知识。

1.1 设置绘图环境

1.1.1 绘图单位设置

【执行方式】

命令行：DDUNITS（或 UNITS）

菜单：格式→单位

【操作格式】

执行上述命令后，系统打开“图形单位”对话框，如图 1-1 所示。该对话框用于定义单位和角度格式。

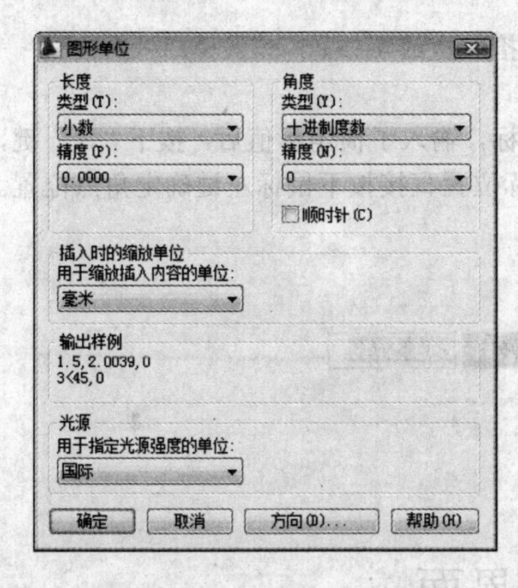

图 1-1 “图形单位”对话框

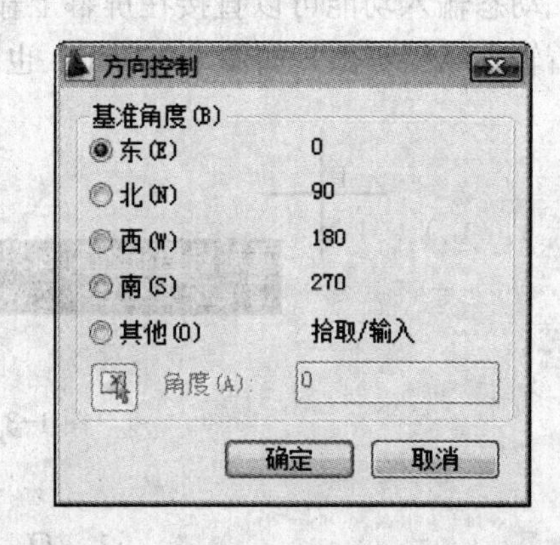

图 1-2 “方向控制”对话框

【选项说明】

1.“长度”与“角度”选项组

指定测量的长度与角度当前单位及当前单位的精度。

2.“拖放比例”下拉列表框

控制使用工具选项板（例如 DesignCenter 或 i-drop）拖入当前图形的块的测量单位。如果块或图形创建时使用的单位与该选项指定的单位不同，则在插入这些块或图形时，将对其按比例缩放。插入比例是源块或图形使用的单位与目标图形使用的单位之比。如果插入块时不按指定单位缩放，请选择“无单位”。

3．“方向”按钮

单击该按钮，系统显示“方向控制”对话框，如图 1-2 所示。可以在该对话框中进行方向控制设置。

1.1.2 图形边界设置

【执行方式】

命令行：LIMITS

菜单：格式→图形范围

【操作格式】

命令：LIMITS↙

重新设置模型空间界限：

指定左下角点或 [开(ON)/关(OFF)] <0.0000,0.0000>:（输入图形边界左下角的坐标后回车）

指定右上角点 <12.0000,9.0000>:（输入图形边界右上角的坐标后回车）

【选项说明】

1．开(ON)

使绘图边界有效。系统将在绘图边界以外拾取的点视为无效。

2．关（OFF）

使绘图边界无效。用户可以在绘图边界以外拾取点或实体。

3．动态输入角点坐标

动态输入功能可以直接在屏幕上输入角点坐标，输入了横坐标值后，按下“，”键，接着输入纵坐标值，如图 1-3 所示。也可以按光标位置直接按下鼠标左键确定角点位置。

图 1-3 动态输入

1.2 操作界面

AutoCAD 的操作界面是 AutoCAD 显示、编辑图形的区域，一个完整的 AutoCAD 的操作界面如图 1-4 所示，包括标题栏、绘图区、十字光标、菜单栏、工具栏、坐标系图

标、命令窗口、状态栏、布局标签和滚动条等。

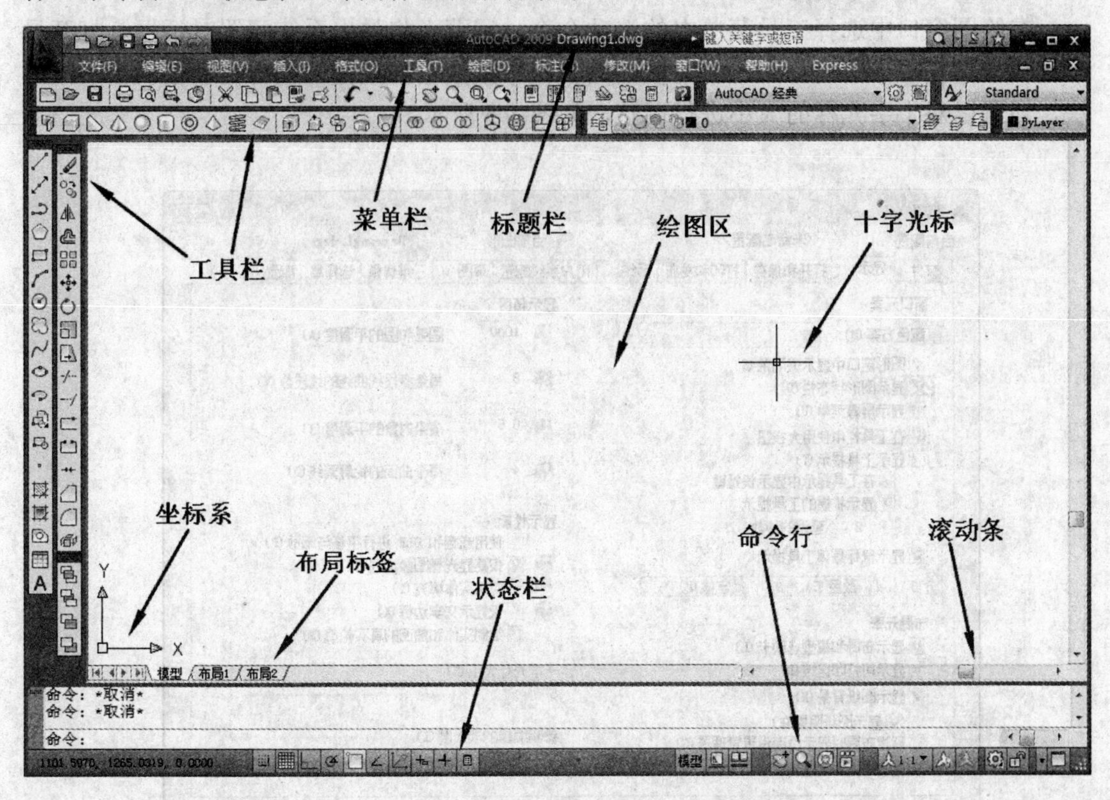

图 1-4 AutoCAD 2009 中文版的操作界面

1.2.1 标题栏

在 AutoCAD 2009 中文版绘图窗口的最上端是标题栏。在标题栏中，显示了系统当前正在运行的应用程序（AutoCAD 2009 和用户正在使用的图形文件）。在用户第一次启动 AutoCAD 时，在 AutoCAD 2009 绘图窗口的标题栏中，将显示 AutoCAD 2009 在启动时创建并打开的图形文件的名字 Drawing1.dwg，如图 1-4 所示。

1.2.2 绘图区

绘图区是指在标题栏下方的大片空白区域，绘图区域是用户使用 AutoCAD 2009 绘制图形的区域，用户完成一幅设计图形的主要工作都是在绘图区域中完成的。

在绘图区域中，还有一个作用类似光标的十字线，其交点反映了光标在当前坐标系中的位置。在 AutoCAD 2009 中，将该十字线称为光标，AutoCAD 通过光标显示当前点的位置。十字线的方向与当前用户坐标系的 X 轴、Y 轴方向平行，十字线的长度系统预设为屏幕大小的百分之五。如图 1-5 所示。

1．修改图形窗口中十字光标的大小

光标的长度系统预设为屏幕大小的百分之五，用户可以根据绘图的实际需要更改其大小。改变光标大小的方法为：

在绘图窗口中选择工具菜单中的选项命令。屏幕上将弹出系统配置对话框。打开显示选项卡，在“十字光标大小”区域的编辑框中直接输入数值，或者拖动编辑框后的滑块，即可以对十字光标的大小进行调整，如图 1-5 所示。

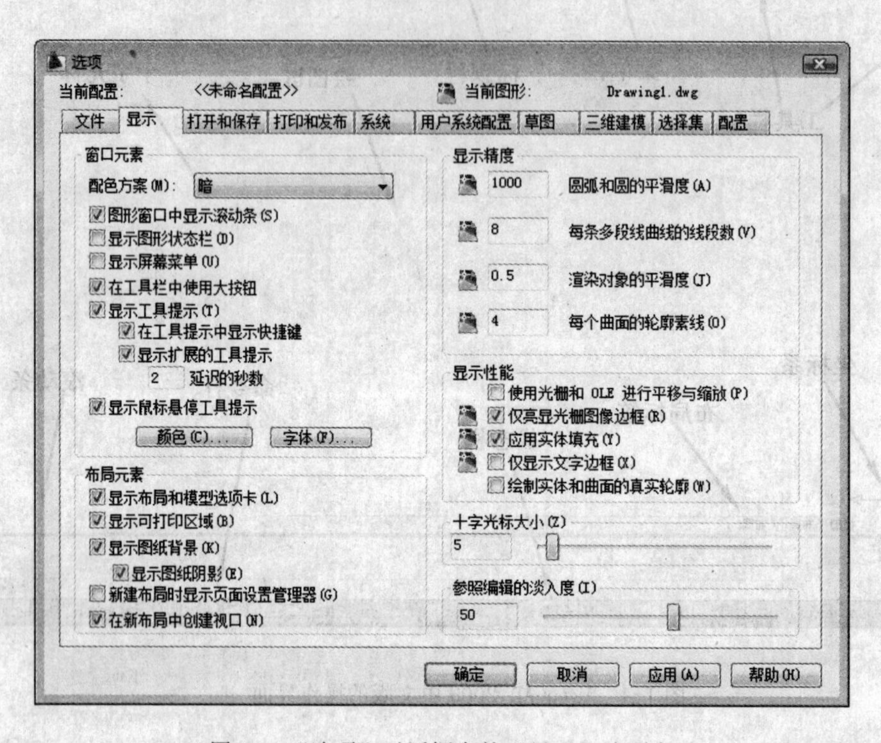

图 1-5 “选项”对话框中的“显示”选项卡

此外，还可以通过设置系统变量 CURSORSIZE 的值，实现对其大小的更改。方法是在命令行输入：

命令: CURSORSIZE↙

输入 CURSORSIZE 的新值 <5>:

在提示下输入新值即可。默认值为 5%。

2. 修改绘图窗口的颜色

在默认情况下，AutoCAD 2009 的绘图窗口是黑色背景、白色线条，这不符合绝大多数用户的习惯，因此修改绘图窗口颜色是大多数用户都需要进行的操作。

修改绘图窗口颜色的步骤为：

（1）在图 1-5 所示的选项卡中单击“窗口元素”区域中的“颜色”按钮，将打开图 1-6 所示的“图形窗口颜色”对话框。

（2）单击“图形窗口颜色”对话框中“颜色”字样下边的下拉箭头，在打开的下拉列表中，选择需要的窗口颜色，然后单击“应用并关闭”按钮，此时 AutoCAD 2009 的绘图窗口变成了窗口背景色，通常按视觉习惯选择白色为窗口颜色。

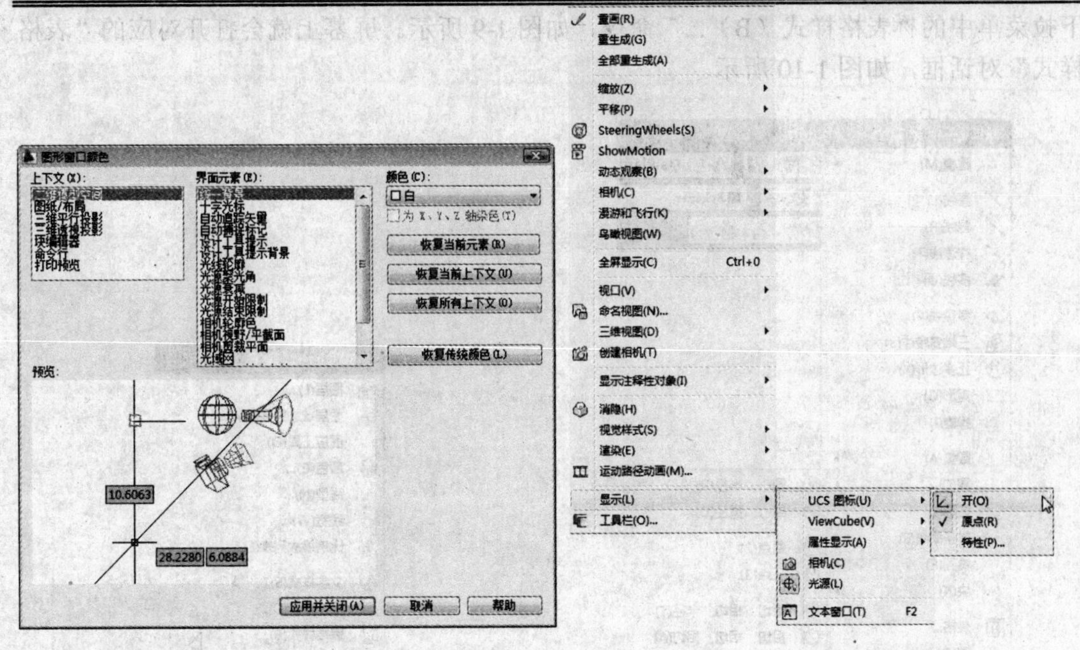

图 1-6 “图形窗口颜色”对话框　　　　图 1-7 “视图”菜单

1.2.3 坐标系图标

在绘图区域的左下角，有一个箭头指向图标，称之为坐标系图标，表示用户绘图时正使用的坐标系形式，如图 1-4 所示。坐标系图标的作用是为点的坐标确定一个参照系。根据工作需要，用户可以选择将其关闭。方法是选择菜单命令：视图→显示→UCS 图标→√开，如图 1-7 所示。

1.2.4 菜单栏

在 AutoCAD 2009 绘图窗口标题栏的下方，是 AutoCAD 2009 的菜单栏。同其他 Windows 程序一样，AutoCAD 2009 的菜单也是下拉形式的，并在菜单中包含子菜单。AutoCAD 2009 的菜单栏中包含 11 个菜单：“文件”、“编辑”、“视图”、“插入”、“格式”、“工具”、“绘图”、“标注”、“修改”、“窗口”和“帮助”，这些菜单，几乎包含了 AutoCAD 2009 的所有绘图命令，后面的章节，将围绕这些菜单展开讲述，具体内容，在此从略。

一般来讲，AutoCAD 2009 下拉菜单中的命令有以下 3 种：

1. 带有小三角形的菜单命令

这种类型的命令后面带有子菜单。例如，单击菜单栏中的“绘图”菜单，指向其下拉菜单中的“圆”命令，屏幕上就会进一步下拉出“圆”子菜单中所包含的命令，如图 1-8 所示。

2. 打开对话框的菜单命令

这种类型的命令，后面带有省略号。例如，单击菜单栏中的“格式”菜单，选择其下拉菜单中的“表格样式（B）...”命令，如图 1-9 所示。屏幕上就会打开对应的“表格样式”对话框，如图 1-10 所示。

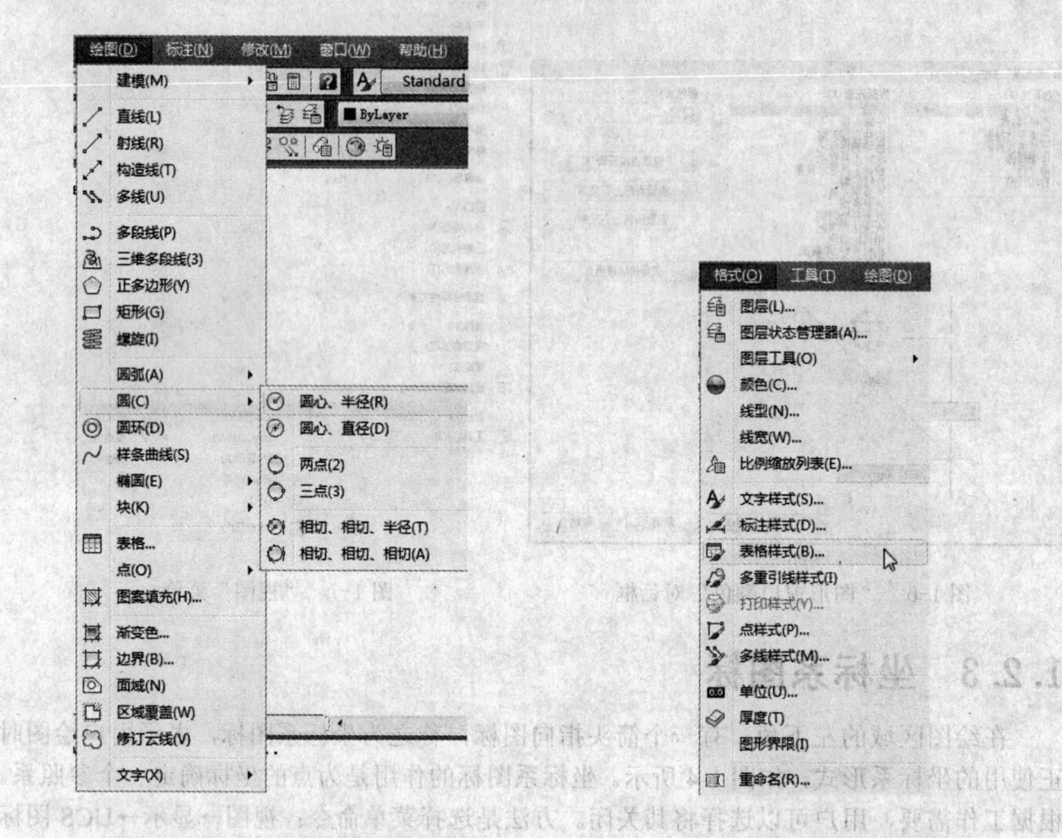

图 1-8　带有子菜单的菜单命令

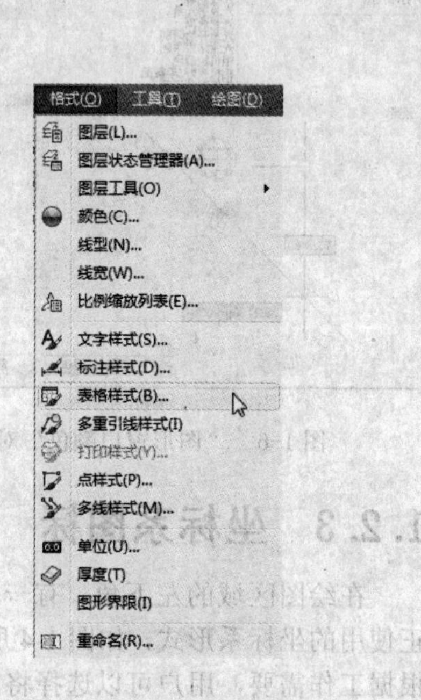

图 1-9　激活相应对话框的菜单命令

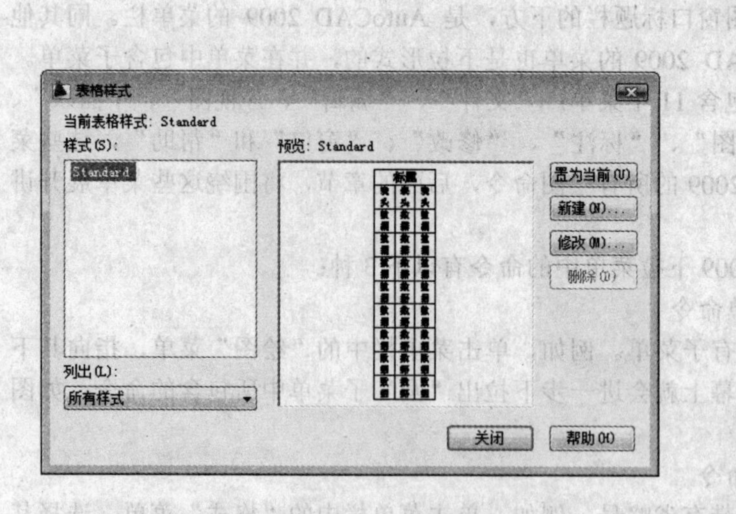

图 1-10　“表格样式”对话框

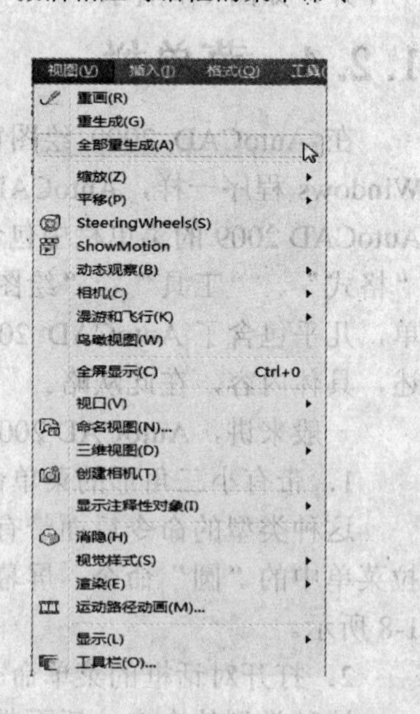

图 1-11　直接执行菜单命令

3．直接操作的菜单命令

这种类型的命令将直接进行相应的绘图或其他操作。例如，选择视图菜单中的“重画”命令，系统将直接对屏幕图形进行重生成，如图 1-11 所示。

1.2.5 工具栏

工具栏是一组图标型工具的集合，把光标移动到某个图标，稍停片刻即在该图标一侧显示相应的工具提示，同时在状态栏中，显示对应的说明和命令名。此时，点取图标也可以启动相应命令。

在默认情况下，可以见到绘图区顶部的“标准”工具栏、“样式”工具栏、“特性”工具栏以及“图层”工具栏（如图 1-12 所示）和位于绘图区左侧的“绘制”工具栏，右侧的“修改”工具栏和“绘图次序”工具栏（如图 1-13 所示）。

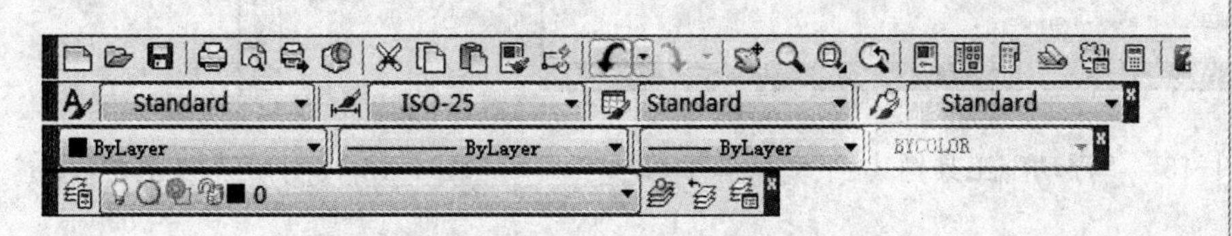

图 1-12 “标准”、“样式” 、“特性”和“图层”工具栏

将光标放在任一工具栏的非标题区，单击鼠标右键，系统会自动打开单独的工具栏标签，如图 1-14 所示。用鼠标左键单击某一个未在界面显示是工具栏名，系统自动在截面打开该工具栏。反之，关闭工具栏。

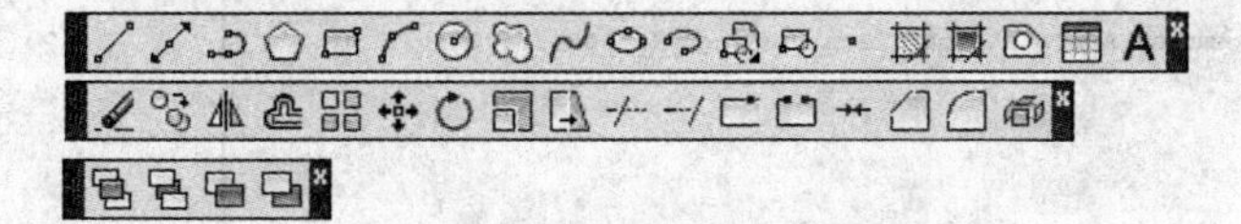

图 1-13 “绘制”、“修改”和“绘图次序”工具栏

工具栏可以在绘图区“浮动”（如图 1-15 所示），此时显示该工具栏标题，并可关闭该工具栏，用鼠标可以拖动“浮动”工具栏到图形区边界，使它变为“固定”工具栏，此时该工具栏标题隐藏。也可以把“固定”工具栏拖出，使它成为“浮动”工具栏。

在有些图标的右下角带有一个小三角，按住鼠标左键会打开相应的工具栏，按住鼠标左键，将光标移动到某一图标上然后松手，该图标就为当前图标。单击当前图标，执行相应命令（如图 1-16 所示）。

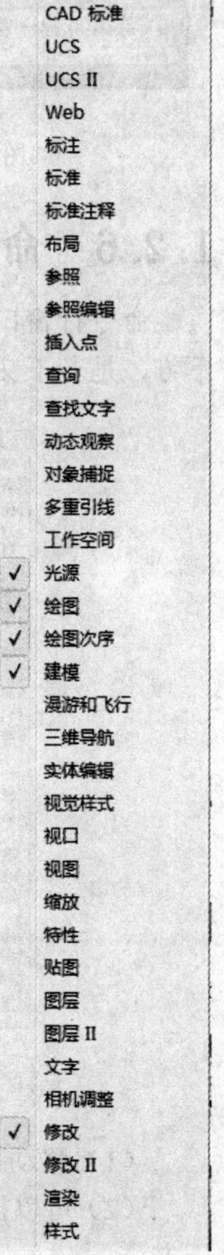

图 1-14 工具栏标签

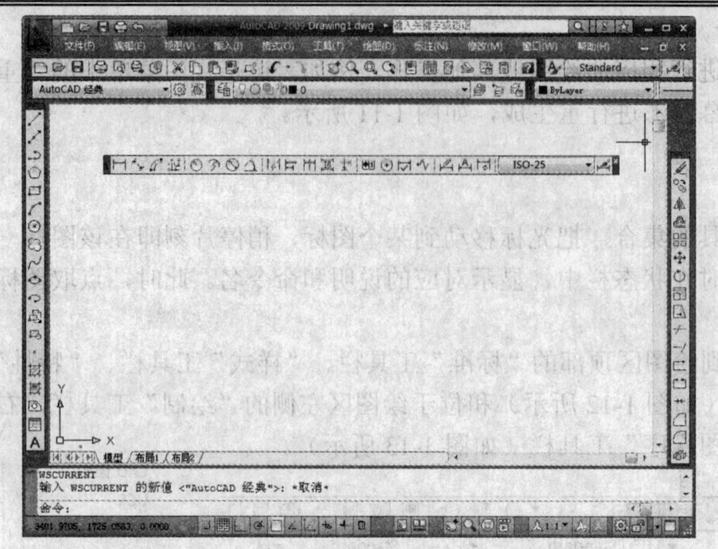

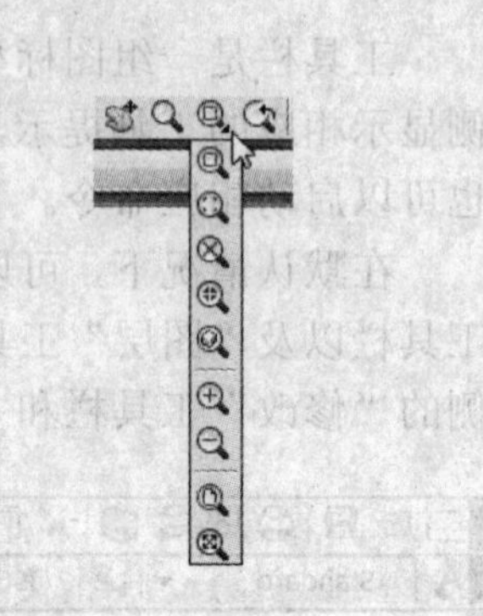

图 1-15　“浮动”工具栏　　　　图 1-16　“打开”工具栏

1.2.6　命令行窗口

命令行窗口是输入命令名和显示命令提示的区域，默认的命令行窗口布置在绘图区下方，是若干文本行，如图 1-4 所示。对命令窗口，有以下几点需要说明：

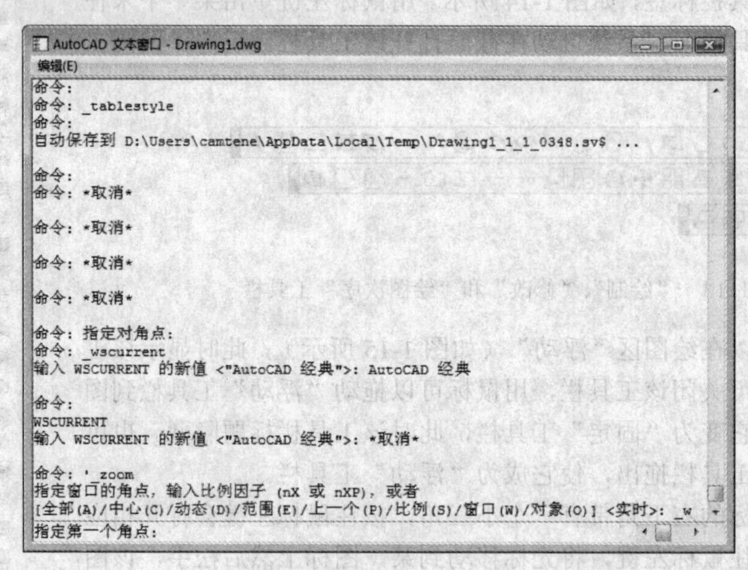

图 1-17　文本窗口

（1）移动拆分条，可以扩大与缩小命令窗口。

（2）可以拖动命令窗口，布置在屏幕上的其他位置。默认情况下布置在图形窗口的下方。

（3）对当前命令窗口中输入的内容，可以按 F2 键用文本编辑的方法进行编辑，如

图 1-17 所示。AutoCAD 文本窗口和命令窗口相似，它可以显示当前 AutoCAD 进程中命令的输入和执行过程，在执行 AutoCAD 某些命令时，它会自动切换到文本窗口，列出有关信息。

（4）AutoCAD 通过命令窗口，反馈各种信息，包括出错信息。因此，用户要时刻关注在命令窗口中出现的信息。

1.2.7 布局标签

AutoCAD 2009 系统默认设定一个模型空间布局标签和“布局 1”、“布局 2”两个图纸空间布局标签。在这里有两个概念需要解释一下：

1. 布局

布局是系统为绘图设置的一种环境，包括图纸大小、尺寸单位、角度设定、数值精确度等，在系统预设的三个标签中，这些环境变量都按默认设置。用户根据实际需要改变这些变量的值。比如，默认的尺寸单位是米制的毫米，如果绘制的图形的单位是英制的英寸，就可以改变尺寸单位环境变量的设置，具体方法在后面章节介绍，在此暂且从略。用户也可以根据需要设置符合自己要求的新标签，具体方法也在后面章节介绍。

2. 模型

AutoCAD 的空间分模型空间和图纸空间。模型空间是我们通常绘图的环境，而在图纸空间中，用户可以创建叫做“浮动视口”的区域，以不同视图显示所绘图形。用户可以在图纸空间中调整浮动视口并决定所包含视图的缩放比例。如果选择图纸空间，则可打印多个视图，用户可以打印任意布局的视图。在后面的章节中，将专门详细地讲解有关模型空间与图纸空间的有关知识，请注意学习体会。

AutoCAD 2009 系统默认打开模型空间，用户可以通过鼠标左键单击选择需要的布局。

1.2.8 状态栏

状态栏在屏幕的底部，左端显示绘图区中光标定位点的坐标 x、y、z，在右侧依次有“捕捉”、“栅格”、“正交”、“极轴”、“对象捕捉”、“对象追踪”、“动态数据输入”、“允许/禁止动态”、“线宽”和“模型”10 个功能开关按钮，如图 1-18 所示。左键单击这些开关按钮，可以实现这些功能的开关。

图 1-18 状态栏

状态栏的中部是注释比例的显示，如图 1-19 所示。

通过状态中的图标，可以很方便地访问注释比例常用功能。

（1）注释比例：左键单击注释比例右下角小三角符号弹出注释比例列表，如图 1-20 所示，可以根据需要选择适当的注释比例。

（2）注释可见性：当图标亮显时表示显示所有比例的注释性对象；当图标变暗

时表示仅显示当前比例的注释性对象。

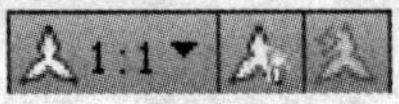

图 1-19 注释比例状态栏

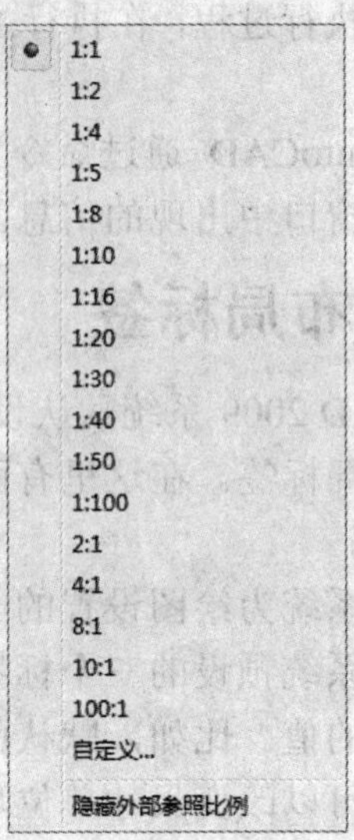

图 1-20 注释比例列表

（3）注释比例更改时，自动将比例添加到注释对象。

状态栏的右下角是状态栏托盘，如图 1-21 所示。

图 1-21 状态栏托盘

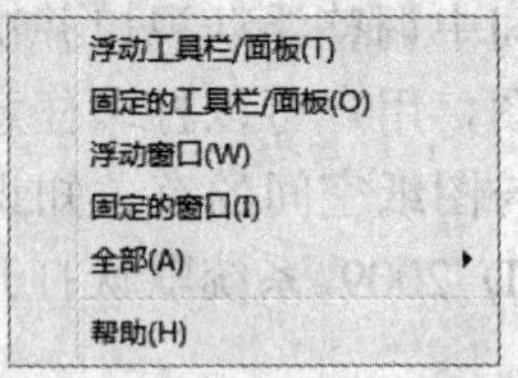

图 1-22 工具栏/窗口位置锁右键菜单

通过状态栏托盘中的图标，可以很方便地访问常用功能。右键单击状态栏或左键单击右下角小三角符号可以控制开关按钮的显示与隐藏或更改托盘设置。以下是在状态栏托盘中显示的图标：

1．工具栏/窗口位置锁

可以控制是否锁定工具栏或图形窗口在图形界面上的位置。在位置缩图标上右键单击，系统打开工具栏/窗口位置锁右键菜单，如图 1-22 所示。可以选择打开或锁定相关选项位置。

2．全屏显示

可以清除 Windows 窗口中的标题栏、工具栏和选项板等界面元素，使 AutoCAD 的绘图窗口全屏显示。

1.2.9 信息中心

在 AutoCAD 2009 的菜单栏右边提供了信息中心，如图 1-23 所示。“信息中心”使用

户可以通过关键字（或键入一个问题）搜索信息，显示“通讯中心”面板以获取产品更新和通告，或显示“收藏夹”面板访问已保存的主题。

键入关键字或短语

图 1-23　信息中心

（1）搜索：一次搜索多个资源（例如，帮助、新功能专题研习和指定的文件），或选择要搜索的单个文件或位置。

（2）通讯中心：通讯中心将提供最新的产品信息、软件更新、产品支持通告和其他与产品相关的通告。

（3）收藏夹：将链接保存为收藏夹并可在稍后轻松访问这些收藏夹。

在通讯中心面板或收藏夹面板中单击“设置”按钮，弹出如图 1-24 所示的“信息中心设置”对话框。用户可以在“信息中心设置”对话框中指定信息中心搜索和通讯中心设置。

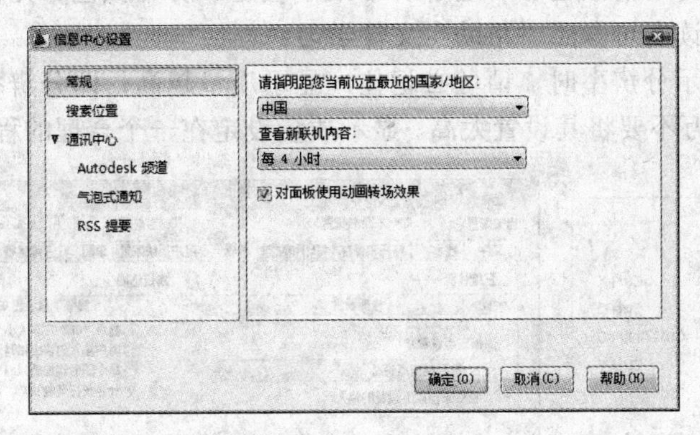

图 1-24　信息中心设置

1.2.10　滚动条

在 AutoCAD 2009 的绘图窗口中，在窗口的下方和右侧还提供了用来浏览图形的水平和竖直方向的滚动条。在滚动条中单击鼠标或拖动滚动条中的滚动块，用户可以在绘图窗口中按水平或竖直两个方向浏览图形。

1.3　配置绘图系统

由于每台计算机所使用的显示器、输入设备和输出设备的类型不同，用户喜好的风格及计算机的目录设置也是不同的，所以每台计算机都是独特的。一般来讲，使用 AutoCAD 2009 的默认配置就可以绘图，但为了使用用户的定点设备或打印机，以及为提高绘图的效率，AutoCAD 推荐用户在开始作图前先进行必要的配置。

【执行方式】

命令行：preferences

菜单：工具→选项

右键菜单：选项（单击鼠标右键，系统打开右键菜单，其中包括一些最常用的命令，如图 1-25 所示。）

【操作格式】

执行上述命令后，系统自动打开“选项”对话框。用户可以在该对话框中选择有关选项，对系统进行配置。下面只就其中主要的几个选项卡作一下说明，其他配置选项，在后面用到时再作具体说明。

1.3.1　显示配置

在“选项”对话框中的第 2 个选项卡为“显示”，该选项卡控制 AutoCAD 窗口的外观，如图 1-5 所示。该选项卡设定屏幕菜单、滚动条显示与否、固定命令行窗口中文字行数、AutoCAD 的版面布局设置、各实体的显示分辨率以及 AutoCAD 运行时的其他各项性能参数的设定等。前面已经讲述了屏幕菜单设定、屏幕颜色、光标大小等知识，其余有关选项的设置读者可参照“帮助”文件学习。

在设置实体显示分辨率时，请务必记住，显示质量越高，即分辨率越高，计算机计算的时间越长，千万不要将其设置太高。显示质量设定在一个合理的程度上是很重要的。

图 1-25 “选项”右键菜单

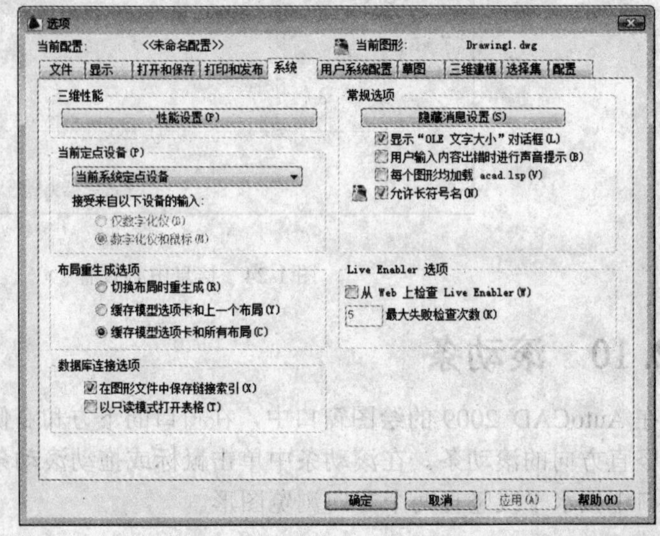

图 1-26 “系统”选项卡

1.3.2　系统配置

在“选项”对话框中的第 5 个选项卡为“系统”，如图 1-26 所示。该选项卡用来设置 AutoCAD 系统的有关特性。

1．“三维性能”选项组

设定当前 3D 图形的显示特性，可以选择系统提供的 3D 图形显示特性配置，也可以

单击“特性”按钮自行设置该特性。

2．“当前定点设备”选项组

安装及配置定点设备，如数字化仪和鼠标。具体如何配置和安装，请参照定点设备的用户手册。

3．“常规选项”选项组

确定是否选择系统配置的有关基本选项。

4．“布局重生成选项”选项组

确定切换布局时是否重生成或缓存模型选项卡和布局。

5．数据库连接

确定数据库连接的方式。

6．live Enabler 选项组

确定在 Web 上检查 Live Enabler 失败的次数。

1.4 文件管理

本节将介绍有关文件管理的一些基本操作方法，包括新建文件、打开已有文件、保存文件、删除文件等，这些都是进行 AutoCAD 2009 操作最基础的知识。

另外，在本节中，也将介绍安全口令和数字签名等涉及文件管理操作的知识，请读者注意体会。

1.4.1 新建文件

【执行方式】

命令行：NEW

菜单：文件→新建

工具栏：标准→新建

【操作格式】

执行上述命令后，系统打开如图 1-27 所示“选择样板”对话框，在文件类型下拉列表框中有 3 种格式的图形样板，分别是后缀.dwt、.dwg、.dws 的 3 种图形样板。

在每种图形样板文件中，系统根据绘图任务的要求进行统一的图形设置，如绘图单位类型和精度要求、绘图界限、捕捉、网格与正交设置、图层、图框和标题栏、尺寸及文本格式、线型和线宽等。

使用图形样板文件开始绘图的优点在于，在完成绘图任务时不但可以保持图形设置的一致性，而且可以大大提高工作效率。用户也可以根据自己的需要设置新的样板文件。

一般情况下，.dwt 文件是标准的样板文件，通常将一些规定的标准性的样板文件设成.dwt 文件，.dwg 文件是普通的样板文件，而.dws 文件是包含标准图层、标注样式、线型和文字样式的样板文件。

快速创建图形功能，是开始创建新图形的最快捷方法。

图 1-27 “选择样板”对话框

【执行方式】

命令行：QNEW

工具栏：标准→新建

【操作格式】

执行上述命令后，系统立即从所选的图形样板创建新图形，而不显示任何对话框或提示。

在运行快速创建图形功能之前必须进行如下设置：

（1）将 FILEDIA 系统变量设置为 1；将 STARTUP 系统变量设置为 0。方法如下：

命令: FILEDIA↙

输入 FILEDIA 的新值 <1>:↙

命令: STARTUP↙

输入 STARTUP 的新值 <0>:↙

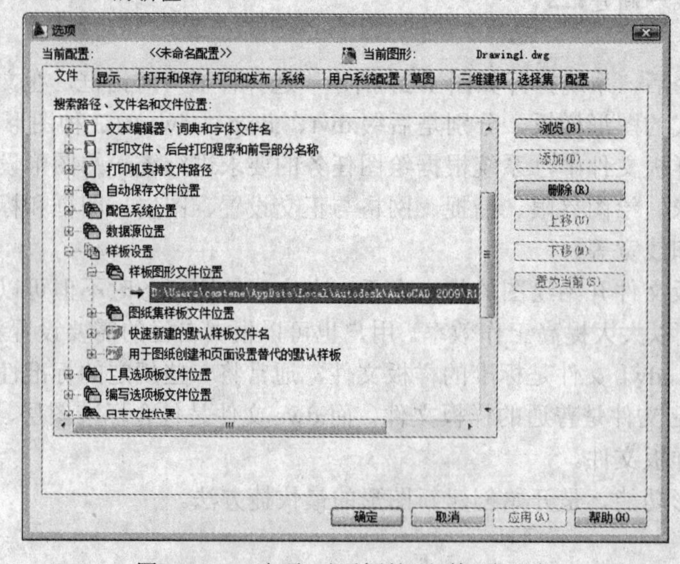

图 1-28 “选项”对话框的“文件”选项卡

（2）从“工具”→“选项”菜单中选择默认图形样板文件。方法是在“文件”选项卡下，单击标记为“样板设置”的节点，然后选择需要的样板文件路径，如图 1-28 所示。

1.4.2 打开文件

【执行方式】

命令行：OPEN

菜单：文件 → 打开

工具栏：标准 → 打开

【操作格式】

执行上述命令后，打开“选择文件”对话框（如图 1-29 所示），在“文件类型”列表框中用户可选.dwg 文件、.dwt 文件、.dxf 文件和.dws 文件。.dxf 文件是用文本形式存储的图形文件，能够被其他程序读取，许多第三方应用软件都支持.dxf 格式。

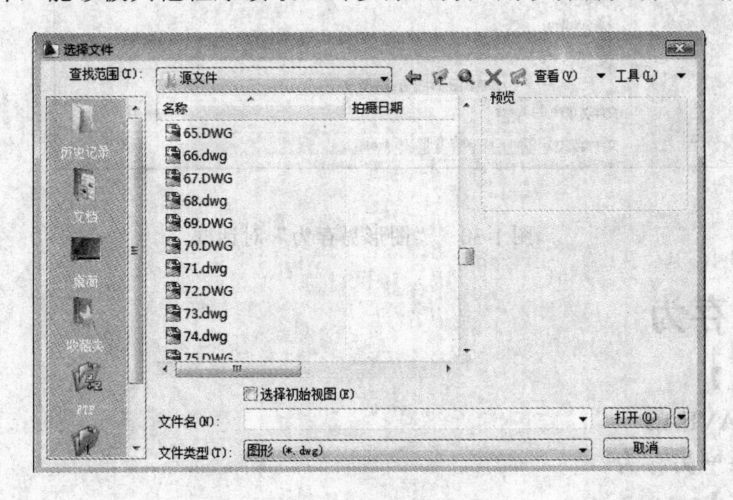

图 1-29 “选择文件”对话框

1.4.3 保存文件

【执行方式】

命令名：QSAVE(或 SAVE)

菜单：文件→保存

工具栏：标准→保存

【操作格式】

执行上述命令后，若文件已命名，则 AutoCAD 自动保存；若文件未命名（即为默认名 drawing1.dwg），则系统打开“图形另存为”对话框（如图 1-30 所示），用户可以命名保存。在“保存于”下拉列表框中可以指定保存文件的路径；在“文件类型”下拉列表框中可以指定保存文件的类型。

为了防止因意外操作或计算机系统故障导致正在绘制的图形文件的丢失，可以对当前图形文件设置自动保存。步骤如下：

（1）利用系统变量 SAVEFILEPATH 设置所有"自动保存"文件的位置，如：C:\HU\。

（2）利用系统变量 SAVEFILE 存储"自动保存"文件名。该系统变量储存的文件名文件是只读文件，用户可以从中查询自动保存的文件名。

（3）利用系统变量 SAVETIME 指定在使用"自动保存"时多长时间保存一次图形。

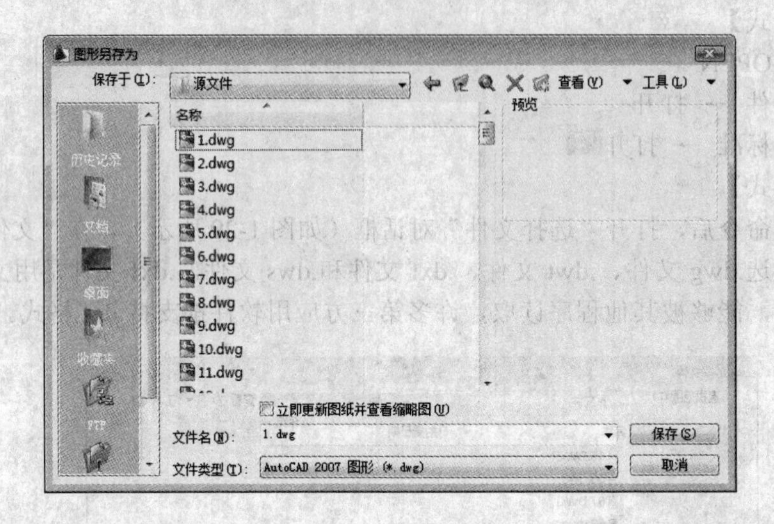

图 1-30 "图形另存为"对话框

1.4.4 另存为

【执行方式】

命令行：SAVEAS

菜单：文件→另存为

【操作格式】

执行上述命令后，打开"图形另存为"对话框（如图 1-30 所示），AutoCAD 用另存名保存，并把当前图形更名。

1.4.5 退出

【执行方式】

命令行：QUIT 或 EXIT

菜单：文件→退出

按钮：AutoCAD 操作界面右上角的"关闭"按钮

【操作格式】

命令：QUIT↙(或 EXIT↙)

执行上述命令后，若用户对图形所作的修改尚未保存，则会出现如图 1-31 所示的系统警告对话框。选择"是"按钮系统将保存文件，然后退出；选择"否"按钮系统将不保存文件。若用户对图形所作的修改已经保存，则直接退出。

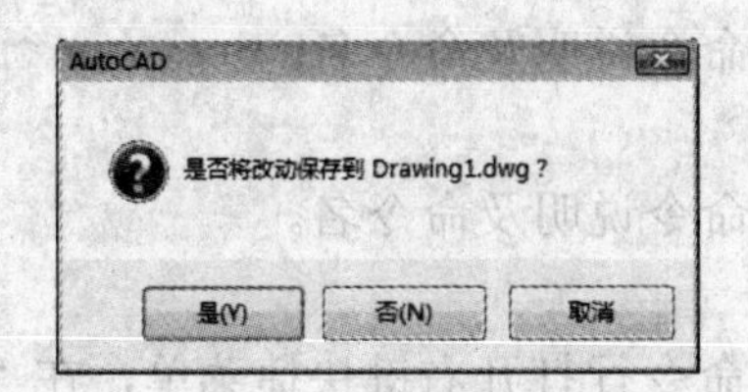

图 1-31 系统警告对话框

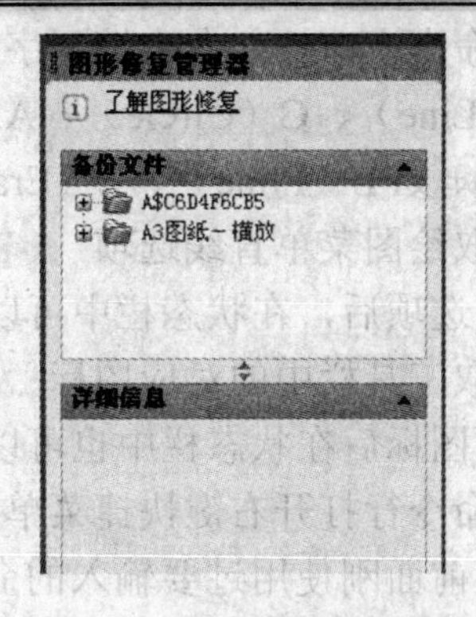

图 1-32 图形修复管理器

1.4.6 图形修复

【执行方式】

命令行：DRAWINGRECOVERY

菜单：文件→绘图实用程序→图形修复管理器

【操作格式】

命令：DRAWINGRECOVERY↙

执行上述命令后，系统打开图形修复管理器，如图 1-32 所示，打开“备份文件”列表中的文件，可以重新保存，从而进行修复。

1.5 基本输入操作

在 AutoCAD 中，有一些基本的输入操作方法，这些基本方法是进行 AutoCAD 绘图的必备知识基础，也是深入学习 AutoCAD 功能的前提。

1.5.1 命令输入方式

AutoCAD 交互绘图必须输入必要的指令和参数。有多种 AutoCAD 命令输入方式（以画直线为例）：

1．在命令窗口输入命令名

命令字符可不区分大小写。例如：命令：LINE↙。执行命令时，在命令行提示中经常会出现命令选项。如：输入绘制直线命令“LINE”后，命令行中的提示为：

命令: LINE↙

指定第一点:（在屏幕上指定一点或输入一个点的坐标）

指定下一点或 [放弃(U)]:

选项中不带括号的提示为默认选项，因此可以直接输入直线段的起点坐标或在屏幕上指定一点，如果要选择其他选项，则应该首先输入该选项的标识字符，如“放弃”选项的标识字符“U”，然后按系统提示输入数据即可。在命令选项的后面有时候还带有尖括号，尖括号内的数值为默认数值。

2．在命令窗口输入命令缩写字

如 L（Line）、C（Circle）、A（Arc）、Z（Zoom）、R（Redraw）、M（More）、CO（Copy）、PL（Pline）、E（Erase）等。

3．选取绘图菜单直线选项

选取该选项后，在状态栏中可以看到对应的命令说明及命令名。

4．选取工具栏中的对应图标

选取该图标后在状态栏中也可以看到对应的命令说明及命令名。

5．在命令行打开右键快捷菜单

如果在前面刚使用过要输入的命令，可以在命令行打开右键快捷菜单，在“近期使用的命令”子菜单中选择需要的命令，如图 1-33 所示。“近期使用的命令”子菜单中储存最近使用的 6 个命令，如果经常重复使用某个 6 次操作以内的命令，这种方法就比较快速简洁。

6．在绘图区右击鼠标

如果用户要重复使用上次使用的命令，可以直接在绘图区右击鼠标，系统立即重复执行上次使用的命令，这种方法适用于重复执行某个命令。

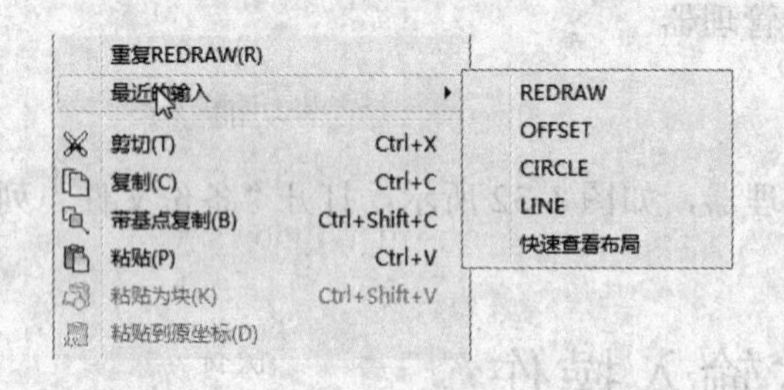

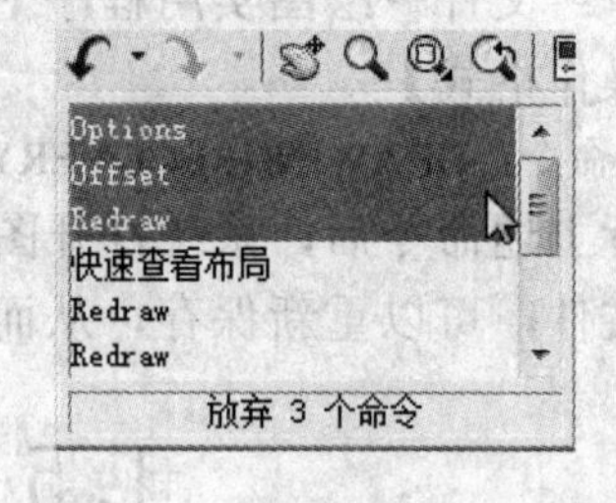

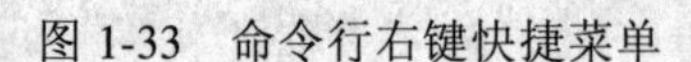
图 1-33　命令行右键快捷菜单

图 1-34　多重放弃或重做

1.5.2　命令的重复、撤消、重做

1．命令的重复

在命令窗口中键入 Enter 键可重复调用上一个命令，不管上一个命令是完成了还是被取消了。

2．命令的撤消

在命令执行的任何时刻都可以取消和终止命令的执行。

【执行方式】

命令行：UNDO

菜单：编辑→放弃

快捷键：ESC

3．命令的重做

已被撤消的命令还可以恢复重做。要恢复撤消的最后的一个命令。

【执行方式】

命令行：REDO

菜单：编辑→重做

该命令可以一次执行多重放弃和重做操作。单击 UNDO 或 REDO 列表箭头，可以选择要放弃或重做的操作，如图 1-34 所示。

1.5.3 透明命令

在 AutoCAD 2009 中有些命令不仅可以直接在命令行中使用，而且还可以在其他命令的执行过程中，插入并执行，待该命令执行完毕后，系统继续执行原命令，这种命令称为透明命令。透明命令一般多为修改图形设置或打开辅助绘图工具的命令。

上述 3 种命令的执行方式同样适用于透明命令的执行。如：

命令: ARC↙

指定圆弧的起点或 [圆心(C)]: 'ZOOM↙(透明使用显示缩放命令 ZOOM)

>> (执行 ZOOM 命令)

正在恢复执行 ARC 命令。

指定圆弧的起点或 [圆心(C)]: (继续执行原命令)

1.5.4 按键定义

在 AutoCAD 2009 中，除了可以通过在命令窗口输入命令、点取工具栏图标或点取菜单项来完成外，还可以使用键盘上的一组功能键或快捷键，通过这些功能键或快捷键，可以快速实现指定功能，如单击 F1 键，系统调用 AutoCAD 帮助对话框。

系统使用 AutoCAD 传统标准（Windows 之前）或 Microsoft Windows 标准解释快捷键。有些功能键或快捷键在 AutoCAD 的菜单中已经指出，如“粘贴”的快捷键为“Ctrl+V”，这些只要用户在使用的过程中多加留意，就会熟练掌握。快捷键的定义见菜单命令后面的说明，如“粘贴(P) Ctrl+V”。

1.5.5 命令执行方式

有的命令有两种执行方式，通过对话框或通过命令行输入命令。如指定使用命令窗口方式，可以在命令名前加短划来表示，如“-LAYER”表示用命令行方式执行“图层”命令。而如果在命令行输入“LAYER”，系统则会自动打开“图层”对话框。

另外，有些命令同时存在命令行、菜单和工具栏 3 种执行方式，这时如果选择菜单或工具栏方式，命令行会显示该命令，并在前面加一下划线，如通过菜单或工具栏方式执行“直线”命令时，命令行会显示“_line”，命令的执行过程与结果与命令行方式相同。

1.5.6 坐标系统与数据的输入方法

1．坐标系

AutoCAD 采用两种坐标系：世界坐标系（WCS）与用户坐标系。用户刚进入 AutoCAD 时的坐标系统就是世界坐标系，是固定的坐标系统。世界坐标系也是坐标系统中的基准，绘制图形时多数情况下都是在这个坐标系统下进行的。

【执行方式】

命令行：UCS

菜单：工具→UCS

工具栏："标准"工具栏→坐标系

AutoCAD 有两种视图显示方式：模型空间和图纸空间。模型空间是指单一视图显示法，我们通常使用的都是这种显示方式；图纸空间是指在绘图区域创建图形的多视图。用户可以对其中每一个视图进行单独操作。在默认情况下，当前 UCS 与 WCS 重合。图 1-35 a 为模型空间下的 UCS 坐标系图标，通常放在绘图区左下角处；如当前 UCS 和 WCS 重合，则出现一个 W 字，如图 b；也可以指定它放在当前 UCS 的实际坐标原点位置，此时出现一个十字，如图 c。图 d 为图纸空间下的坐标系图标。

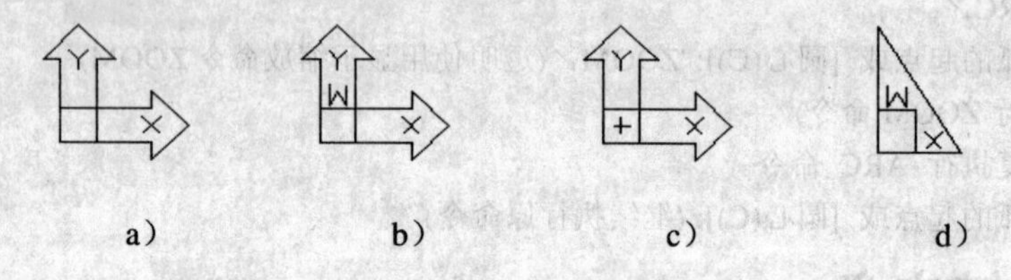

a）　b）　c）　d）

图 1-35　坐标系图标

2．数据输入方法

在 AutoCAD 2009 中，点的坐标可以用直角坐标、极坐标、球面坐标和柱面坐标表示，每一种坐标又分别具有两种坐标输入方式：绝对坐标和相对坐标。其中直角坐标和极坐标最为常用，下面主要介绍一下它们的输入。

（1）直角坐标法：用点的 X、Y 坐标值表示的坐标。

例如：在命令行中输入点的坐标提示下，输入"15，18"，则表示输入了一个 X、Y 的坐标值分别为 15、18 的点，此为绝对坐标输入方式，表示该点的坐标是相对于当前坐标原点的坐标值，如图 1-36a 所示。如果输入"@10，20"，则为相对坐标输入方式，表示该点的坐标是相对于前一点的坐标值，如图 1-36c 所示。

（2）极坐标法：用长度和角度表示的坐标，只能用来表示二维点的坐标。

在绝对坐标输入方式下，表示为："长度<角度"，如"25<50"，其中长度表为该点到坐标原点的距离，角度为该点至原点的连线与 X 轴正向的夹角，如图 1-36b 所示。

在相对坐标输入方式下，表示为："@长度<角度"，如"@25<45"，其中长度为该点到前一点的距离，角度为该点至前一点的连线与 X 轴正向的夹角，如图 1-36d 所示。

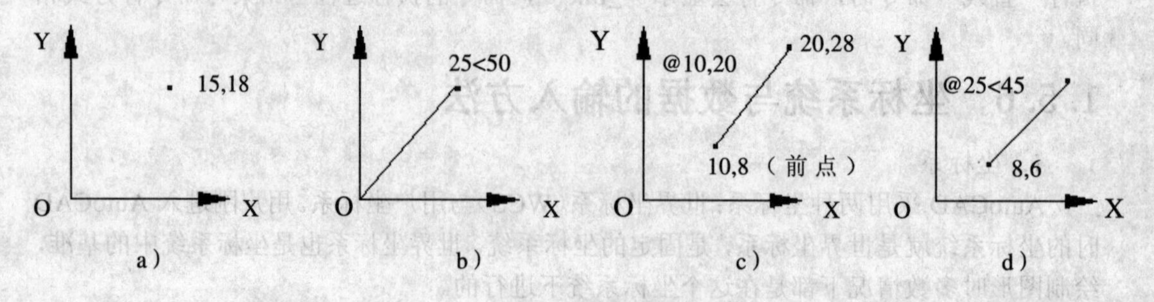

a）　b）　c）　d）

图 1-36　数据输入方法

3．动态数据输入

按下状态栏上的“DYN”按钮，系统打开动态输入功能，可以在屏幕上动态地输入某些参数数据，例如，绘制直线时，在光标附近，会动态地显示“指定第一点”，以及后面的坐标框，当前显示的是光标所在位置，可以输入数据，两个数据之间以逗号隔开，如图 1-37 所示。指定第一点后，系统动态显示直线的角度，同时要求输入线段长度值，如图 1-38 所示，其输入效果与“@长度<角度”方式相同。

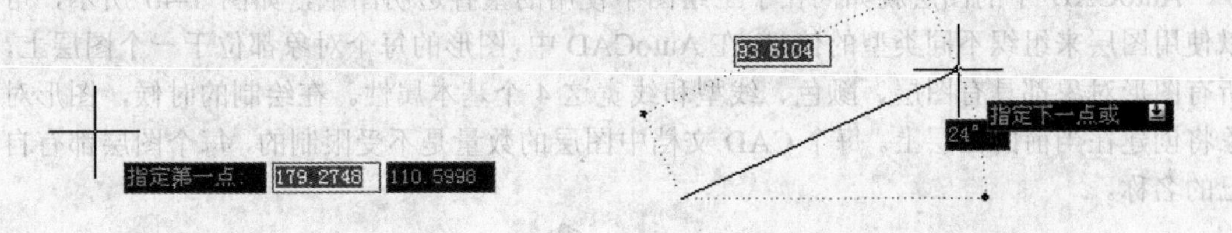

图 1-37　动态输入坐标值　　　　图 1-38　动态输入长度值

下面分别讲述一下点与距离值的输入方法。

（1）点的输入。绘图过程中,常需要输入点的位置，AutoCAD 提供了如下几种输入点的方式：

1）用键盘直接在命令窗口中输入点的坐标：直角坐标有两种输入方式：x，y（点的绝对坐标值，例如：100，50）和@ x，y（相对于上一点的相对坐标值，例如：@ 50，-30）。坐标值均相对于当前的用户坐标系。

极坐标的输入方式为：长度 < 角度 （其中，长度为点到坐标原点的距离，角度为原点至该点连线与 X 轴的正向夹角，例如：20<45）或@长度 < 角度（相对于上一点的相对极坐标，例如 @ 50 < -30）。

2）用鼠标等定标设备移动光标单击左键在屏幕上直接取点。

3）用目标捕捉方式捕捉屏幕上已有图形的特殊点（如端点、中点、中心点、插入点、交点、切点、垂足点等，详见第 4 章）

4）直接距离输入：先用光标拖拉出橡筋线确定方向，然后用键盘输入距离。这样有利于准确控制对象的长度等参数，如要绘制一条 10mm 长的线段，方法如下：

命令:LINE ↙

指定第一点:（在屏幕上指定一点）

指定下一点或 [放弃(U)]:

这时在屏幕上移动鼠标指明线段的方向，但不要单击鼠标左键确认，如图 1-39 所示，然后在命令行输入 10，这样就在指定方向上准确地绘制了长度为 10mm 的线段。

图 1-39　绘制直线

（2）距离值的输入。在 AutoCAD 命令中，有时需要提供高度、宽度、半径、长度等距离值。AutoCAD 提供了两种输入距离值的方式：一种是用键盘在命令窗口中直接输入数值；另一种是在屏幕上拾取两点，以两点的距离值定出所需数值。

1.6 图层设置

AutoCAD 中的图层就如同在手工绘图中使用的重叠透明图纸，如图 1-40 所示，可以使用图层来组织不同类型的信息。在 AutoCAD 中，图形的每个对象都位于一个图层上，所有图形对象都具有图层、颜色、线型和线宽这 4 个基本属性。在绘制的时候，图形对象将创建在当前的图层上。每个 CAD 文档中图层的数量是不受限制的，每个图层都有自己的名称。

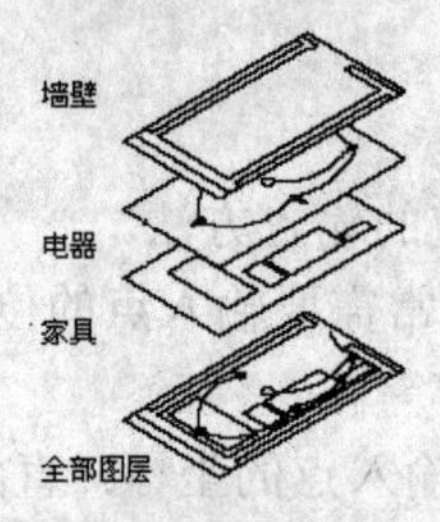

图 1-40　图层示意图

1.6.1 建立新图层

新建的 CAD 文档中只能自动创建一个名为 0 的特殊图层。默认情况下，图层 0 将被指定使用 7 号颜色、CONTINUOUS 线型、“默认”线宽以及 NORMAL 打印样式。不能删除或重命名图层 0 。通过创建新的图层，可以将类型相似的对象指定给同一个图层使其相关联。例如，可以将构造线、文字、标注和标题栏置于不同的图层上，并为这些图层指定通用特性。通过将对象分类放到各自的图层中，可以快速有效地控制对象的显示以及对其进行更改。

【执行方式】

命令行：LAYER

菜单：格式→图层

工具栏：图层→图层特性管理器，如图 1-41 所示

图 1-41　“图层”工具栏

【操作格式】

执行上述命令后，系统打开“图层特性管理器”对话框，如图 1-42 所示。

单击“图层特性管理器”对话框中“新建图层”按钮，建立新图层，默认的图层名为“图层 1”。可以根据绘图需要，更改图层名，例如改为实体层、中心线层或标准

层等。

在一个图形中可以创建的图层数以及在每个图层中可以创建的对象数实际上是无限的。图层最长可使用 255 个字符的字母数字命名。图层特性管理器按名称的字母顺序排列图层。

技巧

如果要建立不只一个图层，无需重复单击“新建”按钮。更有效的方法是：在建立一个新的图层“图层 1”后，改变图层名，在其后输入一个逗号“,”，这样就会又自动建立一个新图层“图层 1”，改变图层名，再输入一个逗号，又一个新的图层建立了，依次建立各个图层。也可以按两次 Enter 键，建立另一个新的图层。图层的名称也可以更改，直接双击图层名称，键入新的名称。

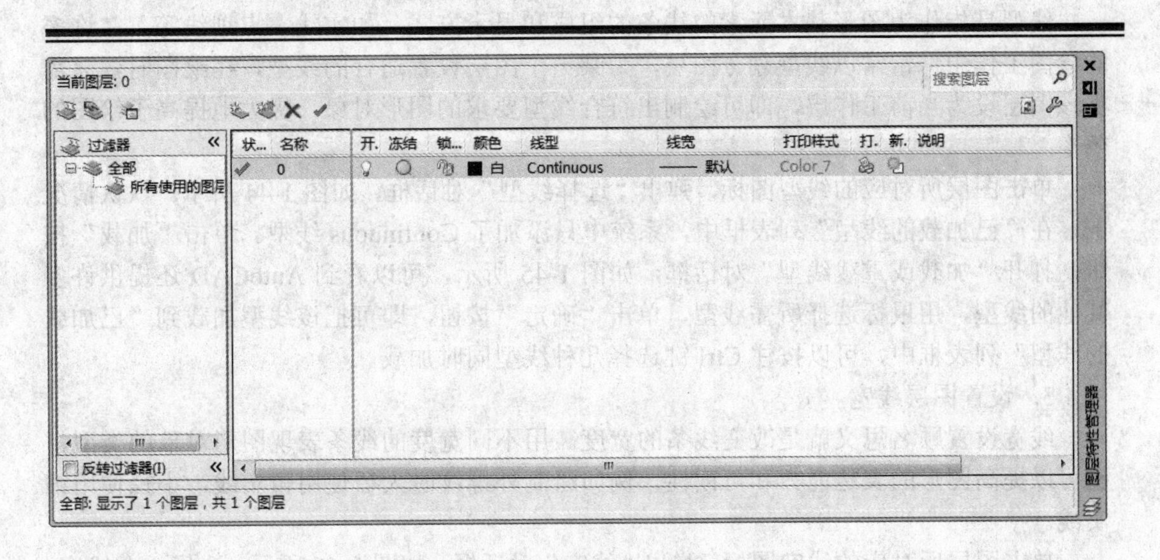

图 1-42 “图层特性管理器” 对话框

在每个图层属性设置中，包括图层名称、关闭/打开图层、冻结/解冻图层、锁定/解锁图层、图层线条颜色、图层线条线型、图层线条宽度、图层打印样式以及图层是否打印 9 个参数。下面将分别讲述如何设置这些图层参数。

1. 设置图层线条颜色

在工程制图中，整个图形包含多种不同功能的图形对象，例如实体、剖面线与尺寸标注等，为了便于直观区分它们，就有必要针对不同的图形对象使用不同的颜色，例如实体层使用白色、剖面线层使用青色等。

要改变图层的颜色时，单击图层所对应的颜色图标，弹出“选择颜色”对话框，如图 1-43 所示。它是一个标准的颜色设置对话框，可以使用索引颜色、真彩色和配色系统 3 个选项卡来选择颜色。系统显示的 RGB 配比，即 Red(红)、Green(绿)和 Blue(蓝)3 种颜色。

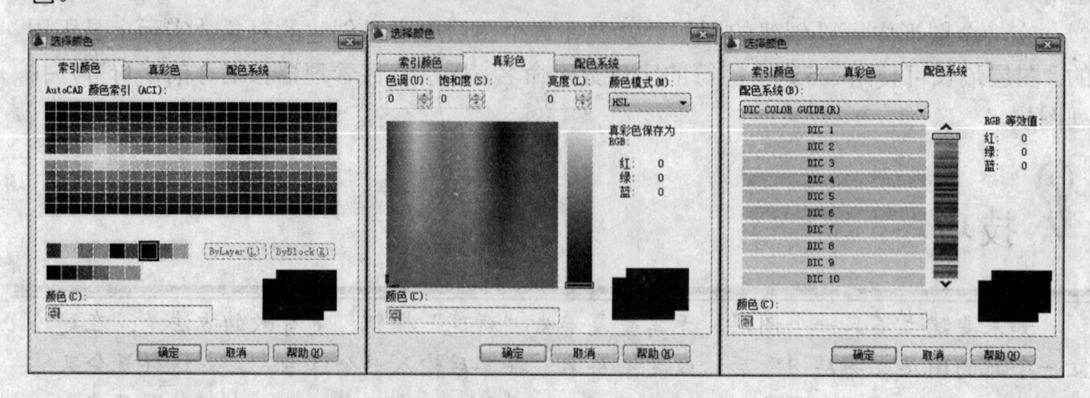

图 1-43 “选择颜色”对话框

2. 设置图层线型

线型是指作为图形基本元素的线条的组成和显示方式，如实线、点划线等。在许多的绘图工作中，常常以线型划分图层，为某一个图层设置适合的线型，在绘图时，只需将该图层设为当前工作层，即可绘制出符合线型要求的图形对象，极大地提高了绘图的效率。

单击图层所对应的线型图标，弹出“选择线型”对话框，如图 1-44 所示。默认情况下，在“已加载的线型”列表框中，系统中只添加了 Continuous 线型。单击“加载”按钮，打开“加载或重载线型”对话框，如图 1-45 所示，可以看到 AutoCAD 还提供许多其他的线型，用鼠标选择所需线型，单击“确定”按钮，即可把该线型加载到“已加载的线型”列表框中，可以按住 Ctrl 键选择几种线型同时加载。

3. 设置图层线宽

线宽设置顾名思义就是改变线条的宽度。用不同宽度的线条表现图形对象的类型，也可以提高图形的表达能力和可读性，例如绘制外螺纹时大径使用粗实线，小径使用细实线。

单击图层所对应的线宽图标，弹出“线宽”对话框，如图 1-46 所示。选择一个线宽，单击“确定”按钮完成对图层线宽的设置。

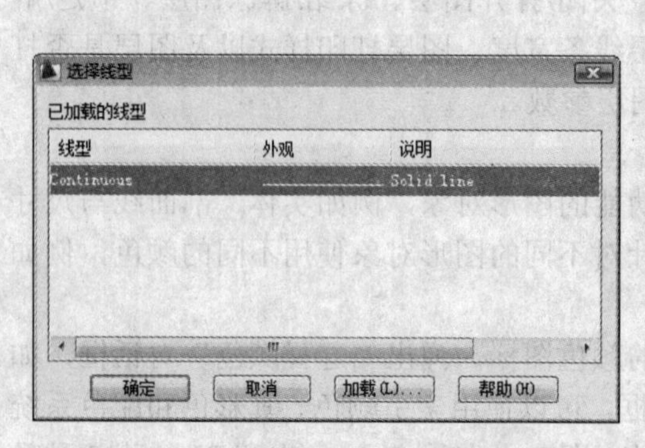

图 1-44 “选择线型”对话框

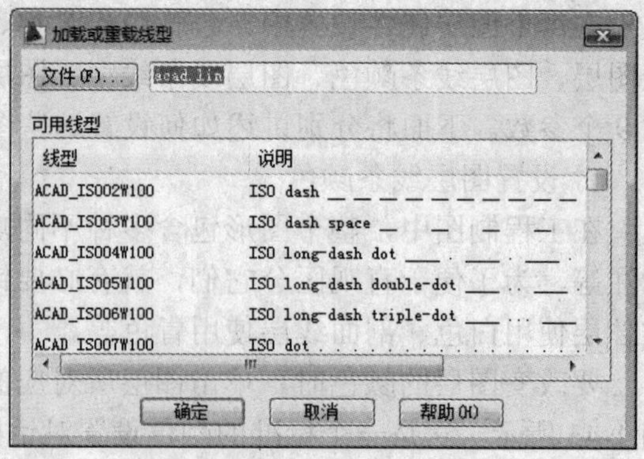

图 1-45 “加载或重载线型”对话框

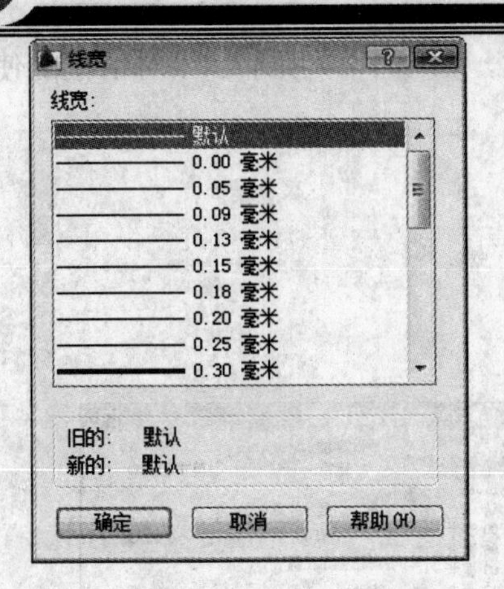

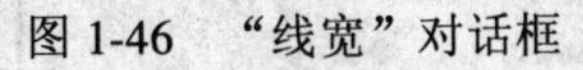
图 1-46 “线宽”对话框

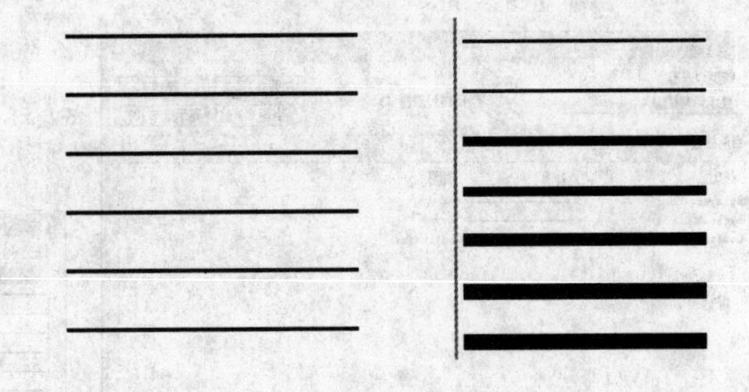
图 1-47 线宽显示效果图

图层线宽的默认值为 0.25mm。在状态栏为“模型”状态时，显示的线宽同计算机的像素有关。线宽为零时，显示为一个像素的线宽。单击状态栏中的“线宽”按钮，屏幕上显示的图形线宽，显示的线宽与实际线宽成比例，如图 1-47 所示，但线宽不随着图形的放大和缩小而变化。“线宽”功能关闭时，不显示图形的线宽，图形的线宽均为默认值宽度值显示。可以在“线宽”对话框选择需要的线宽。

1.6.2 设置图层

除了上面讲述的通过图层管理器设置图层的方法外，还有几种其他的简便方法可以设置图层的颜色、线宽、线型等参数。

1. 直接设置图层

可以直接通过命令行或菜单设置图层的颜色、线宽、线型。

【执行方式】

命令行：COLOR

菜单：格式→颜色

【操作格式】

执行上述命令后，系统打开“选择颜色”对话框，如图 1-43 所示。

【执行方式】

命令行：LINETYPE

菜单：格式→线型

【操作格式】

执行上述命令后，系统打开“线型管理器”对话框，如图 1-48 所示。该对话框的使用方法与图 1-44 所示的“选择线型”对话框类似。

【执行方式】

命令行：LINEWEIGHT 或 LWEIGHT

菜单：格式→线宽

【操作格式】

执行上述命令后，系统打开“线宽设置”对话框，如图1-49所示。该对话框的使用方法与图1-46所示的“线宽”对话框类似。

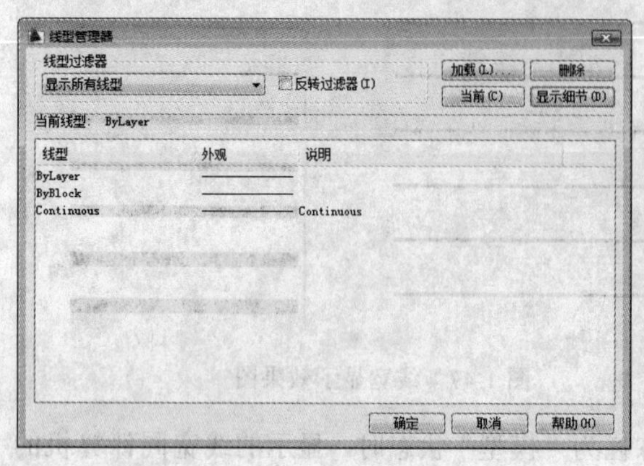

图1-48 “线型管理器”对话框

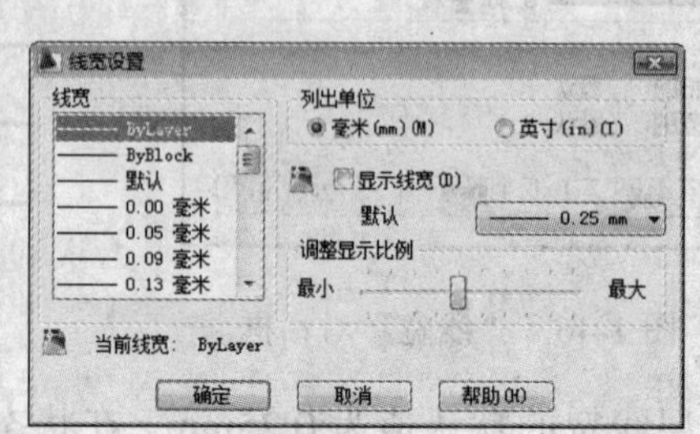

图1-49 “线宽设置”对话框

2．利用“特性”工具栏设置图层

AutoCAD提供了一个“特性”工具栏，如图1-50所示。用户能够控制和使用工具栏上的“对象特性”工具栏快速地察看和改变所选对象的图层、颜色、线型和线宽等特性。“特性”工具栏上的图层颜色、线型、线宽和打印样式的控制增强了察看和编辑对象属性的命令。在绘图屏幕上选择任何对象都将在工具栏上自动显示它所在图层、颜色、线型等属性。

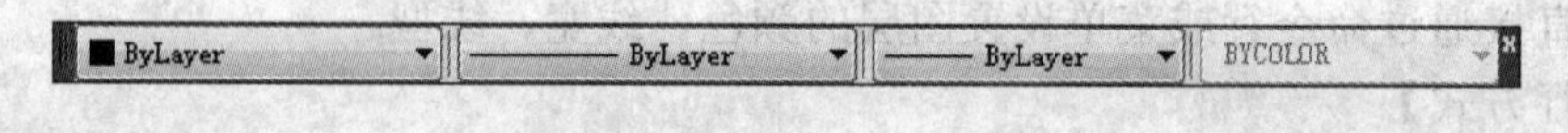

图1-50 “特性”工具栏

也可以在“特性”工具栏上的“颜色”、“线型”、“线宽”和“打印样式”下拉列表中选择需要的参数值。如果在“颜色”下拉列表中选择“选择颜色”选项，如图1-51所示，系统就会打开“选择颜色”对话框，如图1-43所示；同样，如果在“线型”下拉列表中选择“其他”选项，如图1-52所示，系统就会打开“线型管理器”对话框，如图1-48所示。

3．用“特性”对话框设置图层

【执行方式】

命令行：DDMODIFY或PROPERTIES

菜单：修改→特性

工具栏：标准→特性

【操作格式】

执行上述命令后，系统打开“特性”工具板，如图1-53所示。在其中可以方便地设置或修改图层、颜色、线型、线宽等属性。

图 1-51 “选择颜色”选项

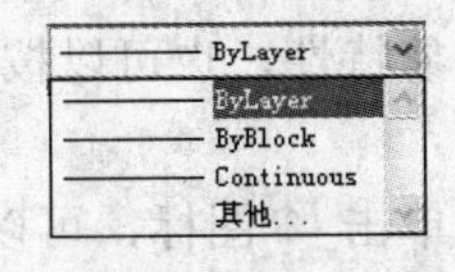

图 1-52 “其他”选项

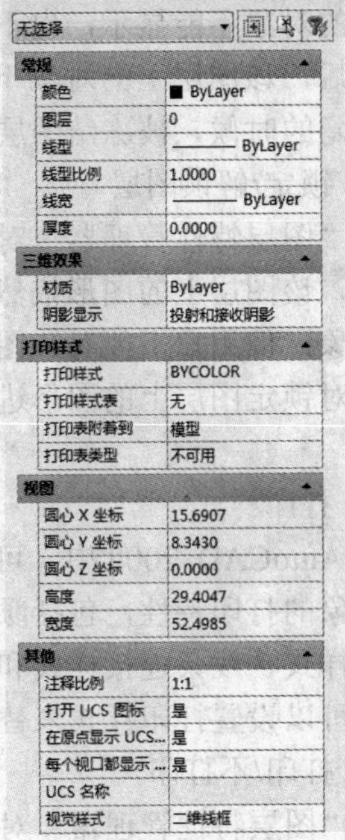

无选择	
常规	
颜色	ByLayer
图层	0
线型	ByLayer
线型比例	1.0000
线宽	ByLayer
厚度	0.0000
三维效果	
材质	ByLayer
阴影显示	投射和接收阴影
打印样式	
打印样式	BYCOLOR
打印样式表	无
打印表附着到	模型
打印表类型	不可用
视图	
圆心 X 坐标	15.6907
圆心 Y 坐标	8.3430
圆心 Z 坐标	0.0000
高度	29.4047
宽度	52.4985
其他	
注释比例	1:1
打开 UCS 图标	是
在原点显示 UCS...	是
每个视口都显示 ...	是
UCS 名称	
视觉样式	二维线框

图 1-53 “特性”工具板

1.6.3 控制图层

1. 切换当前图层

不同的图形对象需要绘制在不同的图层中，在绘制前，需要将工作图层切换到所需的图层上来。打开“图层特性管理器”对话框，选择图层，单击“置为当前”✔按钮完成设置。

2. 删除图层

在“图层特性管理器”对话框中的图层列表框中选择要删除的图层，单击“删除”按钮即可删除该图层。从图形文件定义中删除选定的图层，只能删除未参照的图层。参照图层包括图层 0 及 DEFPOINTS、包含对象（包括块定义中的对象）的图层、当前图层和依赖外部参照的图层。不包含对象（包括块定义中的对象）的图层、非当前图层和不依赖外部参照的图层都可以删除。

3. 关闭/打开图层

在“图层特性管理器”对话框中，单击图标，可以控制图层的可见性。图层打开时，图标小灯泡呈鲜艳的颜色，该图层上的图形可以显示在屏幕上或绘制在绘图仪上。当单击该属性图标后，图标小灯泡呈灰暗色时，该图层上的图形不显示在屏幕上，而且不能被打印输出，但仍然作为图形的一部分保留在文件中。

4. 冻结/解冻图层

在“图层特性管理器”对话框中，单击图标，可以冻结图层或将图层解冻。图标呈雪花灰暗色时，该图层是冻结状态；图标呈太阳鲜艳色时，该图层是解冻状态。冻结图层上的对象不能显示，也不能打印，同时也不能编辑修改该图层上图形对象。在冻结了图层后，该图层上的对象不影响其他图层上对象的显示和打印。例如，在使用 HIDE 命令消隐的时候，被冻结图层上的对象不隐藏其他的对象。

5．锁定/解锁图层

在“图层特性管理器”对话框中，单击图标，可以锁定图层或将图层解锁。锁定图层后，该图层上的图形依然显示在屏幕上并可打印输出，并可以在该图层上绘制新的图形对象，但用户不能对该图层上的图形进行编辑修改操作。可以对当前层进行锁定，也可在对锁定图层上的图形进行查询和对象捕捉命令。锁定图层可以防止对图形的意外修改。

6．打印样式

在 AutoCAD 2009 中，可以使用一个称为“打印样式”的新的对象特性。打印样式控制对象的打印特性，包括颜色、抖动、灰度、笔号、虚拟笔、淡显、线型、线宽、线条端点样式、线条连接样式和填充样式。使用打印样式给用户提供了很大的灵活性，因为用户可以设置打印样式来替代其他对象特性，也可以按用户需要关闭这些替代设置。

7．打印/不打印

在“图层特性管理器”对话框中，单击图标，可以设定打印时该图层是否打印，以在保证图形显示可见不变的条件下，控制图形的打印特征。打印功能只对可见的图层起作用，对于已经被冻结或被关闭的图层不起作用。

8．冻结新视口

控制在当前视口中图层的冻结和解冻。不解冻图形中设置为“关”或“冻结”的图层，对于模型空间视口不可用。

1.7 绘图辅助工具

要快速顺利地完成图形绘制工作，有时要借助一些辅助工具，比如用于准确确定绘制位置的精确定位工具和调整图形显示范围与方式的显示工具等。下面简略介绍一下这两种非常重要的辅助绘图工具。

1.7.1 精确定位工具

在绘制图形时，可以使用直角坐标和极坐标精确定位点，但是有些点（如端点、中心点等）的坐标我们是不知道的，又想精确的指定这些点，可想而知是很难的，有时甚至是不可能的。AutoCAD 提供了辅助定位工具，使用这类工具，我们可以很容易地在屏幕中捕捉到这些点，进行精确的绘图。

1．栅格

AutoCAD 的栅格由有规则的点的矩阵组成，延伸到指定为图形界限的整个区域。使用栅格与在坐标纸上绘图是十分相似的，利用栅格可以对齐对象并直观显示对象之间的距离。如果放大或缩小图形，可能需要调整栅格间距，使其更适合新的比例。虽然栅格在屏幕上是可见的，但它并不是图形对象，因此它不会被打印成图形中的一部分，也不会影响在何处绘图。

可以单击状态栏上的“栅格”按钮或F7键打开或关闭栅格。启用栅格并设置栅格在X轴方向和Y轴方向上的间距的方法如下：

【执行方式】

命令行：DSETTINGS（或DS，S E或DDRMODES）

菜单：工具→草图设置

快捷菜单：“栅格”按钮处右击→设置

【操作格式】

执行上述命令，系统打开“草图设置”对话框，如图1-54所示。

如果需要显示栅格，选择“启用栅格”复选框。在“栅格X轴间距”文本框中，输入栅格点之间的水平距离，单位毫米。如果使用相同的间距设置垂直和水平分布的栅格点，则按Ta b键。否则，在“栅格Y轴间距”文本框中输入栅格点之间的垂直距离。

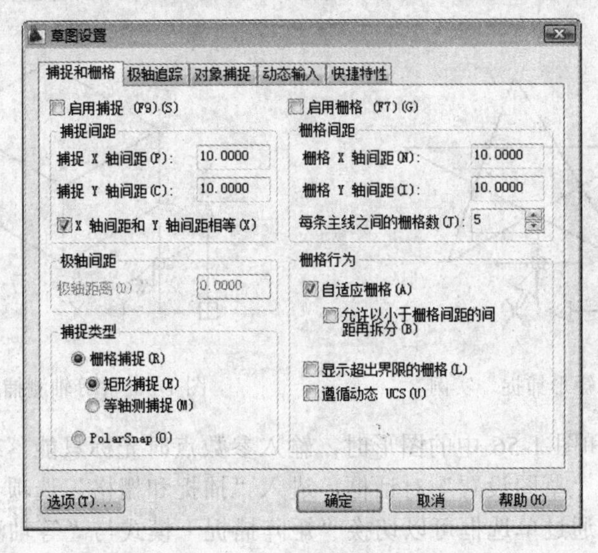

图1-54 “草图设置”对话框

用户可改变栅格与图形界限的相对位置。默认情况下，栅格以图形界限的左下角为起点，沿着与坐标轴平行的方向填充整个由图形界限所确定的区域。在“捕捉”选项区中的“角度”项可决定栅格与相应坐标轴之间的夹角；“X基点”和“Y基点”项可决定栅格与图形界限的相对位移。

注意

如果栅格的间距设置得太小，当进行“打开栅格”操作时，AutoCAD将在文本窗口中显示“栅格太密，无法显示”的信息，而不在屏幕上显示栅格点。或者使用“缩放”命令时，将图形缩放很小，也会出现同样提示，不显示栅格。

捕捉可以使用户直接使用鼠标快速地定位目标点。捕捉模式有几种不同的形式：栅格捕捉、对象捕捉、极轴捕捉和自动捕捉。在下文中将详细讲解。

另外，可以使用 GRID 命令通过命令行方式设置栅格，功能与“草图设置”对话框类似，不再赘述。

2．捕捉

捕捉是指 AutoCAD 可以生成一个隐含分布于屏幕上的栅格，这种栅格能够捕捉光标，使得光标只能落到其中的一个栅格点上。捕捉可分为“矩形捕捉”和“等轴测捕捉”两种类型。默认设置为“矩形捕捉”，即捕捉点的阵列类似于栅格，如图 1-55 所示，用户可以指定捕捉模式在 X 轴方向和 Y 轴方向上的间距，也可改变捕捉模式与图形界限的相对位置。与栅格不同之处在于：捕捉间距的值必须为正实数；另外捕捉模式不受图形界限的约束。“等轴测捕捉”表示捕捉模式为等轴测模式，此模式是绘制正等轴测图时的工作环境，如图 1-56 所示。在“等轴测捕捉”模式下，栅格和光标十字线成绘制等轴测图时的特定角度。

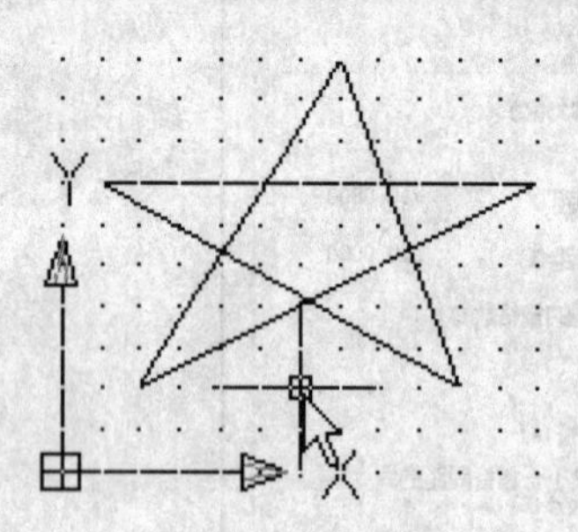

图 1-55 “矩形捕捉”实例

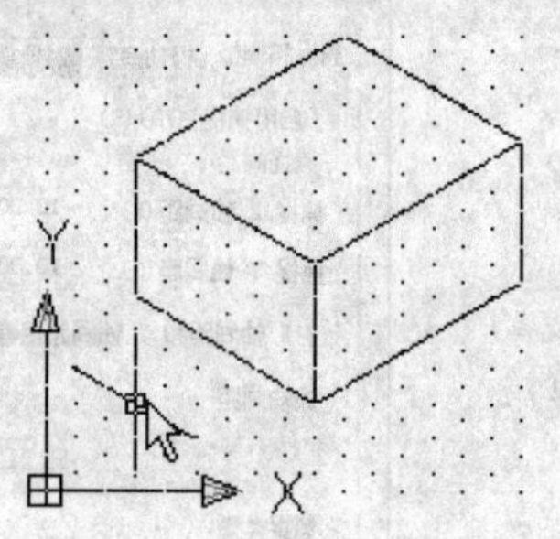

图 1-56 “等轴测捕捉”

在绘制图 1-55 和图 1-56 中的图形时，输入参数点时光标只能落在栅格点上。两种模式切换方法：打开“草图设置”对话框，进入“捕捉和栅格”选项卡，在“捕捉类型和样式”选项区中，通过单选框可以切换“矩阵捕捉”模式与“等轴测捕捉”模式。

3．极轴捕捉

极轴捕捉是在创建或修改对象时，按事先给定的角度增量和距离增量来追踪特征点，即捕捉相对于初始点、且满足指定极轴距离和极轴角的目标点。

极轴追踪设置主要是设置追踪的距离增量和角度增量，以及与之相关联的捕捉模式。这些设置可以通过“草图设置”对话框的“捕捉和栅格”选项卡与“极轴追踪”选项卡来实现，如图 1-57 和图 1-58 所示。

● 设置极轴距离

如图 1-57 所示，在“草图设置”对话框的“捕捉和栅格”选项卡中，可以设置极轴距离，单位毫米。绘图时，光标将按指定的极轴距离增量进行移动。

● 设置极轴角度

如图 1-58 所示，在“草图设置”对话框的“极轴追踪”选项卡中，可以设置极轴角增量角度。设置时，可以使用向下箭头所打开的下拉选择框中的 90、45、30、22.5、18、15、10 和 5 的极轴角增量，也可以直接输入指定其他任意角度。光标移动时，如果接

近极轴角，将显示对齐路径和工具栏提示。例如，图1-59所示为当极轴角增量设置为 30 ，光标移动 90 时显示的对齐路径。

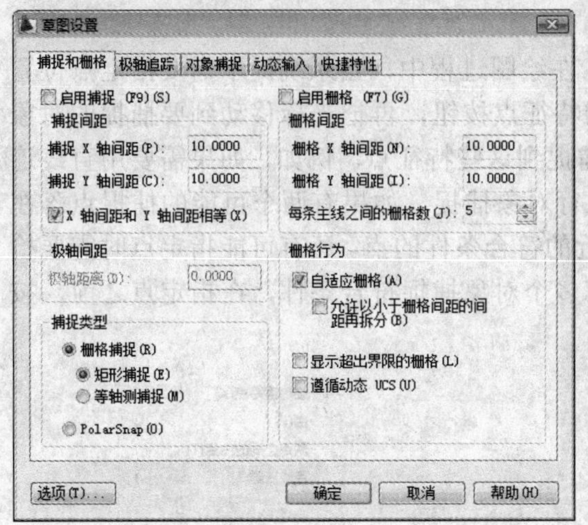

图1-57 “捕捉和栅格”选项

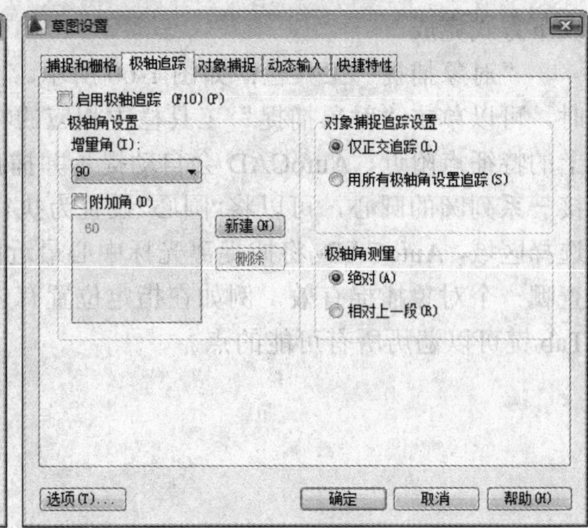

图1-58 “极轴追踪”选项卡

“附加角”用于设置极轴追踪时是否采用附加角度追踪。选中“附加角”复选框，通过“增加”按钮或者“删除”按钮来增加、删除附加角度值。

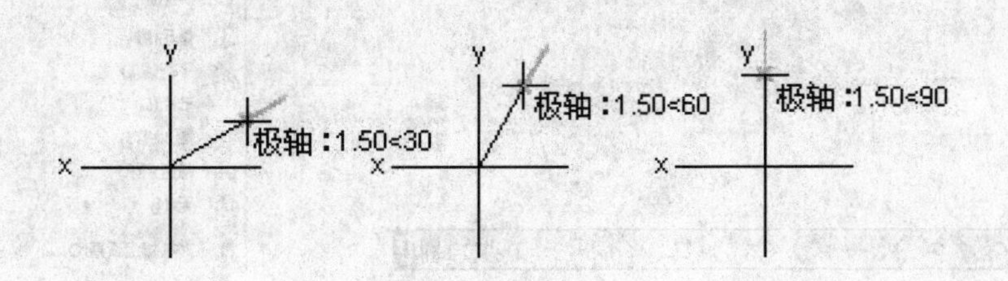

图1-59 设置极轴角度

- 对象捕捉追踪设置

用于设置对象捕捉追踪的模式。如果选择“仅正交追踪”选项，则当采用追踪功能时，系统仅在水平和垂直方向上显示追踪数据；如果选择“用所有极轴角设置追踪”选项，则当采用追踪功能时，系统不仅可以在水平和垂直方向显示追踪数据，还可以在设置的极轴追踪角度与附加角度所确定的一系列方向上显示追踪数据。

- 极轴角测量

用于设置极轴角的角度测量采用的参考基准，“绝对”则是相对水平方向逆时针测量，“相对上一段”则是以上一段对象为基准进行测量。

4．对象捕捉

AutoCAD 给所有的图形对象都定义了特征点，对象捕捉则是指在绘图过程中，通过捕捉这些特征点，迅速准确将新的图形对象定位在现有对象的确切位置上，例如圆的圆心、线段中点或两个对象的交点等。在 AutoCAD 2009 中，可以通过单击状态栏中“对象捕捉”选项，或是在“草图设置”对话框的“对象捕捉”选项卡中选择“启用对象捕捉”单选框，来完成启用对象捕捉功能。在绘图过程中，对象捕捉功能的调用可以通过以下方式完成。

“对象捕捉”工具栏：如图 1-60 所示，在绘图过程中，当系统提示需要指定点位置时，可以单击“对象捕捉”工具栏中相应的特征点按钮，再把光标移动到要捕捉的对象上的特征点附近，AutoCAD 会自动提示并捕捉到这些特征点。例如，如果需要用直线连接一系列圆的圆心，可以将“圆心”设置为执行对象捕捉。如果有两个可能的捕捉点落在选择区域，AutoCAD 将捕捉离光标中心最近的符合条件的点。还有可能指定点时需要检查哪一个对象捕捉有效，例如在指定位置有多个对象捕捉符合条件，在指定点之前，按 Tab 键可以遍历所有可能的点。

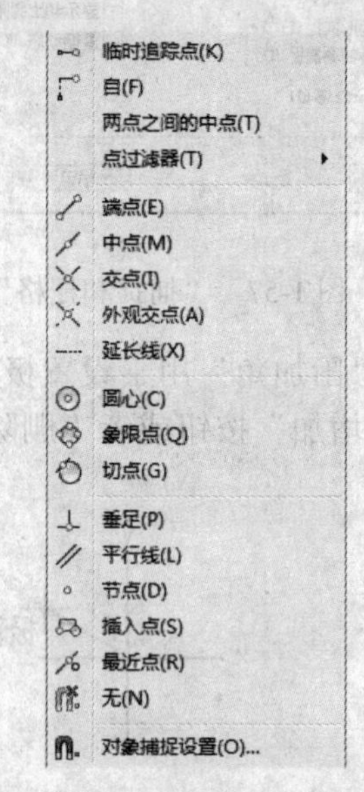

图 1-60 “对象捕捉”工具栏　　图 1-61 “对象捕捉”快捷菜单

对象捕捉快捷菜单：在需要指定点位置时，还可以按住 Ctrl 键或 Shift 键，单击鼠标右键，弹出对象捕捉快捷菜单，如图 1-61 所示。从该菜单上一样可以选择某一种特征点执行对象捕捉，把光标移动到要捕捉对象上的特征点附近，即可捕捉到这些特征点。

使用命令行：当需要指定点位置时，在命令行中输入相应特征点的关键词把光标移动到要捕捉对象上的特征点附近，即可捕捉到这些特征点。对象捕捉特征点的关键字如表 1-1 所示。

表 1-1 对象捕捉模式

模式	关键字	模式	关键字	模式	关键字
临时追踪点	TT	捕捉自	FROM	端点	END
中点	MID	交点	INT	外观交点	APP
延长线	EXT	圆心	CEN	象限点	QUA
切点	TAN	垂足	PER	平行线	PAR
节点	NOD	最近点	NEA	无捕捉	NON

注意

1.对象捕捉不可单独使用，必须配合别的绘图命令一起使用。仅当 AutoCAD 提示输入点时，对象捕捉才生效。如果试图在命令提示下使用对象捕捉，AutoCAD 将显示错误信息。

2. 对象捕捉只影响屏幕上可见的对象，包括锁定图层、布局视口边界和多段线上的对象。不能捕捉不可见的对象，如未显示的对象、关闭或冻结图层上的对象或虚线的空白部分。

5．自动对象捕捉

在绘制图形的过程中，使用对象捕捉的频率非常高，如果每次在捕捉时都要先选择捕捉模式，将使工作效率大大降低。出于此种考虑，AutoCAD 提供了自动对象捕捉模式。如果启用自动捕捉功能，当光标距指定的捕捉点较近时，系统会自动精确地捕捉这些特征点，并显示出相应的标记以及该捕捉的提示。设置“草图设置”对话框中的“对象捕捉”选项卡，选中“启用对象捕捉追踪”复选框，可以调用自动捕捉，如图 1-62 所示。

注意

我们可以设置自己经常要用的捕捉方式。一旦设置了运行捕捉方式后，在每次运行时，所设定的目标捕捉方式就会被激活，而不是仅对一次选择有效，当同时使用多种方式时，系统将捕捉距光标最近、同时又是满足多种目标捕捉方式之一的点。当光标距要获取的点非常近时，按下 Shift 键将暂时不获取对象。

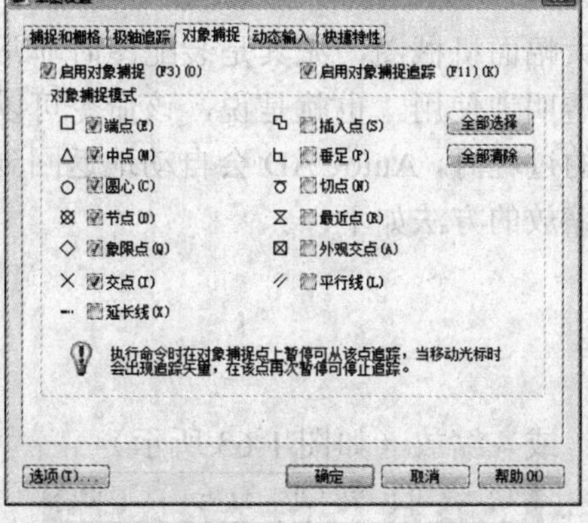

图 1-62 “对象捕捉”选项卡

6．正交绘图

正交绘图模式，即在命令的执行过程中，光标只能沿 X 轴或者 Y 轴移动。所有绘制的线段和构造线都将平行于 X 轴或 Y 轴，因此它们相互垂直成 90º 相交，即正交。使用正交绘图，对于绘制水平和垂直线非常有用，特别是当绘制构造线时经常使用。而且当捕捉模式为等轴测模式时，它还迫使直线平行于 3 个等轴测中的一个。

设置正交绘图可以直接单击状态栏中“正交”按钮，或 F8 键，相应的会在文本窗口中显示开/关提示信息。也可以在命令行中输入“ORTHO”命令，执行开启或关闭正交绘图。

注意

“正交”模式将光标限制在水平或垂直（正交）轴上。因为不能同时打开“正交”模式和极轴追踪，因此“正交”模式打开时，AutoCAD 会关闭极轴追踪。如果再次打开极轴追踪，AutoCAD 将关闭“正交”模式。

1.7.2　图形显示工具

对于一个较为复杂的图形来说，在观察整幅图形时往往无法对其局部细节进行查看和操作，而当在屏幕上显示一个细部时又看不到其他部分，为解决这类问题，AutoCAD 提供了缩放、平移、视图、鸟瞰视图和视口命令等一系列图形显示控制命令，可以用来任意地放大、缩小或移动屏幕上的图形显示，或者同时从不同的角度、不同的部位来显示图形。AutoCAD 还提供了重画和重新生成命令来刷新屏幕、重新生成图形。

1．图形缩放

图形缩放命令类似于照相机的镜头，可以放大或缩小屏幕所显示的范围，只改变视图的比例，但是对象的实际尺寸并不发生变化。当放大图形一部分的显示尺寸时，可以更清楚地查看这个区域的细节；相反，如果缩小图形的显示尺寸，则可以查看更大的区域，如整体浏览。

图形缩放功能在绘制大幅面机械图，尤其是装配图时非常有用，是使用频率最高的命令之一。这个命令可以透明地使用，也就是说，该命令可以在其他命令执行时运行。用户完成涉及到透明命令的过程时，AutoCAD 会自动地返回到在用户调用透明命令前正在运行的命令。执行图形缩放的方法如下：

【执行方式】

命令行：ZOOM

菜单：视图→缩放

工具栏：标准→缩放　或　缩放（如图 1-63 所示）

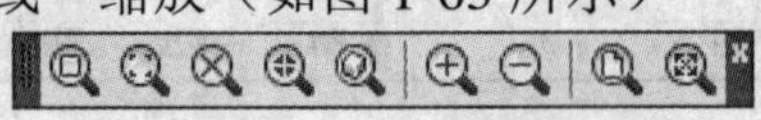

图 1-63　“缩放”工具栏

【操作格式】

执行上述命令后，系统提示：

[全部(A)/中心点(C)/动态(D)/范围(E)/上一个(P)/比例(S)/窗口(W)] <实时>:

【选项说明】

（1）实时。这是“缩放”命令的默认操作，即在输入“ZOOM”命令后，直接按Enter键，将自动调用实时缩放操作。实时缩放就是可以通过上下移动鼠标交替进行放大和缩小。在使用实时缩放时，系统会显示一个“+”号或“—”号。当缩放比例接近极限时，AutoCAD 将不再与光标一起显示“+”号或“—”号。需要从实时缩放操作中退出时，可按Enter键、“Esc”键或是从菜单中选择“Exit”退出。

（2）全部(A)。执行“ZOOM”命令后，在提示文字后键入“A”，即可执行“全部(A)”缩放操作。不论图形有多大，该操作都将显示图形的边界或范围，即使对象不包括在边界以内，它们也将被显示。因此，使用“全部(A)”缩放选项，可查看当前视口中的整个图形。

（3）中心点(C)。通过确定一个中心点，该选项可以定义一个新的显示窗口。操作过程中需要指定中心点以及输入比例或高度。默认新的中心点就是视图的中心点，默认的输入高度就是当前视图的高度，直接按 Enter 键后，图形将不会被放大。输入比例，则数值越大，图形放大倍数也将越大。也可以在数值后面紧跟一个 X，如 3X，表示在放大时不是按照绝对值变化，而是按相对于当前视图的相对值缩放。

（4）动态(D)。通过操作一个表示视口的视图框，可以确定所需显示的区域。选择该选项，在绘图窗口中出现一个小的视图框，按住鼠标左键左右移动可以改变该视图框的大小，定形后放开左键，再按下鼠标左键移动视图框，确定图形中的放大位置，系统将清除当前视口并显示一个特定的视图选择屏幕。这个特定屏幕，由有关当前视图及有效视图的信息所构成。

（5）范围(E)。可以使图形缩放至整个显示范围。图形的范围由图形所在的区域构成，剩余的空白区域将被忽略。应用这个选项，图形中所有的对象都尽可能地被放大。

（6）上一个(P)。在绘制一幅复杂的图形时，有时需要放大图形的一部分以进行细节的编辑。当编辑完成后，有时希望回到前一个视图。这种操作可以使用“上一个(P)”选项来实现。当前视口由“缩放”命令的各种选项或“移动”视图、视图恢复、平行投影或透视命令引起的任何变化，系统都将做保存。每一个视口最多可以保存 10 个视图。连续使用“上一个(P)”选项可以恢复前 10 个视图。

（7）比例(S)。提供了 3 种使用方法。在提示信息下，直接输入比例系数，AutoCAD 将按照此比例因子放大或缩小图形的尺寸。如果在比例系数后面加一“X”,则表示相对于当前视图计算的比例因子。使用比例因子的第三种方法就是相对于图形空间，例如，可以在图纸空间阵列布排或打印出模型的不同视图。为了使每一张视图都与图纸空间单位成比例，可以使用“比例(S)”选项，每一个视图可以有单独的比例。

（8）窗口(W)。是最常使用的选项。通过确定一个矩形窗口的两个对角来指定所需缩放的区域，对角点可以由鼠标指定，也可以输入坐标确定。指定窗口的中心点将成为新的显示屏幕的中心点。窗口中的区域将被放大或者缩小。调用“ZOOM”命令时，可以在没有选择任何选项的情况下，利用鼠标在绘图窗口中直接指定缩放窗口的两个对角点。

注意

这里所提到了诸如放大、缩小或移动的操作，仅仅是对图形在屏幕上的显示进行控制，图形本身并没有任何改变。

2．图形平移

当图形幅面大于当前视口时，例如使用图形缩放命令将图形放大，如果需要在当前视口之外观察或绘制一个特定区域时，可以使用图形平移命令来实现。平移命令能将在当前视口以外的图形的一部分移动进来查看或编辑，但不会改变图形的缩放比例。执行图形缩放的方法如下：

【执行方式】

命令行：PAN

菜单：视图→平移

工具栏：标准→平移

快捷菜单：绘图窗口中单击右键，选择“平移”选项

激活平移命令之后，光标将变成一只“小手”，可以在绘图窗口中任意移动，以示当前正处于平移模式。单击并按住鼠标左键将光标锁定在当前位置，即“小手”已经抓住图形，然后，拖动图形使其移动到所需位置上。松开鼠标左键将停止平移图形。可以反复按下鼠标左键，拖动，松开，将图形平移到其他位置上。

平移命令预先定义了一些不同的菜单选项与按钮，它们可用于在特定方向上平移图形，在激活平移命令后，这些选项可以从菜单“视图”→“平移”→“*”中调用。

（1）实时：是平移命令中最常用的选项，也是默认选项，前面提到的平移操作都是指实时平移，通过鼠标的拖动来实现任意方向上的平移。

（2）点：这个选项要求确定位移量，这就需要确定图形移动的方向和距离。可以通过输入点的坐标或用鼠标指定点的坐标来确定位移。

（3）左：该选项移动图形使屏幕左部的图形进入显示窗口。

（4）右：该选项移动图形使屏幕右部的图形进入显示窗口。

（5）上：该选项向底部平移图形后，使屏幕顶部的图形进入显示窗口。

（6）下：该选项向顶部平移图形后，使屏幕底部的图形进入显示窗口。

第 2 章

室内设计基本图形的绘制

本章导读：

在本章中，通过讲解一些常见的家具平面图形及相关建筑构件平面图形的绘制，一方面熟悉一下常用绘图命令的使用，另一方面掌握一些简单图形的绘制。这些内容虽然简单，但它是绘制复杂图形的基础，对于初学者来说，仔细阅读一下是很有必要的。当然，对于较熟练的读者，此章可以跳过不看。

2.1 基本绘图命令的使用

在 AutoCAD 中，命令通常有 3 种执行方式：命令行方式、菜单方式和工具栏方式。二维绘图命令的菜单命令主要集中在“绘图”菜单中，如图 2-1 所示；其工具栏命令主要集中在“绘图”工具栏中，如图 2-2 所示。

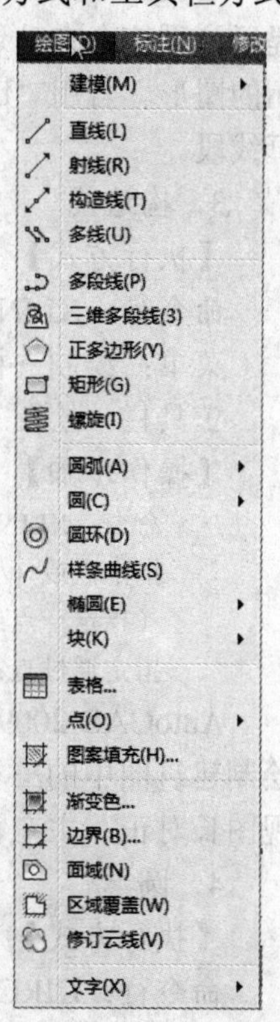

图 2-1 “绘图”菜单

1．点

【执行方式】

命令行：POINT

菜单：绘制→点→单点 或 多点

工具栏：绘制→点

【操作步骤】

命令：POINT ↙

指定点：（输入点的坐标）

系统在屏幕上的指定位置绘出一个点，也可在屏幕上直接用鼠标单击左键选取点。

点在图形中的表示样式共有 20 种。可通过命令 DDPTYPE 或拾取菜单：“格式”→“点样式”，打开“点样式”对话框来设置，如图 2-3 所示。

2．直线

【执行方式】

命令行：LINE

菜单：绘制→直线

工具栏：绘图→直线

【操作步骤】

命令：LINE ↙

指定第一点：（指定所绘直线段的起始点）

指定下一点或［放弃（U）］：（指定所绘直线段的端点）

指定下一点或［闭合（C）/放弃（U）］：（指定下一条直线段的端点）

指定下一点或［闭合（C）/放弃（U）］：（按空格键或 Enter 键结束本次操作）

图 2-2 “绘图”工具栏

若用回车键响应“指定第一点”提示，系统会把上次绘线（或弧）的终点作为本次操作的起始点。若上次操作为绘制圆弧，回车响应后绘出通过圆弧终点与该圆弧相切的直线段，该线段的长度由鼠标在屏幕上指定的一点与切点之间线段的长度确定。

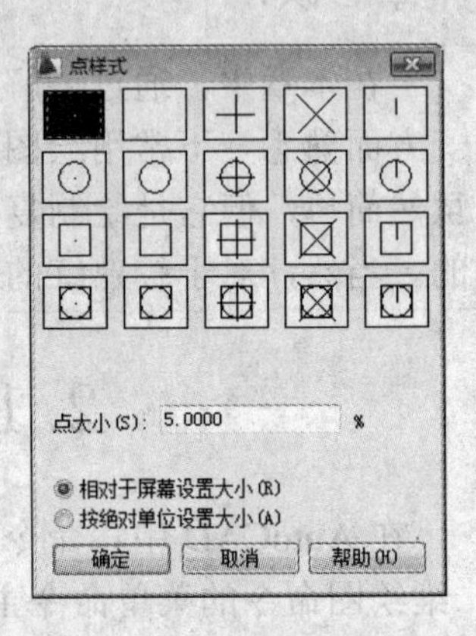

图 2-3 “点样式”对话框

在“指定下一点”提示下，用户可以指定多个端点，从而绘出多条直线段。但是，每一段直线都是一个独立的对象，可以进行单独的编辑操作。

绘制两条以上直线段后，若用“C”键响应“指定下一点”提示，系统会自动连接起始点和最后一个端点，从而绘出封闭的图形。若用“U” 键响应提示，则擦除最近一次绘制的直线段。

3．构造线

【执行方式】

命令行：XLINE

菜单：绘制→构造线

工具栏：绘图→构造线

【操作步骤】

命令：XLINE ↙

指定点或 [水平(H)/垂直(V)/角度(A)/二等分(B)/偏移(O)]:

（指定一点或输入选项[水平/垂直/角度/二等分/偏移] ）

指定通过点：（指定参照线要经过的点并按空格键或〈Enter〉键结束本次操作）

AutoCAD 2009 可以用各种不同的方法绘制一条或多条直线。应用构造线作为辅助线绘制建筑图中的三视图是构造线的最主要用途，构造线的应用保证了三视图之间“主俯视图长对正、主左视图高平齐、俯左视图宽相等”的对应关系。

4．圆

【执行方式】

命令行：CIRCLE

菜单：绘制→圆

工具栏：绘制→圆

【操作步骤】

AutoCAD 2009 提供了多种绘制圆的方法。下面着重介绍几种绘制方法：

（1）圆心、半径方式

命令：CIRCLE ↙

指定圆的圆心或 [三点(3P)/两点(2P)/相切、相切、半径(T)]:

指定圆的半径或 [直径(D)]:

（2）三点方式

命令: CIRCLE ↙

指定圆的圆心或 [三点(3P)/两点(2P)/相切、相切、半径(T)]: 3P ↙（选择三点方式）

指定圆上的第一个点:

指定圆上的第二个点:

指定圆上的第三个点:

（3）相切、相切、半径方式

命令:CIRCLE ↙

指定圆的圆心或 [三点(3P)/两点(2P)/相切、相切、半径(T)]: T ↙（选择此方式）

指定对象与圆的第一个切点:

指定对象与圆的第二个切点:

指定圆的半径:

此方式按先指定两个相切对象，再指定半径的方法绘制圆。如图 2-4 所示指定了“相切、相切、半径”方式绘制圆的各种情形（其中加黑的圆为最后绘制的圆）。

图 2-4　圆与另外两个对象相切的各种情形

（4）“绘图”→“圆”菜单中多了一种“相切、相切、相切”的方法，当选择此方式时（如图 2-5 所示），系统提示：

指定圆上的第一个点: _tan 到：（指定相切的第一个圆弧）

指定圆上的第二个点: _tan 到：（指定相切的第二个圆弧）

指定圆上的第三个点: _tan 到：（指定相切的第三个圆弧）

如图 2-6 所示为用“相切、相切、相切”的方法绘制的圆（其中加黑的圆为最后绘制的圆）。

5．圆弧

【执行方式】

命令行：ARC

菜单：绘制→圆弧

工具栏：绘图→圆弧

【操作步骤】

AutoCAD 2009 提供了多种绘制圆弧的方法。下面着重介绍几种绘制方法：

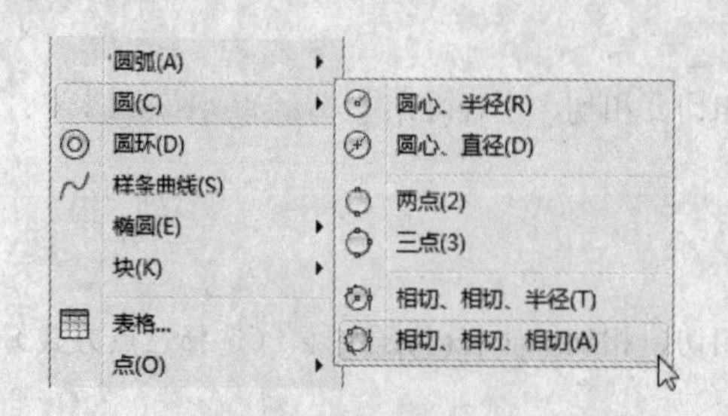

图 2-5　绘制圆的菜单方法

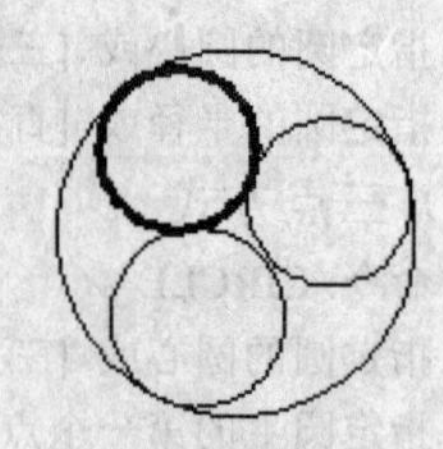

图 2-6　“相切、相切、相切”方法绘制圆

（1）利用三点绘制圆弧（为系统默认方式，如图 2-7a 所示）。

命令：ARC ↙

指定圆弧的起点或 [圆心(C)]:

指定圆弧的第二个点或 [圆心(C)/端点(E)]:

指定圆弧的端点:

（2）利用圆弧的起点、圆心和端点绘制圆弧（如图 2-7b 所示）。

命令: ARC ↙

指定圆弧的起点或 [圆心(C)]:

指定圆弧的第二个点或 [圆心(C)/端点(E)]: C ↙（选择圆心方式）

指定圆弧的端点:

指定圆弧的端点或 [角度(A)/弦长(L)]:

（3）利用圆弧的圆心、起点和夹角绘制圆弧（如图 2-7c 所示）。

命令:ARC↙

指定圆弧的起点或 [圆心(C)]: C ↙（选择圆心方式）

指定圆弧的圆心:

指定圆弧的起点:

指定圆弧的端点或 [角度(A)/弦长(L)]: A ↙（选择圆弧夹角方式）

指定包含角: （输入圆弧夹角的角度值）

（4）利用圆弧的起点、圆心和圆弧的弦长绘制圆弧（如图 2-7d 所示）。

命令: ARC↙

指定圆弧的起点或 [圆心(C)]:

指定圆弧的第二个点或 [圆心(C)/端点(E)]: C ↙（选择圆心方式）

指定圆弧的圆心: （指定圆弧的圆心）

指定圆弧的端点或 [角度(A)/弦长(L)]: L ↙ （选择弦长方式）

指定弦长: （指定弦长的长度）

其他几种方式不一一列举，图 2-7 为各种绘制圆弧方法的示意图。

6．椭圆与椭圆弧

【执行方式】

命令行：ELLIPSE

菜单：绘制→椭圆→圆弧

工具栏：绘制→椭圆 或 绘制→椭圆弧

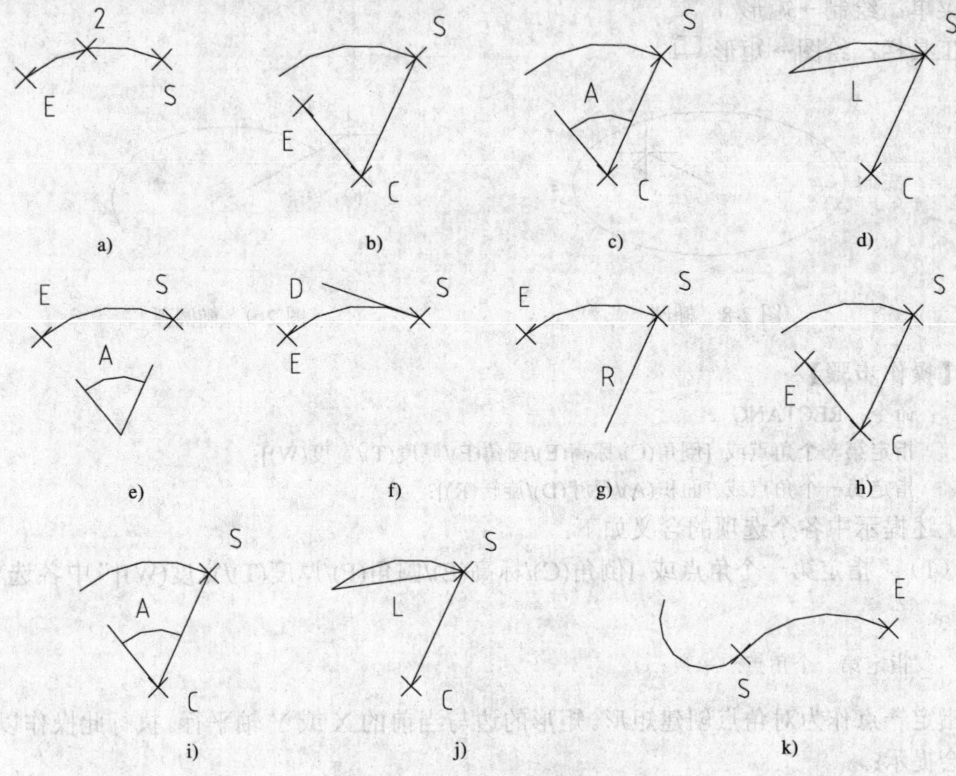

图 2-7　11 种绘制圆弧的方法

【操作步骤】

（1）利用椭圆上的两个端点的位置（如图 2-8 中 1、2 两点）以及另一个轴的半长（如图 2-8 中 3、4 拉出的长度）绘制椭圆（系统默认方式）。

命令：ELLIPSE ↙
指定椭圆的轴端点或 [圆弧(A)/中心点(C)]:
指定轴的另一个端点：
指定另一条半轴长度或 [旋转(R)]:

其中[旋转(R)]是指定绕长轴旋转的角度，可以输入一个角度值，其有效范围为 0º～89.4º，输入 0 将定义圆。

（2）利用椭圆的中心坐标、一根轴上的一个端点的位置以及另一个轴的半长绘制椭圆。

命令：ELLIPSE ↙
指定椭圆的轴端点或 [圆弧(A)/中心点(C)]：A ↙（选择此方式绘制椭圆）
指定椭圆弧的轴端点或 [中心点(C)]:
指定轴的另一个端点：
指定另一条半轴长度或 [旋转(R)]:

绘制椭圆弧的方法与绘制椭圆类似，只需拉出椭圆弧的包含角度，如图 2-9 所示。

7．矩形

【执行方式】

命令行：RECTANG

菜单：绘制→矩形

工具栏：绘图→矩形

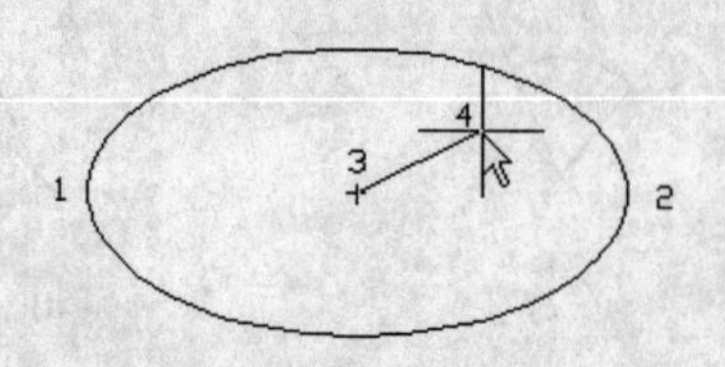

图 2-8　椭圆

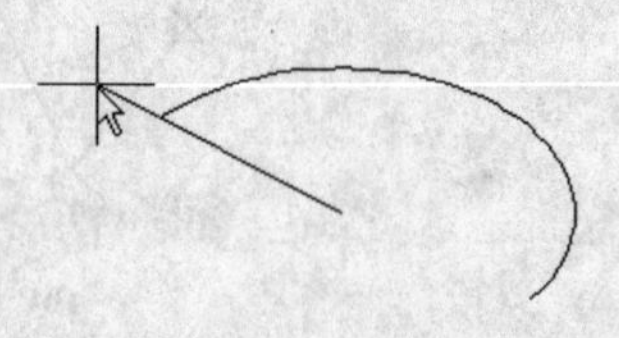
图 2-9　椭圆弧

【操作步骤】

命令：RECTANG ↙

指定第一个角点或 [倒角(C)/标高(E)/圆角(F)/厚度(T)/宽度(W)]:

指定另一个角点或 [面积(A)/尺寸(D)/旋转(R)]:

上述提示中各个选项的含义如下：

（1）“指定第一个角点或 [倒角(C)/标高(E)/圆角(F)/厚度(T)/宽度(W)]”中各选项的含义

指定第一个角点:

指定一点作为对角点创建矩形。矩形的边与当前的 X 或 Y 轴平行。执行此操作以后，系统会提示：

指定另一个角点或 [尺寸(D)]:

输入另一对角点来完成矩形的绘制，如图 2-10a 所示。

● 倒角(C)：设置矩形的倒角距离。仅对矩形的 4 个角进行处理，以满足绘图的要求，如图 2-10b 所示。

● 标高(E)：设置矩形的标高。即把矩形画在标高为 Z，和 XOY 坐标面平行的平面上，并作为后续矩形的标高值。

● 圆角(F)：设置矩形的圆角半径。将矩形的四个角改由一小段圆弧连接，如图 2-10c 所示。

● 厚度(T)：设置矩形的厚度，如图 2-10d 所示。

● 宽度(W)：为所绘制的矩形设置线宽，如图 2-10e 所示。

（2）“指定另一个角点或 [面积(A)/尺寸(D)/旋转(R)]”中各选项的含义

● 指定另一个角点：指定矩形的另一对角点来绘制矩形。

● 尺寸（D）：使用长和宽绘制矩形。

8．正多边形

在 AutoCAD 2009 中正多边形是具有 3～1024 条等边长的封闭二维图形。

【执行方式】

命令行:：POLYGEN

菜单：绘制→正多边形

工具栏：绘图→正多边形

【操作步骤】

在 AutoCAD 2009 中，绘制正多边形有 3 种方法。

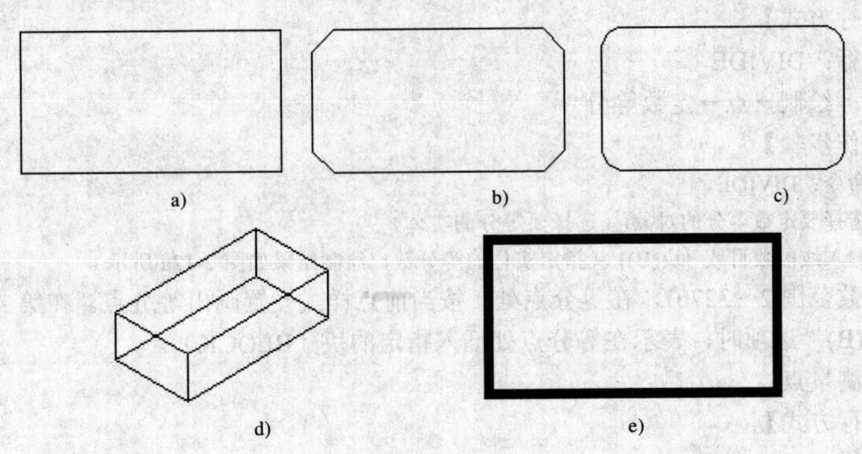

图 2-10 绘制矩形

（1）利用内接于圆绘制正多边形（如图 2-11a 所示）

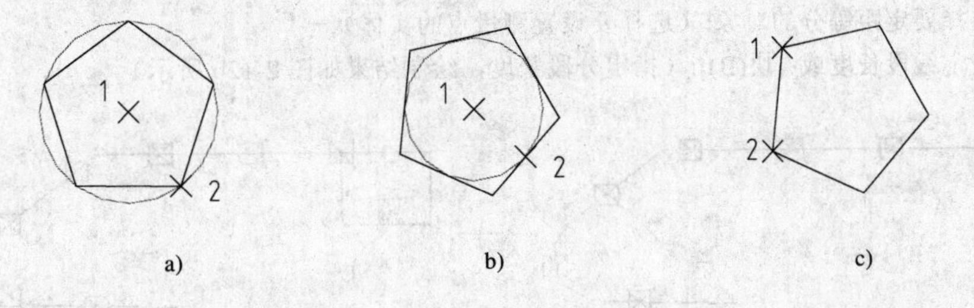

图 2-11 绘制正多边形

命令：POLYGON ↙

输入边的数目：（输入数目）

指定正多边形的中心点或 [边(E)]：（指定正多边形的中心点或[边]）

输入选项 [内接于圆(I)/外切于圆(C)] ：I↙（选择内接于圆）

指定圆的半径：

（2）利用外切于圆绘制正多边形（如图 2-11b 所示）

命令：POLYGON ↙

输入边的数目：

指定正多边形的中心点或 [边(E)]：

输入选项 [内接于圆(I)/外切于圆(C)]：C ↙（选择外切于圆绘制正多边形）

指定圆的半径：

（3）利用正多边形上一条边的两个端点绘制正多边形（如图 2-11c 所示）

命令：POLYGON ↙

输入边的数目：

指定正多边形的中心点或 [边(E)]：E ↙（选择利用边绘制正多边形）

指定边的第一个端点：

指定边的第二个端点：

9．等分点

【执行方式】

命令行：DIVIDE

菜单：绘制→点→定数等分

【操作步骤】

命令：DIVIDE↙

选择要定数等分的对象:（选择要等分的实体）

输入线段数目或 [块(B)]:（指定实体的等分数，绘制结果如图 2-12a 所示）

等分数范围 2～32767。在等分点处，按当前点样式设置画出等分点。在第二提示行选择“块(B)”选项时，表示在等分点处插入指定的块（BLOCK）。

10．测量点

【执行方式】

命令行：MEASURE

菜单：绘制→点→定距等分

【操作步骤】

命令: MEASURE↙

选择要定距等分的对象:（选择要设置测量点的实体）

指定线段长度或 [块(B)]:（指定分段长度，绘制结果如图 2-12b 所示）

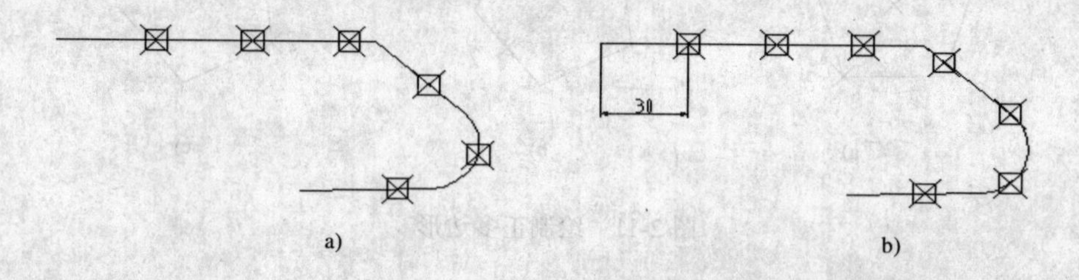

图 2-12　绘制等分点和测量点

设置的起点一般是指指定线的绘制起点。在第二提示行选择“块(B)”选项时，表示在测量点处插入指定的块，后续操作与上面等分点类似。在等分点处，按当前点样式设置画出等分点。最后一个测量段的长度不一定等于指定分段长度。

11．多段线

【执行方式】

命令行：PLINE

菜单：绘图→多段线

工具栏：绘图→多段线

【操作步骤】

命令：PLINE ↙

指定起点：（指定多段线的起始点）

当前线宽为 0.0000 （提示当前多段线的宽度）

指定下一个点或 [圆弧(A)/半宽(H)/长度(L)/放弃(U)/宽度(W)]:

指定下一点或 [圆弧(A)/闭合(C)/半宽(H)/长度(L)/放弃(U)/宽度(W)]:

上述提示中各个选项含义如下：

（1）指定下一个点：确定另一端点绘制一条直线段，是系统的默认项。

（2）圆弧：使系统变为绘圆弧方式。我们选择了这一项后，系统会提示：

指定圆弧的端点或[角度(A)/圆心(CE)/闭合(CL)/方向(D)/半宽(H)/直线(L)/半径(R)/第二个点(S)/放弃(U)/宽度(W)]:

其中：

- 圆弧的端点：绘制弧线段，此为系统的默认项。弧线段从多段线上一段的最后一点开始并与多段线相切。
- 角度(A)：指定弧线段从起点开始包含的角度。若输入的角度值为正值，则按逆时针方向绘制弧线段；反之，按顺时针方向绘制弧线段。
- 圆心(CE)：指定所绘制弧线段的圆心。
- 闭合(CL)：用一段弧线段封闭所绘制的多段线。
- 方向(D)：指定弧线段的起始方向。
- 半宽(H)：指定从宽多段线线段的中心到其一边的宽度。
- 直线(L)：退出绘圆弧功能项并返回到 PLINE 命令的初始提示信息状态。
- 半径(R)：指定所绘制弧线段的半径。
- 第二个点(S)：利用三点绘制圆弧。
- 放弃(U)：撤销上一步操作。
- 宽度(W)：指定下一条直线段的宽度。与“半宽”相似。

（3）闭合(C)：绘制一条直线段来封闭多段线。

（4）半宽(H)：指定从宽多段线线段的中心到其一边的宽度。

（5）长度(L)：在与前一线段相同的角度方向上绘制指定长度的直线段。

（6）放弃(U)：撤销上一步操作。

（7）宽度(W)：指定下一段多线段的宽度。

图 2-13 为利用多段线命令绘制的图形。

12．样条曲线

AutoCAD 使用一种称为非一致有理 B 样条(NURBS)曲线的特殊样条曲线类型。NURBS 曲线在控制点之间产生一条光滑的曲线，如图 2-14 所示。样条曲线可用于创建形状不规则的曲线，例如为地理信息系统(GIS)应用或汽车设计绘制轮廓线。

图 2-13　绘制多段线

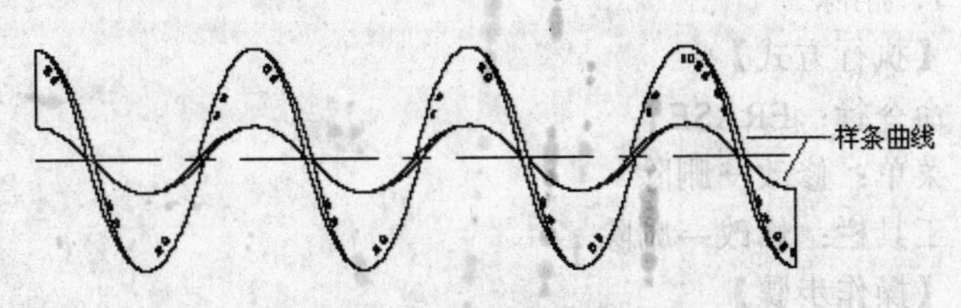

图 2-14　样条曲线

【执行方式】

命令行：SPLINE

菜单：绘图→样条曲线

工具栏：绘图→样条曲线

【操作步骤】

命令：SPLINE↙

指定第一个点或 [对象(O)]:（指定一点或选择“对象(O)”选项）

指定下一点:（指定一点。）

指定下一个点或 [闭合(C)/拟合公差(F)] <起点切向>:

上述提示中各个选项含义如下：

（1）对象(O)：将二维或三维的二次或三次样条曲线拟合多段线转换为等价的样条曲线，然后（根据 DELOBJ 系统变量的设置）删除该多段线。

（2）闭合(C)：将最后一点定义为与第一点一致，并使它在连接处相切，这样可以闭合样条曲线。选择该项，系统继续提示：

指定切向:（指定点或按 Enter 键）

用户可以指定一点来定义切向矢量，或者使用“切点”和“垂足”对象捕捉模式使样条曲线与现有对象相切或垂直。

（3）拟合公差(F)：修改当前样条曲线的拟合公差。根据新公差以现有点重新定义样条曲线。公差表示样条曲线拟合所指定的拟合点集的拟合精度。公差越小，样条曲线与拟合点越接近。公差为 0，样条曲线将通过该点。输入大于 0 的公差将使样条曲线在指定的公差范围内通过拟合点。在绘制样条曲线时，可以改变样条曲线拟合公差以查看效果。

（4）<起点切向>：定义样条曲线的第一点和最后一点的切向。如果在样条曲线的两端都指定切向，可以输入一个点或者使用“切点”和“垂足”对象捕捉模式使样条曲线与已有的对象相切或垂直。如果按 Enter 键，AutoCAD 将计算默认切向。

2.2 基本编辑命令的使用

二维编辑命令的菜单命令主要集中在“修改”菜单中，如图 2-15 所示；其工具栏命令主要集中在“修改”工具栏中，如图 2-16 所示。在 AutoCAD 2009 中，我们可以很方便地在“修改”工具栏中，或“修改”下拉菜单中，调用大部分绘图修改命令。

1．删除

【执行方式】

命令行：ERASE

菜单：修改→删除

工具栏：修改→删除

【操作步骤】

命令：ERASE ↙

选择对象：（指定删除对象）

选择对象：（可以按〈Enter〉键结束命令，也可以继续指定删除对象）

当选择多个对象，多个对象都被删除；若选择的对象属于某个对象组，则该对象组

的所有对象均被删除。

2．复制

【执行方式】

命令行：COPY

菜单：修改→复制

工具栏：修改→复制

【操作步骤】

命令：COPY ↙

选择对象：（指定复制对象）

选择对象：（可以按〈Enter〉键或空格键结束选择，也可以继续）

指定基点或位移:

指定位移的第二点或 <用第一点作位移>:

上述提示中各个选项含义如下：

（1）用第一点作位移：则第一个点被当作相对于 X、Y、Z 的位移。例如，如果指定基点为 2，3 并在下一个提示下按〈Enter〉键，则该对象从它当前的位置开始在 X 方向上移动 2 个单位，在 Y 方向上移动 3 个单位。

（2）位移：直接输入位移值，表示以选择对象时的拾取点为基准，以拾取点坐标为移动方向纵横比，以移动指定位移后确定的点为基点。例如，选择对象时拾取点坐标为（2，3），输入位移为 5，则表示以（2，3）点为基准，沿纵横比为 3：2 的方向移动 5 个单位所确定的点为基点。

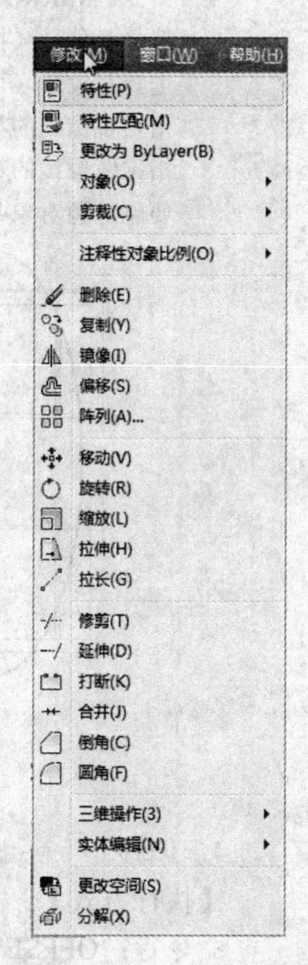

图 2-15 “修改”菜单

图 2-16 “修改”工具栏

如图 2-17 所示为将水盆复制后形成的洗手间图形。

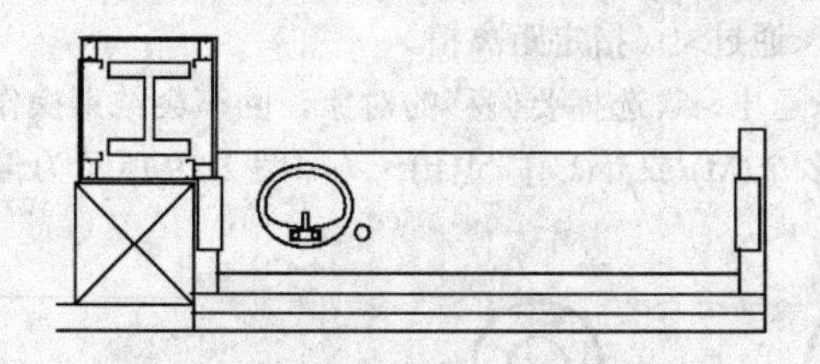

a) 初步图形

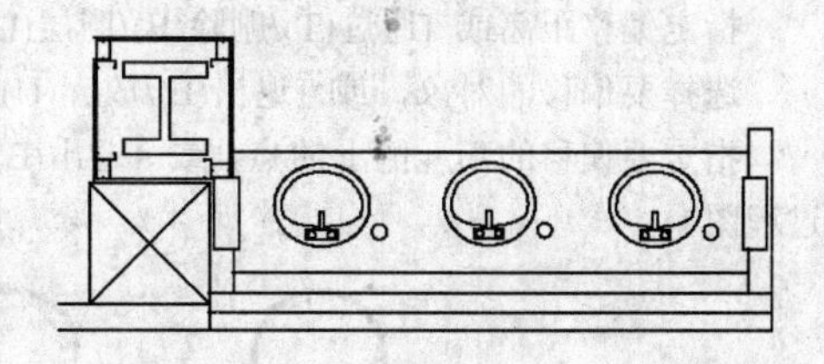

b) 复制结果

图 2-17 洗手间

3．镜像

【操作格式】

命令行：MIRROR

菜单：修改→镜像

工具栏：修改→镜像

【操作步骤】

命令：MIRROR ↙

选择对象：（指定镜像对象，如图 2-18a 所示圆框所包围的对象）

选择对象：（可以按〈Enter〉键或空格键结束选择，也可以继续）

指定镜像线的第一点：(指定圆弧端点)

指定镜像线的第二点：（指定另一圆弧端点）

要删除源对象吗？[是(Y)/否(N)]：（如图 2-18b 所示为镜像结果图）

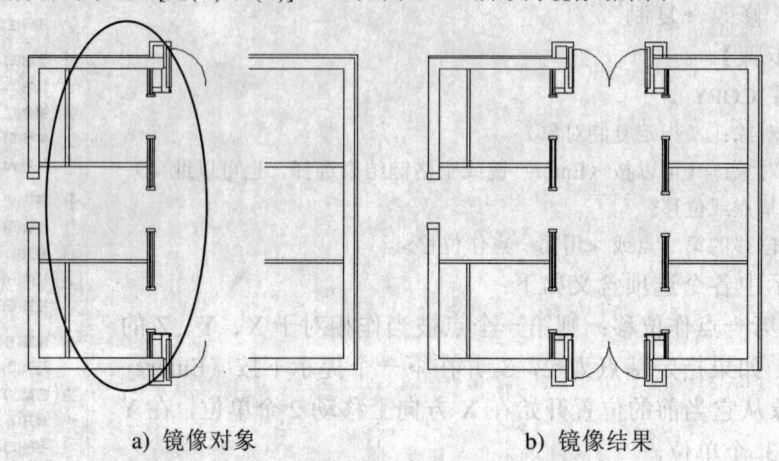

a) 镜像对象　　　　b) 镜像结果

图 2-18　镜像对象与镜像结果

4．偏移

【执行方式】

命令行：OFFSET

菜单：修改→偏移

工具栏：修改→偏移

【操作步骤】

当前设置：删除源=否　图层=源　OFFSETGAPTYPE=0

指定偏移距离或 [通过(T)/删除(E)/图层(L)] <通过>:（指定距离植）

选择要偏移的对象，或 [退出(E)/放弃(U)] <退出>:（选择要偏移的对象。回车会结束操作）

指定要偏移的那一侧上的点，或 [退出(E)/多个(M)/放弃(U)] <退出>:（如图 2-19 所示为偏移过程图）

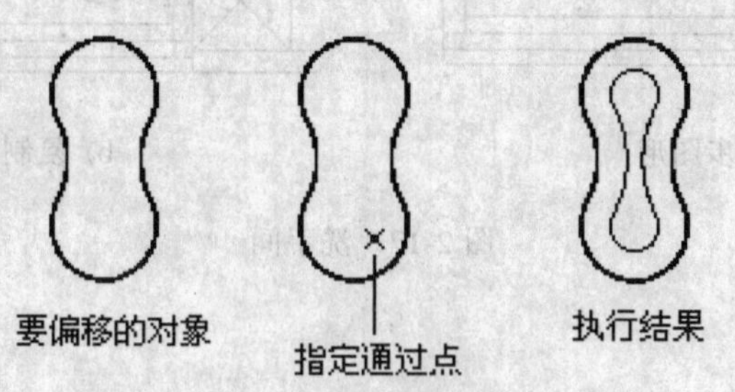

图 2-19　图像偏移

5．阵列

【执行方式】

命令行：ARRAY

菜单：修改→阵列

工具栏：修改→阵列

【操作步骤】

（1）矩形阵列。绘制矩形阵列，可以控制行和列的数目以及它们之间的距离。图 2-20 为“矩形阵列”对话框。

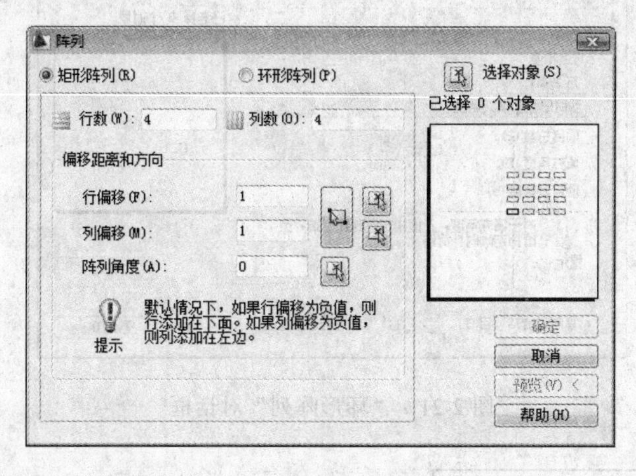

图 2-20　“矩形阵列”对话框

对话框中各选项含义如下：

● 行数：指定阵列中的行数。如果只指定了一行，则需要指定多列。

● 列数：指定阵列中的列数。如果只指定了一列，则需要指定多行。

● 行偏移：指定行间距（输入具体数值）。向下添加行，要指定负值。

● 列偏移：指定列间距（输入具体数值）。向左边添加列，要指定负值。

● 阵列角度：指定旋转角度（输入具体角度值）。通常角度为 0，因此行和列与当前 UCS 的 X 和 Y 图形坐标轴正交。

● 选择对象：指定用于构造阵列的对象。

● 预览：显示基于对话框当前设置的阵列预览图像。

（2）环形阵列。通过围绕圆心复制选定对象来绘制阵列。图 2-21 为“环形阵列”对话框，在其中可设置环形阵列各参数。对话框中各选项含义如下：

● 中心点：指定环形阵列的中心点。

● 方法和值：确定环形阵列的具体方法和相应数值。其中各选项含义如下：

● 方法：指定定位对象所用的方法。

● 项目总数：设置在环形阵列中显示的对象数目。系统默认值为 4。

● 填充角度：通过定义阵列中以中心点与第一个元素的连线和中心点与最后一个元素的连线为边长，中心点为顶点的包含角来设置阵列大小。正值默认为逆时针旋转。负值默认为顺时针旋转。默认值为 360。不允许值为 0。

● 项目间角度：设置相邻阵列对象以中心点为顶点的包含角和阵列的中心。输入正值或负值指定阵列的方向。默认方向值为 90。

- 复制时旋转项目：具体效果可以在“阵列”对话框的图像框显示出来。
- 详细/简略：打开和关闭“阵列”对话框中的附加选项的显示。
- 选择对象：指定用于构造阵列的对象。
- 预览：显示基于对话框当前设置的阵列预览图像。图 2-22 为阵列实例。

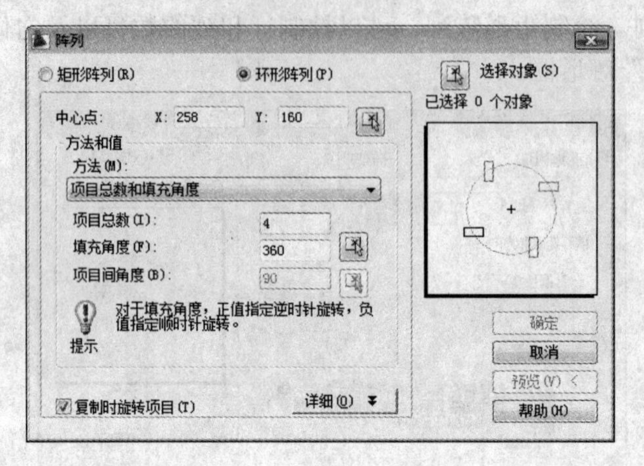

图 2-21 “环形阵列”对话框

a) 矩形阵列

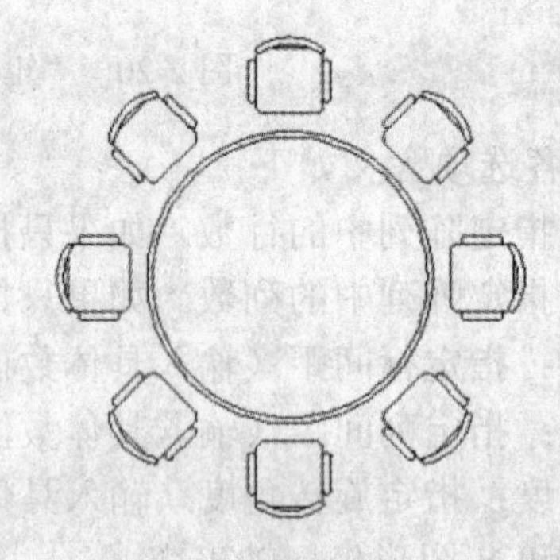

b) 环形阵列

图 2-22 阵列实例

6. 移动

【操作格式】

命令行：MOVE

菜单：修改→移动

工具栏：修改→移动

【操作步骤】

命令：MOVE ↙

选择对象：（指定移动对象）

选择对象：（可以按〈Enter〉键或空格键结束选择，也可以继续）

指定基点或位移：

指定位移的第二点或［用第一点作位移］：

其中命令选项的意义与复制（COPY）相同。

7．旋转

【操作格式】

命令行：ROTATE

菜单：修改→旋转

工具栏：修改→旋转

【操作步骤】

命令：ROTATE ↙

UCS 当前的正角方向：ANGDIR=逆时针　ANGBASE=0

选择对象：（指定旋转对象）

选择对象：（可以按〈Enter〉键或空格键结束选择，也可以继续）

指定基点：（指定旋转的基点）

指定旋转角度，或 [复制(C)/参照(R)] <0>:

上述提示中各个选项含义如下：

（1）UCS 当前的正角方向：ANGDIR=逆时针，ANGBASE=0：说明当前的正角度方向为逆时针，零角度方向为 X 轴正方向。

（2）“指定旋转角度，或 [复制(C)/参照(R)] <0>”中三选项的含义如下：

● 指定旋转角度：指定对象绕基点旋转的角度。也可以用鼠标来确定旋转角度，指定旋转角度即为基点与光标的连线与零角度方向（X 轴正方向）之间的夹角。

● [复制（C）]：选择该项，旋转对象的同时，保留原对象。

● [参照(R)]：以参照方式旋转对象。系统提示：

指定参照角［0］：（指定要参考的角度值，默认值为 0）

指定新角度：（输入旋转后的角度值）

操作结束后，对象被旋转到指定的角度。同时，也可以用拖动鼠标的方法旋转对象。对象被移动后，原位置处的对象消失。图 2-23 为绘制倾斜墙体上的门结构时，先复制上面水平墙体上的门结构再拖动鼠标旋转的情形。

8．缩放

【执行方式】

命令行：SCALE

菜单：修改→缩放

工具栏：修改→缩放

【操作步骤】

命令：SCALE ↙

选择对象：（指定缩放对象）

选择对象：（可以按〈Enter〉键或空格键结束选择，也可以继续）

指定基点：（指定缩放中心点）

指定比例因子或 [复制(C)/参照(R)] <1.0000>:

上述提示中各个选项含义如下：

“指定比例因子或 [复制(C)/参照(R)] <1.0000>”中两个选项的含义：

（1）指定比例因子：按指定的比例，缩放选定对象的尺寸。

（2）参照(R)：按参照长度和指定的新长度比例缩放所选对象。

9．拉伸

【执行方式】

命令行：STRETCH

菜单：修改→拉伸

工具栏：修改→拉伸

【操作步骤】

命令：STRETCH ↙

选择对象：C（或 CP）↙（交叉窗口或交叉多边形选择方式）

选择对象：（选择要拉伸的对象）

指定基点或位移：

指定位移的第二个点或［用第一个点作位移］：

此时，若指定第二个点，系统将根据这两点决定的矢量拉伸对象。若直接回车，系统会把第一个点作为 X 和 Y 轴的分量值。图 2-24 为拉伸实例。

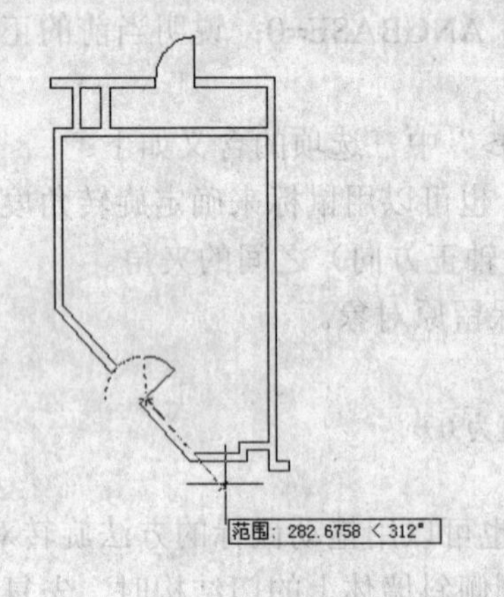

图 2-23　拖动鼠标旋转对象

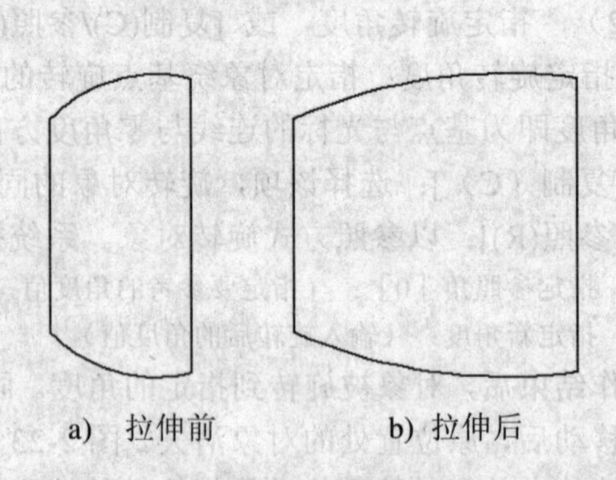

a) 拉伸前　　b) 拉伸后

图 2-24　拉伸

提示

用交叉窗口选择拉伸对象后，落在交叉窗口内的端点被拉伸，落在外部的端点保持不动。

10．图形修剪

【执行方式】

命令行：TRIM

菜单：修改→修剪

工具栏：修改→修剪

【操作步骤】

命令：TRIM ↙

当前设置：投影=用户坐标系，边=无

选择剪切边...

选择对象或<全部选择>：（指定修剪边界的图形）

选择对象：（可以按〈Enter〉键或空格键结束修剪边界的指定，也可以继续）

选择要修剪的对象，或按住 Shift 键选择要延伸的对象，或[栏选(F)/窗交(C)/投影(P)/边(E)/删除(R)/放弃(U)]::

上述提示中各个选项含义如下：

（1）当前设置：投影=用户坐标系，边 = 无，提示选取修剪边界和当前使用的修剪模式。

（2）“选择要修剪的对象，或按住 Shift 键选择要延伸的对象，或[栏选(F)/窗交(C)/投影(P)/边(E)/删除(R)/放弃(U)]”中各个选项的含义：

● 选择要修剪的对象，按住 Shift 键选择要延伸的对象：指定要修剪的对象。在选择对象的同时按 Shift 键可将对象延伸到最近的修剪边界，而不修剪它，按 Enter 键结束该命令。

● 栏选（F）：系统以栏选的方式选择被修剪对象

● 窗交（C）：系统以栏选的方式选择被修剪对象

● 投影（P）：确定是否使用投影方式修剪对象。

选择要修剪的对象，或按住 Shift 键选择要延伸的对象，或[栏选(F)/窗交(C)/投影(P)/边(E)/删除(R)/放弃(U)]:: P ↙

输入投影选项 [无(N)/UCS(U)/视图(V)]:

无(N)：指定无投影。AutoCAD 2009 只修剪在三维空间中与剪切边相交的对象。

UCS（用户坐标系）：指定在当前用户坐标系 XY 平面上的投影。

视图(V)：指定沿当前视图方向的投影。在二维图形中一般用此项。

● 边（E）：确定是在另一对象的隐含边处或与三维空间中一个对象相交的对象的修剪方式。

● 放弃（U）：取消上一次的操作。

图 2-25 为修剪实例。

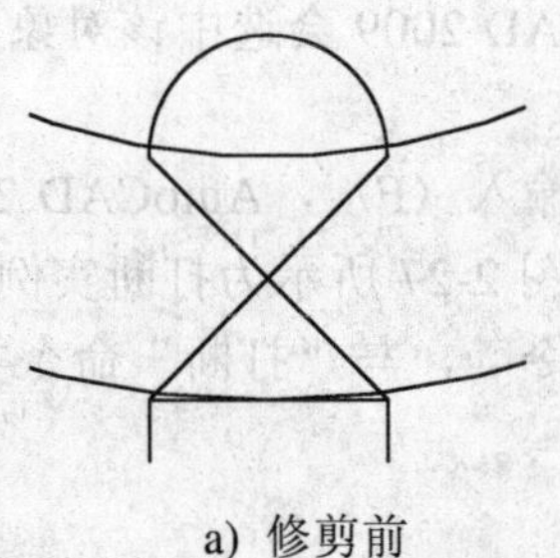

a) 修剪前

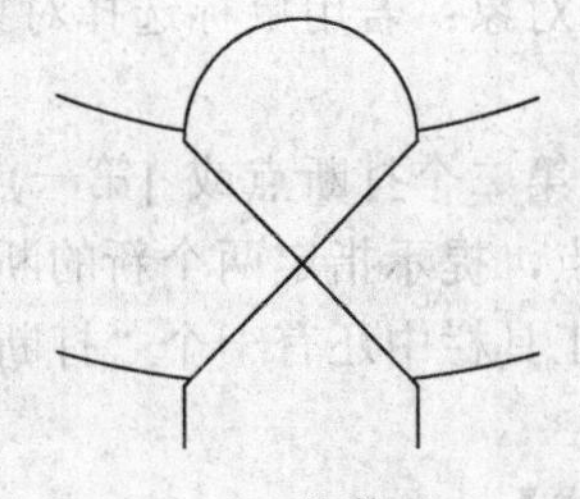

b) 修剪后

图 2-25　图形修剪

11．图形延伸

【执行方式】

命令行：EXTEND

菜单：修改→延伸

工具栏：修改→延伸

【操作步骤】

命令：EXTEND ↙

当前设置：投影=用户坐标系，边=无

选择边界的边...

选择对象或 <全部选择>：（指定延伸边界的图形）

选择对象：（可以按〈Enter〉键或空格键结束延伸边界的指定，也可以继续）

选择要延伸的对象，按住〈Shift〉键选择要修剪的对象，或 [投影(P)/边(E)/放弃(U)]：

上述提示中各个选项与“修剪”类似，不再赘述。图 2-26 为延伸实例。

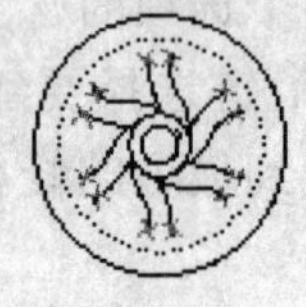

选择边界　　选择要延伸的对象　　执行结果

图 2-26　延伸对象

12．断开

【执行方式】

命令行：BREAK

菜单：修改→打断

工具栏：修改→打断

【操作步骤】

命令：BREAK ↙

选择对象：（选择要断开的对象）

指定第二个打断点或 [第一点(F)]：

上述提示中各个选项含义如下：

（1）选择对象：若用鼠标选择对象，AutoCAD 2009 会选中该对象并把选择点作为第一个断开点。

（2）指定第二个打断点或 [第一点(F)]：若输入〈F〉，AutoCAD 2009 将取消前面的第一个选择点，提示指定两个新的断开点。如图 2-27 所示为打断实例。

“修改”工具栏中还有一个“打断于点”命令，与“打断”命令类似。

13．倒角

【执行方式】

命令行：CHAMFER

菜单：修改→倒角

工具栏：修改→倒角

【操作步骤】

AutoCAD 2009 提供两种方法进行两个线型对象的倒角操作：指定斜线距离和指定倒

角角度，如图 2-28 和图 2-29 所示。

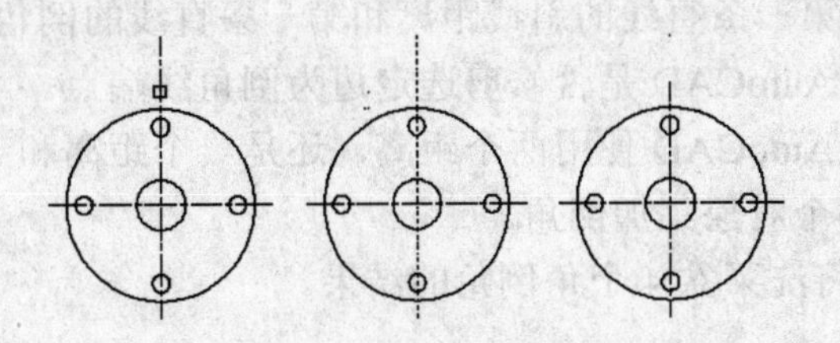

a) 指定位置　b) 对象亮显　c) 打断结果

图 2-27　打断实例

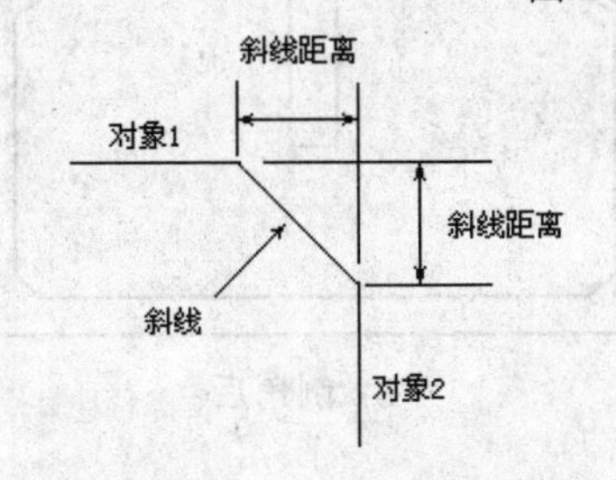

图 2-28　斜线距离

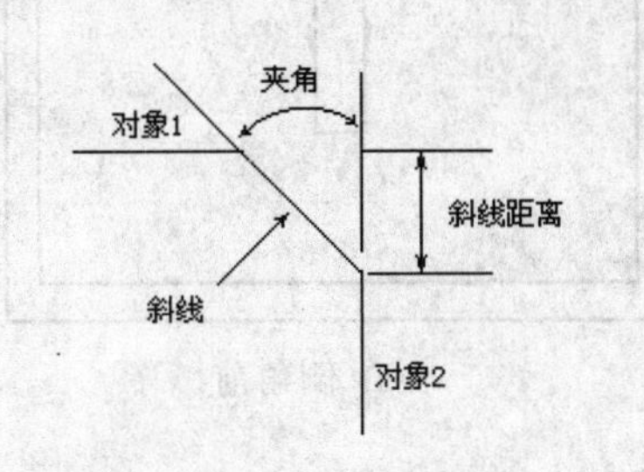

图 2-29　斜线距离与夹角

（1）指定倒角距离。该距离是指从被连接的对象与斜线的交点到被连接的两对象的可能交点之间的距离。具体步骤是：

命令：CHAMFER ↙
（“修剪”模式）当前倒角距离 1 = 0.0000，距离 2 = 0.0000
选择第一条直线或[放弃(U)/多段线(P)/距离(D)/角度(A)/修剪(T)/方式(E)/多个(M)]：D ↙
指定第一个倒角距离：
指定第二个倒角距离：

在此时可以设定两个倒角的距离，第一距离的默认值是上一次指定的距离，第二距离的默认值为第一距离所选的任意值。然后，选择要倒角的两个对象。系统会根据指定的距离连接两个对象。

（2）指定倒角角度和倒角距离。使用这种方法时，需确定两个参数：倒角线与一个对象的倒角距离和倒角线与该对象的夹角。具体步骤是：

命令：CHAMFER ↙
（“修剪”模式）当前倒角距离 1 = 0.0000，距离 2 = 0.0000
选择第一条直线或[放弃(U)/多段线(P)/距离(D)/角度(A)/修剪(T)/方式(E)/多个(M)]：A ↙
指定第一条直线的倒角长度：
指定第一条直线的倒角角度：

在系统提示“选择第一条直线或 [多段线(P)/距离(D)/角度(A)/修剪(T)/方式(M)/多个(U)]”中其他选项含义如下：

● 多段线(P)：对整个二维多段线倒角。选择多段线后，系统会对多段线每个顶点处的相交直线段倒角。为了得到最好的倒角效果，一般设置倒角线是相等的值。

● 距离(D)：选择倒角的两个斜线距离。这两个斜线距离可以相同或不相同，若二者均为 0，则系统不绘制连接的斜线，而是把两个对象延伸至相交并修剪超出的部分。

- 角度(A)：选择第一条直线的斜线距离和第一条直线的倒角角度。
- 修剪(T)：控制 AutoCAD 是否修剪选定边为倒角线端点。
- 方式(E)：控制 AutoCAD 使用两个距离，还是一个距离和一个角度来创建倒角。
- 多个(M)：给多个对象集加倒角。

如图 2-30 所示为将洗菜盆 4 个角倒角的结果。

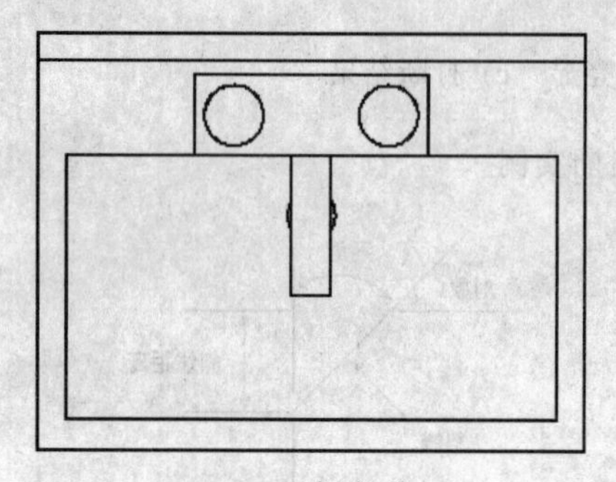

a) 倒角前

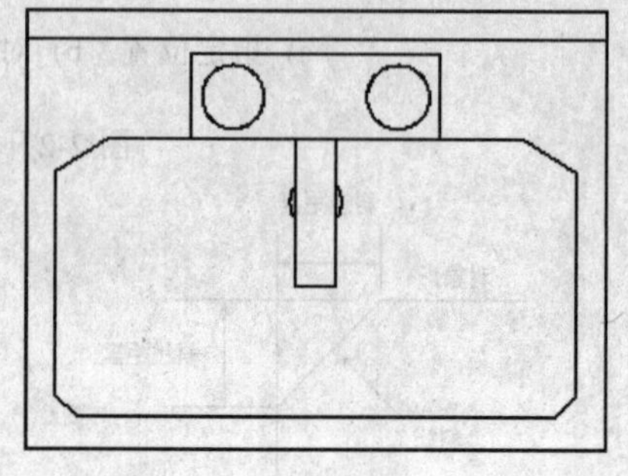

b) 倒角后

图 2-30　洗菜盆

14．圆角

【执行方式】

命令行：FILLET

菜单：修改→圆角

工具栏：修改→圆角

【操作步骤】

命令：FILLET ↙

当前设置：模式 = 修剪，半径 = 0.0000

选择第一个对象或[放弃(U)/多段线(P)/半径(R)/修剪(T)/多个(M)]:

上述提示中各个选项含义如下：

（1）当前设置：模式 = 修剪，半径 = 0.0000，是当前圆角设置。这是前一次设置的状态的显示，可更改。

（2）选择第一个对象：系统把选择的对象作为要进行圆角处理的第一个对象。

（3）多段线(P)：用于在一条二维多段线的两段直线段的交点处插入圆角弧。

（4）半径（R）：设置圆角半径。

（5）修剪（T）：用于在用圆弧连接两条边时是否修剪这两条边。

（6）多个(M)：给多个对象集加圆角。

图 2-31 为对浴缸进行圆角的实例。

15．分解

【执行方式】

命令行：EXPLODE

菜单：修改→分解

工具栏：修改→分解

【操作步骤】

命令：EXPLODE ↙

选择对象：

选择一个对象后，该对象会被分解。

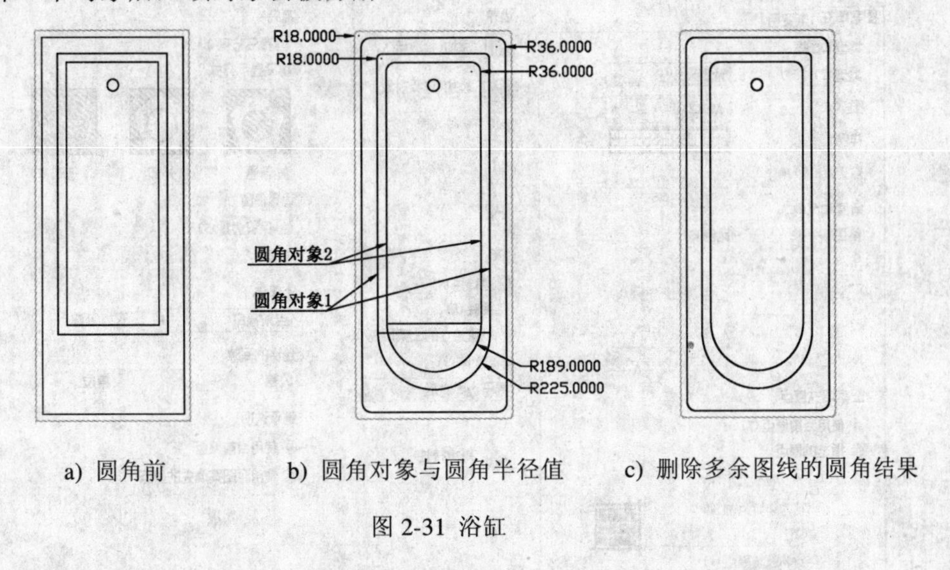

a) 圆角前　　b) 圆角对象与圆角半径值　　c) 删除多余图线的圆角结果

图 2-31 浴缸

2.3　高级绘图和编辑命令的使用

除了前面两节介绍的一些绘制与编辑命令外，还有一些比较复杂的绘图和编辑命令在室内设计中有非常重要的应用。这些绘制和编辑命令包括“图案填充”命令、“多线”绘制和编辑命令等。

1．图案填充

【执行方式】

命令行：BHATCH

菜单：绘图→图案填充

工具栏：绘图→图案填充

【操作步骤】

执行上述命令后系统打开如图 2-32 所示的对话框，各选项组和按钮含义如下：

（1）“图案填充”标签。此标签下各选项用来确定图案及其参数。选取此标签后，弹出图 2-32 左边选项组。其中各选项含义如下：

1）类型：此选项组用于确定填充图案的类型及图案。点取设置区中的小箭头，弹出一个下拉列表（如图 2-33 所示）,在该列表中，“用户定义”选项表示用户要临时定义填充图案，与命令行方式中的“U”选项作用一样；“自定义”选项表示选用 ACAD.PAT 图案文件或其他图案文件（.PAT 文件）中的图案填充；“预定义”选项表示用 AutoCAD 标准图案文件（ACAD.PAT 文件）中的图案填充。

2）图案：此按钮用于确定标准图案文件中的填充图案。在弹出的下拉列表中，用户可从中选取填充图案。选取所需要的填充图案后，在“样例”中的图像框内会显示出该图案。只有用户在“类型”中选择了“预定义”，此项才以正常亮度显示，即允许用户从自己定义的图案文件中选取填充图案。

图 2-32 “图案填充和渐变色”对话框

图 2-33 填充图案类

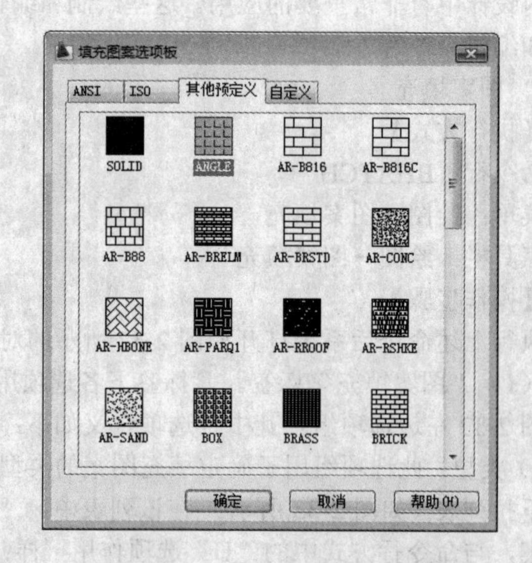

图 2-34 图案列表

如果选择的图案类型是“预定义”,单击“图案”下拉列表框右边的⋯按钮，会弹出类似图 2-34 所示的对话框，该对话框中显示出所选类型所具有的图案，用户可从中确

定所需要的图案。

3）样例：此选项用来给出一个样本图案。在其右面有一方形图像框，显示出当前用户所选用的填充图案。用户可以通过单击该图像的方式迅速查看或选取已有的填充图案（如图 2-34 所示）。

4）自定义图案：此下拉列表框用于从用户定义的填充图案。只有在“类型”下拉列表框中选用“自定义”项后，该项才以正常亮度显示，即允许用户从自己定义的图案文件中选取填充图案。

5）角度：此下拉列表框用于确定填充图案时的旋转角度。每种图案在定义时的旋转角度为零，用户可在“角度”编辑框内输入所希望的旋转角度。

6）比例：此下拉列表框用于确定填充图案的比例值。每种图案在定义时的初始比例为 1，用户可以根据需要放大或缩小，方法是在“比例”编辑框内输入相应的比例值。

7）双向：用于确定用户临时定义的填充线是一组平行线，还是相互垂直的两组平行线。只有当在“类型”下拉列表框中选用“用户定义”选项，该项才可以使用。

8）相对图纸空间：确定是否相对于图纸空间单位确定填充图案的比例值。选择此选项，可以按适合于版面布局的比例方便地显示填充图案。该选项仅仅适用于图形版面编排。

9）间距：指定线之间的间距，在“间距”文本框内输入值即可。只有当在“类型”下拉列表框中选用“用户定义”选项，该项才可以使用。

10）ISO 笔宽：此下拉列表框告诉用户根据所选择的笔宽确定与 ISO 有关的图案比例。只有选择了已定义的 ISO 填充图案后，才可确定它的内容。

11）图案填充原点：控制填充图案生成的起始位置。图案填充（例如砖块图案）需要与图案填充边界上的一点对齐。默认情况下，所有图案填充原点都对应于当前的 UCS 原点。也可以选择“指定的原点”及下面一级的选项重新指定原点。

（2）“渐变色”标签。渐变色是指从一种颜色到另一种颜色的平滑过渡。渐变色能产生光的效果，可为图形添加视觉效果。点取该标签，AutoCAD 弹出图 2-35 所示的对话框，其中各选项含义如下：

1）“单色”单选钮：应用单色对所选择的对象进行渐变填充。其右边上面的显示框显示用户所选择的真彩色，单击右边的小方钮，系统打开“选择颜色”对话框，如图 2-36 所示。

2）“双色”单选钮：应用双色对所选择的对象进行渐变填充。填充颜色将从颜色 1 渐变到颜色 2。颜色 1 和颜色 2 的选取与单色选取类似。

3）“渐变方式”样板：在“渐变色”标签的下方有 9 个“渐变方式”样板，分别表示不同的渐变方式，包括线形、球形和抛物线形等方式。

4）“居中”复选框：该复选框决定渐变填充是否居中。

5）“角度”下拉列表框：在该下拉列表框中选择角度，此角度为渐变色倾斜的角度。不同的渐变色填充如图 2-37 所示。

（3）边界

1）添加：拾取点：以点取点的形式自动确定填充区域的边界。在填充的区域内任意

点取一点，系统会自动确定出包围该点的封闭填充边界，并且高亮度显示（如图 2-38 所示）。

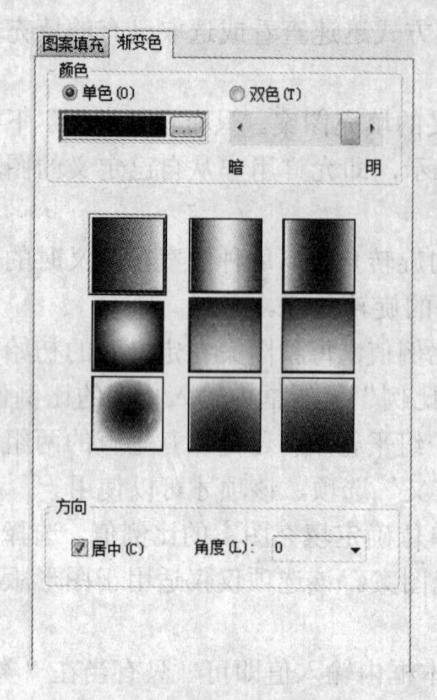

图 2-35 “渐变色”标签

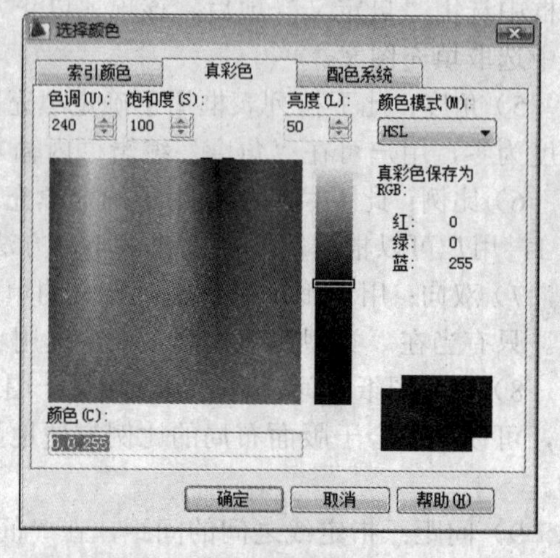

图 2-36 “选择颜色”对话框

单色线形居中 0º 渐变填充

双色抛物线形居中 0º 渐变填充

双色线形不居中 45º 渐变填充

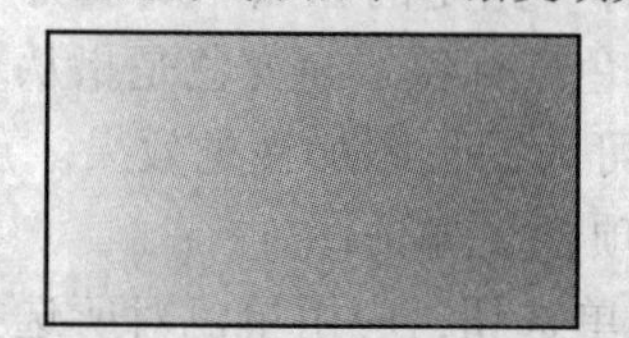

单色球形居中 90º 渐变填充

图 2-37 不同的渐变色填充

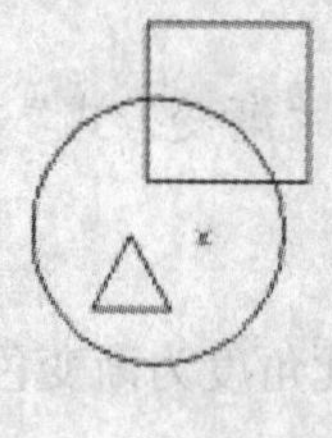

选择一点

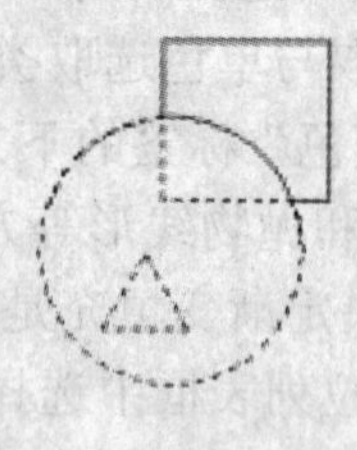

填充区域

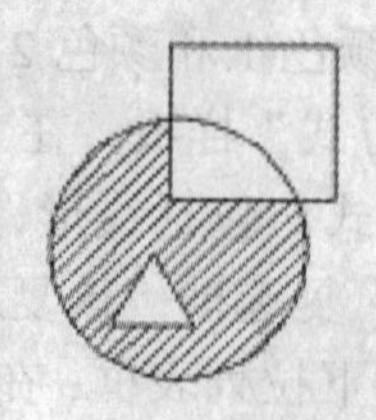

填充结果

图 2-38 边界确定

2）添加：选择对象：以选取对象的方式确定填充区域的边界。可以根据需要选取构成填充区域的边界。同样，被选择的边界也会以高亮度显示（如图 2-39 所示）。

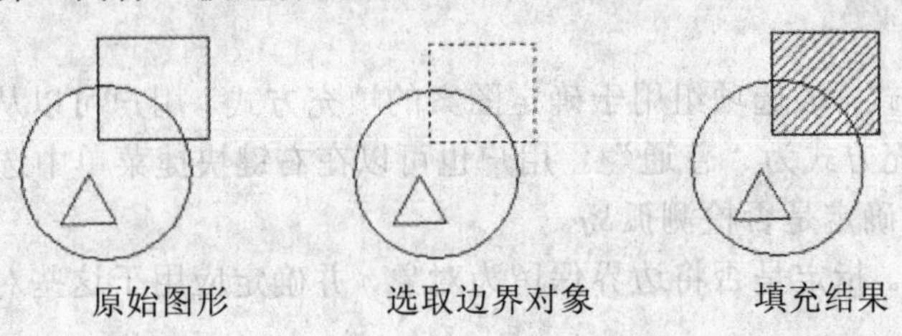

图 2-39 选取边界对象

3）删除边界：从边界定义中删除以前添加的任何对象（如图 2-40 所示）。

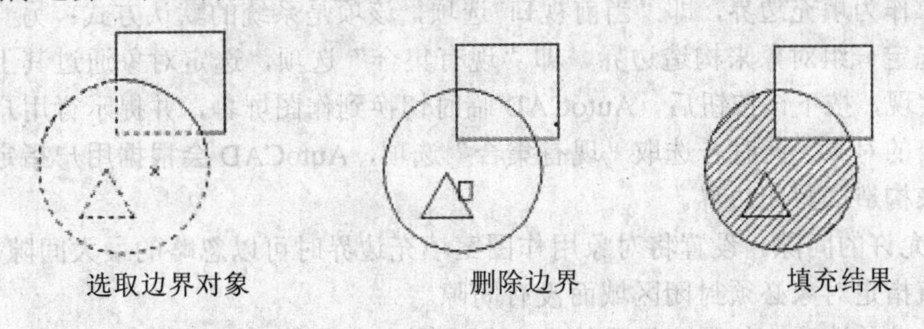

图 2-40 废除“岛”后的边界

4）重新创建边界：围绕选定的图案填充或填充对象创建多段线或面域。

5）查看选择集：观看填充区域的边界。点取该按钮，AutoCAD 临时切换到作图屏幕，将所选择的作为填充边界的对象以高亮度方式显示。只有通过“拾取点”按钮或“选择对象”按钮选取了填充边界，“查看选择集””按钮才可以使用。

（4）选项

1）注释性：指定图案填充为 annotative。

2）关联：此单选钮用于确定填充图案与边界的关系。若选择此单选钮，那么填充的图案与填充边界保持着关联关系，即图案填充后，当用钳夹（Grips）功能对边界进行拉伸等编辑操作时，AutoCAD 会根据边界的新位置重新生成填充图案。

3）创建独立的图案填充：控制当指定了几个独立的闭合边界时，是创建单个图案填充对象，还是创建多个图案填充对象。如图 2-41 所示。

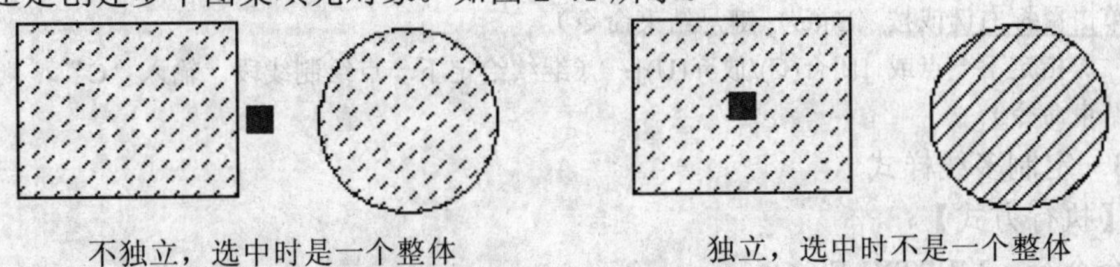

图 2-41 独立与不独立

4）绘图次序：指定图案填充的绘图顺序。图案填充可以放在所有其他对象之后、所有其他对象之前、图案填充边界之后或图案填充边界之前。

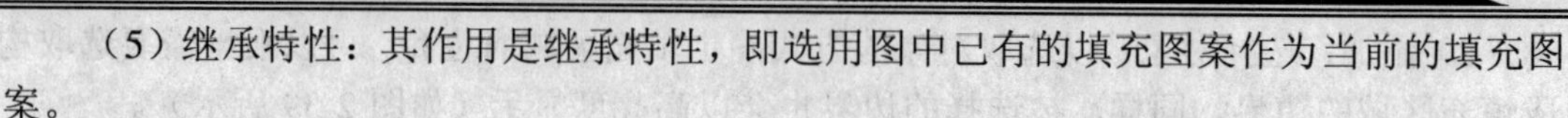

（5）继承特性：其作用是继承特性，即选用图中已有的填充图案作为当前的填充图案。

（6）孤岛

1）孤岛显示样式：该选项组用于确定图案的填充方式。用户可以从中选取所要的填充方式。默认的填充方式为“普通”。用户也可以在右键快捷菜单中选择填充方式。

2）孤岛检测：确定是否检测孤岛。

（7）边界保留。指定是否将边界保留为对象，并确定应用于这些对象的对象类型是多段线还是面域。

（8）边界集。此选项组用于定义边界集。当点击“添加：拾取点”按钮以根据一指定点的方式确定填充区域时，有两种定义边界集的方式：一种是将包围所指定点的最近的有效对象作为填充边界，即“当前视口”选项，该项是系统的默认方式；另一种方式是用户自己选定一组对象来构造边界，即“现有集合”选项，选定对象通过其上面的“新建”按钮实现，按下该按钮后，AutoCAD临时切换到作图屏幕，并提示行用户选取作为构造边界集的对象。此时若选取“现有集合”选项，AutoCAD会根据用户指定的边界集中的对象来构造一封闭边界。

（9）允许的间隙。设置将对象用作图案填充边界时可以忽略的最大间隙。 默认值为 0，此值指定对象必须封闭区域而没有间隙。

（10）继承选项。使用“继承特性”创建图案填充时，控制图案填充原点的位置。

2．绘制多线

多线是一种复合线，由连续的直线段复合组成。这种线的一个突出的优点是能够提高绘图效率，保证图线之间的统一性。

【执行方式】

命令行：MLINE

菜单：绘图→多线

【操作步骤】

命令：MLINE↙

当前设置：对正 = 上，比例 = 20.00，样式 = STANDARD

指定起点或 [对正(J)/比例(S)/样式(ST)]：(指定起点)

指定下一点：（给定下一点）

指定下一点或 [放弃(U)]：（继续给定下一点绘制线段。输入“U”，则放弃前一段的绘制；单击鼠标右键或按〈Enter〉键，结束命令）

指定下一点或 [闭合(C)/放弃(U)]：（继续给定下一点绘制线段。输入“C”，则闭合线段，结束命令）

3．定制多线样式

【执行方式】

命令行：MLSTYLE

【操作步骤】

系统自动执行该命令，打开如图 2-42 所示的“多线样式”对话框。在该对话框中，用户可以对多线样式进行定义、保存和加载等操作。下面通过定义一个新的多线样式来

介绍该对话框的使用方法。欲定义的多线样式由3条平行线组成，中心轴线为紫色的中心线，其余两条平行线为黑色实线，相对于中心轴线上、下各偏移0.5。步骤如下：

图2-42 “多线样式”对话框

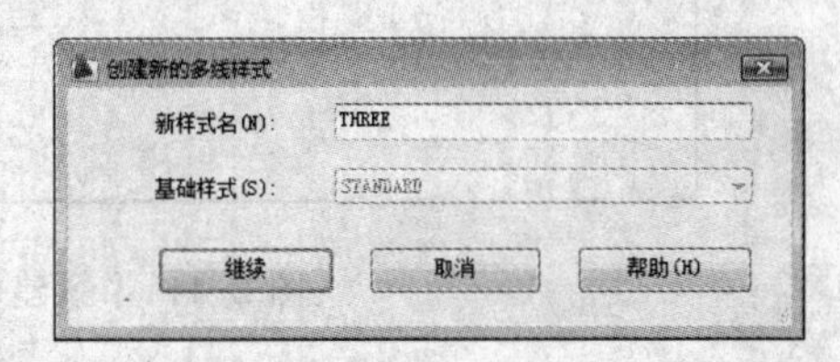

图2-43 “创建新的多线样式”对话框

（1）在“多线样式”对话框中单击“新建”按钮，系统打开“创建新的多线样式”对话框，如图2-43所示。

（2）在“创建新的多线样式”对话框的“新样式名”文本框中键入“THREE”，单击“继续”按钮。

（3）系统打开“新建多线样式”对话框，如图2-44所示。

（4）在“封口”选项组中可以设置多线起点和端点的特性，包括以直线、外弧还是内弧封口以及封口线段或圆弧的角度。

（5）在“填充颜色”下拉列表框中可以选择多线填充的颜色。

（6）在“元素”选项组中可以设置组成多线的元素的特性。单击“添加”按钮，可以为多线添加元素；反之，单击“删除”按钮，可以为多线删除元素。在“偏移”文本框中可以设置选中的元素的位置偏移值。在“颜色”下拉列表框中可以为选中元素选择颜色。按下“线型”按钮，可以为选中元素设置线型。

（7）设置完毕后，单击“确定”按钮，系统返回到图2-42所示的“多线样式”对话框，在“样式”列表中会显示刚设置的多线样式名，选择该样式，单击“置为当前”按钮，则将刚设置的多线样式设置为当前样式，下面的预览框中会显示当前多线样式。

（8）单击“确定”按钮，完成多线样式设置。

图2-45为按图2-44设置的多线样式绘制的多线。

4．编辑多线

【操作格式】

命令行：MLEDIT

菜单：修改→对象 →多线

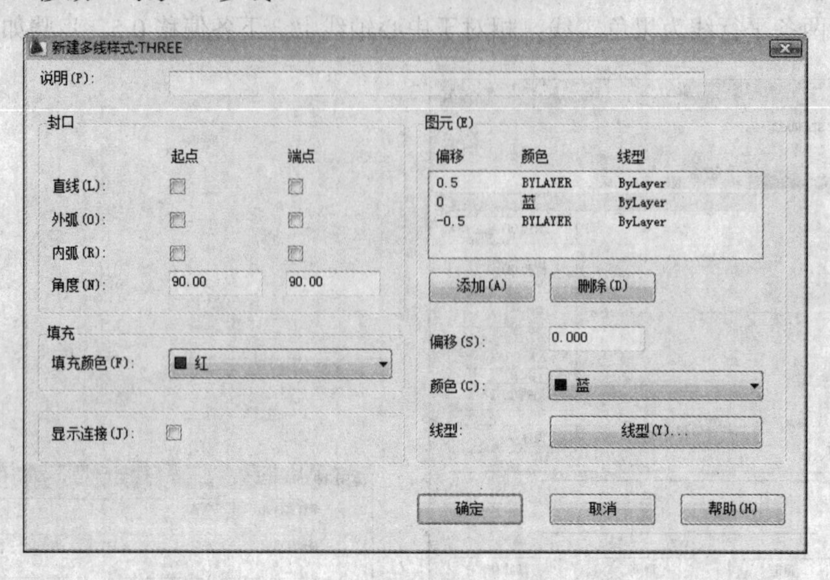

图 2-44 “新建多线样式”对话框

图 2-45 绘制的多线

【操作步骤】

调用该命令后，打开“多线编辑工具”对话框，如图 2-46 所示。

利用该对话框，可以创建或修改多线的模式。对话框中分 4 列显示了示例图形。其中，第 1 列管理十字交叉形式的多线，第 2 列管理 T 形多线，第 3 列管理拐角接合点和节点，第 4 列管理多线被剪切或连接的形式。

单击“多线编辑工具”对话框中的某个示例图形，就可以调用该项编辑功能。

下面介绍以“十字打开”为例介绍多线编辑方法:把选择的两条多线进行打开交叉。选择该选项后，出现如下提示：

选择第一条多线:(选择第一条多线)

选择第二条多线:(选择第二条多线)

选择完毕后，第二条多线被第一条多线横断交叉。系统继续提示：

选择第一条多线:

可以继续选择多线进行操作。选择“放弃（U）”功能会撤消前次操作。操作过程和执行结果如图 2-47 所示。

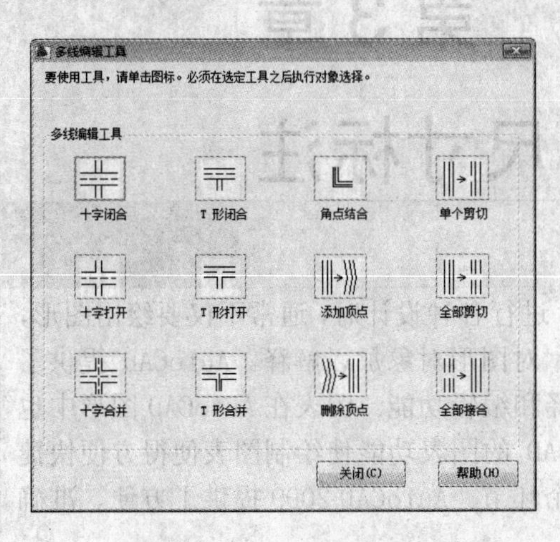

图 2-46　“多线编辑工具”对话框

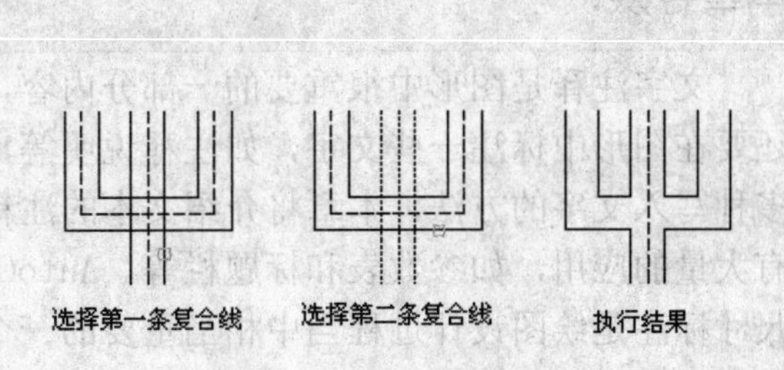

图 2-47　十字打开

第 3 章

文本、图表与尺寸标注

本章导读：

文字注释是图形中很重要的一部分内容，进行各种设计时，通常不仅要绘出图形，还要在图形中标注一些文字，如注释说明等，对图形对象加以解释。AutoCAD 提供了多种写入文字的方法，本章将介绍文本的注释和编辑功能。图表在 AutoCAD 图形中也有大量的应用，如参数表和标题栏等。AutoCAD 的图表功能使绘制图表便得方便快捷尺寸标注是绘图设计过程当中相当重要的一个环节。AutoCAD 2009 提供了方便、准确的标注尺寸功能。

3.1　文本标注

3.1.1　设置文本样式

【执行方式】

命令行：STYLE 或 DDSTYLE

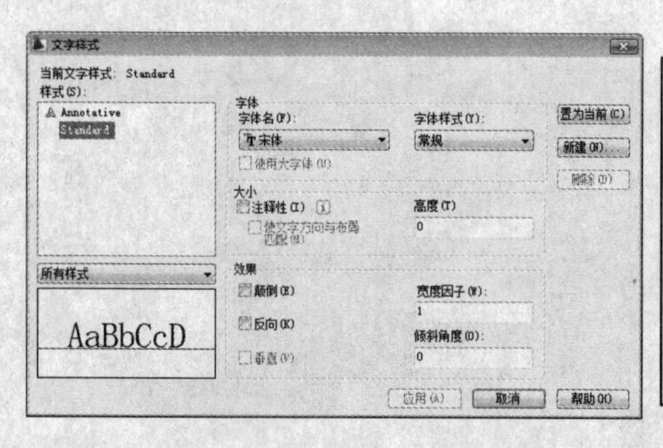

机械设计基础机械设计
机械设计基础机械设计
机械设计基础机械设计
机械设计基础
机械设计基础机械设计

图 3-1　“文字样式”对话框　　　　图 3-2　不同宽度比例、倾斜角度、不同高度字体

菜单：格式→文字样式

工具栏：文字→文字样式

【操作格式】

执行上述命令，系统打开“文字样式”对话框，如图 3-1 所示。

利用该对话框可以新建文字样式或修改当前文字样式。图 3-2~图 3-4 为各种文字样式。

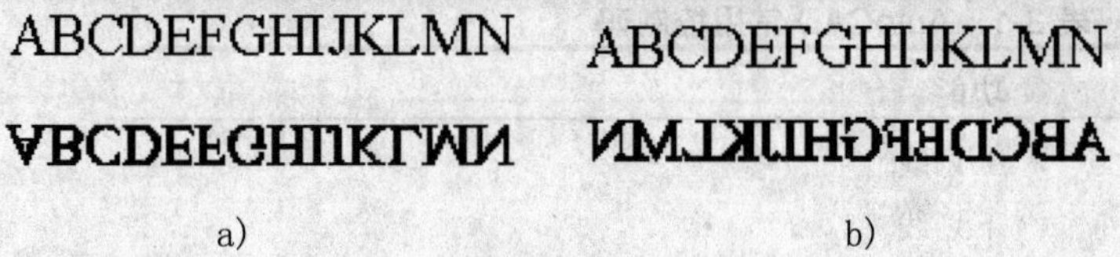

ABCDEFGHIJKLMN　　ABCDEFGHIJKLMN

a)　　b)

图 3-3　文字倒置标注与反向标注

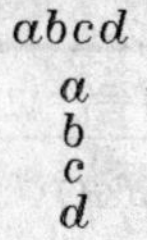

abcd

a
b
c
d

图 3-4　垂直标注文字

3.1.2　单行文本标注

【执行方式】

命令行：TEXT 或 DTEXT

菜单：绘图→文字→单行文字

工具栏：文字→单行文字A|

【操作格式】

命令: DTEXT

当前文字样式:　Standard　当前文字高度:　0.2000

指定文字的起点或 [对正(J)/样式(S)]:

【选项说明】

1．指定文字的起点

在此提示下直接在作图屏幕上点取一点作为文本的起始点，AutoCAD 提示：

指定高度 <0.2000>:（确定字符的高度）

指定文字的旋转角度 <0>:（确定文本行的倾斜角度）

输入文字: (输入文本)

输入文字: (输入文本或回车)

2．对正(J)

在上面的提示下键入 J，用来确定文本的对齐方式，对齐方式决定文本的哪一部分与所选的插入点对齐。执行此选项，AutoCAD 提示：

输入选项 [对齐(A)/调整(F)/中心(C)/中间(M)/右®/左上(TL)/中上(TC)/右上(TR)/左中(ML)/正中(MC)/右中(MR)/左下(BL)/中下(BC)/右下(BR)]:

在此提示下选择一个选项作为文本的对齐方式。当文本串水平排列时，AutoCAD 为标注文本串定义了图 3-5 所示的顶线、中线、基线和底线，各种对齐方式如图 3-6 所示，图中大写字母对应上述提示中各命令。下面以“对齐”为例进行简要说明：

实际绘图时，有时需要标注一些特殊字符，例如直径符号、上划线或下划线、温度符号等，由于这些符号不能直接从键盘上输入，AutoCAD 提供了一些控制码，用来实现这些要求。控制码用两个百分号（%%）加一个字符构成，常用的控制码如表 3-1 所示。

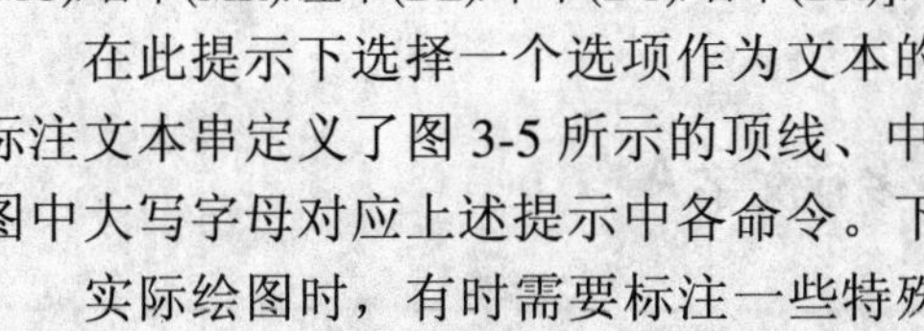

图 3-5　文本行的底线、基线、中线和顶线

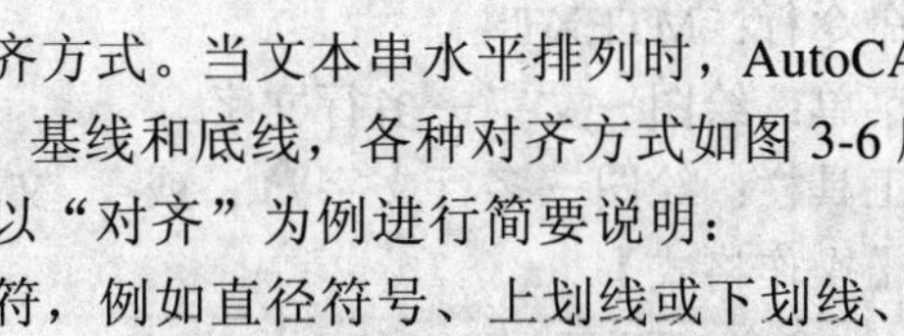

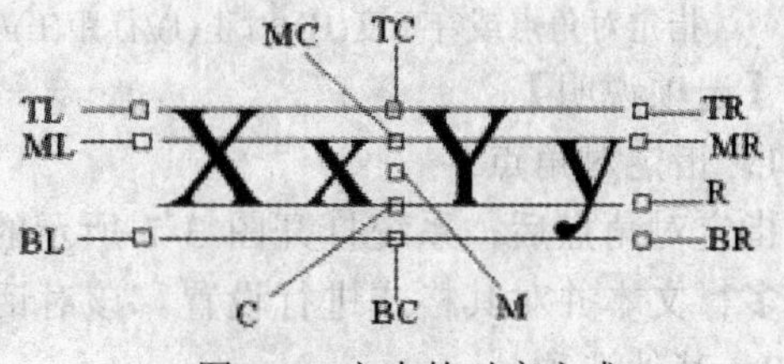

图 3-6　文本的对齐方式

表 3-1 AutoCAD 常用控制码

符号	功能
%%O	上划线
%%U	下划线
%%D	“度”符号
%%P	正负符号
%%C	直径符号
%%%	百分号%
\u+2248	几乎相等
\u+2220	角度
\u+E100	边界线
\u+2104	中心线
\u+0394	差值
\u+0278	电相位
\u+E101	流线
\u+2261	标识
\u+E102	界碑线
\u+2260	不相等
\u+2126	欧姆
\u+03A9	欧米加
\u+214A	低界线
\u+2082	下标 2
\u+00B2	上标 2

3.1.3 多行文本标注

【执行方式】

命令行：MTEXT

菜单：绘图→文字→多行文字

工具栏：绘图→多行文字 A 或 文字→多行文字 A

【操作格式】

命令:MTEXT↙

当前文字样式:“Standard” 当前文字高度:1.9122

指定第一角点: (指定矩形框的第一个角点)

指定对角点或 [高度(H)/对正(J)/行距(L)/旋转®/样式(S)/宽度(W)]:

【选项说明】

1．指定对角点

指定对角点后，系统打开图 3-7 所示的多行文字编辑器，可利用此对话框与编辑器输入多行文本并对其格式进行设置。该对话框与 WORD 软件界面类似，不再赘述。

2．其他选项

（1）对正(J)：确定所标注文本的对齐方式。

（2）行距(L) ：确定多行文本的行间距，这里所说的行间距是指相邻两文本行的基线之间的垂直距离。

（3）旋转(R)：确定文本行的倾斜角度。

（4）样式(S)：确定当前的文本样式。

（5）宽度(W)：指定多行文本的宽度。

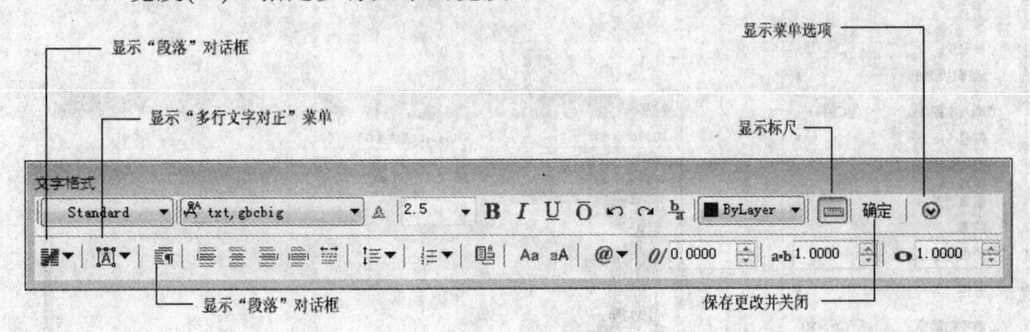

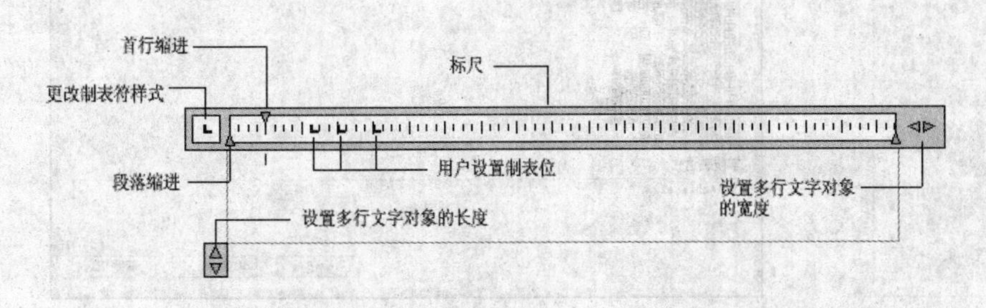

图 3-7 “文字格式”对话框和多行文字编辑器

在多行文字绘制区域，单击鼠标右键，系统打开右键快捷菜单，如图 3-8 所示。该快捷菜单提供标准编辑选项和多行文字特有的选项。在多行文字编辑器中单击右键以显示快捷菜单。菜单顶层的选项是基本编辑选项：放弃、重做、剪切、复制和粘贴。后面的选项是多行文字编辑器特有的选项：

（1）插入字段：显示字段”对话框。如图 3-9 所示

（2）符号：显示可用符号的列表。也可以选择不间断空格，并打开其他符号的字符映射表。

（3）输入文字：显示“选择文件”对话框（标准文件选择对话框）。如图 3-10 所示选择任意 ASCII 或 RTF 格式的文件。输入的文字保留原始字符格式和样式特性，但可以在编辑器中编辑输入的文字并设置其格式。选择要输入的文本文件后，可以替换选定的文字或全部文字，或在文字边界内将插入的文字附加到选定的文字中。输入文字的文件必须小于 32 KB。

编辑器自动将文字颜色设置为“BYLAYER”。当插入黑色字符且背景色是黑色时，编辑器自动将其修改为白色或当前颜色。

（4）段落对齐：设置多行文字对象的对齐方式。可以选择将文本左对齐、居中或右对齐。“左对齐”选项是默认设置。可以对正文字，或者将文字的第一个和最后一个字

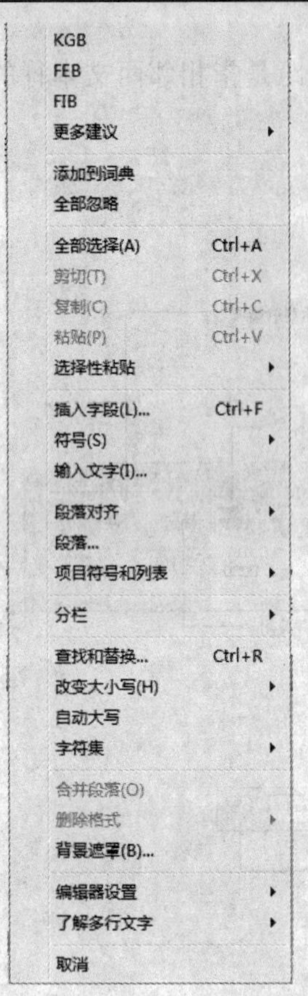

图 3-8　右键快捷菜单

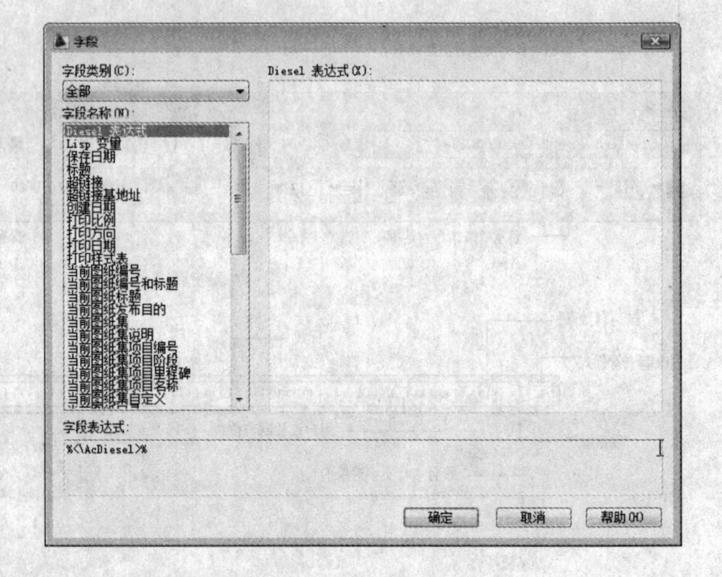

图 3-9　“字段”对话框

图 3-10　“选择文件”对话框

与多行文字框的边界对齐，或使多行文字框的边界内的每行文字居中。在一行的末尾输入的空格是文字的一部分，并会影响该行的对正。

（5）段落：显示段落格式的选项。请参见“段落”对话框。如图 3-11 所示

（6）项目符号和列表：显示用于编号列表的选项。

（7）分栏 ：显示栏的选项。请参见“栏”菜单。

（8）查找和替换：显示“查找和替换”对话框。如图 3-12 所示。在该对话框中可以进行替换操作，操作方式与 Word 编辑器中替换操作类似，不再赘述。

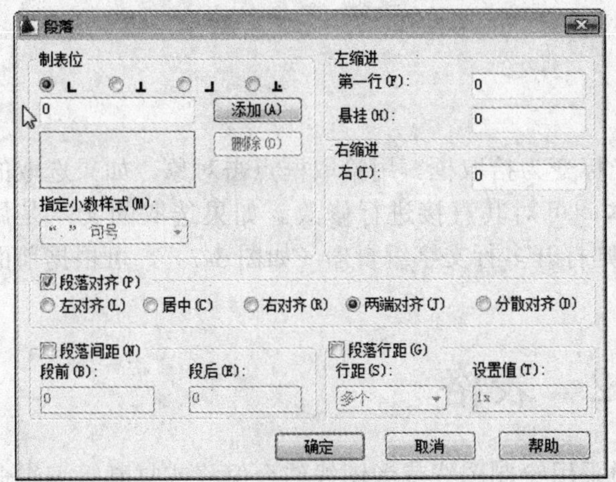

图 3-11 “段落”对话框

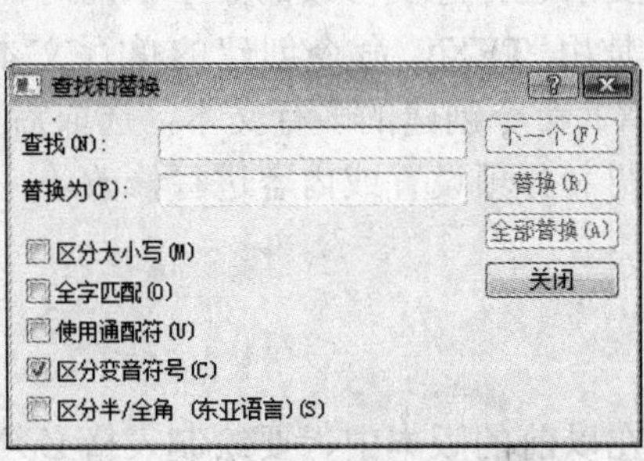

图 3-12 “查找和替换”对话框

（9）改变大小写：改变选定文字的大小写。可以选择“大写”和“小写”。

（10）自动大写：将所有新建文字和输入的文字转换为大写。自动大写不影响已有的文字。要更改现有文字的大小写，请选择文字并单击鼠标右键。单击“改变大小写”。

（11）字符集：显示代码页菜单。选择一个代码页并将其应用到选定的文字。

（12）合并段落：将选定的段落合并为一段并用空格替换每段的回车。

（13）删除格式 ：删除选定字符的字符格式，或删除选定段落的段落格式，或删除选定段落中的所有格式。

（14）背景遮罩：用设定的背景对标注的文字进行遮罩。单击该命令显示“背景遮罩”对话框。（不适用于表格单元。）如图 3-13 所示

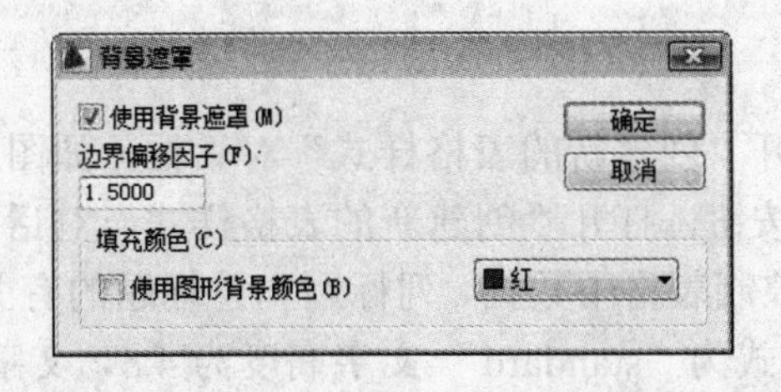

图 3-13 “背景遮罩”对话框

（15）编辑器设置：显示“文字格式”工具栏的选项列表。有关详细信息，请参见编

辑器设置。

（16）了解多行文字 ：显示“新功能专题研习”，其中包含多行文字功能概述。

3.1.4 多行文本编辑

【执行方式】

命令行：DDEDIT

菜单：修改→对象→文字→编辑

工具栏：文字→编辑

【操作格式】

命令: DDEDIT↙

选择注释对象或 [放弃(U)]:

要求选择想要修改的文本，同时光标变为拾取框。用拾取框点击对象，如果选取的文本是用 TEXT 命令创建的单行文本，可对其直接进行修改。如果选取的文本是用 MTEXT 命令创建的多行文本，选取后则打开多行文字编辑器（如图 3-7），可根据前面的介绍对各项设置或内容进行修改。

3.2 表格

在以前的版本中，要绘制表格必须采用绘制图线或者图线结合偏移或复制等编辑命令来完成，这样的操作过程烦琐而复杂，不利于提高绘图效率。在 AutCAD 2009 以后的版本中，新增加了一个“表格”绘图功能，有了该功能，创建表格就变得非常容易，用户可以直接插入设置好样式的表格，而不用绘制由单独的图线组成的栅格。

3.2.1 设置表格样式

【执行方式】

命令行：TABLESTYLE

菜单：格式→表格样式

工具栏：样式→表格样式管理器

【操作格式】

执行上述命令，系统打开“表格样式”对话框，如图 3-14 所示。

【选项说明】

1．新建

单击该按钮，系统打开“创建新的表格样式”对话框，如图 3-15 所示。输入新的表格样式名后单击“继续”按钮，打开“创建新的表格样式”对话框，如图 3-16 所示，从中定义新的表样式，分别控制表格中数据、列标题和总标题的有关参数，如图 3-17 所示。

图 3-18 为数据文字样式为“standard”,文字高度为 4.5，文字颜色为“红色”，填充颜色为“黄色”，对齐方式为“右下”；标题文字样式为“standard”,文字高度为 6，文字颜色为“蓝色”，填充颜色为“无”，对齐方式为“正中”；表格方向为“上”，水平单元边距和垂直单元边距都为“1.5”的表格样式。

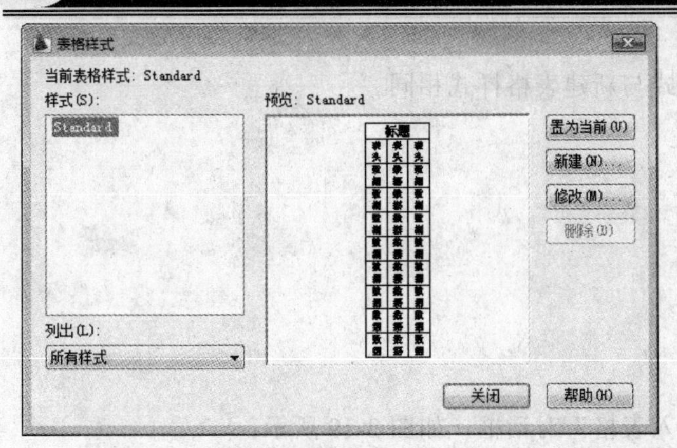

图 3-14 “表格样式”对话框

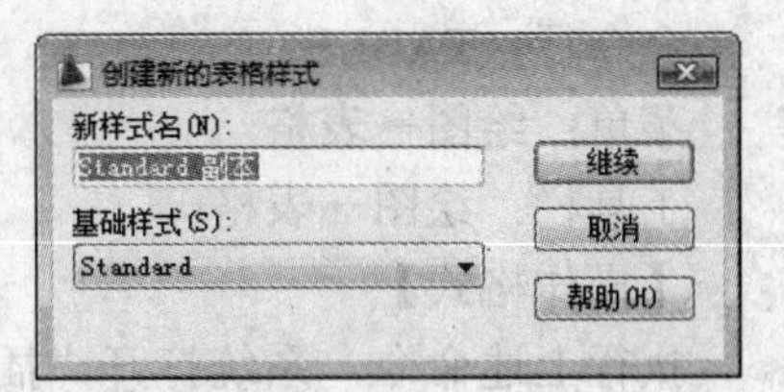

图 3-15 “创建新的表格样式”对话框

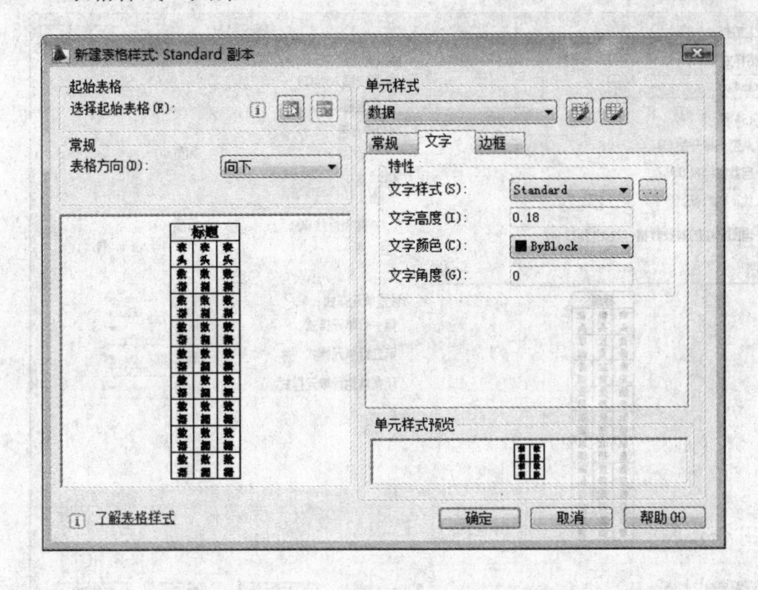

图 3-16 “新建表格样式”对话框

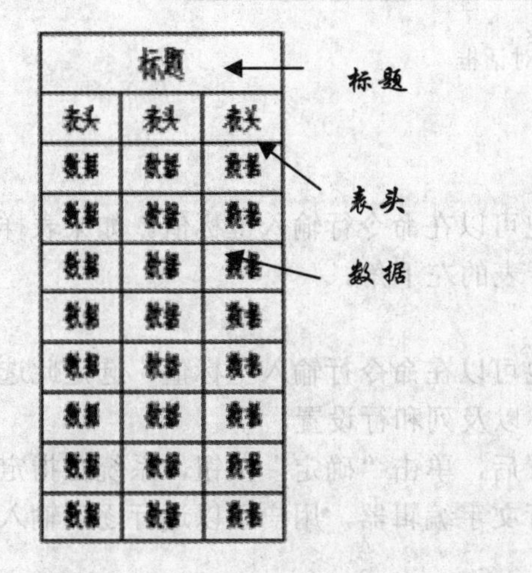

图 3-17 表格样式

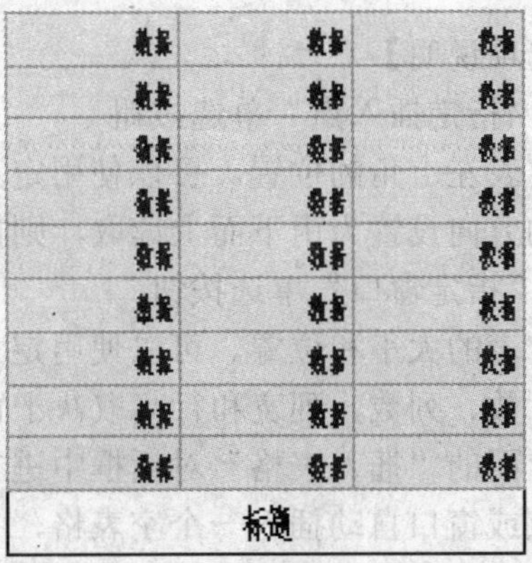

数据	数据	数据
数据	数据	数据
数据	数据	数据
数据	数据	数据
数据	数据	数据
数据	数据	数据
数据	数据	数据
数据	数据	数据
数据	数据	数据
标题		

图 3-18 表格示例

2．修改

对当前表格样式进行修改，方式与新建表格样式相同。

3.2.2 创建表格

【执行方式】

命令行：TABLE

菜单：绘图→表格

工具栏：绘图→表格

【操作格式】

执行上述命令，系统打开“插入表格”对话框，如图 3-19 所示。

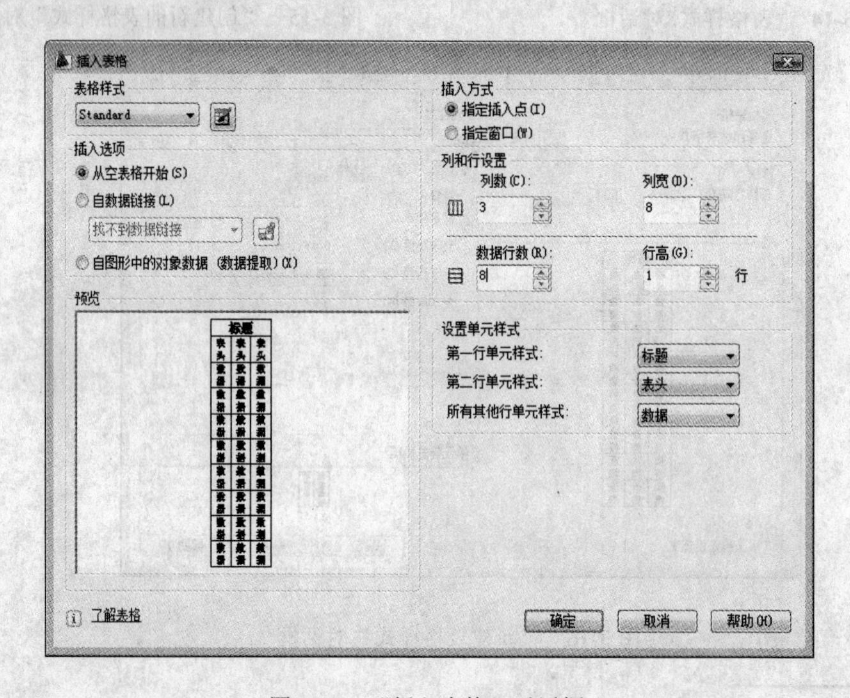

图 3-19 “插入表格”对话框

【选项说明】

1．“指定插入点”单选按钮

指定表左上角的位置。可以使用定点设备，也可以在命令行输入坐标值。如果表样式将表的方向设置为由下而上读取，则插入点位于表的左下角。

2．“指定窗口”单选按钮

指定表的大小和位置。可以使用定点设备，也可以在命令行输入坐标值。选定此选项时，行数、列数、列宽和行高取决于窗口的大小以及列和行设置。

在上面的“插入表格”对话框中进行相应设置后，单击“确定”按钮，系统在指定的插入点或窗口自动插入一个空表格，并显示多行文字编辑器，用户可以逐行逐列输入相应的文字或数据，如图 3-20 所示。

图 3-20　多行文字编辑器

3.2.3　编辑表格文字

【执行方式】

命令行：TABLEDIT

定点设备：表格内双击

快捷菜单：编辑单元文字

【操作格式】

执行上述命令，系统打开图 3-20 所示的多行文字编辑器，用户可以对指定表格单元的文字进行编辑。

3.3　尺寸标注

尺寸标注相关命令的菜单方式集中在“标注”菜单中，工具栏方式集中在“标注”工具栏中，如图 3-21 和图 3-22 所示。

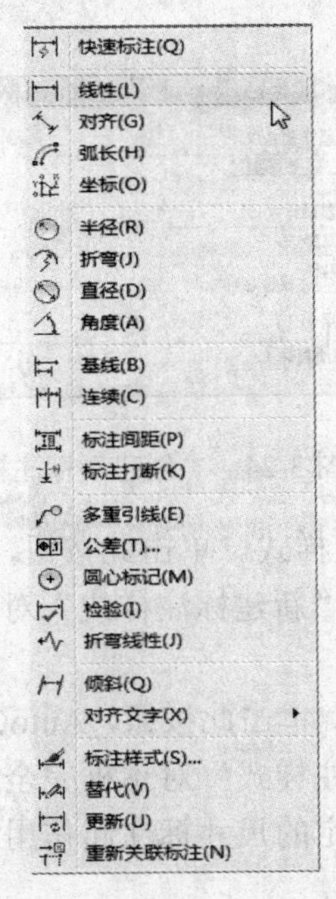

图 3-21 “标注”菜单

图 3-22　“标注”工具栏

3.3.1 设置尺寸样式

【执行方式】

命令行：DIMSTYLE

菜单：格式→标注样式 或 标注→样式

工具栏：标注→标注样式

【操作格式】

执行上述命令，系统打开“标注样式管理器”对话框，如图 3-23 所示。利用此对话框可方便直观地定制和浏览尺寸标注样式，包括产生新的标注样式、修改已存在的样式、设置当前尺寸标注样式、样式重命名以及删除一个已有样式等。

【选项说明】

（1）“置为当前”按钮。点取此按钮，把在“样式”列表框选中样式设置为当前样式。

（2）“新建”按钮。定义一个新的尺寸标注样式。单击此按钮，AutoCAD 打开“创建新标注样式”对话框，如图 3-24 所示，利用此对话框可创建一个新的尺寸标注样式，单击“继续”按钮，系统打开“新建标注样式”对话框，如图 3-25 所示，利用此对话框可对新样式的各项特性进行设置。该对话框中各部分的含义和功能将在后面介绍。

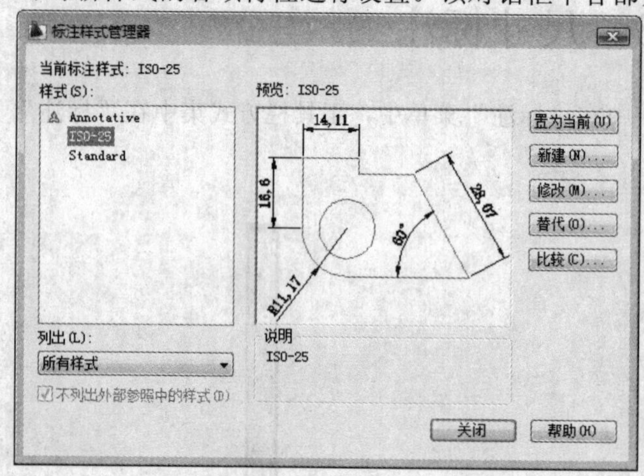

图 3-23 “标注样式管理器”对话框

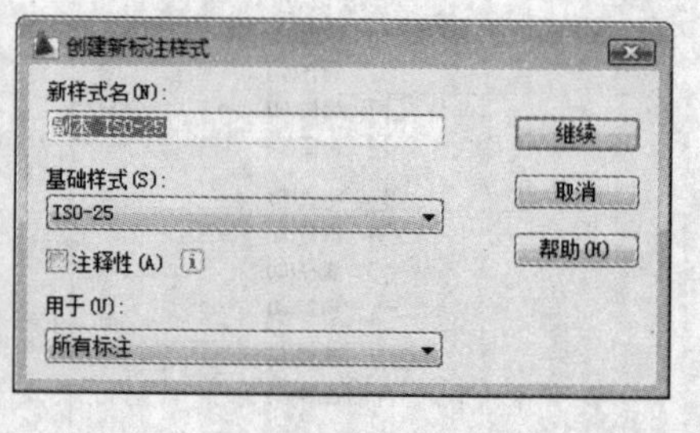

图 3-24 “创建新标注样式”对话框

（3）“修改”按钮。修改一个已存在的尺寸标注样式。单击此按钮，AutoCAD 弹出“修改标注样式”对话框，该对话框中的各选项与“新建标注样式”对话框中完全相同，可以对已有标注样式进行修改。

（4）“替代”按钮。设置临时覆盖尺寸标注样式。单击此按钮，AutoCAD 打开“替代当前样式”对话框，该对话框中各选项与“新建标注样式”对话框完全相同，用户可改变选项的设置覆盖原来的设置，但这种修改只对指定的尺寸标注起作用，而不影响当前尺寸变量的设置。

（5）“比较”按钮。比较两个尺寸标注样式在参数上的区别或浏览一个尺寸标注样

式的参数设置。单击此按钮，AutoCAD 打开“比较标注样式”对话框，如图 3-26 所示。可以把比较结果复制到剪切板上，然后再粘贴到其他的 Windows 应用软件上。

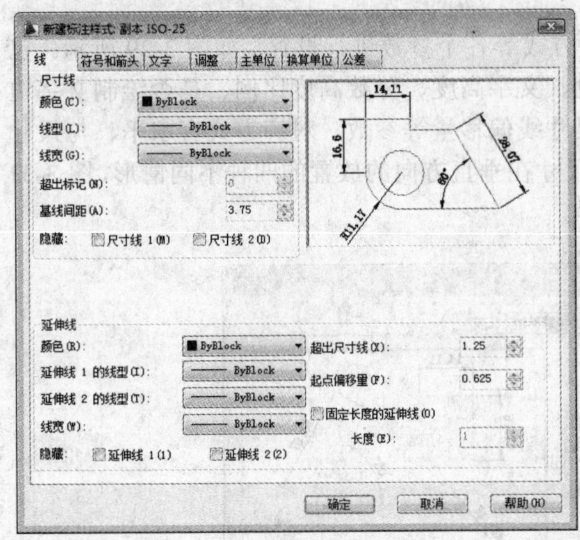

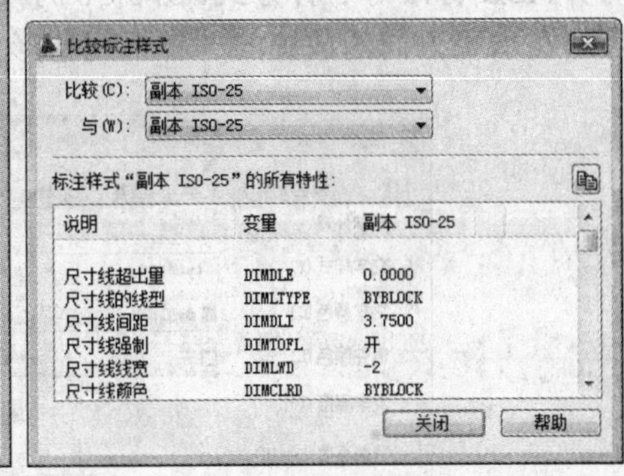

图 3-25 “新建标注样式”对话框　　　　图 3-26 “比较标注样式”对话框

1．线

该选项卡对尺寸的尺寸线、尺寸界线的各个参数进行设置。如图 3-27 所示。包括尺寸线的颜色、线宽、超出标记、基线间距、隐藏等参数，尺寸界线的颜色、线宽、超出尺寸线、起点偏移量、隐藏等参数。

2．符号和箭头

该选项卡对箭头、圆心标记以及弧长符号的各个参数进行设置如图 3-28 所示，包括

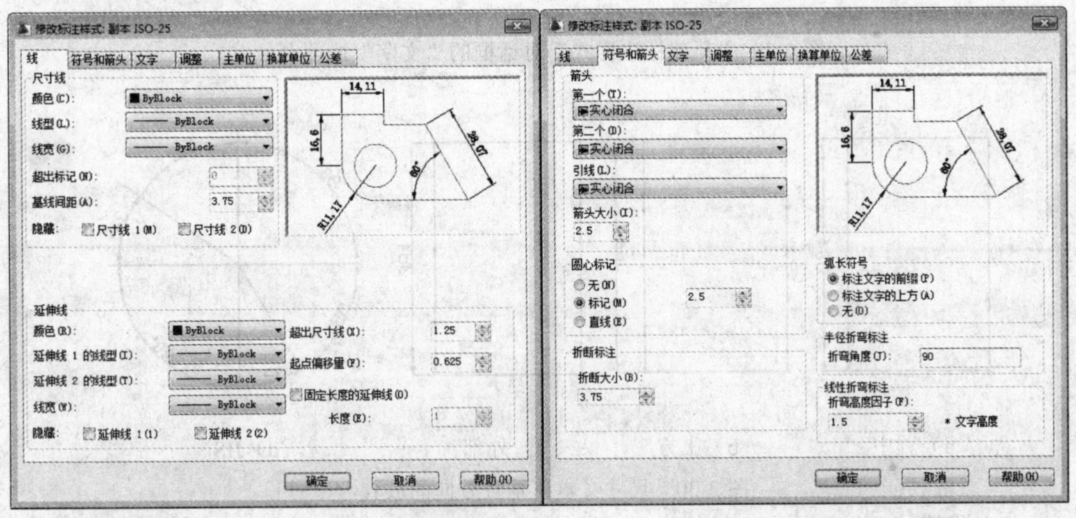

图 3-27 “新建标注样式”对话框的“线”选项卡　　　　图 3-28 “新建标注样式”对话框的“符号和箭头”选项卡

箭头的大小、引线、形状等参数，圆心标记的类型和大小，弧长符号的位置，折断标注的折断大小，线性折弯标注的折弯高度因子以及半径标注折弯角度等参数。

3．文字

该选项卡对文字的外观、位置、对齐方式等各个参数进行设置。如图 3-29 所示。包括文字外观的文字样式、颜色、填充颜色、文字高度、分数高度比例、是否绘制文字边框等参数，文字位置的垂直、水平和从尺寸线偏移量等参数。对齐方式有水平、与尺寸线对齐、ISO 标准等 3 种方式。图 3-30 为尺寸在垂直方向的放置的四种不同情形，图 3-31 为尺寸在水平方向的放置的 5 种不同情形。

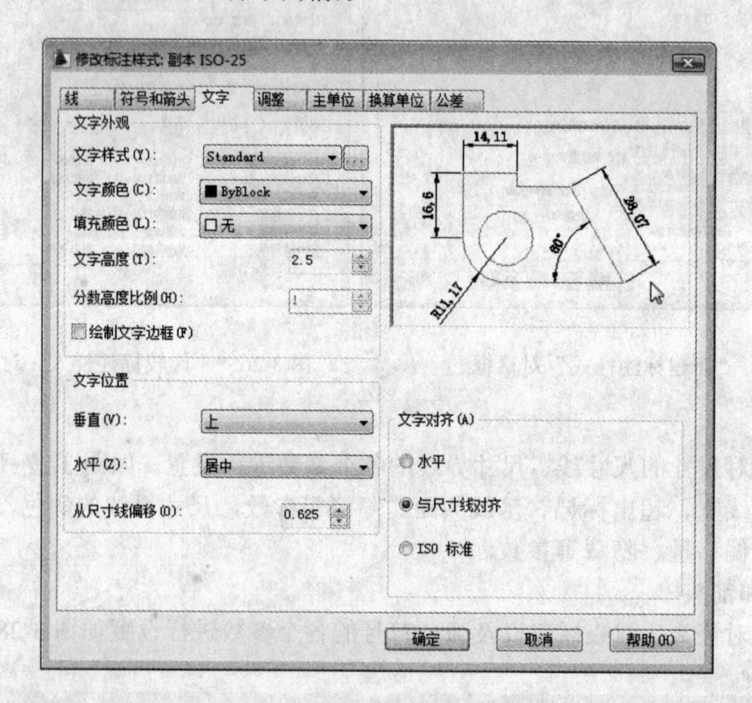

图 3-29 “新建标注样式”对话框的“文字”选项卡

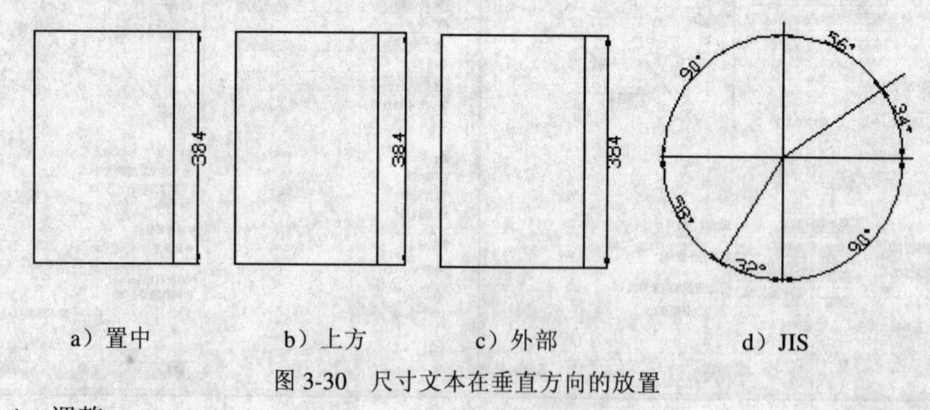

图 3-30 尺寸文本在垂直方向的放置

4．调整

该选项卡对调整选项、文字位置、标注特征比例、调整等各个参数进行设置，如图

3-32 所示。包括调整选项选择，文字不在默认位置时的放置位置，标注特征比例选择以及调整尺寸要素位置等参数。图 3-3 所示为文字不在默认位置时的放置位置的 3 种不同情形。

5．主单位

该选项卡用来设置尺寸标注的主单位和精度，以及给尺寸文本添加固定的前缀或后缀。本选项卡含两个选项组，分别对长度型标注和角度型标注进行设置，如图 3-34 所示。

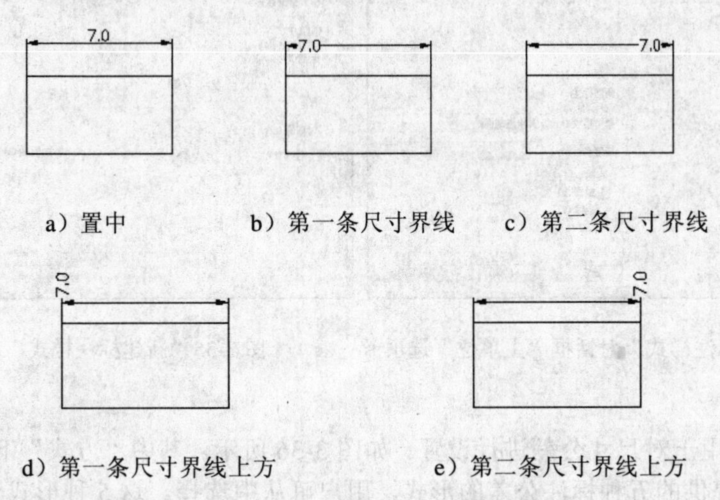

a）置中　b）第一条尺寸界线　c）第二条尺寸界线

d）第一条尺寸界线上方　e）第二条尺寸界线上方

图 3-31　尺寸文本在水平方向的放置

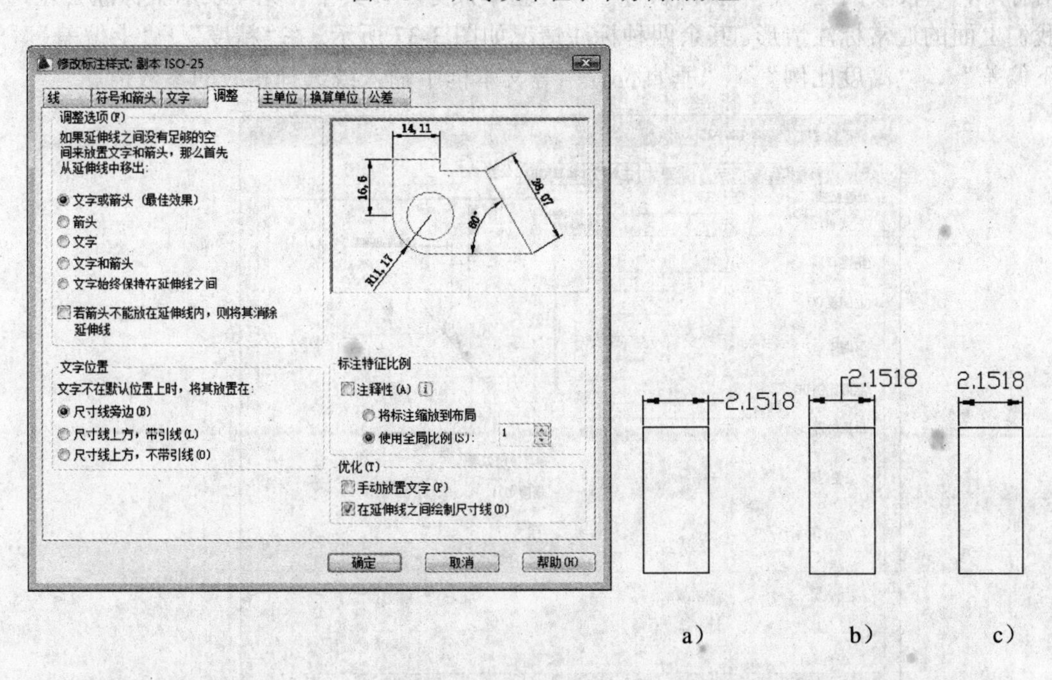

图 3-32　“新建标注样式”对话框的“调整”选项卡　　图 3-33　尺寸文本的位置

“换算单位”选项卡

6．换算单位

该选项卡用于对替换单位进行设置，如图 3-35 所示。

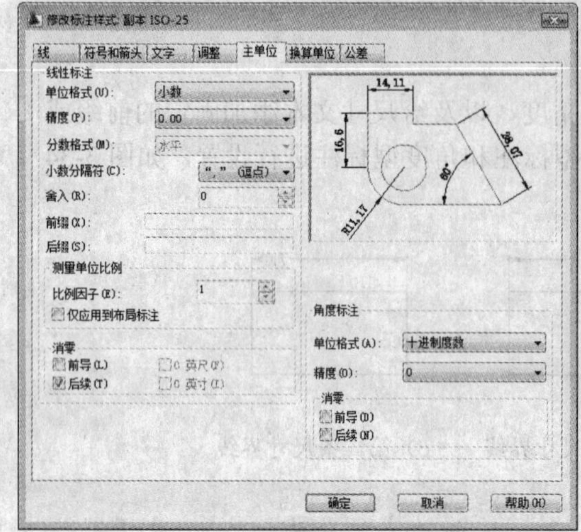

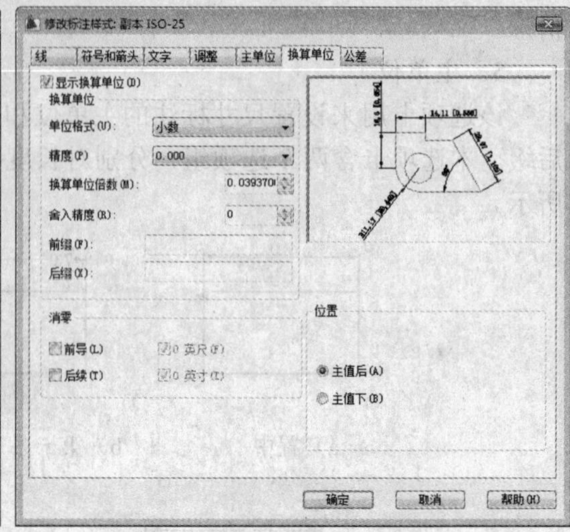

图 3-34 “新建标注样式”对话框“主单位”选项卡　　　　图 3-35“新建标注样式”对话框

7．公差

该选项卡用于对尺寸公差进行设置。如图 3-36 所示。其中“方式”下拉列表框列出了 AutoCAD 提供的五种标注公差的形式，用户可从中选择。这 5 种形式分别是“无”、“对称”、“极限偏差”、“极限尺寸”和“基本尺寸”，其中“无”表示不标注公差，即我们上面的通常标注情形。其余四种标注情况如图 3-37 所示。在“精度”、“上偏差”、“下偏差”、“高度比例”、“垂直位置”等文本框中输入或选择相应的参数值。

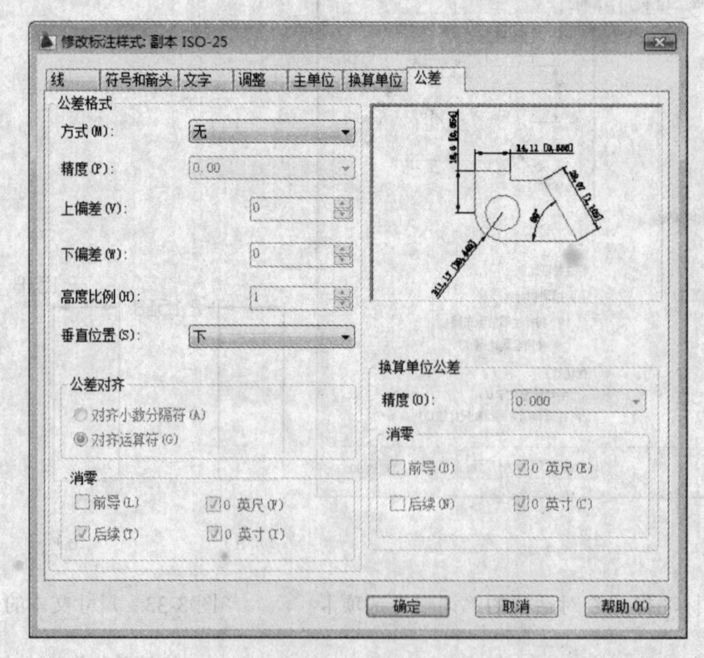

图 3-36 “新建标注样式”对话框的“公差”选项卡

提示

系统自动在上偏差数值前加一“+”号，在下偏差数值前加一“-”号。如果上偏差是负值或下偏差是正值，都需要在输入的偏差值前加负号。如下偏差是+0.005，则需要在“下偏差”微调框中输入-0.005。

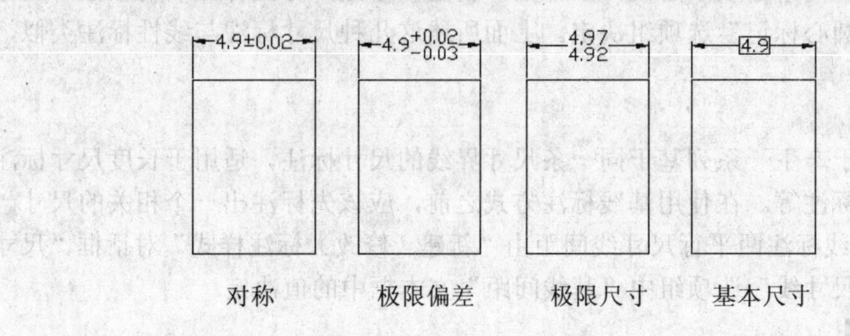

图 3-37　公差标注的形式

3.3.2　尺寸标注

1．线性标注

【执行方式】

命令行：DIMLINEAR

菜单：标注→线性

工具栏：标注→线性标注

【操作格式】

命令: DIMLINEAR

指定第一条延伸线原点或 <选择对象>:

在此提示下有两种选择，直接回车选择要标注的对象或确定尺寸界线的起始点，回车并选择要标注的对象或指定两条尺寸界线的起始点后，系统继续提示：

指定尺寸线位置或[多行文字(M)/文字(T)/角度(A)/水平(H)/垂直(V)/旋转(R)]:

【选项说明】

（1）指定尺寸线位置：确定尺寸线的位置。用户可移动鼠标选择合适的尺寸线位置，然后回车或单击鼠标左键，AutoCAD 则自动测量所标注线段的长度并标注出相应的尺寸。

（2）多行文字(M)：用多行文本编辑器确定尺寸文本。

（3）文字(T)：在命令行提示下输入或编辑尺寸文本。选择此选项后 AutoCAD 提示：

输入标注文字 <默认值>:

其中的默认值是 AutoCAD 自动测量得到的被标注线段的长度，直接回车即可采用此长度值，也可输入其他数值代替默认值。当尺寸文本中包含默认值时，可使用尖括号“<>”表示默认值。

（4）角度(A)：确定尺寸文本的倾斜角度。

（5）水平(H)：水平标注尺寸，不论标注什么方向的线段，尺寸线均水平放置。

（6）垂直(V)：垂直标注尺寸，不论被标注线段沿什么方向，尺寸线总保持垂直。

（7）旋转(R)：输入尺寸线旋转的角度值，旋转标注尺寸。

对齐标注的尺寸线与所标注的轮廓线平行；坐标尺寸标注点的纵坐标或横坐标；角度标注标注两个对象之间的角度；直径或半径标注标注圆或圆弧的直径或半径；圆心标记则标注圆或圆弧的中心或中心线，具体由“新建（修改）标注样式”对话框“尺寸与箭头”选项卡“圆心标记”选项组决定。上面所述这几种尺寸标注与线性标注类似，不再赘述。

2．基线标注

基线标注用于产生一系列基于同一条尺寸界线的尺寸标注，适用于长度尺寸标注、角度标注和坐标标注等。在使用基线标注方式之前，应该先标注出一个相关的尺寸。如图 3-38 所示。基线标注两平行尺寸线间距由“新建（修改）标注样式”对话框“尺寸与箭头”选项卡“尺寸线”选项组中“基线间距”文本框中的值决定。

【执行方式】

命令行：DIMBASELINE

菜单：标注→基线

工具栏：标注→基线标注

【操作格式】

命令：DIMBASELINE↙

指定第二条尺寸界线原点或 [放弃(U)/选择(S)] <选择>:

直接确定另一个尺寸的第二条尺寸界线的起点，AutoCAD 以上次标注的尺寸为基准标注，标注出相应尺寸。

直接回车，系统提示：

选择基准标注: (选取作为基准的尺寸标注)

连续标注又叫尺寸链标注，用于产生一系列连续的尺寸标注，后一个尺寸标注均把前一个标注的第二条尺寸界线作为它的第一条尺寸界线。与基线标注一样，在使用连续标注方式之前，应该先标注出一个相关的尺寸。其标注过程与基线标注类似。如图 3-39 所示。

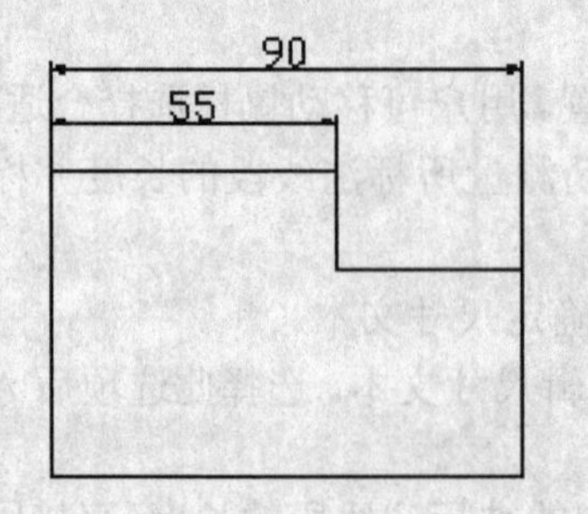

图 3-38　基线标注

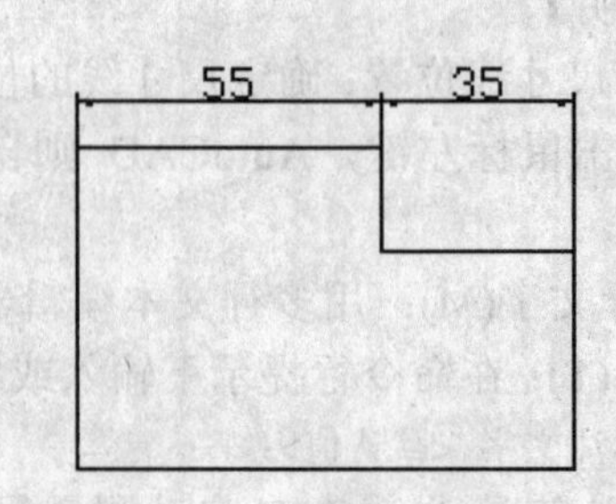

图 3-39　连续标注

3．快速标注

快速尺寸标注命令 QDIM 使用户可以交互地、动态地、自动化地进行尺寸标注。在 QDIM 命令中可以同时选择多个圆或圆弧标注直径或半径，也可同时选择多个对象进行基线标注和连续标注，选择一次即可完成多个标注，因此可节省时间，提高工作效率。

【执行方式】

命令行：QDIM

菜单：标注→快速标注

工具栏：标注→快速标注

【操作格式】

命令：QDIM↙

选择要标注的几何图形：(选择要标注尺寸的多个对象后回车)

指定尺寸线位置或 [连续(C)/并列(S)/基线(B)/坐标(O)/半径(R)/直径(D)/基准点(P)/编辑(E)/设置(T)] <连续>:

【选项说明】

（1）指定尺寸线位置：直接确定尺寸线的位置，按默认尺寸标注类型标注出相应尺寸。

（2）连续(C)：产生一系列连续标注的尺寸。

（3）并列(S)：产生一系列交错的尺寸标注，如图 3-40 所示。

（4）基线(B)：产生一系列基线标注的尺寸。后面的“坐标(O)”、“半径(R)”、“直径(D)”含义与此类同。

（5）基准点(P)：为基线标注和连续标注指定一个新的基准点。

（6）编辑(E)：对多个尺寸标注进行编辑。系统允许对已存在的尺寸标注添加或移去尺寸点。选择此选项，AutoCAD 提示：

指定要删除的标注点或 [添加(A)/退出(X)] <退出>:

在此提示下确定要移去的点之后回车，AutoCAD 对尺寸标注进行更新。如图 3-41 所示为图 3-40 删除中间 4 个标注点后的尺寸标注。

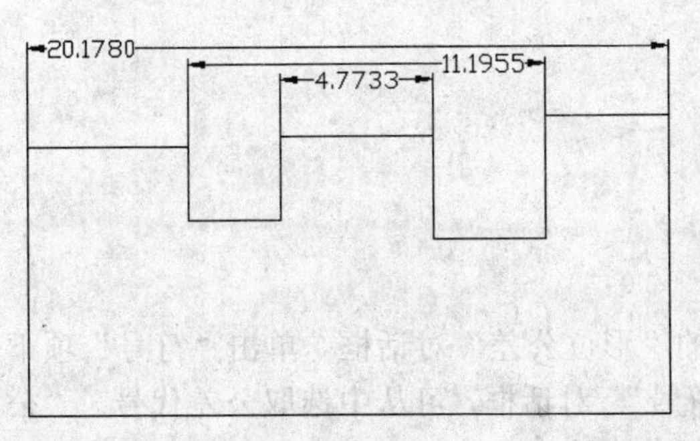

图 3-40　交错尺寸标注

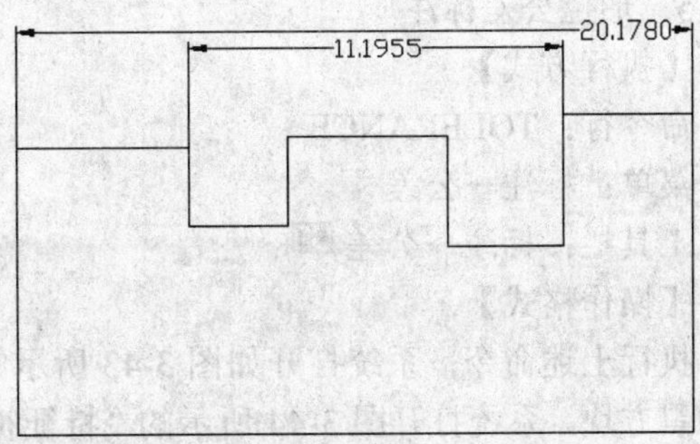

图 3-41　删除标注点

4．引线标注

【执行方式】

命令行：QLEADER

【操作格式】

命令：QLEADER↙

指定第一个引线点或 [设置(S)] <设置>:

指定下一点：（输入指引线的第二点）

指定下一点：（输入指引线的第三点）

…

指定文字宽度 <0.0000>：（输入多行文本的宽度）

输入注释文字的第一行 <多行文字(M)>：（输入单行文本或回车打开多行文字编辑器输入多行文本）

输入注释文字的下一行：（输入另一行文本）

输入注释文字的下一行：（输入另一行文本或回车）

也可以在上面操作过程中选择“设置（S）”项打开“引线设置”对话框进行相关参数设置，如图 3-42 所示。

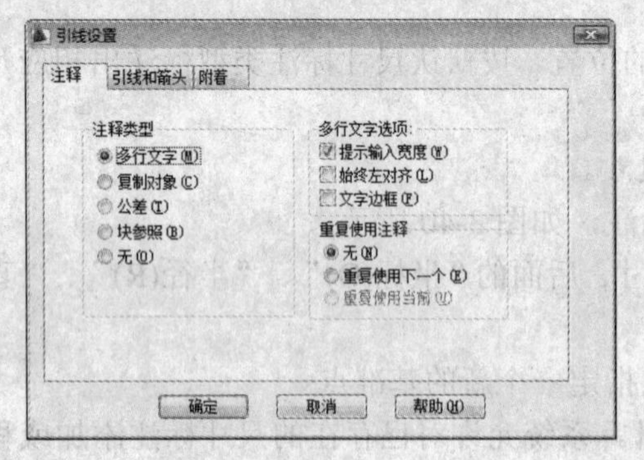

图 3-42 “引线设置”对话框

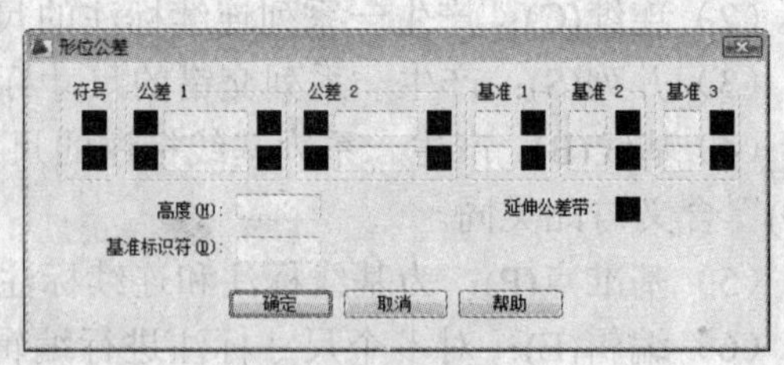

图 3-43 “形位公差”对话框

另外还有一个名为 LEADER 的命令行命令也可以进行引线标注，与 QLEADER 命令类似，不再赘述。

5．形位公差标注

【执行方式】

命令行：TOLERANCE

菜单：标注→公差

工具栏：标注→公差

【操作格式】

执行上述命令，系统打开如图 3-43 所示的“形位公差”对话框。单击“符号”项下面的黑方块，系统打开图 3-44 所示的“特征符号” 对话框，可从中选取公差代号。“公差 1（2）”项白色文本框左侧的黑块控制是否在公差值之前加一个直径符号，单击它，则出现一个直径符号，再单击则又消失。白色文本框用于确定公差值，在其中输入一个具体数值。右侧黑块用于插入“包容条件”符号，单击它，AutoCAD 打开图 3-45 所示的“附加符号”对话框，可从中选取所需符号。

图 3-44 “特征符号”对话框

图 3-45 “附加符号”对话框

3.3.3 尺寸编辑

1．编辑尺寸

【执行方式】

命令行：DIMEDIT

菜单：标注→对齐文字→默认

工具栏：标注→编辑标注

【操作格式】

命令：DIMEDIT↙

输入标注编辑类型 [默认(H)/新建(N)/旋转(R)/倾斜(O)] <默认>:

【选项说明】

（1）<默认>：按尺寸标注样式中设置的默认位置和方向放置尺寸文本。如图 3-46a 所示。

（2）新建(N) ：打开多行文字编辑器，可利用此编辑器对尺寸文本进行修改。

（3）旋转(R)：改变尺寸文本行的倾斜角度。尺寸文本的中心点不变，使文本沿给定的角度方向倾斜排列，如图 3-46b 所示。

（4）倾斜(O)：修改长度型尺寸标注的尺寸界线，使其倾斜一定角度，与尺寸线不垂直，如图 3-46c 所示。

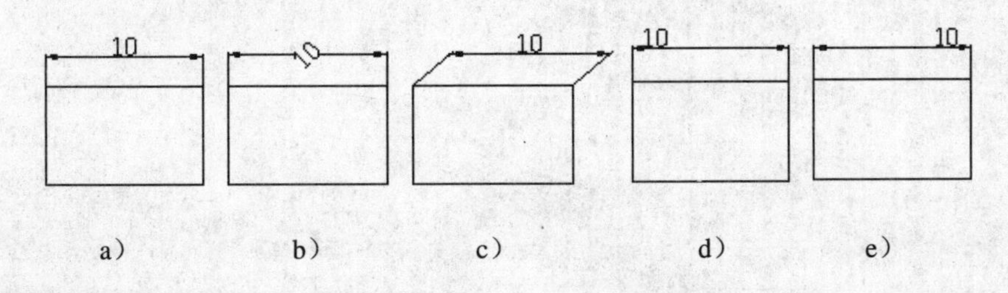

图 3-46 尺寸标注的编辑

2．编辑尺寸文字

【执行方式】

命令行：DIMTEDIT

菜单：标注→对齐文字→（除“默认”命令外其它命令）

工具栏：标注→编辑标注文字

【操作格式】

命令: DIMTEDIT

选择标注:

为标注文字指定新位置或 [左对齐(L)/右对齐(R)/居中(C)/默认(H)/角度(A)]:

【选项说明】

（1）左对齐(L)：沿尺寸线左对正标注文字。本选项只适用于线性、直径和半径标注。

（2）右对齐(R)：沿尺寸线右对正标注文字。本选项只适用于线性、直径和半径标注。

（3）居中(C)：将标注文字放在尺寸线的中间。

（4）默认(H)：将标注文字移回默认位置。

（5）角度 (A)：修改标注文字的角度。输入标注文字的角度:

文字的圆心并没有改变。如果移动了文字或重生成了标注，由文字角度设置的方向将保持不变。输入零度角将使标注文字以默认方向放置。

第4章

室内设计中主要家具设施的绘制

本章导读：

在进行装饰设计中，常常需测绘家具、洁具和橱具等各种设施，以便能更真实和形象地表示装修的效果。本章将论述室内装饰及其装饰图设计中一些常见的家具及电器设施的绘制方法，所讲解的实例涵盖了在室内设计中经常使用的家具与电器等图形，如沙发、床、电脑桌、洗脸盆和燃气灶等。

4.1 家具平面配景图绘制

在室内设计中经常使用到家具平面图，特别是在办公室、卧室、客厅等房间的设计中是必有的内容。下面将以典型的例子说明各种家具的绘制方法。

4.1.1 转角沙发

绘制思路

首先利用矩形和直线命令绘制长沙发，然后利用多段线命令绘制沙发转角，最后利用圆角命令对长沙发的角进行倒圆角。转角沙发如图4-1所示。

实讲实训
多媒体演示
多媒体演示参见配套光盘中的\动画演示\第4章\转角沙发.avi。

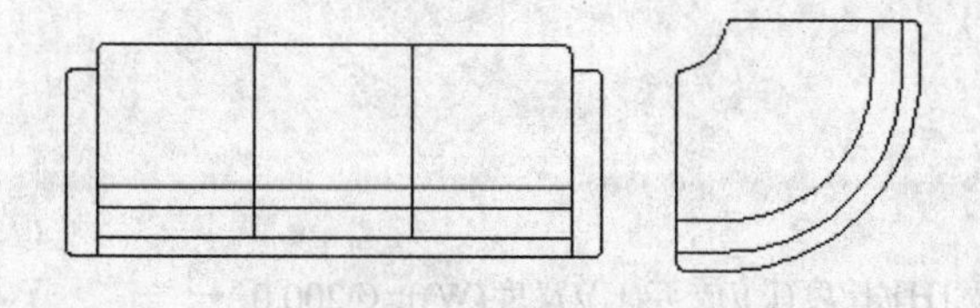

图4-1 转角沙发

1. 图层设计

新建两个图层：

（1）“1”图层，颜色设为蓝色，其余属性默认；

（2）“2”图层，颜色设为绿色，其余属性默认。

2. 绘制矩形

单击“绘图”→“矩形”或者单击绘图工具栏矩形图标□，命令如下：

命令: _rectang↵

指定第一个角点或 [倒角(C)/标高(E)/圆角(F)/厚度(T)/宽度(W)]:0,0↵

指定另一个角点或 [面积(A)/尺寸(D)/旋转(R)]:@125,750↵

命令: _rectang↵

指定第一个角点或 [倒角(C)/标高(E)/圆角(F)/厚度(T)/宽度(W)]:125,0↵

指定另一个角点或 [面积(A)/尺寸(D)/旋转(R)]:@1950,800↵

命令: _rectang↵

指定第一个角点或 [倒角(C)/标高(E)/圆角(F)/厚度(T)/宽度(W)]:2075,0↵

指定另一个角点或 [面积(A)/尺寸(D)/旋转(R)]:@125,750↵

绘制结果如图 4-2 所示。

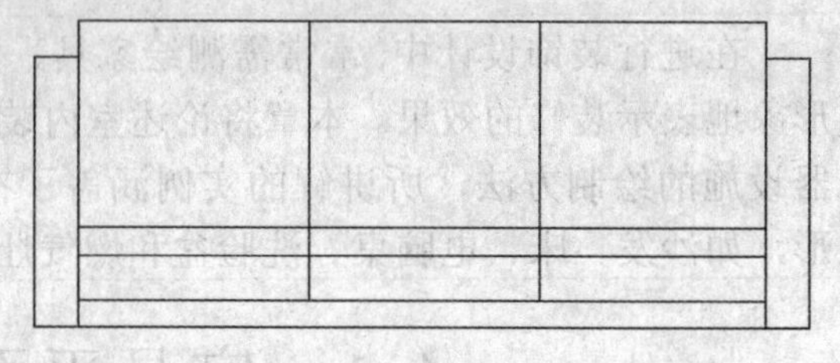

图 4-2　绘制矩形　　　　图 4-3　绘制直线

3. 绘制直线

将当前图层设为“2”图层，单击“绘图”→“直线”或者单击绘图工具栏直线图标╱，命令如下：

命令: line ↵

指定第一点: 125,75 ↵

指定下一点或 [放弃(U)]: @1950,0 ↵

指定下一点或 [放弃(U)]: ↵

同样的方法，用直线命令 LINE 绘制另外 4 条直线，端点坐标分别为{（125,200），（@1950,0）}、{（125,275），（@1950,0）}、{（775,75），（@0,775）}、{（1425,75），（@0,775）}。绘制结果如图 4-3 所示。

4. 绘制多段线

将当前图层设为“1”图层，单击“绘图”→“多段线”或者单击绘图工具栏多段线图标，命令如下：

命令: _pline ↵

指定起点: 2500,-50 ↵

当前线宽为 0.0000

指定下一个点或 [圆弧(A)/半宽(H)/长度(L)/放弃(U)/宽度(W)]: @200,0 ↵

指定下一点或 [圆弧(A)/闭合(C)/半宽(H)/长度(L)/放弃(U)/宽度(W)]: a ↵

指定圆弧的端点或[角度(A)/圆心(CE)/闭合(CL)/方向(D)/半宽(H)/直线(L)/半径(R)/第二个点(S)/放弃(U)/宽度(W)]: a ↵

指定包含角: 90 ↵

指定圆弧的端点或 [圆心(CE)/半径(R)]: r ↵

指定圆弧的半径: 800 ↵

指定圆弧的弦方向 <0>: 45 ↵

指定圆弧的端点或[角度(A)/圆心(CE)/闭合(CL)/方向(D)/半宽(H)/直线(L)/半径(R)/第二个点(S)/放弃(U)/宽度(W)]: l ↵

指定下一点或 [圆弧(A)/闭合(C)/半宽(H)/长度(L)/放弃(U)/宽度(W)]: @0,200 ↵

指定下一点或 [圆弧(A)/闭合(C)/半宽(H)/长度(L)/放弃(U)/宽度(W)]: @-800,0 ↵

指定下一点或 [圆弧(A)/闭合(C)/半宽(H)/长度(L)/放弃(U)/宽度(W)]: a ↵

指定圆弧的端点或

[角度(A)/圆心(CE)/闭合(CL)/方向(D)/半宽(H)/直线(L)/半径(R)/第二个点(S)/放弃(U)/宽度(W)]: a ↵

指定包含角: -90 ↵

指定圆弧的端点或 [圆心(CE)/半径(R)]: r ↵

指定圆弧的半径: 200 ↵

指定圆弧的弦方向 <180>: 225 ↵

指定圆弧的端点或[角度(A)/圆心(CE)/闭合(CL)/方向(D)/半宽(H)/直线(L)/半径(R)/第二个点(S)/放弃(U)/宽度(W)]: l ↵

指定下一点或 [圆弧(A)/闭合(C)/半宽(H)/长度(L)/放弃(U)/宽度(W)]: c

绘制结果如图 4-4 所示。

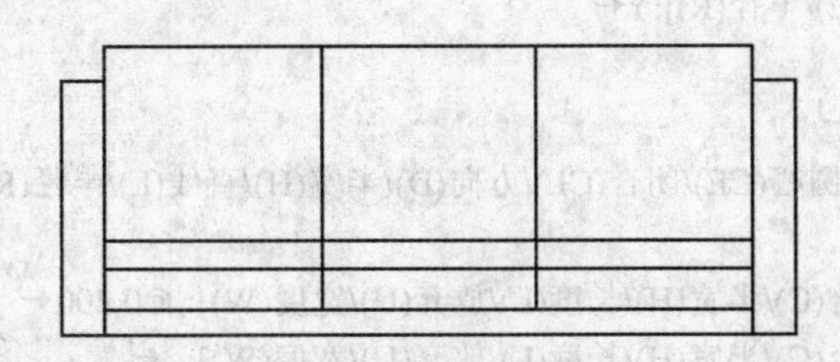 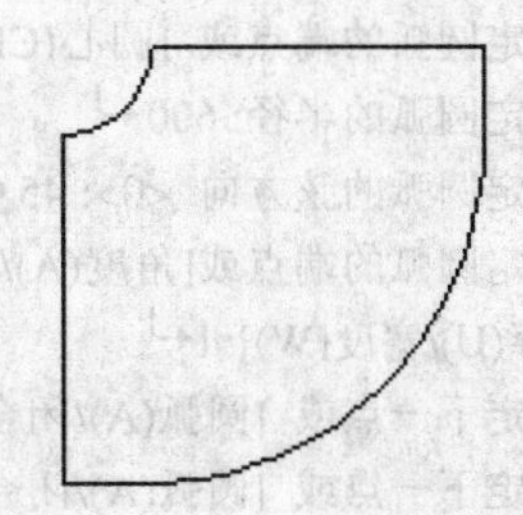

图 4-4 绘制多段线

说明

多段线可以绘制直线、圆弧，并且可以指定所要绘制的图形元素的半宽。绘制直线时与“绘图”→“直线”命令一样，指定下一点即可。绘制圆弧可以运用各种约束条件，比如半径、角度、弦长等来绘制。

5. 绘制多段线

将当前图层设为“2”图层，单击“绘图”→“多段线”，或者单击绘图工具栏多段线图标，命令如下：

命令: _pline↵

指定起点: 2500,25↵

当前线宽为 0.0000

指定下一个点或 [圆弧(A)/半宽(H)/长度(L)/放弃(U)/宽度(W)]: @200,0↵

指定下一点或 [圆弧(A)/闭合(C)/半宽(H)/长度(L)/放弃(U)/宽度(W)]: a↵

指定圆弧的端点或[角度(A)/圆心(CE)/闭合(CL)/方向(D)/半宽(H)/直线(L)/半径(R)/第二个点(S)/放弃(U)/宽度(W)]: a↵

指定包含角: 90↵

指定圆弧的端点或 [圆心(CE)/半径(R)]: r↵

指定圆弧的半径: 725↵

指定圆弧的弦方向 <0>: 45↵

指定圆弧的端点或[角度(A)/圆心(CE)/闭合(CL)/方向(D)/半宽(H)/直线(L)/半径(R)/第二个点(S)/放弃(U)/宽度(W)]: l↵

指定下一点或 [圆弧(A)/闭合(C)/半宽(H)/长度(L)/放弃(U)/宽度(W)]: @0,200↵

指定下一点或 [圆弧(A)/闭合(C)/半宽(H)/长度(L)/放弃(U)/宽度(W)]: ↵

命令: ↵

PLINE 指定起点: 2500,150↵

当前线宽为 0.0000

指定下一个点或 [圆弧(A)/半宽(H)/长度(L)/放弃(U)/宽度(W)]: @200,0↵

指定下一点或 [圆弧(A)/闭合(C)/半宽(H)/长度(L)/放弃(U)/宽度(W)]: a↵

指定圆弧的端点或\[角度(A)/圆心(CE)/闭合(CL)/方向(D)/半宽(H)/直线(L)/半径(R)/第二个点(S)/放弃(U)/宽度(W)]: a↵

指定包含角: 90↵

指定圆弧的端点或 [圆心(CE)/半径(R)]: r↵

指定圆弧的半径: 600↵

指定圆弧的弦方向 <0>: 45↵

指定圆弧的端点或[角度(A)/圆心(CE)/闭合(CL)/方向(D)/半宽(H)/直线(L)/半径(R)/第二个点(S)/放弃(U)/宽度(W)]: l↵

指定下一点或 [圆弧(A)/闭合(C)/半宽(H)/长度(L)/放弃(U)/宽度(W)]: @0,200↵

指定下一点或 [圆弧(A)/闭合(C)/半宽(H)/长度(L)/放弃(U)/宽度(W)]: ↵

绘制结果如图 4-5 所示。

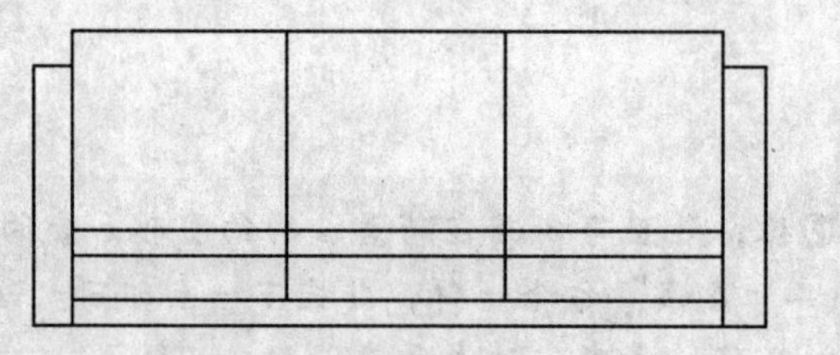
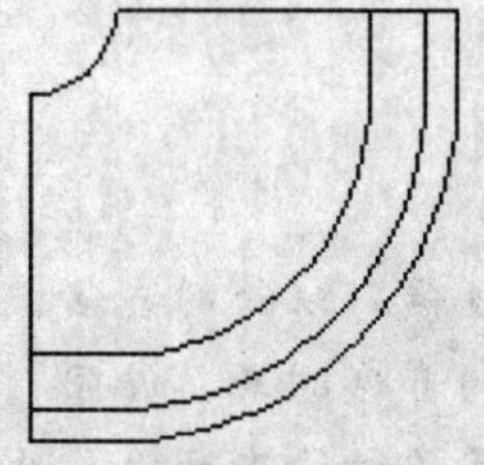

图 4-5　绘制多段线

6．圆角处理

单击“修改”→“圆角”或者单击修改工具栏圆角图标，将所有圆角半径均设为 37.5，对图形做圆角，效果如图 4-1 所示。

4.1.2　床

绘制思路

首先利用矩形命令绘制床的大体轮廓，然后利用直线和圆角命令绘制床上用品，最后利用修剪命令对床进行细节处理。绘制床的结果如图 4-6 所示。

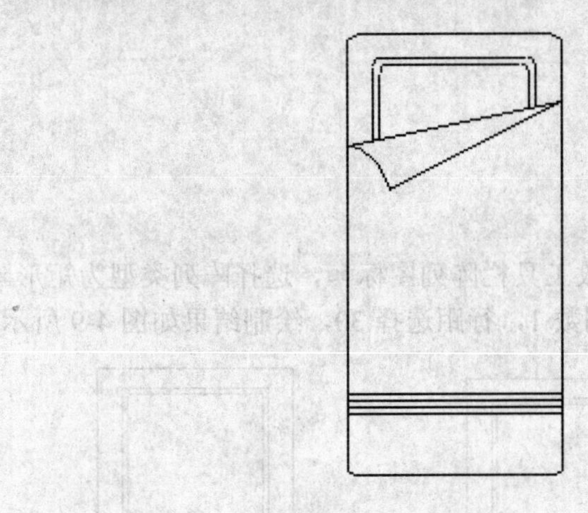

图 4-6　床

实讲实训
多媒体演示

多媒体演示参见配套光盘中的\\动画演示\第 4 章\床.avi。

1．图层设计

新建 3 个图层，其属性如下：

（1）“1”图层，颜色为蓝色，其余属性默认；

（2）“2”图层，颜色为绿色，其余属性默认；

（3）“3”图层，颜色为白色，其余属性默认。

2．绘制矩形

将当前图层设为“1”图层，单击“绘图”→“矩形”或者单击绘图工具栏矩形图标 □，命令如下：

命令: _rectang↵

指定第一个角点或 [倒角(C)/标高(E)/圆角(F)/厚度(T)/宽度(W)]: 0,0↵

指定另一个角点或 [面积(A)/尺寸(D)/旋转(R)]:@1000,2000↵

绘制结果如图 4-7 所示。

3．绘制直线

将当前图层设为“2”图层，单击“绘图”→“直线”或者单击绘图工具栏直线图标 ╱，命令如下：

命令: line↵

指定第一点: 125,1000↵

指定下一点或 [放弃(U)]: 125,1900↵

指定下一点或 [放弃(U)]: 875,1900↵

指定下一点或 [闭合(C)/放弃(U)]: 875,1000↵

指定下一点或 [闭合(C)/放弃(U)]: ↵

命令: line↵

指定第一点: 155,1000↵

指定下一点或 [放弃(U)]: 155,1870↵

指定下一点或 [放弃(U)]: 845,1870↵

指定下一点或 [闭合(C)/放弃(U)]: 845,1000↵

指定下一点或 [闭合(C)/放弃(U)]: ↵

将当前图层设为“3”图层，继续直线命令。

命令: LINE ↵

指定第一点: 0,280↵

指定下一点或 [放弃(U)]: @1000,0↵

指定下一点或 [放弃(U)]: ↵

绘制结果如图 4-8 所示。

4．阵列处理

单击“修改”→“阵列”或者单击修改工具栏阵列图标，选择阵列类型为矩形阵列，对象为最近绘制的直线，行数为 4，列数 1，行距选择 30，绘制结果如图 4-9 所示。

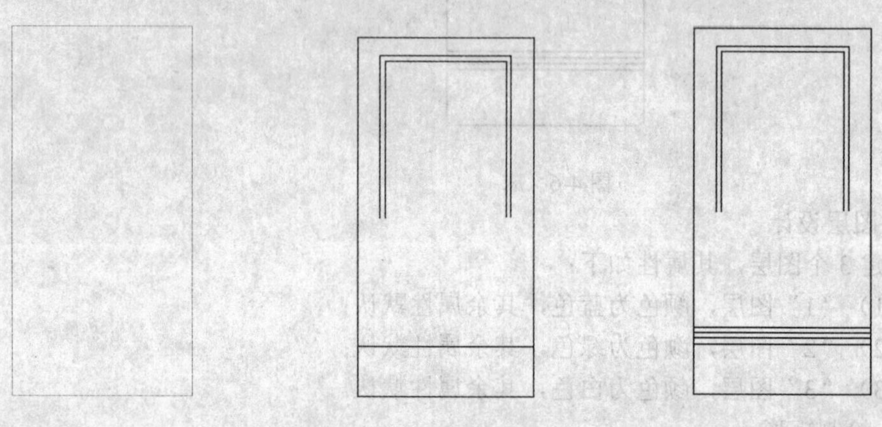

图 4-7　绘制矩形　　图 4-8　绘制直线　　图 4-9　阵列处理

5．圆角处理

单击“修改→“圆角”或者单击修改工具栏圆角图标，将外轮廓线的圆角半径设为 50，内衬圆角半径为 40，绘制结果如图 4-10 所示。

6．修剪图形

将当前图层设为“2”图层，绘制直线，单击“绘图”→“直线”或者单击绘图工具栏直线图标，命令如下：

命令: line↵

指定第一点: 0,1500↵

指定下一点或 [放弃(U)]: @1000,200↵

指定下一点或 [放弃(U)]: @-800,-400↵

指定下一点或 [闭合(C)/放弃(U)]: ↵

绘制圆弧，单击“绘图”→“圆弧”→“三点”，命令如下：

命令: _arc

指定圆弧的起点或 [圆心(C)]: 200,1300↵

指定圆弧的第二个点或 [圆心(C)/端点(E)]: 130,1430↵

指定圆弧的端点: 0,1500↵

绘制结果如图 4-11 所示。

单击“修改”→ “修剪”或者单击修改工具栏修剪图标，命令如下：

命令: _trim

当前设置:投影=UCS，边=无

选择剪切边...

选择对象或 <全部选择>: （选择起点为（0，1500）@（1000，200）的直线） 找到 1 个

选择对象: ↵

选择要修剪的对象，或按住 Shift 键选择要延伸的对象，或[栏选(F)/窗交(C)/投影(P)/边(E)/删除(R)/放弃(U)]: （选择剪切对象，结果如图 4-12 所示）↵

选择要修剪的对象，或按住 Shift 键选择要延伸的对象，或

[栏选(F)/窗交(C)/投影(P)/边(E)/删除(R)/放弃(U)]:

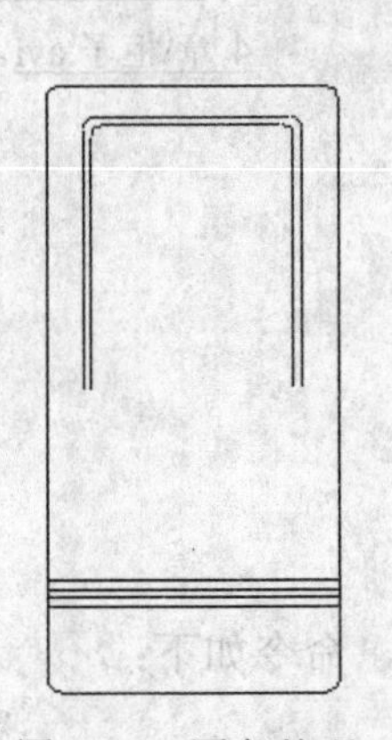

图 4-10 圆角处理

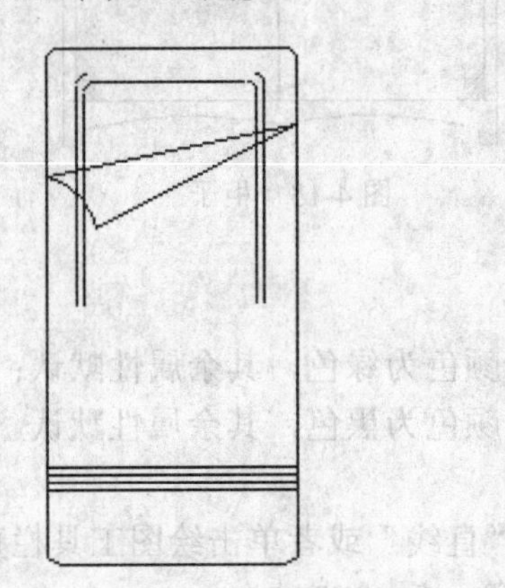

图 4-11 绘制直线与圆弧

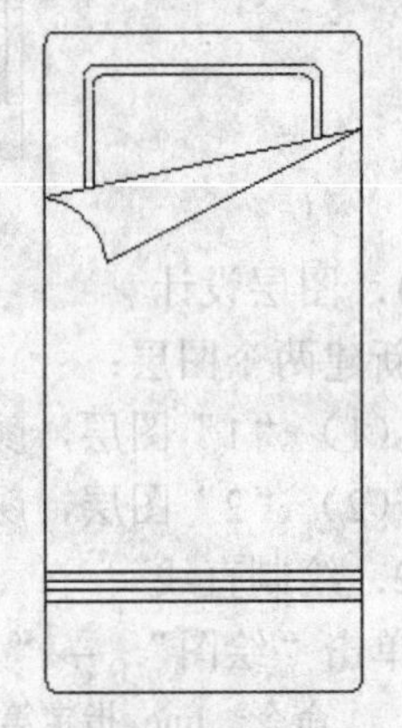

图 4-12 床

说明

修剪命令的使用一般先选择要修剪的边界，然后再选择需要修剪的边。此外，选择作为修剪对象的修剪边的对象，或者按 Enter 键选择所有对象作为可能的修剪边。有效的修剪边对象包括二维和三维多段线、圆弧、圆、椭圆、布局视口、直线、射线、面域、样条曲线、文字和构造线。

AutoCAD2008 版可以使用选择栏和窗交方式一次修剪和延长多个对象。默认的“全部选择”选项使您能够快速选择所有可见的几何图形，以用作剪切边或边界边。按 Shift 键，在“修剪”和“延伸”命令之间可以切换。

4.1.3 柜子

绘制思路

首先利用矩形和直线命令绘制柜子的大体轮廓，然后利用圆弧命令对左边柜子进行细节处理，再利用镜像命令将左边柜子进行镜像处理，最后利用图案填充命令在柜子上填充花纹。结果如图 4-13 所示。

图 4-13　柜子

实讲实训
多媒体演示

多媒体演示参见配套光盘中的\\动画演示\第4章\柜子.avi。

1．图层设计

新建两个图层：

（1）“1”图层，颜色为绿色，其余属性默认；

（2）“2”图层，颜色为黑色，其余属性默认。

2．绘制直线

单击“绘图”→“直线”或者单击绘图工具栏直线图标，命令如下：

命令: _line 指定第一点: 40,32↵
指定下一点或 [放弃(U)]: @0,-32↵
指定下一点或 [放弃(U)]: @-40,0↵
指定下一点或 [闭合(C)/放弃(U)]: @0,100↵
指定下一点或 [闭合(C)/放弃(U)]: ↵

同样方法绘制直线，两个端点坐标为（30,100）和（@0,760），绘制结果如图 4-14 所示。

3．绘制矩形

单击“绘图”→“矩形”或者单击绘图工具栏矩形图标，命令如下：

命令: _rectang↵
指定第一个角点或 [倒角(C)/标高(E)/圆角(F)/厚度(T)/宽度(W)]: 0,100↵
指定另一个角点或 [面积(A)/尺寸(D)/旋转(R)]: 500,860↵

同样方法绘制两个矩形，角点坐标分别为{（0,860），（1000,900）}{（-60,900）（1060,950）}。绘制结果如图 4-15 所示。

4．绘制弧线

单击“绘图”→“圆弧”或者单击绘图工具栏圆弧图标，命令如下：

命令: _arc
指定圆弧的起点或 [圆心(C)]: 500,47.4↵
指定圆弧的第二个点或 [圆心(C)/端点(E)]: 269,65↵
指定圆弧的端点: 40,32↵

同样的方法，运用圆弧命令 ARC 绘制另外 8 段圆弧，三点坐标分别为：{（500,630），（350,480），（500,330）}、{（500,610），（370,480），（500,350）}、{（30,172），（50,150.4），（79.4,152）}、{（79.4,152），（76.9,121.8），（98,100）}、{（30,788），（50,809.6），（79.4,807.7）}、{（79.4,807.7），（73.7,837），（101,860）}、{（-60,900），（-120,924），（-121.6,988.3）}、{（-121.6,988.3），（-81.1,984.7），（-60,950）}。

绘制结果如图 4-16 所示。

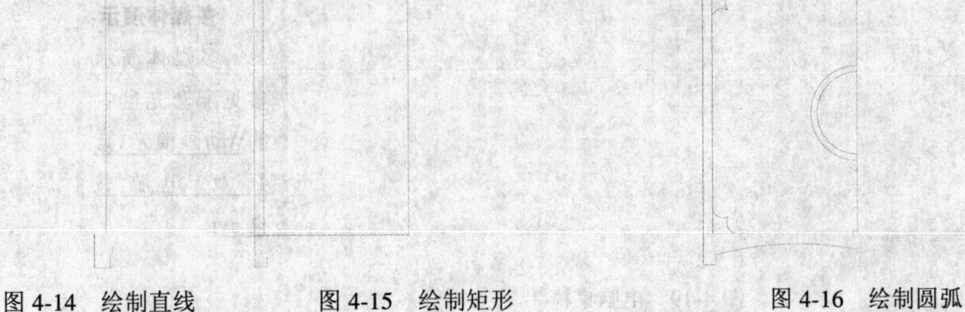
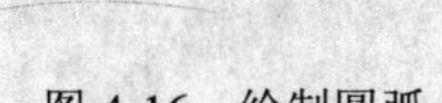

图 4-14　绘制直线　　图 4-15　绘制矩形　　图 4-16　绘制圆弧

5．镜像处理

单击“修改” →“镜像”或者单击修改工具栏镜像图标，命令如下：

命令: _mirror↵

选择对象: all↵

找到 58 个

选择对象: ↵

指定镜像线的第一点: 500,100↵

指定镜像线的第二点: 500,1000↵

要删除源对象吗？[是(Y)/否(N)] <N>:↵

绘制结果如图 4-17 所示。

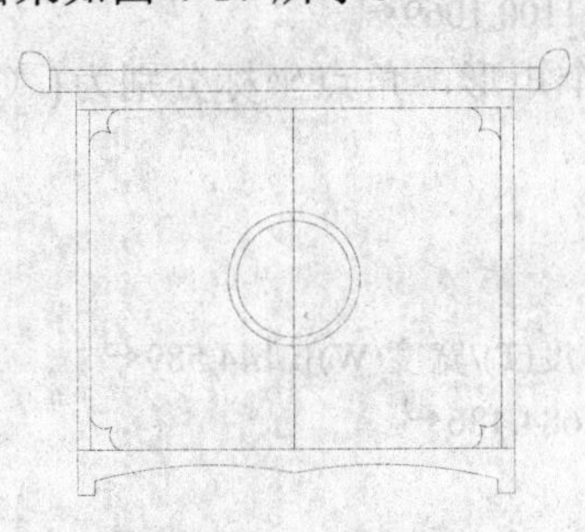

图 4-17　镜像处理

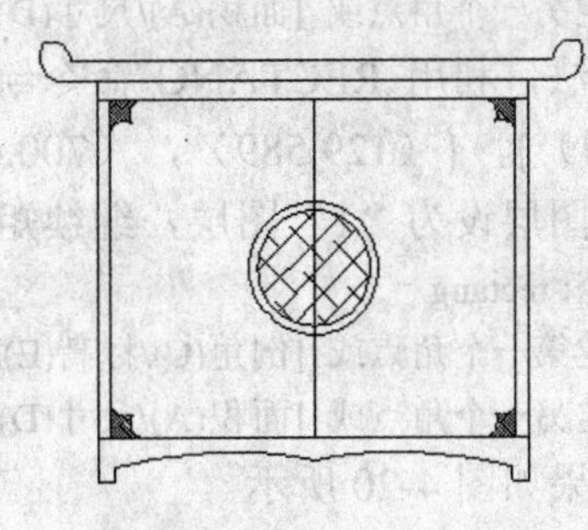

图 4-18　柜子

6．图案填充

单击“绘图”→“图案填充”或者单击绘图工具栏图案填充图标，对同心圆区域进行填充，结果如图 4-18 所示。

4.1.4　电脑桌椅

绘制思路

首先利用矩形、圆角和修剪命令绘制桌椅，然后利用多段线和圆弧命令绘制电脑，最后利用矩形命令绘制键盘。结果如图 4-19 所示。

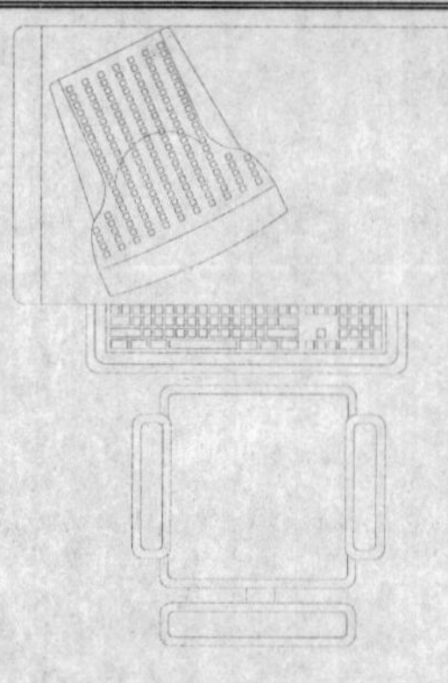

图 4-19　电脑桌椅

> **实讲实训**
> **多媒体演示**
> 多媒体演示参见配套光盘中的\\动画演示\第4章\电脑书桌.avi。

1. 图层设计

新建两个图层：

（1）“1”图层，颜色为黑色，其余属性默认；

（2）“2”图层，颜色为蓝色，其余属性默认。

2. 绘制电脑桌

将当前图层设为“2”图层，单击“绘图” →“矩形”或者单击绘图工具栏矩形令图标，命令如下：

命令: _rectang↵

指定第一个角点或 [倒角(C)/标高(E)/圆角(F)/厚度(T)/宽度(W)]: 0,589↵

指定另一个角点或 [面积(A)/尺寸(D)/旋转(R)]: 1100,1069↵

相同方法，利用 RECTANG 命令绘制另 2 个矩形，角点坐标分别为{（50,589），（1050,1069）}，{（129,589），（700,471）}。

将当前图层设为“1”图层，继续矩形命令。

命令: rectang

指定第一个角点或 [倒角(C)/标高(E)/圆角(F)/厚度(T)/宽度(W)]: 144,589↵

指定另一个角点或 [面积(A)/尺寸(D)/旋转(R)]: 684,486↵

绘制结果如图 4-20 所示。

圆角处理，单击“修改→“圆角”或者单击修改工具栏圆角图标，圆角半径设为20，将桌子的拐角与键盘抽屉均做圆角处理。绘制结果如图 4-21 所示。

图 4-20　绘制矩形　　　　图 4-21　圆角处理

3. 绘制座椅

将当前图层设为“2”图层，绘制矩形，单击“绘图”→“矩形”或者单击绘图工具栏矩形图标，命令如下：

命令: _rectang↵

指定第一个角点或 [倒角(C)/标高(E)/圆角(F)/厚度(T)/宽度(W)]: 212,150↵

指定另一个角点或 [面积(A)/尺寸(D)/旋转(R)]: 283,400↵

同样的方法，运用矩形命令 RECTANG 绘制另外 4 个矩形，角点坐标分别为：{（263,100），（612,450）}、{（593,150），（663,400）}、{（418,74），（468,100）}、{（264,0），（612,74）}。

将当前图层设为“1”图层，继续矩形命令，角点坐标分别为：{（228,165），（268,385）}、{（278,115），（598,435）}、{（608,165），（:647,385）}、{（279,15），（597,59）}。

绘制结果如图 4-22 所示。

圆角处理，单击“修改”→“圆角”或者单击绘图工具栏圆角图标，将座椅外围的圆角半径设为 20，内侧矩形的圆角半径设为 10，椅子圆角之后如图 4-23 所示。

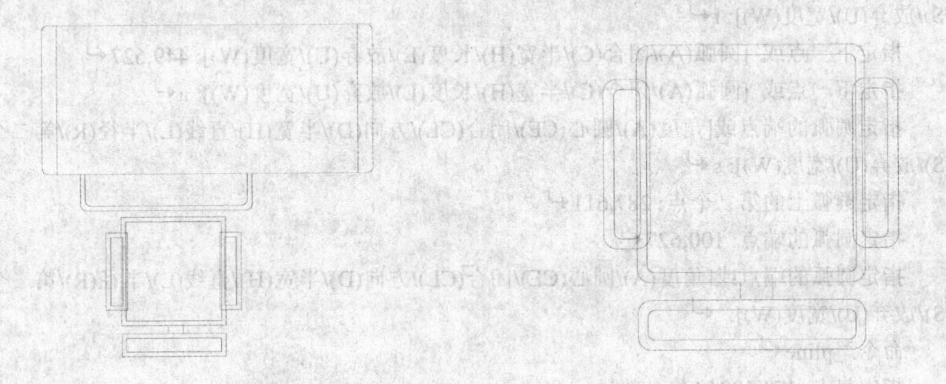

图 4-22 绘制椅子　　图 4-23 圆角处理

修剪图形，单击“修改”→“修剪”或者单击修改工具栏修剪图标，将图 4-23 修剪成为如图 4-24 所示的结果。

4．绘制电脑

单击“绘图”→“多段线”或者单击绘图工具栏多段线图标，命令如下：

命令: _pline↵

指定起点: 100,627↵

当前线宽为 0.0000

指定下一个点或 [圆弧(A)/半宽(H)/长度(L)/放弃(U)/宽度(W)]: @0,50↵

指定下一点或 [圆弧(A)/闭合(C)/半宽(H)/长度(L)/放弃(U)/宽度(W)]: a↵

指定圆弧的端点或[角度(A)/圆心(CE)/闭合(CL)/方向(D)/半宽(H)/直线(L)/半径(R)/第二个点(S)/放弃(U)/宽度(W)]: 128,757↵

指定圆弧的端点或[角度(A)/圆心(CE)/闭合(CL)/方向(D)/半宽(H)/直线(L)/半径(R)/第二个点(S)/放弃(U)/宽度(W)]: s↵

指定圆弧上的第二个点: 155,776↵

指定圆弧的端点: 174,824↵

指定圆弧的端点或[角度(A)/圆心(CE)/闭合(CL)/方向(D)/半宽(H)/直线(L)/半径(R)/第二个点

(S)/放弃(U)/宽度(W)]: l↵

指定下一点或 [圆弧(A)/闭合(C)/半宽(H)/长度(L)/放弃(U)/宽度(W)]: 174,1004↵

指定下一点或 [圆弧(A)/闭合(C)/半宽(H)/长度(L)/放弃(U)/宽度(W)]: 374,1004↵

指定下一点或 [圆弧(A)/闭合(C)/半宽(H)/长度(L)/放弃(U)/宽度(W)]: 374,824↵

指定下一点或 [圆弧(A)/闭合(C)/半宽(H)/长度(L)/放弃(U)/宽度(W)]: a↵

指定圆弧的端点或[角度(A)/圆心(CE)/闭合(CL)/方向(D)/半宽(H)/直线(L)/半径(R)/第二个点(S)/放弃(U)/宽度(W)]: s↵

指定圆弧上的第二个点: 390,780↵

指定圆弧的端点: 420,757↵

指定圆弧的端点或[角度(A)/圆心(CE)/闭合(CL)/方向(D)/半宽(H)/直线(L)/半径(R)/第二个点(S)/放弃(U)/宽度(W)]: s↵

指定圆弧上的第二个点: 439,722↵

指定圆弧的端点: 449,677↵

指定圆弧的端点或[角度(A)/圆心(CE)/闭合(CL)/方向(D)/半宽(H)/直线(L)/半径(R)/第二个点(S)/放弃(U)/宽度(W)]: l↵

指定下一点或 [圆弧(A)/闭合(C)/半宽(H)/长度(L)/放弃(U)/宽度(W)]: 449,627↵

指定下一点或 [圆弧(A)/闭合(C)/半宽(H)/长度(L)/放弃(U)/宽度(W)]: a↵

指定圆弧的端点或[角度(A)/圆心(CE)/闭合(CL)/方向(D)/半宽(H)/直线(L)/半径(R)/第二个点(S)/放弃(U)/宽度(W)]: s↵

指定圆弧上的第二个点: 287,611↵

指定圆弧的端点: 100,627↵

指定圆弧的端点或[角度(A)/圆心(CE)/闭合(CL)/方向(D)/半宽(H)/直线(L)/半径(R)/第二个点(S)/放弃(U)/宽度(W)]: ↵

命令: _pline↵

指定起点: 174,1004↵

当前线宽为 0.0000

指定下一个点或 [圆弧(A)/半宽(H)/长度(L)/放弃(U)/宽度(W)]: 164,1004↵

指定下一点或 [圆弧(A)/闭合(C)/半宽(H)/长度(L)/放弃(U)/宽度(W)]: a↵

指定圆弧的端点或[角度(A)/圆心(CE)/闭合(CL)/方向(D)/半宽(H)/直线(L)/半径(R)/第二个点(S)/放弃(U)/宽度(W)]: 154,995↵

指定圆弧的端点或[角度(A)/圆心(CE)/闭合(CL)/方向(D)/半宽(H)/直线(L)/半径(R)/第二个点(S)/放弃(U)/宽度(W)]: l↵

指定下一点或 [圆弧(A)/闭合(C)/半宽(H)/长度(L)/放弃(U)/宽度(W)]: 128,757↵

指定下一点或 [圆弧(A)/闭合(C)/半宽(H)/长度(L)/放弃(U)/宽度(W)]: ↵

命令: _pline↵

指定起点: 374,1004↵

当前线宽为 0.0000

指定下一个点或 [圆弧(A)/半宽(H)/长度(L)/放弃(U)/宽度(W)]: 384,1004↵

指定下一点或 [圆弧(A)/闭合(C)/半宽(H)/长度(L)/放弃(U)/宽度(W)]: a↵

指定圆弧的端点或[角度(A)/圆心(CE)/闭合(CL)/方向(D)/半宽(H)/直线(L)/半径(R)/第二个点(S)/放弃(U)/宽度(W)]: 394,996↵

指定圆弧的端点或[角度(A)/圆心(CE)/闭合(CL)/方向(D)/半宽(H)/直线(L)/半径(R)/第二个点(S)/放弃(U)/宽度(W)]: l↵

指定下一点或 [圆弧(A)/闭合(C)/半宽(H)/长度(L)/放弃(U)/宽度(W)]: 420,757↵

指定下一点或 [圆弧(A)/闭合(C)/半宽(H)/长度(L)/放弃(U)/宽度(W)]: ↵

绘制圆弧，单击“绘图”→“圆弧”或者单击绘图工具栏命令图标，命令如下：

命令: _arc 指定圆弧的起点或 [圆心(C)]: 100,677↵

指定圆弧的第二个点或 [圆心(C)/端点(E)]: 272,668↵

指定圆弧的端点: 449,677↵

命令: _arc 指定圆弧的起点或 [圆心(C)]: 190,800↵

指定圆弧的第二个点或 [圆心(C)/端点(E)]: 275,850↵

指定圆弧的端点: 360,800↵

绘制结果如图 4-25 所示。

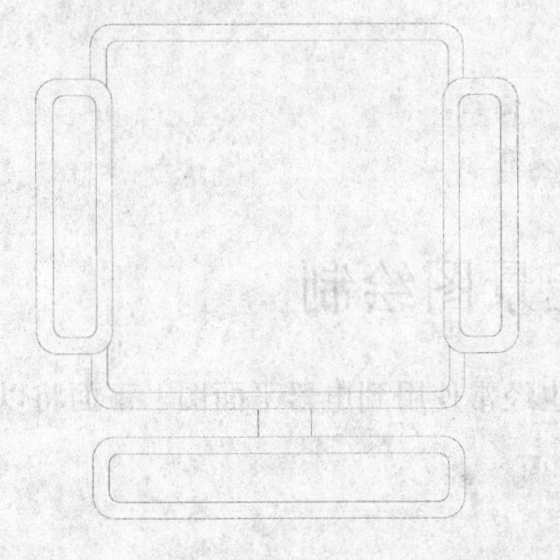

图 4-24 修剪处理

图 4-25 绘制电脑

绘制矩形并阵列处理，单击“绘图”→ “矩形”或者单击绘图工具栏矩形图标，绘制矩形，两个角点坐标分别是（120,690）和（130,700）。

阵列处理，单击“修改” →“阵列”或者单击修改工具栏阵列图标，将行数设为 20，列数设为 15，列数设为 11，行偏移为 15，列偏移为 30，绘制结果如图 4-26 所示。

5. 删除图形并旋转

单击“修改”→“删除”或者单击修改工具栏删除图标，将多余的矩形删除。

旋转图形，单击“修改”→“旋转”或单击修改工具栏旋转图标，将图形旋转 25º，效果如图 4-27 所示。

图 4-26 绘制矩形并阵列处理

图 4-27 删除图形并旋转

6．绘制键盘

根据键盘图形，运用矩形命令进行绘制，绘制结果如图 4-28 所示。

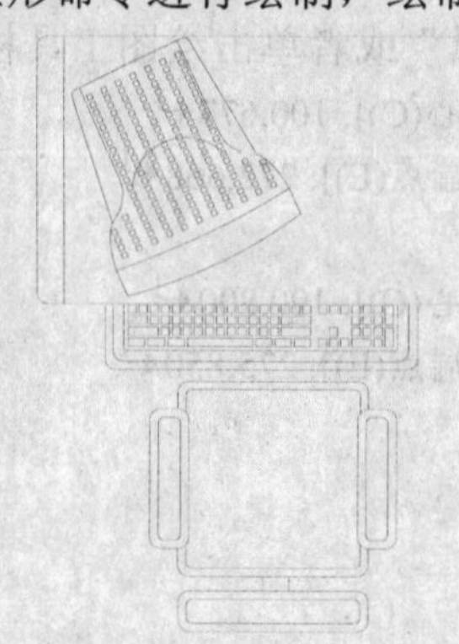

图 4-28　电脑桌椅

4.2　电器平面配景图绘制

在办公室、卧室、客厅等房间的室内设计中也经常使用到电器平面图。下面将以典型的例子说明各种电器的绘制方法。

4.2.1　饮水机

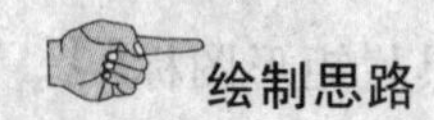
绘制思路

首先利用矩形和圆角命令绘制饮水机大体轮廓，然后利用圆命令绘制装水处，最后利用矩形、阵列、圆和镜像命令绘制取水处，结果如图 4-29 所示。

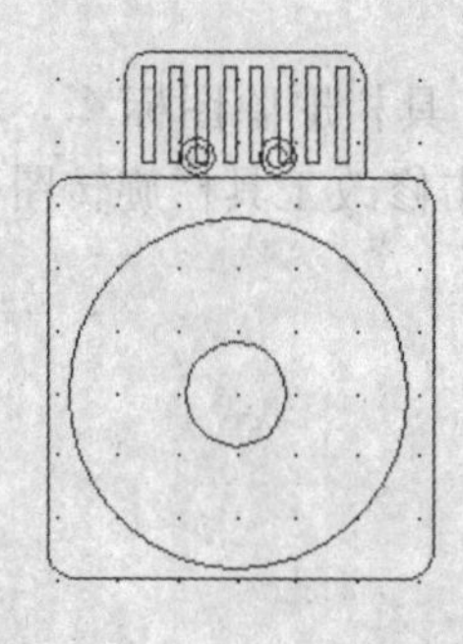

图 4-29　饮水机

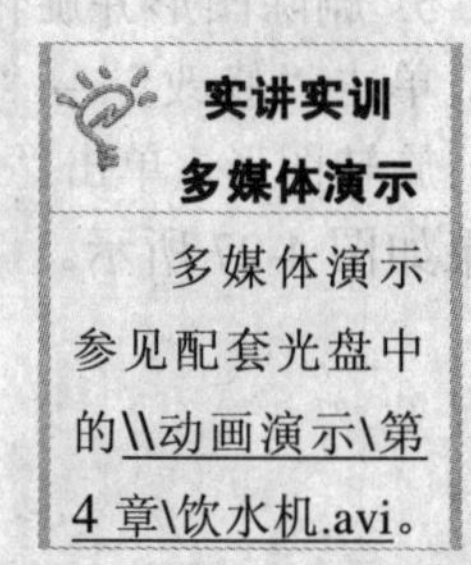

多媒体演示参见配套光盘中的\\动画演示\第 4 章\饮水机.avi。

1. 图层设计

新建两个图层：

（1）“1”图层，颜色为红色，其余属性默认；

（2）“2”图层，颜色为绿色，其余属性默认。

2．绘制矩形

单击“绘图”→“矩形”或者单击绘图工具栏矩形图标，命令如下：

命令: _rectang↵
指定第一个角点或 [倒角(C)/标高(E)/圆角(F)/厚度(T)/宽度(W)]: -158,-147↵
指定另一个角点或 [面积(A)/尺寸(D)/旋转(R)]: 162,173↵

同样方法，利用 RECTANG 命令绘制矩形，两个角点坐标是（-94,173）和（105,273）。绘制结果如图 4-30 所示。

3．圆角处理

单击“绘图” →“圆角”或者单击绘图工具栏圆角图标，将圆角半径设为 20，将上述两个矩形进行圆角处理，结果如图 4-31 所示。

图 4-30 绘制矩形

图 4-31 圆角处理

4．绘制圆

将当前图层设为“2”图层，单击“绘图”→“圆”→“圆心、半径”或者单击绘图工具栏圆图标，命令如下：

命令: _circle 指定圆的圆心或 [三点(3P)/两点(2P)/相切、相切、半径(T)]: 0,0↵
指定圆的半径或 [直径(D)]: 42↵

继续绘制圆，圆心坐标为（0,0），半径为 140。绘制结果如图 4-32 所示。

5．绘制矩形

利用 RECTANG 命令绘制矩形，两个角点坐标是（-80,185）和（-70,260）。绘制结果如图 4-33 所示。

6．阵列处理

单击“修改”→“阵列”或者单击修改工具栏阵列图标，选择矩形阵列，阵列对象为上述绘制的矩形，行数为 1，列数为 8，列间距为 23，绘制结果如图 4-34 所示。

7．绘制圆

单击“绘图”→“圆”→“圆心、半径”或绘图工具栏圆图标，命令如下：

命令: _circle 指定圆的圆心或 [三点(3P)/两点(2P)/相切、相切、半径(T)]: -34,189↵
指定圆的半径或 [直径(D)] <140.0000>: 8.8↵

将当前图层设为“2”图层，继续绘制圆，圆心坐标为（-34,189），半径为 15。绘制结果如图 4-35 所示。

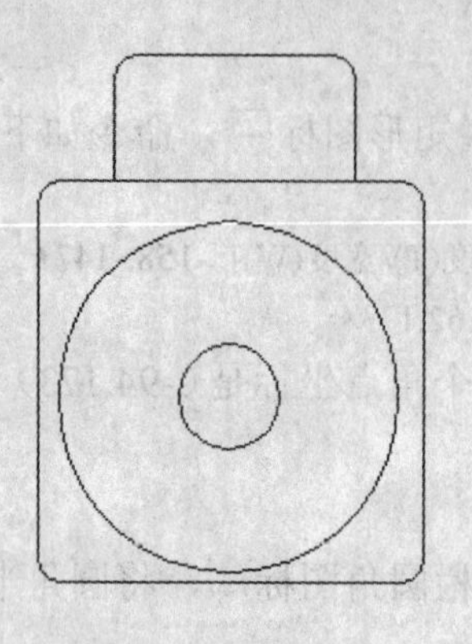

图 4-32　绘制圆

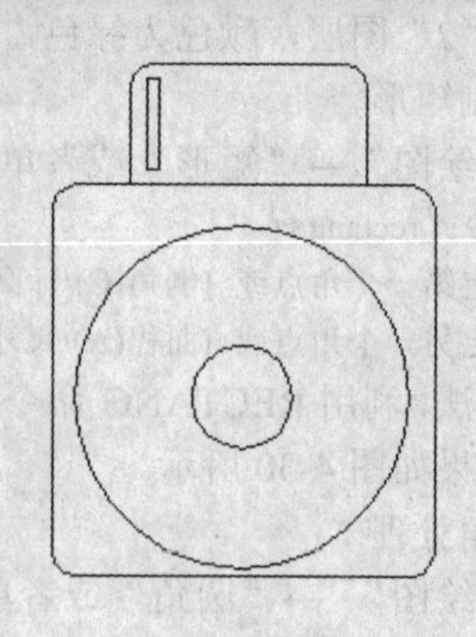

图 4-33　绘制矩形

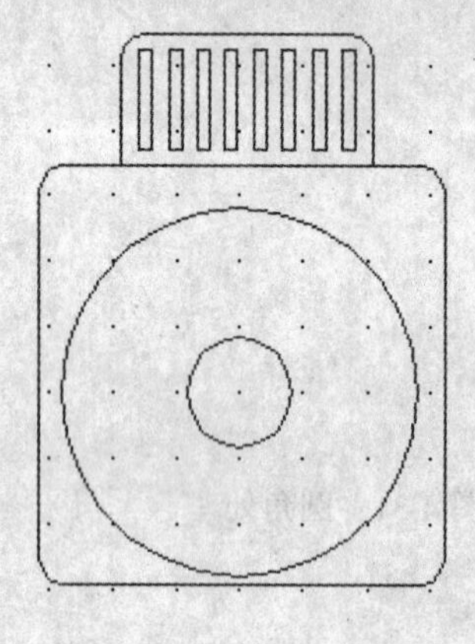

图 4-34　阵列处理

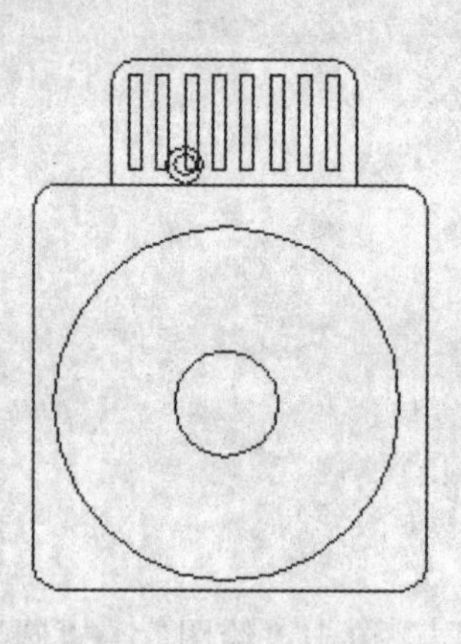

图 4-35　绘制圆

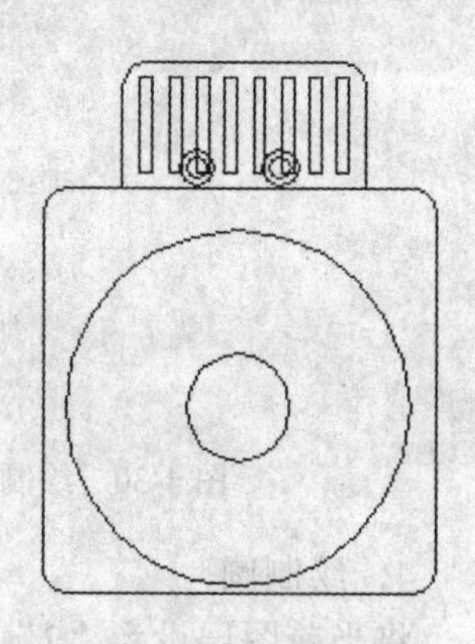

图 4-36　饮水机

8. 镜像处理

单击“修改”→“镜像”或者单击修改工具栏镜像图标，命令如下：

命令: _mirror

选择对象: （选择上述步骤绘制的两个圆）

指定镜像线的第一点: 0,0

指定镜像线的第二点: 0,10

要删除源对象吗？[是(Y)/否(N)] <N>:

绘制结果如图 4-36 所示。

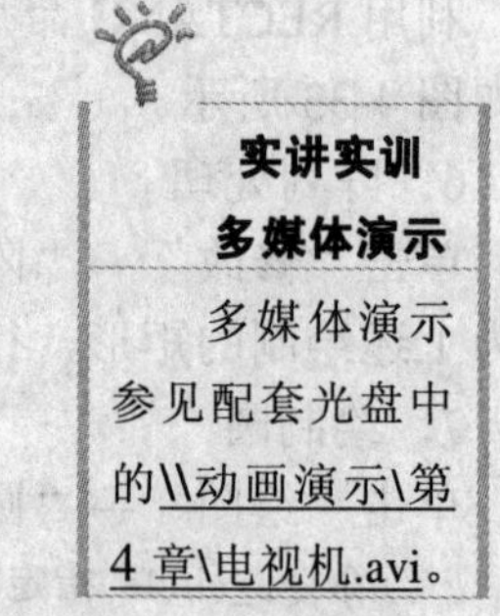

实讲实训
多媒体演示

多媒体演示参见配套光盘中的\\动画演示\第 4 章\电视机.avi。

4.2.2　电视机

绘制思路

首先利用矩形、直线和圆命令绘制电视机大体轮廓，然后利用圆弧和直线命令绘制电视机细节，最后利用图案填充命令对音响进行填充。结果如图 4-37 所示。

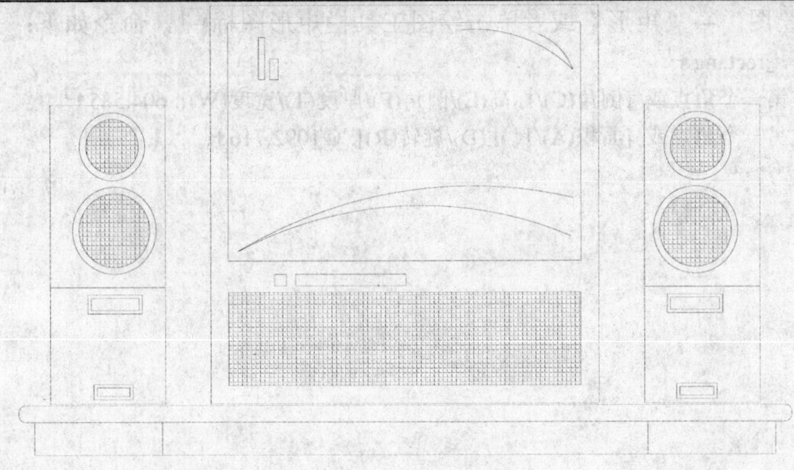

图 4-37 电视机

1. 图层设计

新建两个图层：

（1）“1”图层，颜色为黑色，其余属性默认；

（2）“2”图层，颜色为蓝色，其余属性默认。

2. 图形缩放

单击“视图”→“缩放”→“中心点”或者单击视图工具栏图标，将绘图区域缩放到适当大小。

3. 绘制轮廓线

将当前图层设为“2”图层，绘制矩形，单击“绘图”→“矩形”或者单击绘图工具栏命矩形图标，命令如下：

```
命令: _rectang↵
指定第一个角点或 [倒角(C)/标高(E)/圆角(F)/厚度(T)/宽度(W)]: 0,0↵
指定另一个角点或 [面积(A)/尺寸(D)/旋转(R)]: 2300,100↵
```

同样的方法，用矩形命令 RECTANG 绘制 4 个矩形，端点坐标分别为：{（-50,100），（2350,150）}、{（50,155），（@360,900）}、{（2250,155），（@-360,900）}、{（550,155），（@1200,1200）}。

绘制直线，单击“绘图” →“直线”或者单击绘图工具栏直线图标，命令如下：

```
命令: _line 指定第一点: 400,0↵
指定下一点或 [放弃(U)]: @0,100↵
指定下一点或 [放弃(U)]: ↵
命令: line
指定第一点: 1900,0↵
指定下一点或 [放弃(U)]: @0,100↵
指定下一点或 [放弃(U)]: ↵
```

绘制结果如图 4-38 所示。

4. 绘制矩形

单击"绘图"→"矩形"或者单击绘图工具栏矩形图标，命令如下：

命令: _rectang↵

指定第一个角点或 [倒角(C)/标高(E)/圆角(F)/厚度(T)/宽度(W)]: 604,585↵

指定另一个角点或 [面积(A)/尺寸(D)/旋转(R)]: @1092,716↵

图 4-38　绘制轮廓线

同样的方法，利用矩形命令 RECTANG 绘制 11 个矩形，端点坐标分别为{（605,210），（@1090,280）}、{（745,510），（@37,35）}、{（810,510），（@340,35）}、{（167,426），（@171,57）}、{（177,436），（@151,37）}、{（185,168），（@124,46）}、{（195,178），（@104,26）}、{（2133,426），（@-171,57）}、{（2123,436），（@-151,37）}、{（2115,168），（@-124,46）}、{（2105,178），（@-104,26）}。绘制结果如图 4-39 所示。

图 4-39　绘制矩形

5．绘制圆

单击"绘图"→"圆"或者单击绘图工具栏圆图标，命令如下：

命令: _circle 指定圆的圆心或 [三点(3P)/两点(2P)/相切、相切、半径(T)]: 251,677↵

指定圆的半径或 [直径(D)]: 131↵

命令: circle

指定圆的圆心或 [三点(3P)/两点(2P)/相切、相切、半径(T)]: 251,677↵

指定圆的半径或 [直径(D)] <131.0000>: 111↵

同样的方法，用圆命令 CIRCLE 绘制同心圆，圆心坐标为（244,930），圆的半径分别为 103，83。

同样的方法，用圆命令 CIRCLE 绘制同心圆，圆心坐标为（2049,677），圆的半径分别为 131，111。

同样的方法，用圆命令 CIRCLE 绘制同心圆，圆心坐标为（2056,930），圆的半径分别为 103，83。

绘制结果如图 4-40 所示。

图 4-40 绘制圆

6．绘制直线

单击“绘图”→“直线”或者单击绘图工具栏直线图标，命令如下：

命令: line↵
指定第一点: 50,506↵
指定下一点或 [放弃(U)]: @360,0↵
指定下一点或 [放弃(U)]: ↵
命令: line
指定第一点: 1890,506↵
指定下一点或 [放弃(U)]: @360,0↵
指定下一点或 [放弃(U)]: ↵

7．绘制画面图形

运用矩形命令“绘图”→“矩形”，圆弧命令“绘图”→“圆弧”，完成如图 4-41 所示的图形。

8．圆角处理

单击“修改”→“圆角”或者单击修改工具栏圆角图标，圆角半径为 20，绘制结果如图 4-42 所示，命令如下：

命令: _fillet
当前设置: 模式 = 修剪，半径 = 0.0000
选择第一个对象或 [放弃(U)/多段线(P)/半径(R)/修剪(T)/多个(M)]: r
指定圆角半径 <0.0000>: 20

选择第一个对象或 [放弃(U)/多段线(P)/半径(R)/修剪(T)/多个(M)]: p

选择二维多段线: （选择如图 4-41 的矩形）

4 条直线已被圆角

图 4-41　绘制画面图形

图 4-42　圆角处理

9．图案填充

单击“绘图”→“图案填充”或者单击绘图工具栏图案填充图标，选择合适的填充图案和填充区域，绘制结果如图 4-37 所示。

4.3　卫浴平面配景图绘制

在室内设计中常见的家居设施，除了家具电器外，还有洁具。下面将以典型的例子说明洁具的绘制方法与技巧。

4.3.1 浴 盆

绘制思路

首先利用矩形圆命令绘制浴盆大体轮廓，然后利用圆角命令绘制浴盆细节，最后利用删除命令将多余的线删除。结果如图 4-43 所示。

图 4-43 浴盆

实讲实训 多媒体演示

多媒体演示参见配套光盘中的\\动画演示\第 4 章\浴盆.avi。

1. 图层设计

新建两个图层：

（1）“1”图层，颜色为绿色，其余属性默认；

（2）“2”图层，颜色为黑色，其余属性默认。

2. 图形缩放

单击“视图”→“缩放”→“中心点”或者单击视图工具栏图标，将图形界面缩放至适当大小。

3. 绘制矩形

将当前图层设为“1”图层，单击“绘图”→“矩形”或者单击绘图工具栏矩形图标，命令如下：

命令: _rectang↵

指定第一个角点或 [倒角(C)/标高(E)/圆角(F)/厚度(T)/宽度(W)]: 0,0↵

指定另一个角点或 [面积(A)/尺寸(D)/旋转(R)]: 630,1530↵

将当前图层设为“2”图层，单击“绘图”→“矩形”或者单击绘图工具栏矩形图标，命令如下：

命令: _rectang↵

指定第一个角点或 [倒角(C)/标高(E)/圆角(F)/厚度(T)/宽度(W)]: 27,27↵

指定另一个角点或 [面积(A)/尺寸(D)/旋转(R)]: 606,1503↵

同样的方法，运用矩形命令 RECTANG 绘制另外 4 个矩形，端点坐标分别为：{（90,340），（540,440）}、{（90,340），（540,1440）}、{（126,366），（504,1404）}、{（126,376），（504,1406）}。

绘制结果如图 4-44 所示。

4．绘制圆

单击“绘图”→“圆”→“圆心、半径”或者单击绘图工具栏圆图标，命令如下：

命令: circle↵

指定圆的圆心或 [三点(3P)/两点(2P)/相切、相切、半径(T)]: 315,1316↵

指定圆的半径或 [直径(D)] <23.0000>:↵

绘制结果如图 4-45 所示。

5．分解图形

单击“修改”→“分解”或者单击修改工具栏分解图标，命令如下：

命令: _explode↵

选择对象:（选择周长最小的两个矩形）↵

选择对象: ↵

说明

分解命令是将一个合成图形分解成为其部件的工具。比如，一个矩形被分解之后会变成4条直线，而一个有宽度的直线分解之后会失去其宽度属性。

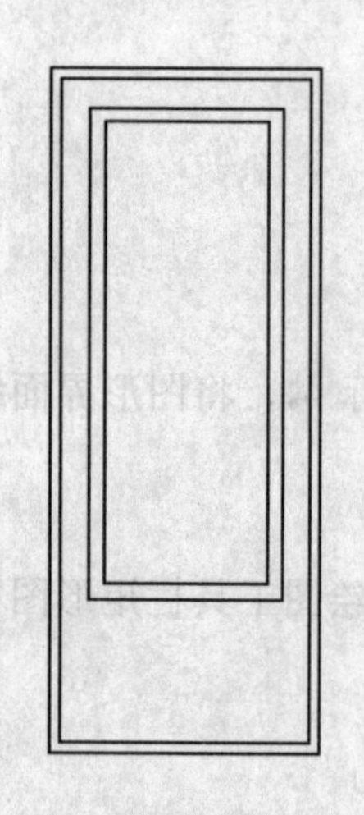

图 4-44　绘制矩形

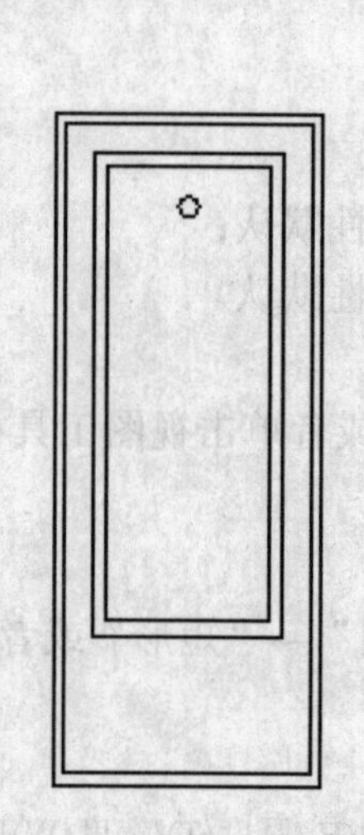

图 4-45　绘制圆

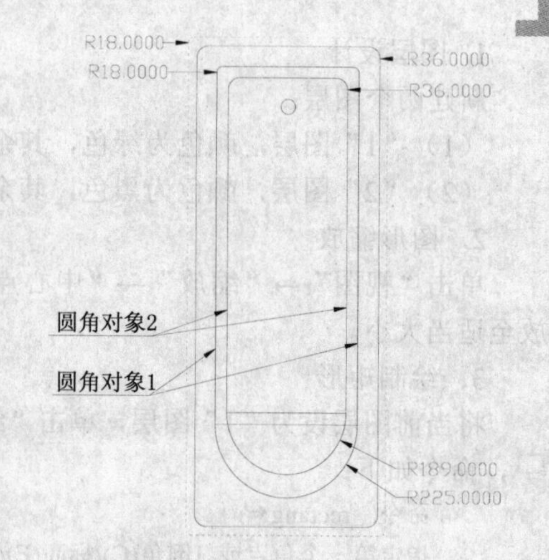

图 4-46　圆角半径

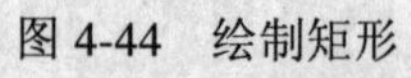

6．圆角处理

单击“修改”→“圆角”或者单击修改工具栏圆角图标，按照图 4-46 所示的圆角半径将图形做一一做圆角处理。

其中圆角对象 1 的两条直线的圆角半径为 225，圆角对象 2 的两条直线的圆角半径为 189，如图 4-47 所示。

圆角处理之后的图形如图 4-47 所示。

7．删除图形

单击“修改”→“删除”或者单击修改工具栏删除图标，命令如下：

命令: _erase↵

选择对象:（选择两条直线）↵

选择对象: ↵

绘制结果如图 4-48 所示。

绘图过程中，如果出现了绘制错误或者不太满意的图形，需要删除的，可以利用标准工具栏中的↶命令，也可以用“修改”→“删除”。

提示：“_erase:”，单击要删除的图形，单击右键就行了。删除命令可以一次删除一个或多个图形，如果删除错误，可以利用↶来补救。

8．图形复制

单击“修改”→“复制”或者单击修改工具栏复制图标，命令如下：

命令: _copy

选择对象: （选择圆弧）找到 1 个

选择对象:

指定基点或 [位移(D) /模式(O)] <位移>:

指定第二个点或 <使用第一个点作为位移>: @0,230↵

指定第二个点或 [退出(E)/放弃(U)] <退出>:

最终效果图如图 4-49 所示。

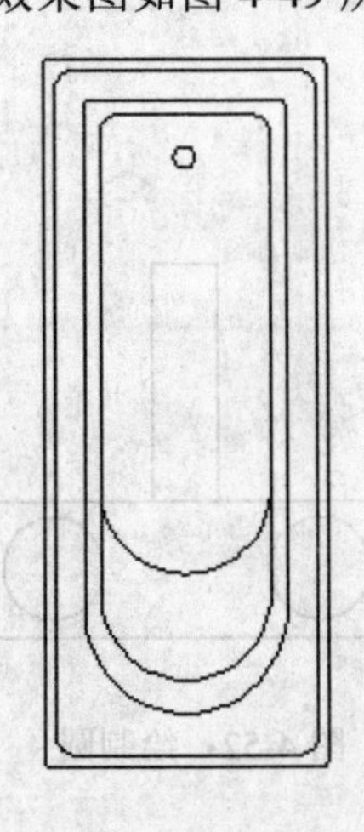

图 4-47　圆角处理

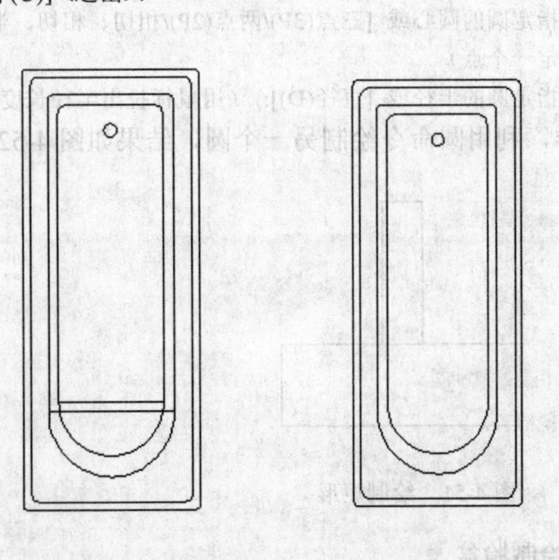

图 4-48　删除图形

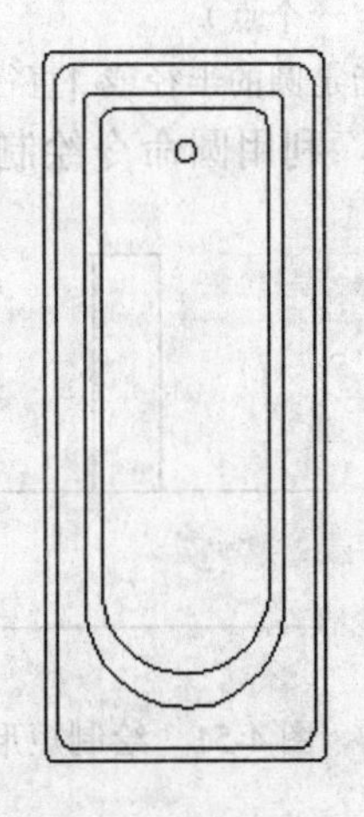

图 4-49 浴盆

4.3.2 脸盆

绘制思路

首先利用矩形和圆命令绘制水龙头，然后利用椭圆和圆弧命令绘制脸盆，结果如图 4-50 所示。

> **实讲实训**
> **多媒体演示**
>
> 多媒体演示参见配套光盘中的\\动画演示\第4章\脸盆.avi。

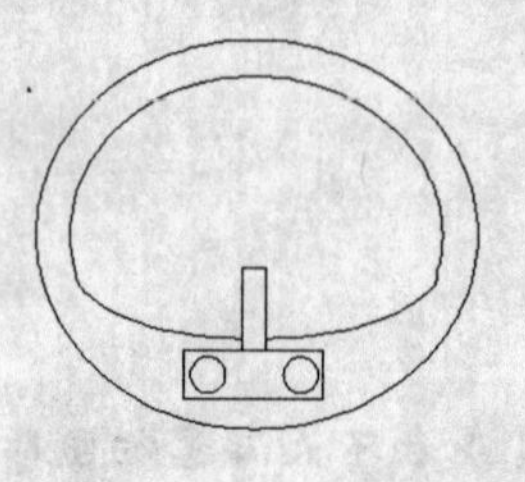

图 4-50 脸盆

1．设置绘图环境

用 LIMITS 命令设置图幅：297×210。

2．绘制水龙头图形

单击“绘图”→“矩形”或者单击绘图工具栏矩形图标，命令如下：

命令:rectang↙

指定第一个角点或 [倒角(C)/标高(E)/圆角(F)/厚度(T)/宽度(W)]:（用鼠标指定一个点）

指定另一个角点或 [面积(A)/尺寸(D)/旋转(R)]: （用鼠标指定另一个点）

同样，利用矩形命令绘制另一个矩形，结果如图 4-51 所示。

单击“绘图”→“圆”→“圆心、半径”，命令如下：

命令: circle↙

指定圆的圆心或 [三点(3P)/两点(2P)/相切、相切、半径(T)]: （用鼠标在下面矩形中适当位置指定一个点）

指定圆的半径或 [直径(D)]: （用鼠标拉出半径长度）

同样，利用圆命令绘制另一个圆，结果如图 4-52 所示。

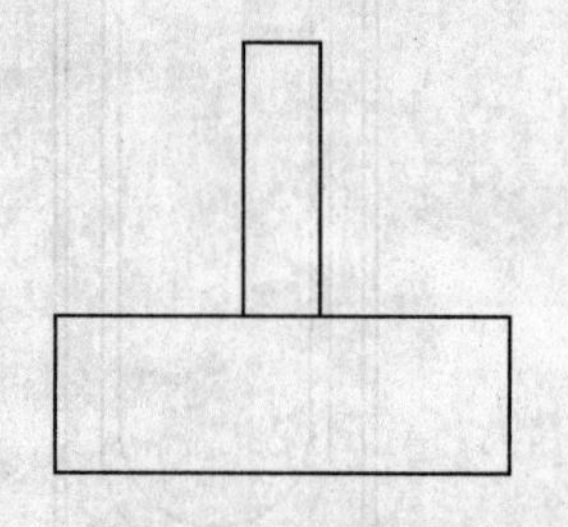

图 4-51 绘制矩形

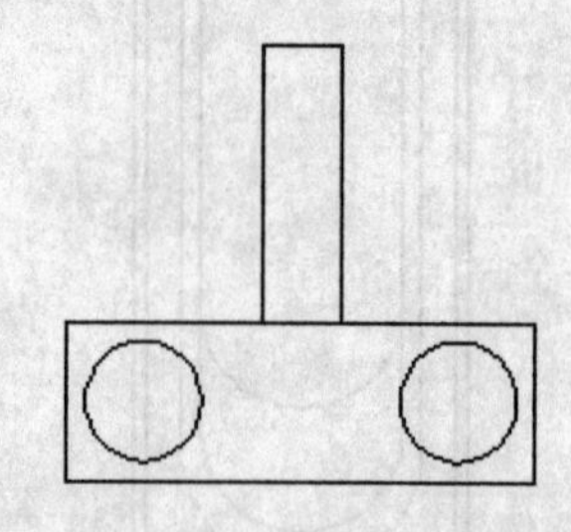

图 4-52 绘制圆

3．绘制脸盆

单击"绘图"→"椭圆"或者单击绘图工具栏椭圆图标,命令如下:

命令: ELLIPSE↙

指定椭圆的轴端点或 [圆弧(A)/中心点(C)]:(用鼠标指定椭圆轴端点)

指定轴的另一个端点:(用鼠标指定另一端点)

指定另一条半轴长度或 [旋转(R)]:(用鼠标在屏幕上拉出另一半轴长度)

命令: ELLIPSE↙

指定椭圆的轴端点或 [圆弧(A)/中心点(C)]:A↙

指定椭圆弧的轴端点或 [中心点(C)]: C↙

指定椭圆弧的中心点:(在对象捕捉模式下,捕捉刚才绘制的椭圆中心点)

指定轴的端点: (用鼠标指定椭圆轴端点)

指定另一条半轴长度或 [旋转(R)]: R↙

指定绕长轴旋转的角度:(用鼠标指定椭圆轴端点)

指定起始角度或 [参数(P)]:(用鼠标拉出起始角度)

指定终止角度或 [参数(P)/包含角度(I)]:(用鼠标拉出终止角度)

单击"绘图"→"圆弧"或者单击绘图工具栏圆弧图标,命令如下:

命令: ARC↙

指定圆弧的起点或 [圆心(C)]:(捕捉椭圆弧端点)

指定圆弧的第二个点或 [圆心(C)/端点(E)]:(指定第二点)

指定圆弧的端点:(捕捉椭圆弧另一端点)

绘制结果如图 4-50 所示。

4. 整理并保存图形

命令: SAVEAS↙

4.3.3 坐便器

绘制思路

首先利用样条曲线、圆弧、圆和镜像命令绘制锅马桶,然后利用矩形和多段线命令绘制水箱,最后利用修剪命令完成坐便器的绘制。结果如图 4-53 所示。

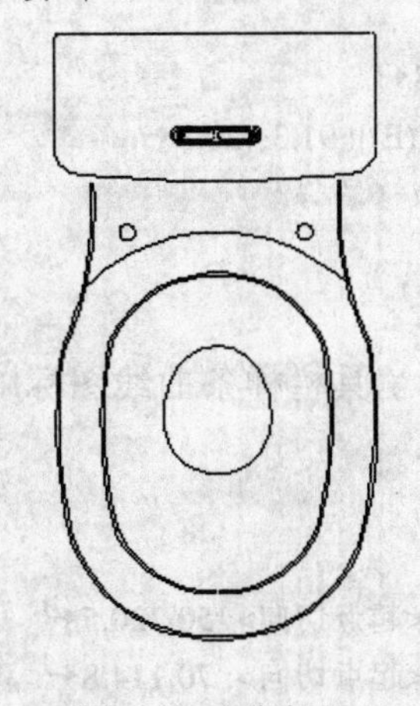

图 4-53 坐便器

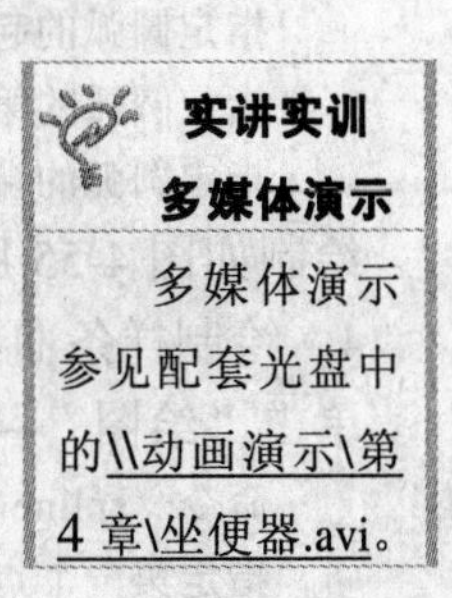

多媒体演示参见配套光盘中的\\动画演示\第 4 章\坐便器.avi。

1. 图层设计

新建两个图层：

（1）“1”图层，颜色为绿色，其余属性默认；

（2）“2”图层，颜色为黑色，其余属性默认。

2. 绘制轮廓线

单击“绘图”→“样条曲线”或单击绘图工具栏样条曲线图标，命令如下：

命令: _spline↵

指定第一个点或 [对象(O)]: 180,3↵

指定下一点: 86.5,28.3↵

指定下一点或 [闭合(C)/拟合公差(F)] <起点切向>: 22.7,101.2↵

指定下一点或 [闭合(C)/拟合公差(F)] <起点切向>: 1.3,210.4↵

指定下一点或 [闭合(C)/拟合公差(F)] <起点切向>: 11.2,321↵

指定下一点或 [闭合(C)/拟合公差(F)] <起点切向>: 34,384.8↵

指定下一点或 [闭合(C)/拟合公差(F)] <起点切向>: 38.9,408.5↵

指定下一点或 [闭合(C)/拟合公差(F)] <起点切向>: 43,500.3↵

指定下一点或 [闭合(C)/拟合公差(F)] <起点切向>:↵

绘制结果如图 4-54 所示。

图 4-54 绘制样条曲线

图 4-55 绘制圆弧

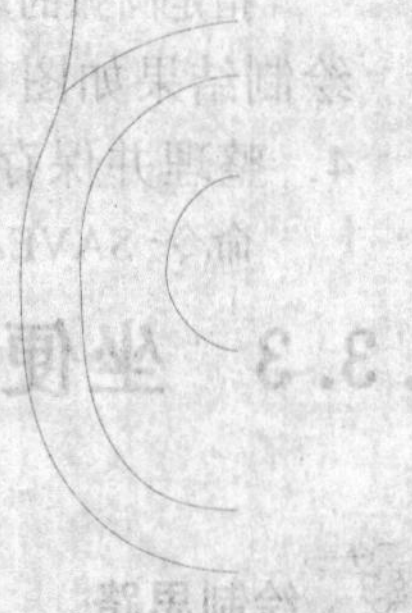

图 4-56 绘制样条曲线

3. 绘制圆弧

单击“绘图”→“圆弧”或者单击绘图工具栏圆弧图标，命令如下：

命令:ARC ↵

指定圆弧的起点或 [圆心(C)]: 34,384.8↵

指定圆弧的第二个点或 [圆心(C)/端点(E)]: 91.3,420.8↵

指定圆弧的端点: 178.7,443.8↵

绘制如图 4-55 所示。

4. 绘制样条曲线

单击“绘图”→“样条曲线”或绘图工具栏样条曲线图标，命令如下：

命令: _spline

指定第一个点或 [对象(O)]: 180,400↵

指定下一点: 62.7,323.7↵

指定下一点或 [闭合(C)/拟合公差(F)] <起点切向>: 50,220.5↵

指定下一点或 [闭合(C)/拟合公差(F)] <起点切向>: 70,114.8↵

指定下一点或 [闭合(C)/拟合公差(F)] <起点切向>: 112.8,67.3↵

指定下一点或 [闭合(C)/拟合公差(F)] <起点切向>: 180,53↵
指定下一点或 [闭合(C)/拟合公差(F)] <起点切向>:↵
指定起点切向: ↵
指定端点切向: ↵
命令: Spline
指定第一个点或 [对象(O)]: 180,320↵
指定下一点或 [闭合(C)/拟合公差(F)] <起点切向>: 131.9,289.7↵
指定下一点或 [闭合(C)/拟合公差(F)] <起点切向>: 121.2,260.9↵
指定下一点或 [闭合(C)/拟合公差(F)] <起点切向>: 120.8,230↵
指定下一点或 [闭合(C)/拟合公差(F)] <起点切向>: 180,180↵
指定下一点或 [闭合(C)/拟合公差(F)] <起点切向>:↵
指定起点切向: ↵
指定端点切向: ↵

绘制结果如图 4-56 所示。

5．绘制圆

单击“绘图”→“圆”→“圆心、半径”或绘图工具栏圆图标，命令如下：

命令: _circle
指定圆的圆心或 指定圆的圆心或 [三点(3P)/两点(2P)/切点、切点、半径(T)]:: 80,444↵
指定圆的半径或 [直径(D)]: 8↵

绘制结果如图 4-57 所示。

图 4-57　绘制圆

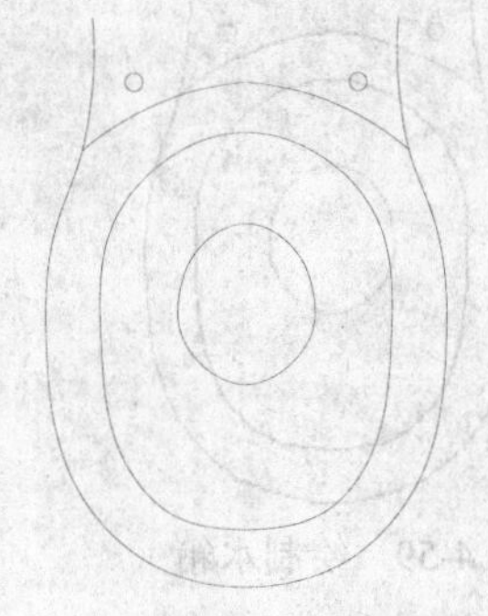

图 4-58　镜像处理

6．镜像处理

单击“修改”→“镜像”或者单击修改工具栏镜像图标，将全部绘制的对象，以过点（180,0）和（180,10）的直线为轴镜像，绘制结果如图 4-58 所示。

7．绘制水箱

单击“绘图”→“矩形”或者单击绘图工具栏矩形图标，命令如下：

命令: _rectang↵
指定第一个角点或 [倒角(C)/标高(E)/圆角(F)/厚度(T)/宽度(W)]: 0,500.3↵
指定另一个角点或 [面积(A)/尺寸(D)/旋转(R)]: 860,660↵

单击“绘图”→“多段线”或者单击绘图工具栏多段线图标，命令如下：

命令: _pline↵
指定起点: 140,560↵
当前线宽为 0.0000

指定下一个点或 [圆弧(A)/半宽(H)/长度(L)/放弃(U)/宽度(W)]: @80,0↵

指定下一点或 [圆弧(A)/闭合(C)/半宽(H)/长度(L)/放弃(U)/宽度(W)]: a↵

指定圆弧的端点或[角度(A)/圆心(CE)/闭合(CL)/方向(D)/半宽(H)/直线(L)/半径(R)/第二个点(S)/放弃(U)/宽度(W)]: @0,-20↵

指定圆弧的端点或[角度(A)/圆心(CE)/闭合(CL)/方向(D)/半宽(H)/直线(L)/半径(R)/第二个点(S)/放弃(U)/宽度(W)]: l↵

指定下一点或 [圆弧(A)/闭合(C)/半宽(H)/长度(L)/放弃(U)/宽度(W)]: @-80,0↵

指定下一点或 [圆弧(A)/闭合(C)/半宽(H)/长度(L)/放弃(U)/宽度(W)]: a↵

指定圆弧的端点或[角度(A)/圆心(CE)/闭合(CL)/方向(D)/半宽(H)/直线(L)/半径(R)/第二个点(S)/放弃(U)/宽度(W)]: @0,20↵

指定圆弧的端点或[角度(A)/圆心(CE)/闭合(CL)/方向(D)/半宽(H)/直线(L)/半径(R)/第二个点(S)/放弃(U)/宽度(W)]: ↵

绘制结果如图 4-59 所示。

8．细部加工

运用偏移命令“修改”→“偏移”、复制命令“修改”→“复制”，做细部加工，最终结果如图 4-60 所示。

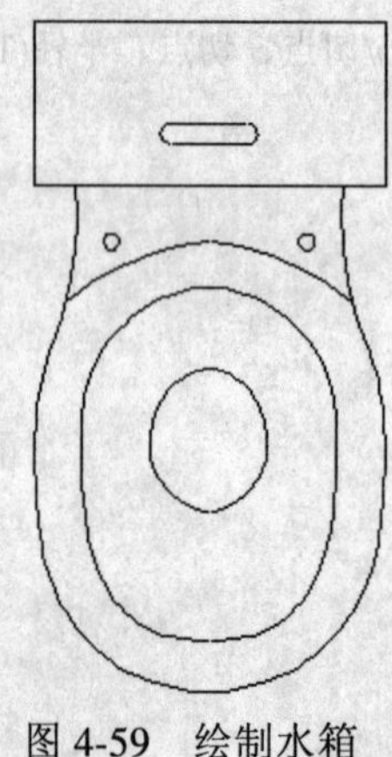

图 4-59　绘制水箱

图 4-60　坐便器

4.3.4　小便池

绘制思路

首先利用矩形、圆角和直线命令绘制小便池大体轮廓，然后利用直线、矩形、多段线和圆命令绘制水龙头，结果如图 4-61 所示。

> **实讲实训**
> **多媒体演示**
> 多媒体演示参见配套光盘中的\\动画演示\第 4 章\小便池.avi。

1．绘制矩形

单击“绘图”→“矩形”或者单击绘图工具栏矩形图标，命令如下：

命令: _rectang↵

指定第一个角点或 [倒角(C)/标高(E)/圆角(F)/厚度(T)/宽度(W)]:

0,0↵

指定另一个角点或 [面积(A)/尺寸(D)/旋转(R)]: 400,1000↵

相同方法，利用 RECTANG 命令绘制另 3 个矩形，角点坐标分别为{（0,150），（45,1000）}{（45,150），（355,950）}{（355,150），（400,1000）}，绘制结果如图 4-62 所示。

图 4-61　小便池

2．圆角处理

单击“绘图”→“圆角”或者单击绘图工具栏圆角图标，圆角半径设为 40，将中间的矩形进行圆角处理。命令如下：

命令: _fillet

当前设置: 模式 = 修剪，半径 =0.0000

选择第一个对象或 [放弃(U)/多段线(P)/半径(R)/修剪(T)/多个(M)]: r

指定圆角半径: 40

选择第一个对象或 [放弃(U)/多段线(P)/半径(R)/修剪(T)/多个(M)]: p

选择二维多段线: （选择如图 4-62 所示的矩形）

4 条直线已被圆角

3．绘制直线

单击“绘图”→“直线”或者单击绘图工具栏直线图标，命令如下：

命令: _line 指定第一点: 45,150↵

指定下一点或 [放弃(U)]: 355,150↵

指定下一点或 [放弃(U)]: ↵

绘制结果如图 4-63 所示。

4．绘制水龙头

单击“绘图”→“直线”或者单击绘图工具栏直线图标，命令如下：

命令: _line 指定第一点: 187.5,1000↵

指定下一点或 [放弃(U)]: 189.5,1010↵

指定下一点或 [放弃(U)]: 210.5,1010↵

指定下一点或 [闭合(C)/放弃(U)]: 212.5,1000↵

指定下一点或 [闭合(C)/放弃(U)]: ↵

绘制矩形，单击“绘图”→“矩形”或者单击绘图工具栏矩形图标，命令如下：

命令: _rectang↵

指定第一个角点或 [倒角(C)/标高(E)/圆角(F)/厚度(T)/宽度(W)]: 192.5,1010↵

指定另一个角点或 [面积(A)/尺寸(D)/旋转(R)]: 207.5,1110↵

相同方法，利用 RECTANG 命令绘制另 2 个矩形，角点坐标分别为{（172.5,1160），（227.5,1170）}，{（190,1170），（210,1180）}。

绘制多段线，单击“绘图”→“多段线”或者单击绘图工具栏多段线图标，命令如下：

命令: _pline↵

指定起点: 177.5,1160↵

当前线宽为 0.0000

指定下一个点或 [圆弧(A)/半宽(H)/长度(L)/放弃(U)/宽度(W)]: 177.5,1131↵

指定下一点或 [圆弧(A)/闭合(C)/半宽(H)/长度(L)/放弃(U)/宽度(W)]: a↵

指定圆弧的端点或[角度(A)/圆心(CE)/闭合(CL)/方向(D)/半宽(H)/直线(L)/半径(R)/第二个点(S)/放弃(U)/宽度(W)]: @45,0↵

指定圆弧的端点或[角度(A)/圆心(CE)/闭合(CL)/方向(D)/半宽(H)/直线(L)/半径(R)/第二个点(S)/放弃(U)/宽度(W)]: l↵

指定下一点或 [圆弧(A)/闭合(C)/半宽(H)/长度(L)/放弃(U)/宽度(W)]: 222.5,1160↵

指定下一点或 [圆弧(A)/闭合(C)/半宽(H)/长度(L)/放弃(U)/宽度(W)]: ↵

图 4-62　绘制矩形　　图 4-63　圆角处理　　图 4-64　小便池

绘制圆，单击"绘图"→"圆"→"圆心、半径"或者单击绘图工具栏圆图标，命令如下：

命令:CIRCLE

指定圆的圆心或 [三点(3P)/两点(2P)切点、切点、半径(T)]: 200,1120↵

指定圆的半径或 [直径(D)] <0.0000>: 10↵

绘制结果如图 4-64 所示。

4.4　厨具平面配景图绘制

在室内设计中常见的厨房设施中，除了电器外，还有厨具。下面将以典型的例子说明厨具的绘制方法与技巧。

4.4.1　燃气灶

绘制思路

首先利用矩形和直线命令绘制灶台，然后利用圆、矩形和阵列命令绘制灶头，再利用圆和矩形绘制旋钮，最后利用镜像命令完成燃气灶的绘制。结果如图 4-65 所示。

1. 绘制轮廓线

单击“绘图”→“矩形”或者单击绘图工具栏矩形图标，命令如下：

命令: _rectang↵

指定第一个角点或 [倒角(C)/标高(E)/圆角(F)/厚度(T)/宽度(W)]: 0,0↵

指定另一个角点或 [面积(A)/尺寸(D)/旋转(R)]: 700,400↵

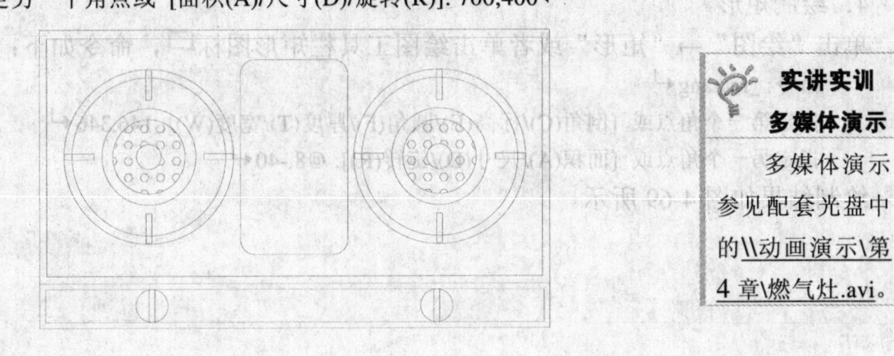

图 4-65　燃气灶

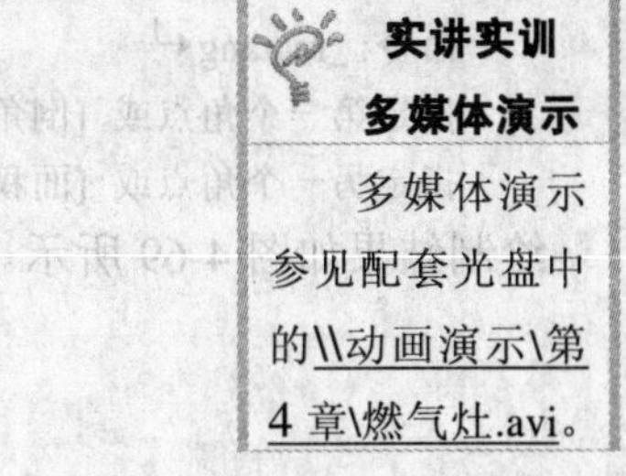

实讲实训
多媒体演示

多媒体演示参见配套光盘中的\\动画演示\第 4 章\燃气灶.avi。

同样的方法，用矩形命令 RECTANG 绘制另外 3 个矩形，端点坐标分别为：{（8,8），（692,52）}、{（9.6,70），（689.8,388.5）}、{（276.4,99），（424.6,360）}。

绘制直线，单击“绘图”→“直线”或者单击绘图工具栏直线图标，命令如下：

命令: _line 指定第一点: 0,60↵

指定下一点或 [放弃(U)]: @700,0↵

指定下一点或 [放弃(U)]: ↵

绘制结果如图 4-66 所示。

图 4-66　绘制轮廓线

图 4-67　圆角处理

2．圆角处理

单击“绘图”→“圆角”或者单击绘图工具栏圆角图标，将上述绘制的最后一个矩形进行圆角处理，圆角半径为 20，结果如图 4-67 所示。

3．绘制灶头

绘制圆，单击“绘图”→“圆”→“圆心、半径”或者单击绘图工具栏圆图标，命令如下：

命令: _circle

指定圆的圆心或 [三点(3P)/两点(2P)/切点、切点、半径(T)]: 150,230↵

指定圆的半径或 [直径(D)]: 17↵

同样的方法，用圆命令 CIRCLE 绘制另外 4 个同心圆，圆心坐标为（150,230），圆的半径分别为 50，65，106，117。绘制结果如图 4-68 所示。

4．绘制矩形

单击"绘图"→"矩形"或者单击绘图工具栏矩形图标，命令如下：

命令: _rectang↵

指定第一个角点或 [倒角(C)/标高(E)/圆角(F)/厚度(T)/宽度(W)]: 146,346↵

指定另一个角点或 [面积(A)/尺寸(D)/旋转(R)]: @8,-40↵

绘制结果如图 4-69 所示。

图 4-68　绘制圆

图 4-69　绘制矩形

5．阵列处理

单击"修改"→"阵列"或者单击修改工具栏阵列图标，选择环形阵列，阵列对象为上述绘制的矩形，阵列中心为（150，230），项目总数为 4，填充角度为 360，阵列处理之后结果如图 4-70 所示。

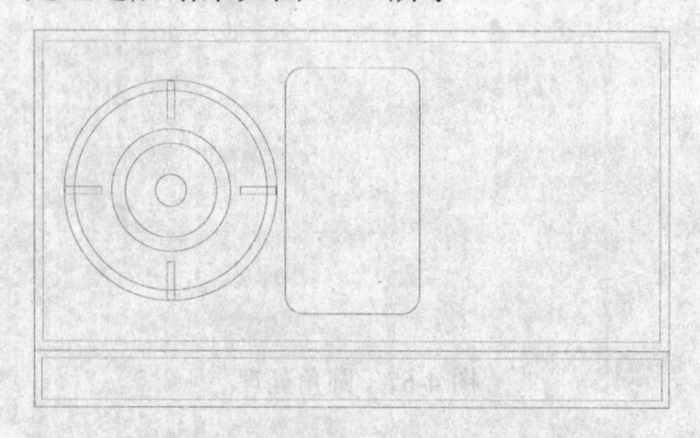

图 4-70　阵列处理

图 4-71　绘制正多边形

6．绘制正六边形

单击"绘图"→"正多边形"或绘图工具栏正多边形图标，命令如下：

命令: _polygon 输入边的数目 <4>: 6↵

指定正多边形的中心点或 [边(E)]: 100,180↵

输入选项 [内接于圆(I)/外切于圆(C)] <I>:I↵

指定圆的半径: 6↵

绘制结果如图 4-71 所示。

7．阵列处理

单击“修改”→“阵列”或者单击修改工具栏矩形图标，选择矩形阵列，阵列对象为上述绘制的正多边形，行数为 6，列数为 6，行间距为 22，列间距为 22，绘制结果如图 4-72 所示。

图 4-72　阵列处理

图 4-73　删除与修剪

8．删除与修剪

运用删除命令“修改”→“删除”，修剪命令“修改”→“修剪”，将图 4-72 修改成为如图 4-73 所示。

9．绘制旋钮

单击“绘图”→“圆”→“圆心、半径”或绘图工具栏圆图标，命令如下：

命令: _circle
指定圆的圆心或 [三点(3P)/两点(2P)/相切、相切、半径(T)]: 154,30↵
指定圆的半径或 [直径(D)] <117.0000>: 22↵

单击“绘图”→“矩形”或者单击绘图工具栏矩形图标，命令如下：

命令: _rectang↵
指定第一个角点或 [倒角(C)/标高(E)/圆角(F)/厚度(T)/宽度(W)]: 150,8↵
指定另一个角点或 [面积(A)/尺寸(D)/旋转(R)]: 158,52↵

绘制结果如图 4-74 所示。

10．镜像处理

单击“修改”→“镜像”或者单击修改工具栏镜像图标，命令如下：

图 4-74　绘制旋钮

图 4-75　煤气灶

命令: _mirror↵
选择对象: （选择灶头与旋钮）↵
选择对象: ↵
指定镜像线的第一点: 350,0↵
指定镜像线的第二点: 350,10↵
要删除源对象吗？[是(Y)/否(N)] <N>:↵

绘制结果如图 4-75 所示。

4.4.2 锅

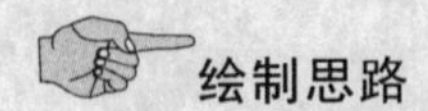
绘制思路

首先利用多段线和直线命令绘制锅轮廓，然后利用多段线命令绘制扶手，再利用圆弧、矩形、多段线和直线绘制锅盖，最后利用镜像命令完成锅的绘制，结果如图 4-76 所示。

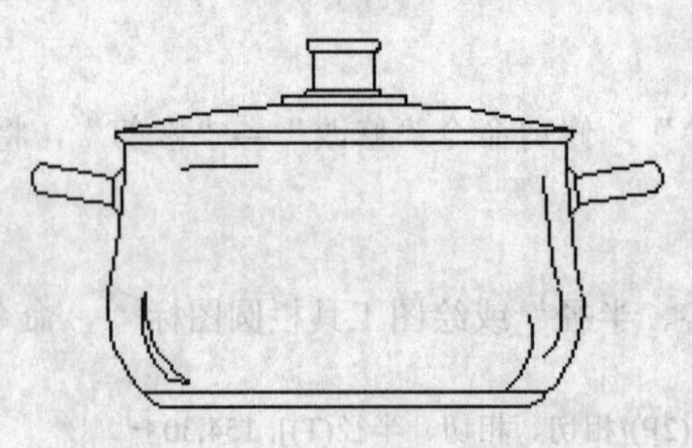

图 4-76 锅

实讲实训
多媒体演示
多媒体演示参见配套光盘中的\\动画演示\第4章\锅.avi。

1. 图层设计

新建两个图层：

（1）“1”图层，颜色为绿色，其余属性默认；

（2）“2”图层，颜色为黑色，其余属性默认。

2. 图形缩放

单击“视图”→“缩放”→“中心点”或者单击视图工具栏图标，将图形界面缩放至适当大小。

3. 绘制锅轮廓线

将当前图层设为“2”，单击“绘图”→“多段线”或者单击绘图工具栏多段线图标，命令如下：

命令: _pline↵
指定起点: 0,0
当前线宽为 0.0000
指定下一个点或 [圆弧(A)/半宽(H)/长度(L)/放弃(U)/宽度(W)]: 157.5,0↵
指定下一点或 [圆弧(A)/闭合(C)/半宽(H)/长度(L)/放弃(U)/宽度(W)]: a↵
指定圆弧的端点或[角度(A)/圆心(CE)/闭合(CL)/方向(D)/半宽(H)/直线(L)/半径(R)/第二个点

(S)/放弃(U)/宽度(W)]: s↵

指定圆弧上的第二个点: 196.4,49.2↵

指定圆弧的端点: 201.5,94.4↵

指定圆弧的端点或 [角度(A)/圆心(CE)/闭合(CL)/方向(D)/半宽(H)/直线(L)/半径(R)/第二个点(S)/放弃(U)/宽度(W)]: s↵

指定圆弧上的第二个点: 191,155.6↵

指定圆弧的端点: 187.5,217.5↵

指定圆弧的端点或[角度(A)/圆心(CE)/闭合(CL)/方向(D)/半宽(H)/直线(L)/半径(R)/第二个点(S)/放弃(U)/宽度(W)]: s↵

指定圆弧上的第二个点: 192.3,220.2↵

指定圆弧的端点: 195,225↵

指定圆弧的端点或[角度(A)/圆心(CE)/闭合(CL)/方向(D)/半宽(H)/直线(L)/半径(R)/第二个点(S)/放弃(U)/宽度(W)]: l↵

指定下一点或 [圆弧(A)/闭合(C)/半宽(H)/长度(L)/放弃(U)/宽度(W)]: 0,225↵

指定下一点或 [圆弧(A)/闭合(C)/半宽(H)/长度(L)/放弃(U)/宽度(W)]: ↵

将当前图层设为“1”图层，单击“绘图”→“直线”或者单击绘图工具栏直线图标 ，命令如下：

命令: line↵

指定第一点: 0,10.5↵

指定下一点或 [放弃(U)]: 172.5,10.5↵

指定下一点或 [放弃(U)]: ↵

同样的方法，运用直线命令 LINE 绘制另外 1 条直线，两端点分别为：{（0,217.5），（187.5,217.5）}。绘制结果如图 4-77 所示。

4．绘制扶手

将当前图层设为“2”图层，单击“绘图”→“多段线”或者单击绘图工具栏多段线图标 ，命令如下：

命令: _pline↵

指定起点: 188,194.6↵

当前线宽为 0.0000

指定下一个点或 [圆弧(A)/半宽(H)/长度(L)/放弃(U)/宽度(W)]: a↵

指定圆弧的端点或[角度(A)/圆心(CE)/方向(D)/半宽(H)/直线(L)/半径(R)/第二个点(S)/放弃(U)/宽度(W)]: s↵

指定圆弧上的第二个点: 193.6,192.7↵

指定圆弧的端点: 196.7,187.7↵

指定圆弧的端点或[角度(A)/圆心(CE)/闭合(CL)/方向(D)/半宽(H)/直线(L)/半径(R)/第二个点(S)/放弃(U)/宽度(W)]: l↵

指定下一点或 [圆弧(A)/闭合(C)/半宽(H)/长度(L)/放弃(U)/宽度(W)]: 197.9,165↵

指定下一点或 [圆弧(A)/闭合(C)/半宽(H)/长度(L)/放弃(U)/宽度(W)]: a↵

指定圆弧的端点或[角度(A)/圆心(CE)/闭合(CL)/方向(D)/半宽(H)/直线(L)/半径(R)/第二个点(S)/放弃(U)/宽度(W)]: s↵

指定圆弧上的第二个点: 195.4,160.5↵

指定圆弧的端点: 190.8,158↵

指定圆弧的端点或[角度(A)/圆心(CE)/闭合(CL)/方向(D)/半宽(H)/直线(L)/半径(R)/第二个点(S)/放弃(U)/宽度(W)]: ↵

命令: pline

指定起点: 196.7,187.7↵

当前线宽为 0.0000

指定下一个点或 [圆弧(A)/半宽(H)/长度(L)/放弃(U)/宽度(W)]: 259.2,198.7↵

指定下一点或 [圆弧(A)/闭合(C)/半宽(H)/长度(L)/放弃(U)/宽度(W)]: a↵

指定圆弧的端点或[角度(A)/圆心(CE)/闭合(CL)/方向(D)/半宽(H)/直线(L)/半径(R)/第二个点(S)/放弃(U)/宽度(W)]: s↵

指定圆弧上的第二个点: 267.3,188.9↵

指定圆弧的端点: 263.8,176.7↵

指定圆弧的端点或[角度(A)/圆心(CE)/闭合(CL)/方向(D)/半宽(H)/直线(L)/半径(R)/第二个点(S)/放弃(U)/宽度(W)]: l↵

指定下一点或 [圆弧(A)/闭合(C)/半宽(H)/长度(L)/放弃(U)/宽度(W)]: 197.9,165↵

指定下一点或 [圆弧(A)/闭合(C)/半宽(H)/长度(L)/放弃(U)/宽度(W)]: ↵

绘制结果如图 4-78 所示。

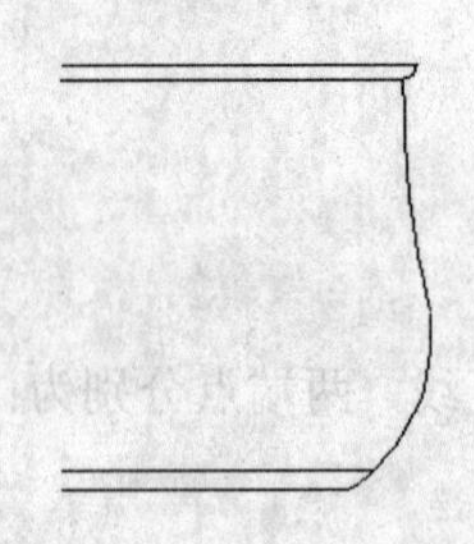

图 4-77 绘制轮廓线

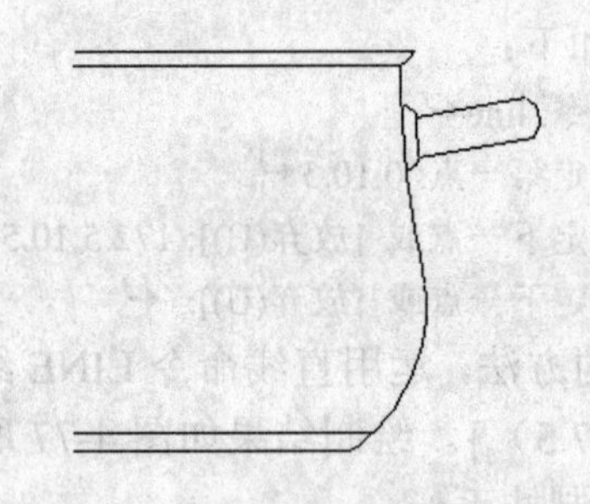

图 4-78 绘制扶手

5．绘制锅盖

绘制弧线，单击“绘图”→“圆弧”或者单击绘图工具栏圆弧图标，命令如下：

命令: _arc 指定圆弧的起点或 [圆心(C)]: 195,225↵

指定圆弧的第二个点或 [圆心(C)/端点(E)]: 124.5,241.3↵

指定圆弧的端点: 52.5,247.5↵

绘制矩形，单击“绘图”→“矩形”或者单击绘图工具栏矩形图标，命令如下：

命令: _rectang↵

指定第一个角点或 [倒角(C)/标高(E)/圆角(F)/厚度(T)/宽度(W)]: 52.5,247.5↵

指定另一个角点或 [尺寸(D)]: -52.5,255↵

同样的方法，运用矩形命令 RECTANG 绘制另外 1 个矩形，两角点分别为：{（31.4,255），（@-62.8,6）}。

绘制多段线，单击“绘图”→“多段线”或者单击绘图工具栏多段线图标，命令如下：

命令: _pline↵

指定起点: 26.3,261↵

当前线宽为 0.0000

指定下一个点或 [圆弧(A)/半宽(H)/长度(L)/放弃(U)/宽度(W)]: @0,30↵

指定下一点或 [圆弧(A)/闭合(C)/半宽(H)/长度(L)/放弃(U)/宽度(W)]: a↵

指定圆弧的端点或[角度(A)/圆心(CE)/闭合(CL)/方向(D)/半宽(H)/直线(L)/半径(R)/第二个点(S)/放弃(U)/宽度(W)]: s↵

指定圆弧上的第二个点: 31.5,296.3↵

指定圆弧的端点: 26.3,301.5↵

指定圆弧的端点或[角度(A)/圆心(CE)/闭合(CL)/方向(D)/半宽(H)/直线(L)/半径(R)/第二个点(S)/放弃(U)/宽度(W)]: l↵

指定下一点或 [圆弧(A)/闭合(C)/半宽(H)/长度(L)/放弃(U)/宽度(W)]: 0,301.5↵

指定下一点或 [圆弧(A)/闭合(C)/半宽(H)/长度(L)/放弃(U)/宽度(W)]: ↵

绘制直线，单击“绘图”→“直线”或者单击绘图工具栏直线图标，命令如下：

命令: _line 指定第一点: 25.3,291↵

指定下一点或 [放弃(U)]: @0,291↵

指定下一点或 [放弃(U)]: ↵

绘制结果如图 4-79 所示。

6．镜像处理

将当前图层设为“1”图层，单击“修改”→“镜像”或者单击修改工具栏镜像图标，将整个对象以端点坐标为（0,0）和（0,10）的线段为对称线镜像处理，绘制结果如图 4-80 所示。

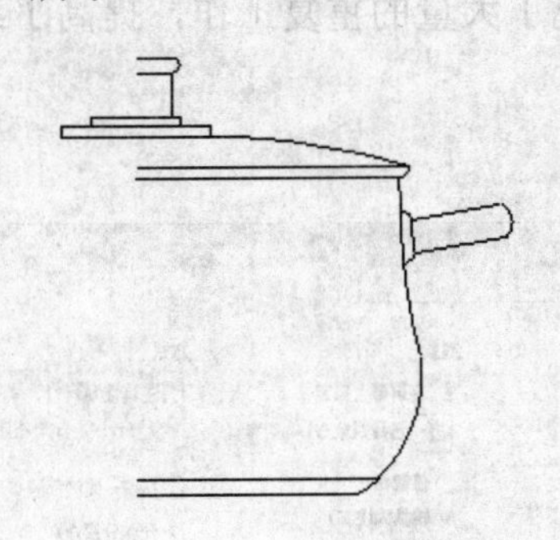
图 4-79　绘制锅盖

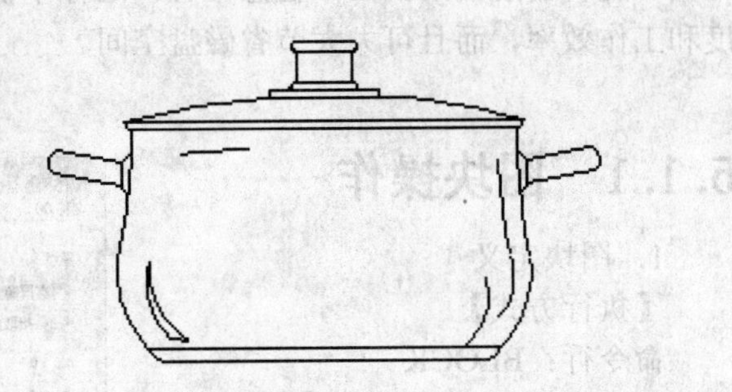
图 4-80　锅具

第5章 模块化绘图

本章导读：

为了方便绘图，提高绘图效率，AutoCAD 提供了一些快速绘图工具，包括图块及其属性、设计中心、工具选项板等。这些工具的一个共同特点是可以将分散的图形单元通过一定的方式组织成一个单元，在绘图时将这些单元插入到图形中，达到提高绘图速度和实现图形标准化的目的。

5.1 图块及其属性

把一组图形对象组合成图块加以保存，需要的时候可以把图块作为一个整体以任意比例和旋转角度插入到图中任意位置，这样不仅避免了大量的重复工作，提高了绘图速度和工作效率，而且可大大节省磁盘空间。

5.1.1 图块操作

1．图块定义

【执行方式】

命令行：BLOCK

菜单：绘图→块→创建

工具栏：绘图→创建块

【操作步骤】

执行上述命令，系统打开如图5-1所示“块定义”对话框，利用该对话框指定定义对象和基点及其他参数。

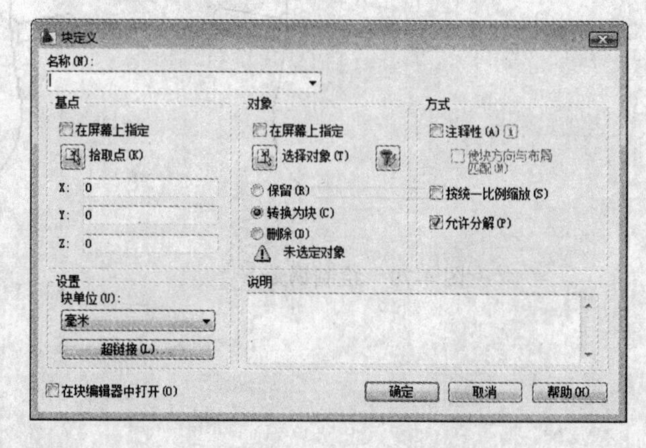

图5-1 “块定义”对话框

【例5-1】将如图5-2所示的图形定义为图块，取名为“椅子”。

【操作步骤】

（1）从“绘图”菜单中选择“块”子菜单，从“块”子菜单中选择“创建”命令，或单击“绘图”工具栏中的“创建块”图标，打开“块定义”对话框，如图5-1所示。

（2）在“名称”下拉列表框中输入“椅子”。

（3）单击“拾取”按钮切换到作图屏幕，选择椅子下边直线边的中点为插入基点，返回“块定义”对话框。

（4）单击“选择对象”按钮切换到作图屏幕，选择图 5-2 中的对象后，回车返回“块定义”对话框。

（5）确认关闭对话框。

实讲实训
多媒体演示

多媒体演示参见配套光盘中的\\动画演示\第5章\绘制图块.avi。

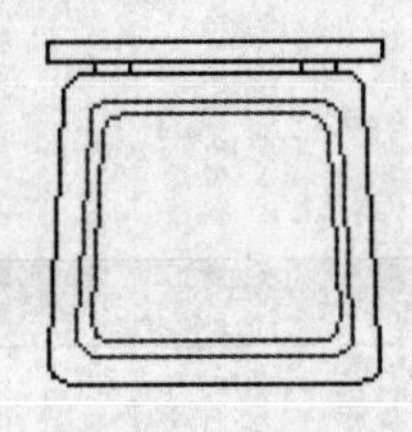

图 5-2　绘制图块

2．图块保存

【执行方式】

命令行：WBLOCK

【操作步骤】

执行上述命令，系统打开如图 5-3 所示的“写块”对话框，利用此对话框可把图形对象保存为图块或把图块转换成图形文件。

提示

以 BLOCK 命令定义的图块只能插入到当前图形。以 WBLOCK 保存的图块则既可以插入到当前图形，也可以插入到其他图形。

【例 5-2】将图 5-2 所示的图形保存为图块，取名为“椅子 1”。

【操作步骤】

实讲实训
多媒体演示

多媒体演示参见配套光盘中的\\动画演示\第5章\绘制图块.avi。

（1）在命令行输入命令 WBLOCK，系统打开如图 5-3 所示的“写块”对话框。

（2）在“名称”下拉列表框中输入“椅子 1”。

（3）单击“拾取”按钮切换到作图屏幕，选择椅子下边直线边的中点为插入基点，返回“写块”对话框。

（4）单击“选择对象”按钮切换到作图屏幕，选择图 5-2 中的对象后，回车返回“写块”对话框。

（5）选中“对象”单选按钮，如果当前图形中还有别的图形时，可以只选择需要的对象；选中“保留”单选按钮，这样，就可以不破坏当前图形的完整性。

（6）指定“目标”保存路径和插入单位。

（7）确认关闭对话框。

3．图块插入

【执行方式】

命令行：INSERT

菜单：插入→块

工具栏：插入→插入块 或 绘图→插入块

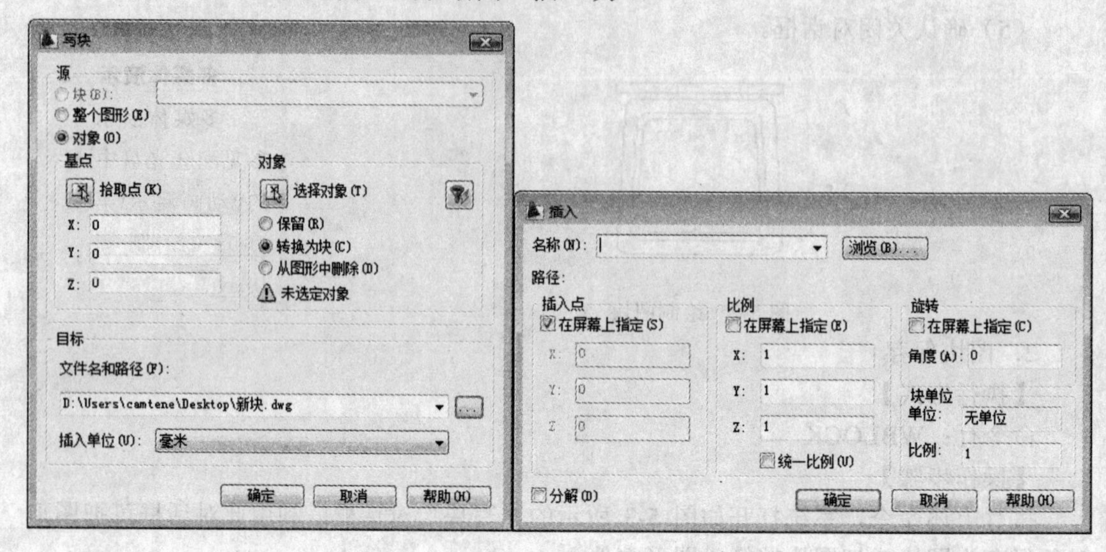

图 5-3 “写块”对话框　　　　图 5-4 “插入”对话框

【操作步骤】

执行上述命令，系统打开“插入”对话框，如图 5-4 所示，利用此对话框设置了插入点位置、缩放比例以及旋转角度后，可以指定要插入的图块及插入位置。

图 5-5～图 5-7 所示为取不同参数插入的情形。

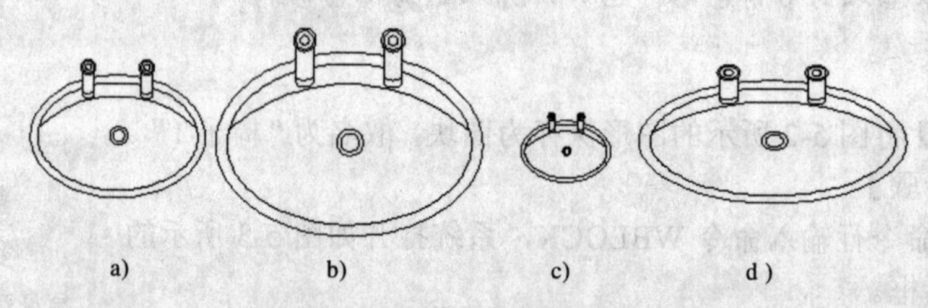

图 5-5 取不同缩放比例插入图块的效果

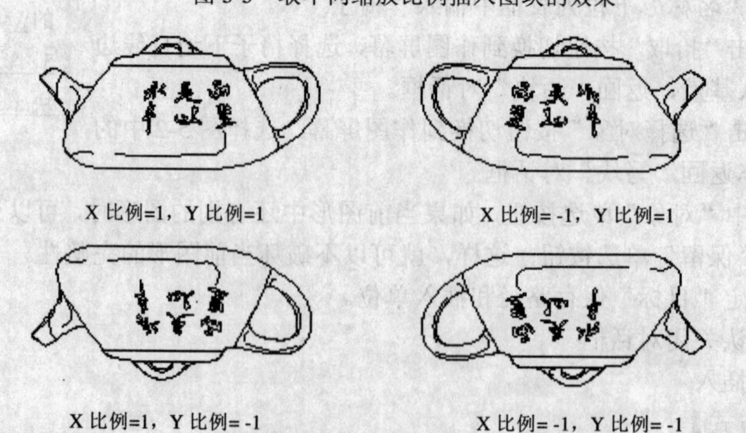

图 5-6 取缩放比例为负值插入图块的效果

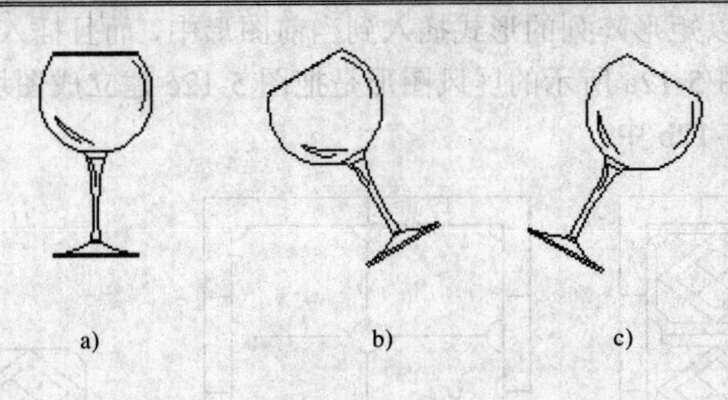

图 5-7　以不同旋转角度插入图块的效果

实讲实训
多媒体演示

多媒体演示参见配套光盘中的\\动画演示\第5章\绘制餐桌布局.avi。

【例 5-3】绘制家庭餐桌布局。

【操作步骤】

（1）利用前面所学的命令绘制一张餐桌，如图 5-8 所示。

（2）利用“插入块”命令，打开“插入”对话框，如图 5-9 所示。单击“浏览”按钮找到刚才保存的“椅子 1”图块（这时，读者会发现找不到上面定义的“椅子”图块），在屏幕上指定插入点和旋转角度，将该图块插入到如图 5-10 所示的图形中。

（3）可以继续插入“椅子 1”图块，也可以利用“复制”、“移动”和“旋转”命令复制、移动和旋转已插入的图块，绘制另外的椅子，最终图形如图 5-11 所示。

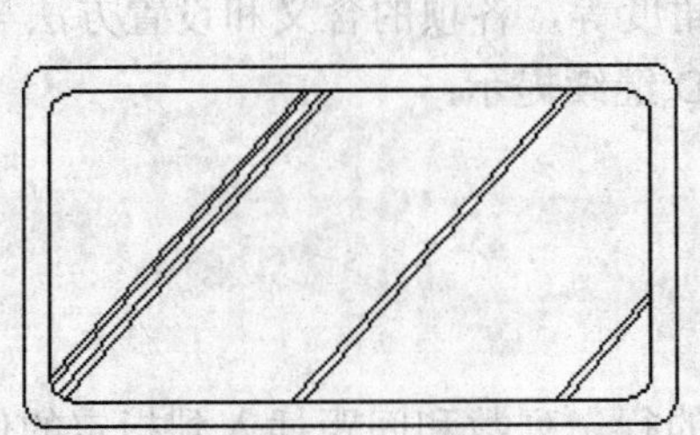

图 5-8　餐桌

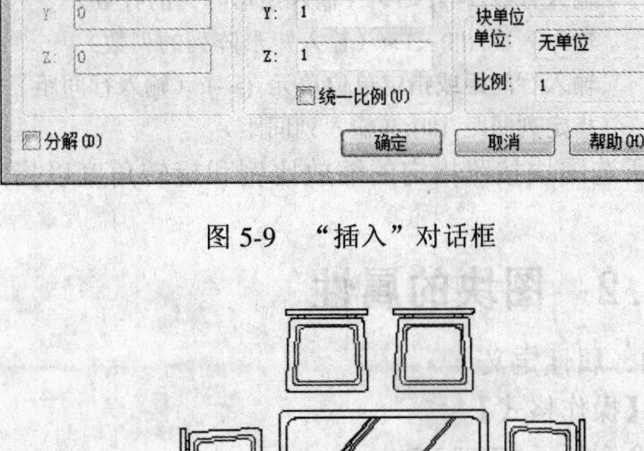

图 5-9　“插入”对话框

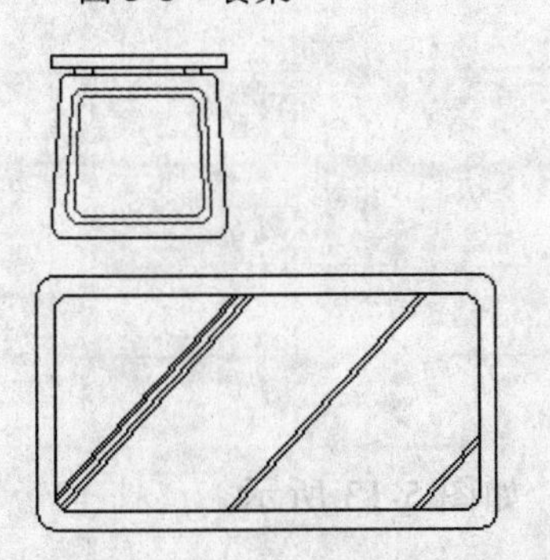

图 5-10　插入椅子图块

图 5-11　最终图形

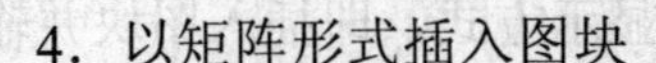

4．以矩阵形式插入图块

AutoCAD 允许将图块以矩形阵列的形式插入到当前图形中，而且插入时也允许指定缩放比例和旋转角度。如图 5-12a 所示的屏风图形是把图 5-12c 建立成图块后以 2×3 矩形阵列的形式插入到图形 5-12b 中。

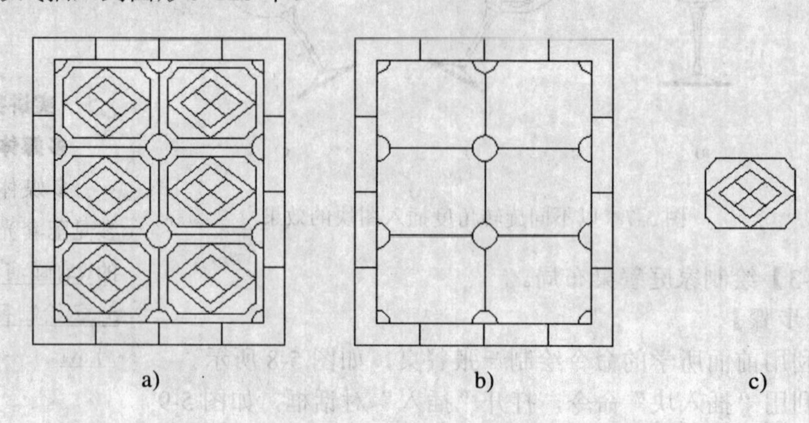

图 5-12　以矩形阵列形式插入图块

【执行方式】

命令行：MINSERT

【操作步骤】

命令: MINSERT↙

输入块名或 [?] <hu3>:（输入要插入的图块名）

指定插入点或 [比例(S)/X/Y/Z/旋转(R)/预览比例(PS)/PX/PY/PZ/预览旋转(PR)]:

在此提示下确定图块的插入点、缩放比例、旋转角度等，各项的含义和设置方法与 INSERT 命令相同。确定了图块插入点之后，AutoCAD 继续提示：

输入行数 (---) <1>:（输入矩形阵列的行数）

输入列数 (|||) <1>:（输入矩形阵列的列数）

输入行间距或指定单位单元 (---):（输入行间距）

指定列间距 (|||):（输入列间距）

所选图块按照指定的缩放比例和旋转角度以指定的行、列数和间距插入到指定的位置。

5.1.2　图块的属性

1．属性定义

【操作格式】

命令行：ATTDEF

菜单：绘图→块→定义属性

【操作步骤】

执行上述命令，系统打开“属性定义”对话框，如图 5-13 所示。

各项含义如下：

（1）“模式”选项组

●“不可见”复选框：选中此复选框则属性为不可见显示方式，即插入图块并输入

属性值后，属性值在图中并不显示出来。

●“固定”复选框：选中此复选框则属性值为常量，即属性值在属性定义时给定，在插入图块时AutoCAD不再提示输入属性值。

●“验证”复选框：选中此复选框，当插入图块时AutoCAD重新显示属性值让用户验证该值是否正确。

●“预设”复选框：选中此复选框，当插入图块时AutoCAD自动把事先设置好的默认值赋予属性，而不再提示输入属性值。

“锁定位置”：锁定块参照中属性的位置。解锁后，属性可以相对于使用夹点编辑的块的其他部分移动，并且可以调整多行文字属性的大小。

“多行”：指定属性值可以包含多行文字。选定此选项后，可以指定属性的边界宽度。

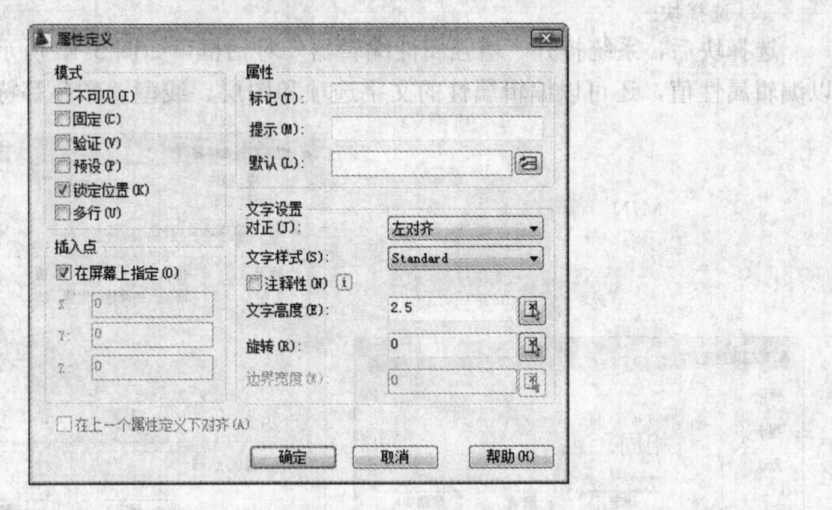

图5-13　“属性定义”对话框

（2）“属性”选项组

●“标记”文本框：输入属性标签。属性标签可由除空格和感叹号以外的所有字符组成，AutoCAD自动把小写字母改为大写字母。

●“提示”文本框：输入属性提示。属性提示是插入图块时AutoCAD要求输入属性值的提示，如果不在此文本框内输入文本，则以属性标签作为提示。如果在“模式”选项组中选中“固定”复选框，即设置属性为常量，则不需设置属性提示。

●“默认”文本框：设置默认的属性值。可把使用次数较多的属性值作为默认值，也可不设默认值。

其他各选项组比较简单，不再赘述。

2．修改属性的定义

【执行方式】

命令行：DDEDIT

菜单：修改→对象→文字→编辑

【操作步骤】

命令: DDEDIT↙

选择注释对象或 [放弃(U)]:

在此提示下选择要修改的属性定义，AutoCAD打开“编辑属性定义”对话框，如图5-14所示。可以在该对话框中修改属性的定义。

3．图块属性编辑

【执行方式】

命令行：EATTEDIT

菜单：修改→对象→属性→单个

工具栏：修改II→编辑属性

【操作步骤】

命令: EATTEDIT↙

选择块:

选择块后，系统打开“增强属性编辑器”对话框，如图5-15所示。该对话框不仅可以编辑属性值，还可以编辑属性的文字选项和图层、线型、颜色等特性值。

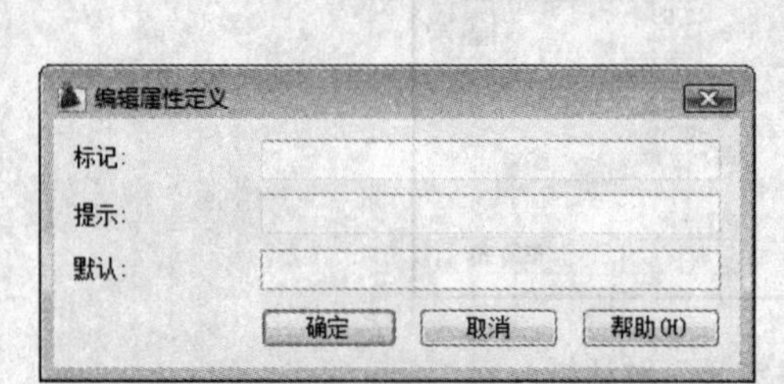

图5-14 “编辑属性定义”对话框

图5-15 “增强属性编辑器”对话框

【例5-4】标注如图5-16所示穹顶展览馆立面图形中的标高符号。

【操作步骤】

（1）利用“直线”命令绘制如图5-17所示的标高符号图形。

（2）执行“定义属性”命令ATTDEF，系统打开“属性定义”对话框，进行如图5-18所示的设置，其中模式为“验证”，插入点为粗糙度符号水平线中点，确认退出。

（3）利用WBLOCK命令打开“写块”对话框，如图5-19所示。拾取图5-17图形下尖点为基点，以此图形为对象，输入图块名称并指定路径，确认退出。

（4）利用“插入块”命令，打开“插入”对话框，如图5-20所示。单击“浏览”按钮找到刚才保存的图块，在屏幕上指定插入点和旋转角度，将该图块插入到如图5-16所示的图形中，这时，命令行会提示输入属性，并要求验证属性值，此时输入标高数值0.150，就完成了一个标高的标注。

实讲实训
多媒体演示

多媒体演示参见配套光盘中的\\动画演示\第5章\标注标高符号.avi。

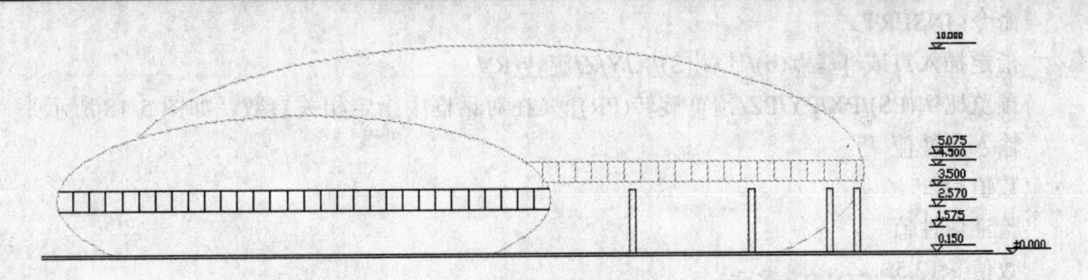

图 5-16　标注标高符号

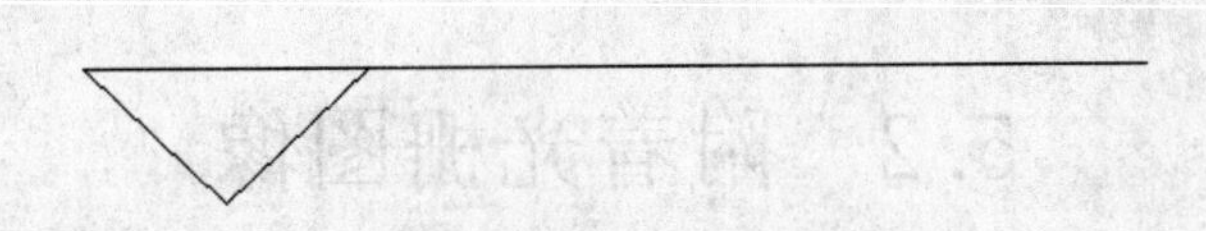

图 5-17　绘制标高符号

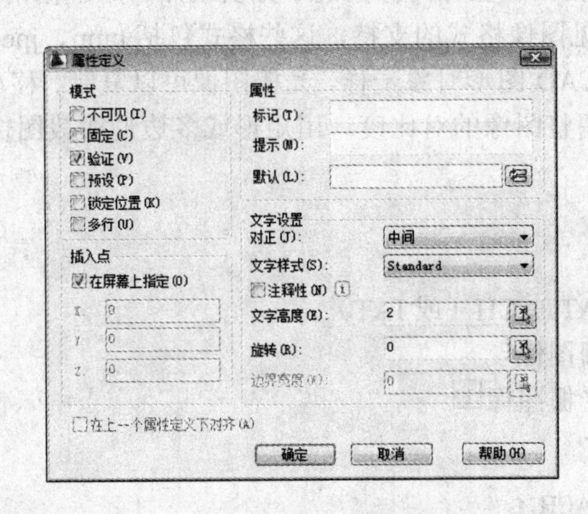

图 5-18　“属性定义”对话框

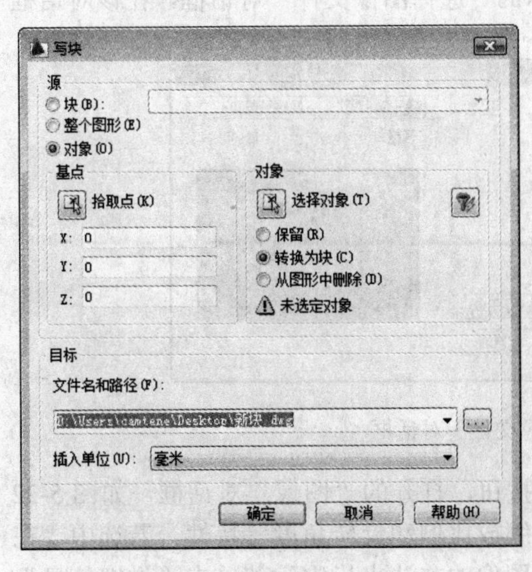

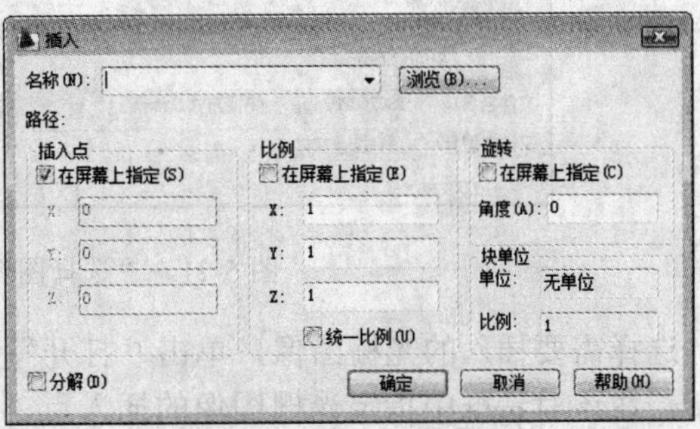

图 5-19　“写块”对话框

图 5-20　“插入”对话框

命令: INSERT↙

指定插入点或 [基点(b)/比例(S)/X/Y/Z/旋转(R)/

预览比例(PS)/PX/PY/PZ/预览旋转(PR)]:（在对话框中指定相关参数，如图 5-18 所示）

输入属性值

数值: 12.5↙

验证属性值

数值 <12.5>:↙

（5）继续插入标高符号图块，并输入不同的属性值作为标高数值，直到完成所有标高符号标注。

5.2 附着光栅图像

所谓光栅图像，是指由一些称为像素的小方块或点的矩形栅格组成的图像。AutoCAD 2009 提供了对多数常见图像格式的支持，这些格式包括 bmp、jpeg、gif、pcx 等。

与许多其他 AutoCAD 图形对象一样，光栅图像可以复制、移动或剪裁。也可以通过夹点操作修改图像、调整图像的对比度、用矩形或多边形剪裁图像或将图像用作修剪操作的剪切边。

1．图像附着

【执行方式】

命令行：IMAGEATTACH（或 IAT）

菜单：插入→光栅图像

工具栏：参照→光栅图像

【操作步骤】

命令：IMAGEATTACH↙

系统自动执行该命令，打开如图 5-21 所示的“选择图像文件”对话框。在该对话框中

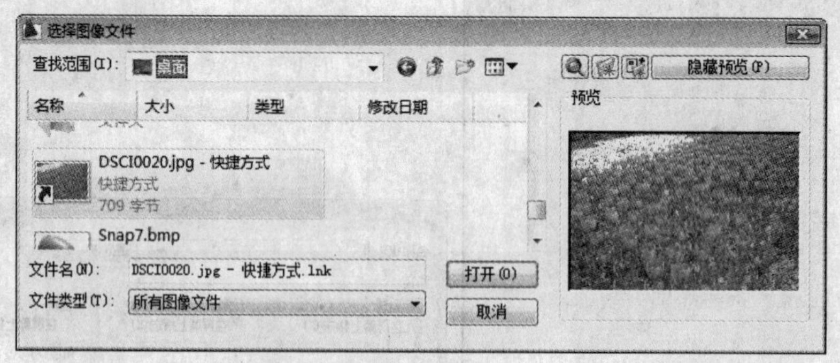

图 5-21 “选择图像文件”对话框

选择需要插入的光栅图像，单击“打开”按钮，打开的“图像”对话框，如图 5-22 所示。在该对话框中指定光栅图像的插入点、缩放比例和旋转角度等特性，若选中“在屏幕上指定”复选框，则可以在屏幕上用拖动图像的方法来指定；若单击“详细信息”

按钮，则对话框将扩展，并列出选中图像的详细信息，如精度、图像像素尺寸等。设置完成后，单击“确定”按钮，即可将光栅图像附着到当前图形中。

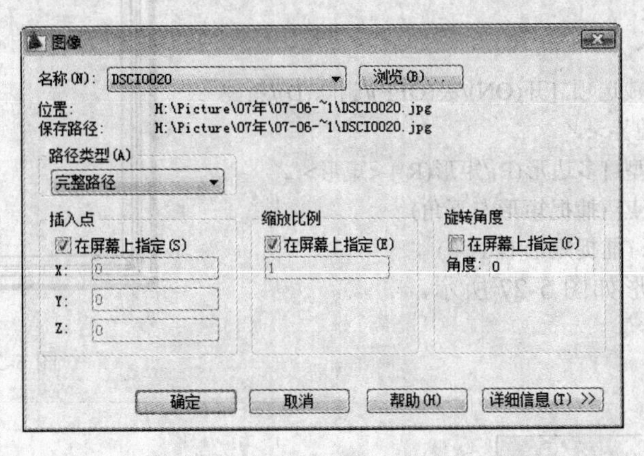

图 5-22　“图像”对话框

2．图像实例

【例 5-5】绘制一幅风景壁画

（1）绘制壁画外框的外形初步轮廓。利用“矩形”命令、“直线”命令以及“偏移”命令绘制，如图 5-23 所示的。

（2）继续利用“偏移”命令绘制轮廓细部，如图 5-24 所示。

实讲实训
多媒体演示

多媒体演示参见配套光盘中的\\动画演示\第5章\绘制风景壁画.avi。

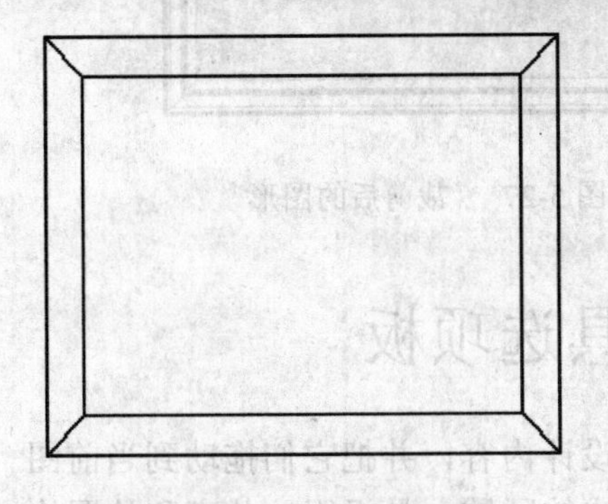

图 5-23　初步轮廓

图 5-24　细化轮廓

（3）选择最外部矩形框，然后单击“标准”工具栏上的“特性”按钮，打开“特性”工具板，将最外部矩形框线宽改为 0.30mm。结果如图 5-25 所示。

（4）附着山水图片。利用“图像附着”命令打开如图 5-21 所示的“选择图像文件”对话框。在该对话框中选择需要插入的光栅图像，单击“打开”按钮，打开的“图像”对话框，如图 5-22 所示。设置后，单击“确定”按钮确认退出。系统提示：

指定插入点 <0,0>: (指定一点)
基本图像大小: 宽: 211.666667，高: 158.750000，Millimeters
指定缩放比例因子或 [单位(U)] <1>: 3.2↙

附着的图形如图 5-26 所示。

（5）裁剪光栅图像。执行 IMAGECLIP 命令，命令行提示如下：

命令: IMAGECLIP↙

选择要剪裁的图像: (框选整个图形)

指定对角点:

已滤除 1 个。

输入图像剪裁选项 [开(ON)/关(OFF)/删除(D)/新建边界(N)] <新建边界>:↙

输入剪裁类型 [多边形(P)/矩形(R)] <矩形>:↙

指定第一角点: (捕捉矩形左下角)

指定对角点: (捕捉矩形右上角)

最终绘制的图形如图 5-27 所示。

图 5-25　完成的外框

图 5-26　附着图像的图形

图 5-27　裁剪后的图形

5.3　设计中心与工具选项板

使用 AutoCAD 2009 设计中心可以很容易地组织设计内容，并把它们拖动到当前图形中。工具选项板是“工具选项板”窗口中选项卡形式的区域，是组织、共享和放置块及填充图案的有效方法。工具选项板还可以包含由第三方开发人员提供的自定义工具，也可以利用设计中的组织内容，并将其创建为工具选项板。设计中心与工具选项板的使用大大方便了绘图，提高了绘图的效率。

5.3.1　设计中心

1．启动设计中心

【执行方式】

命令行：ADCENTER

菜单：工具→选项板→设计中心

工具栏：标准→设计中心

快捷键：Ctrl+2

【操作步骤】

执行上述命令，系统打开设计中心。第一次启动设计中心时，它默认打开的选项卡为“文件夹”。内容显示区采用大图标显示，左边的资源管理器采用 tree view 显示方式显示系统的树形结构，浏览资源的同时，在内容显示区显示所浏览资源的有关细目或内容，如图 5-28 所示。也可以搜索资源，方法与 Windows 资源管理器类似。

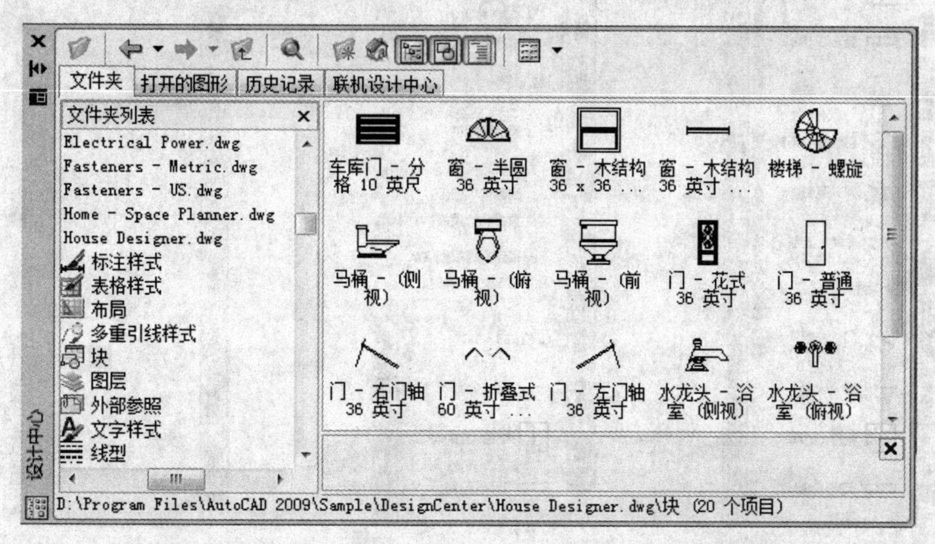

图 5-28　AutoCAD 2009 设计中心的资源管理器和内容显示区

2．利用设计中心插入图形

设计中心一个最大的优点是它可以将系统文件夹中的 DWG 图形当成图块插入到当前图形中去。具体方法如下：

（1）从文件夹列表或查找结果列表框选择要插入的对象，拖动对象到打开的图形。

（2）在相应的命令行提示下输入比例和旋转角度等数值。

被选择的对象根据指定的参数插入到图形当中。

5.3.2　工具选项板

1．打开工具选项板

【操作格式】

命令行：TOOLPALETTES

菜单：工具→选项板→工具选项板窗口

工具栏：标准→工具选项板

快捷键：Ctrl+3

【操作步骤】

执行上述命令，系统自动打开工具选项板窗口，如图 5-29 所示。该工具选项板上有系统预设置的 3 个选项卡。可以右击鼠标，在系统打开的快捷菜单中选择“新建 工具选项板”命令，如图 5-30 所示。系统新建一个空白选项卡，可以命名该选项卡，如图 5-31

所示。

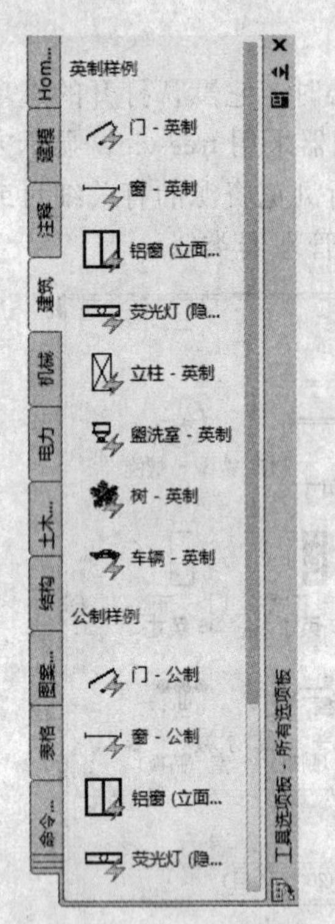

图 5-29　工具选项板窗口

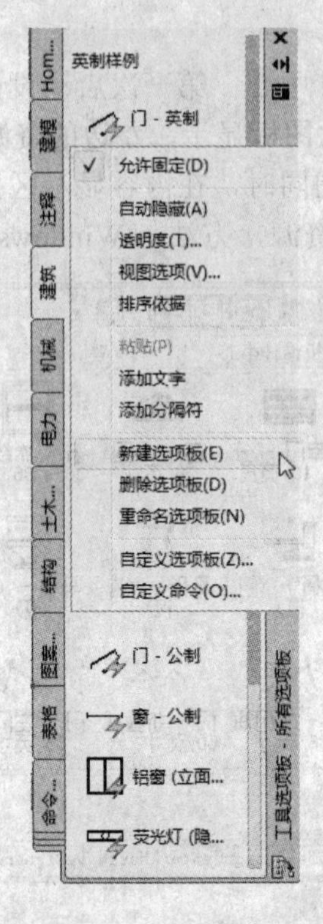

图 5-30　快捷菜单

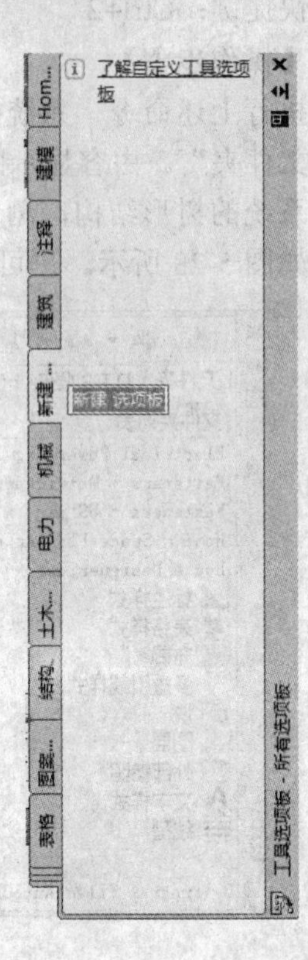

图 5-31　新建选项卡

2．将设计中心内容添加到工具选项板

在 DesignCenter 文件夹上右击鼠标，系统打开右键快捷菜单，从中选择“创建块的工具选项板”命令，如图 5-32 所示。设计中心中储存的图元就出现在工具选项板中新建的 DesignCenter 选项卡上，如图 5-33 所示。这样就可以将设计中心与工具选项板结合起来，建立一个快捷方便的工具选项板。

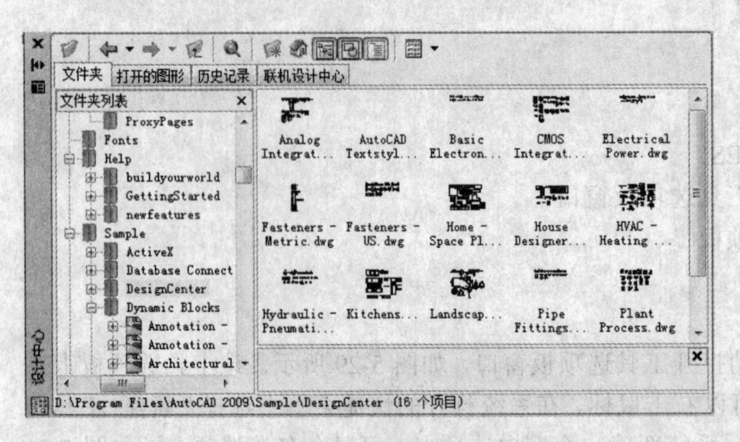

图 5-32　快捷菜单

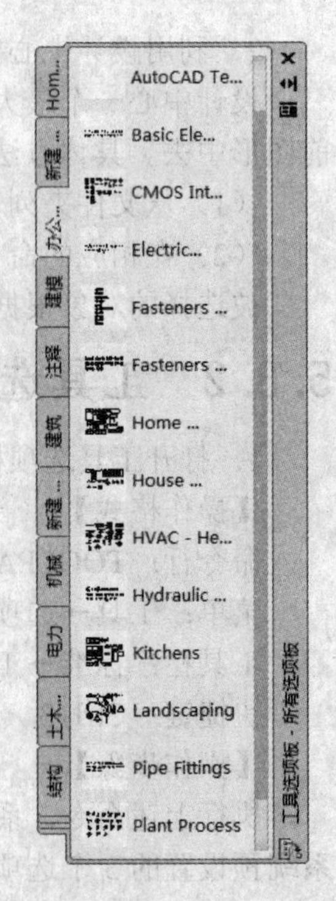

图 5-33　创建工具选项板

3．利用工具选项板绘图

只需要将工具选项板中的图形单元拖动到当前图形，该图形单元就以图块的形式插入到当前图形中。如图 5-34 所示就是将工具选项板中“办公室样例”选项卡中的图形单元拖动到当前图形绘制的办公室布置图。

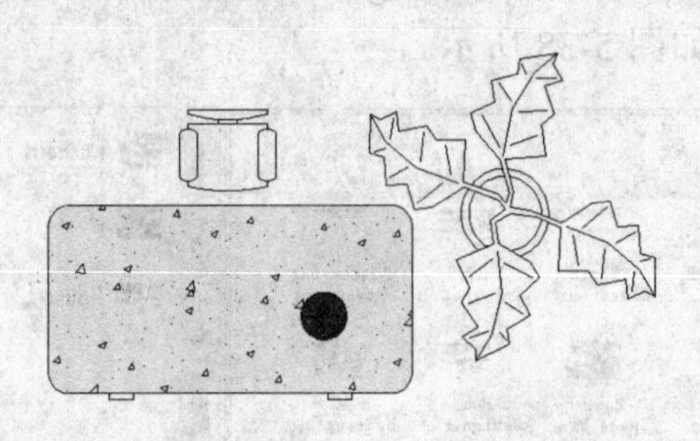

图 5-34　办公室布置图

实讲实训
多媒体演示

多媒体演示参见配套光盘中的\\动画演示\第 5 章\利用设计中心的图块组合住房布局截面图.avi。

【例 5-6】利用设计中心中的图块组合住房布局截面图。

【操作步骤】

（1）打开工具选项板。单击“标准”工具栏的“工具选项板”按钮，打开工具选项板，如图 5-35 所示。打开工具选项板菜单，如图 5-36 所示。

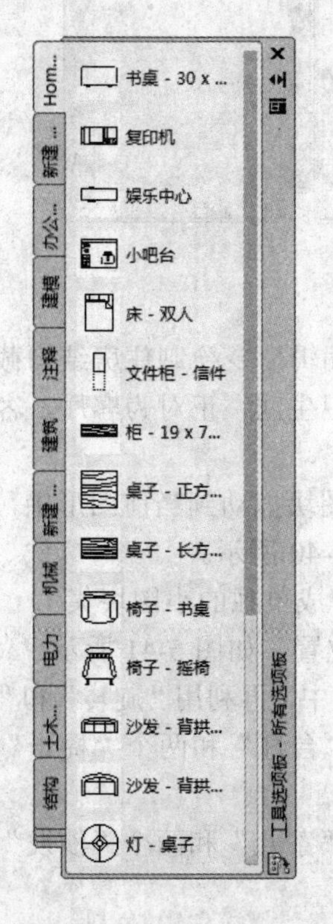

图 5-35　工具选项板

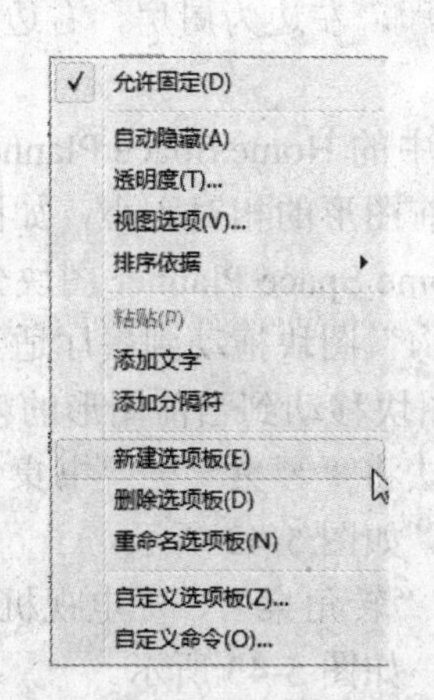

图 5-36　工具选项板菜单

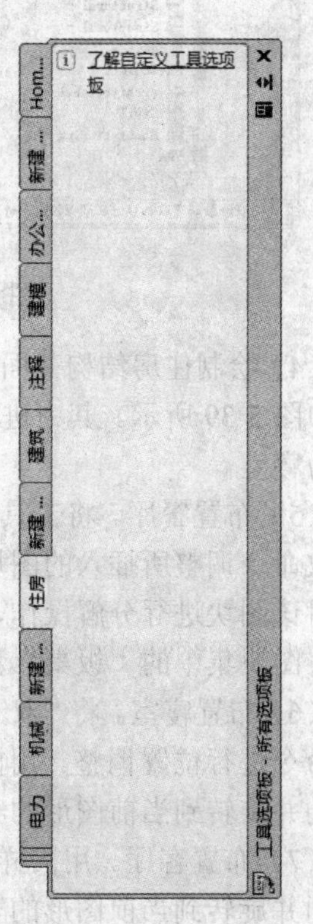

图 5-37　“住房”工具选项板选项卡

（2）新建工具选项板。在工具选项板菜单中选择“新建工具选项板”命令，建立新的工具选项板选项卡。在新建工具栏名称栏中输入“住房”，确认。新建的“住房”工具选项板选项卡，如图 5-37 所示。

（3）向工具选项板插入设计中心图块。单击“标准”工具栏的“设计中心”按钮，打开设计中心，将设计中心中的 Kitchens、House Designer、Home Space Planner 图块拖动到工具选项板的“住房”选项卡，如图 5-38 所示。

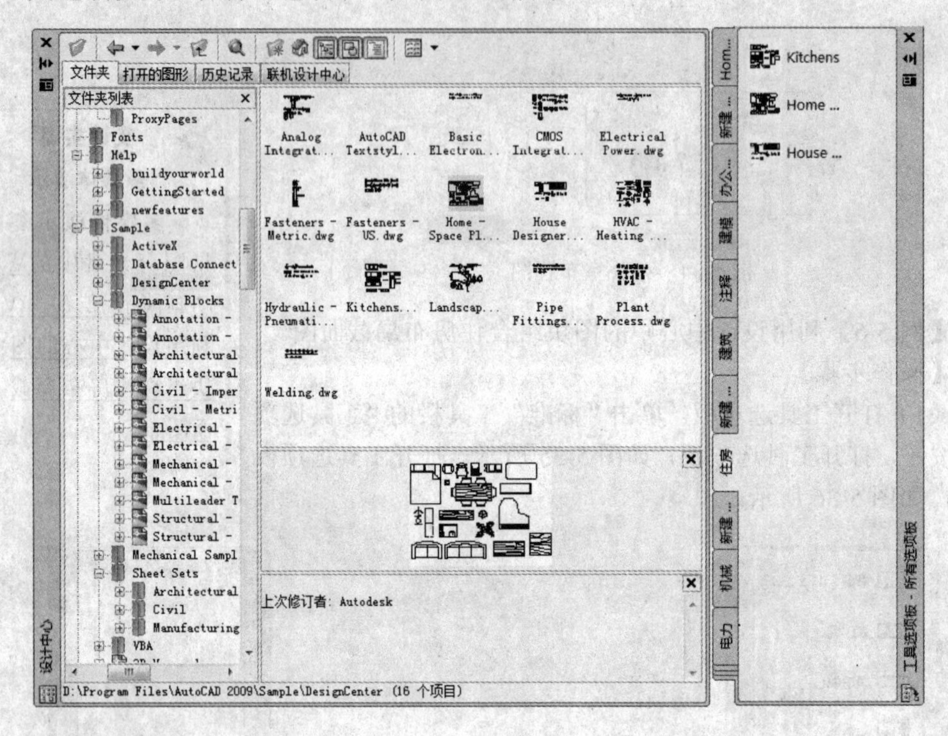

图 5-38　向工具选项板插入设计中心图块

（4）绘制住房结构截面图。利用以前学过的绘图命令与编辑命令绘制住房结构截面图，如图 5-39 所示。其中进门为餐厅，左边为厨房，右边为卫生间，正对为客厅，客厅左边为寝室。

（5）布置餐厅。将工具选项板中的 Home Space Planner 图块拖动到当前图形中，利用缩放命令调整所插入的图块与当前图形的相对大小，如图 5-40 所示。

对该图块进行分解操作，将 Home Space Planner 图块分解成单独的小图块集。

将图块集中的“饭桌”和“植物”图块拖动到餐厅适当位置，如图 5-41 所示。

（6）布置寝室。将“双人床”图块移动到当前图形的寝室中，再利用“旋转”和“移动”命令进行位置调整。用同样方法将“琴桌”、“书桌”“台灯”和两个“椅子”图块移动并旋转到当前图形的寝室中，如图 5-42 所示。

（7）布置客厅。用同样方法将“转角桌”、“电视机”“茶几”和两个“沙发”图块移动并旋转到当前图形的客厅中，如图 5-43 所示。

（8）布置厨房。将工具选项板中的 House Designer 图块拖动到当前图形中，利用缩放命令调整所插入的图块与当前图形的相对大小，如图 5-44 所示。

对该图块进行分解操作，将 House Designer 图块分解成单独的小图块集。

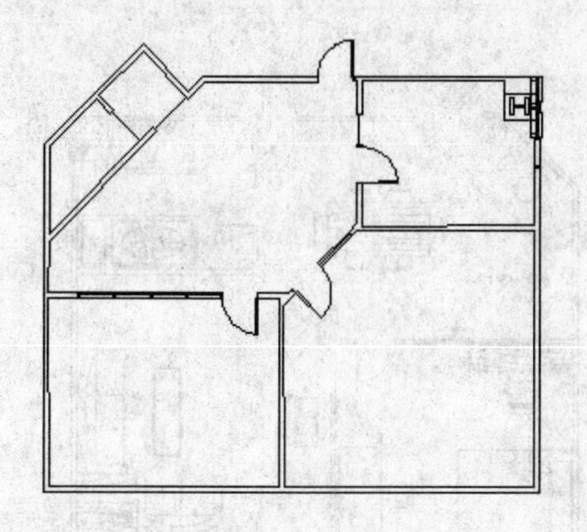

图 5-39　住房结构截面图

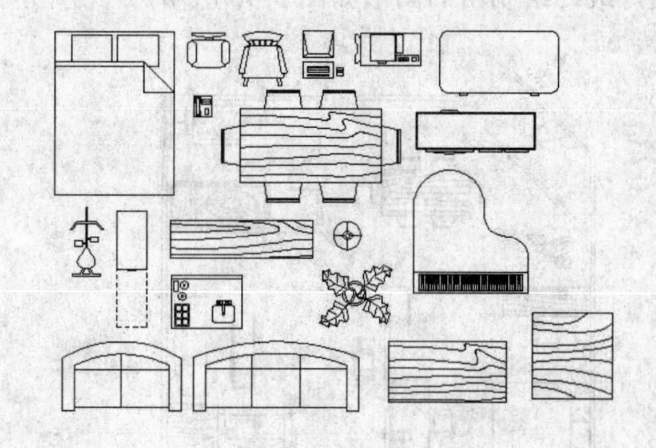

图 5-40　将 Home Space Planner 图块拖动到当前图形中

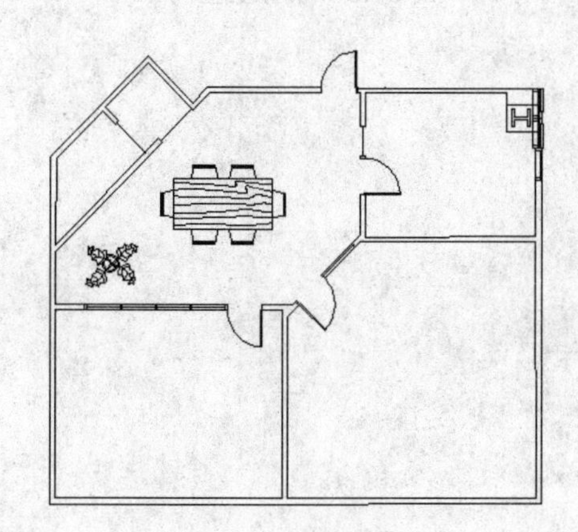

图 5-41　布置餐厅

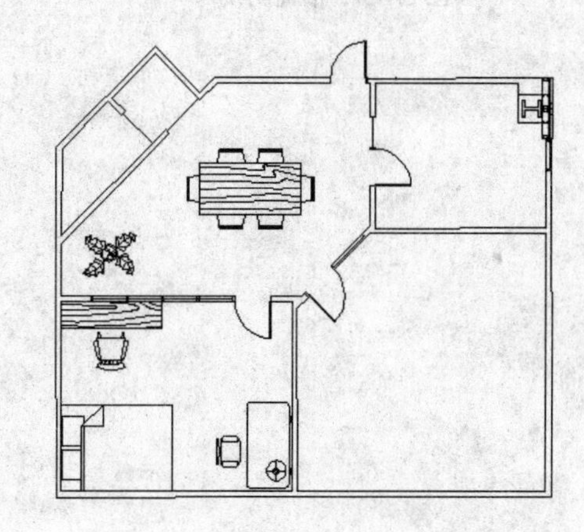

图 5-42　布置寝室

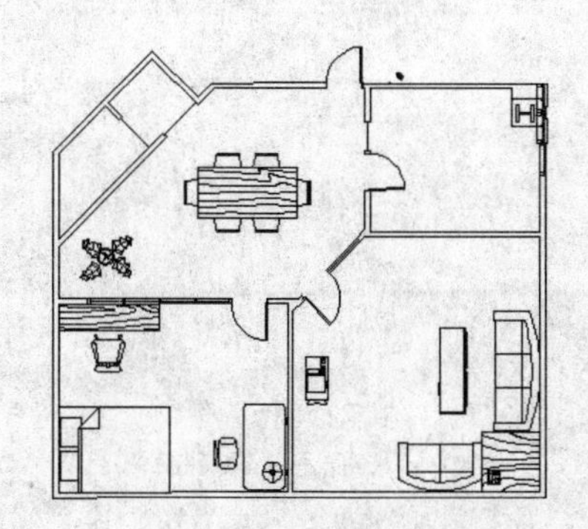

图 5-43　布置客厅

图 5-44　插入 House Designer 图块

用同样方法将“灶台”、“洗菜盆”和“水龙头”图块移动并旋转到当前图形的厨房中，如图 5-45 所示。

（9）布置卫生间。用同样方法将“马桶”和“洗脸盆”移动并旋转到当前图形的卫生间中，复制“水龙头”图块并旋转移动到洗脸盆上。删除当前图形其他没有用处的图块，最终绘制出的图形如图 5-46 所示。

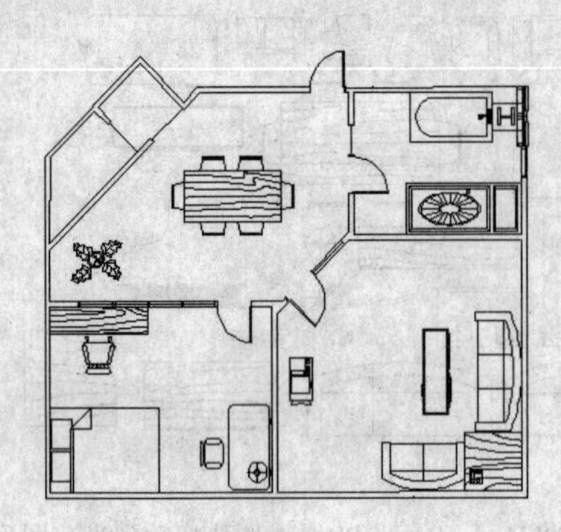

图 5-45　布置厨房

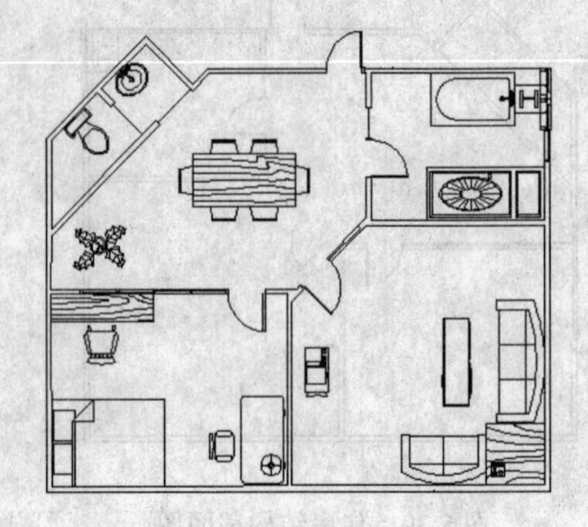

图 5-46　布置卫生间

第 6 章

室内设计制图的准备知识

本章导读：

本章将简要讲述室内装饰及其装饰图设计的一些基本知识，包括：室内设计的内容、室内设计中的几个要素以及室内设计的创意与思路等，同时还介绍了室内设计制图基本知识。此外，并提供一些公共建筑和住宅建筑的工程案例供进行室内设计学习和欣赏。

6.1 室内设计基本知识

为了让初学者对室内设计有一个初步的了解，本节中介绍室内设计的基本知识。由于它不是本书的主要内容，所以只做简明扼要的介绍。

对于室内设计的知识，初学者仅仅阅读这一部分是远远不够的，还应该参看其他的相关书籍，在此特别说明。

6.1.1 室内设计概述

1. 室内设计（Interior Design），也称作室内环境设计。

随着社会的不断发展，建筑功能逐渐多样化，室内设计已作为一个相对独立的行业从建筑设计中分离出来，“它既包括视觉环境和工程技术方面的问题，也包括声、光、热等物理环境以及气氛、意境等心理环境和文化内涵等内容”。室内设计与建筑设计、景观设计相区别又相联系，其重点在于建筑室内环境的综合设计，目的是创造良好的室内环境。

室内设计根据对象的不同可分为居住建筑室内设计、公共建筑室内设计、工业建筑室内设计和农业建筑室内设计。室内设计一般经过 4 个阶段，即设计准备阶段、方案设计阶段、施工图设计阶段及实施阶段。

一般来说，室内设计工作可能出现在整个工程建设过程的以下 3 个时期：

（1）与建筑设计、景观设计同期进行。这种方式有利于室内设计师与建筑师、景观设计师配合，从而使建筑室内环境和室外环境风格协调统一，为生产出良好的建筑作品提供了条件。

（2）在建筑设计完成后、建筑施工未结束之前进行。室内设计师在参照建筑、结构及水暖电等设计图样资料的同时，也需要和各部门、各工程师交流设计思想，同时如果发现施工中存在难以避免的需要更改的部位，应及时作出相应的调整。

（3）在主体工程施工结束后进行。这种情况，室内设计师对建筑空间的规划设计参与性最小，基本上是在建筑师设计成果的基础上来完成室内环境设计。当然，在一些大跨度、大空间结构体系中，设计师的自由度还是比较大的。

以上说法，是针对普遍意义上的室内设计而言，对于个别小型工程，工作没有这么复杂，但设计师认真的态度是必需的。由于室内设计工作涉及到艺术修养、工程技术、政治、经济、文化等诸多方面，所以室内设计师在掌握专业知识和技能的基础上，还应具有良好的综合素质。

2．室内装饰设计创意和思路

室内设计是根据建筑物的使用性质、所处环境和相应标准，运用物质技术手段和建筑美学原理，创造功能合理、舒适优美、满足人们物质和精神生活需要的室内环境。设计构思时，需要运用物质技术手段，即各类装饰材料和设施设备等，这是容易理解的；还需要遵循建筑美学原理，这是因为室内设计的艺术性，除了有与绘画、雕塑等艺术之间共同的美学法则之外，作为“建筑美学”，更需要综合考虑使用功能、结构施工、材料设备、造价标准等多种因素。

（1）如从设计者的角度来分析室内设计的方法，主要有以下几点：

1）总体与细部深入推敲。总体推敲，即是室内设计应考虑的几个基本观点，有一个设计的全局观念。细处着手是指具体进行设计时，必须根据室内的使用性质，深入调查、收集信息，掌握必要的资料和数据，从最基本的人体尺度、人流动线、活动范围和特点、家具与设备等的尺寸和使用它们必须的空间等着手。

2）里外、局部与整体协调统一。室内环境需要与建筑整体的性质、标准、风格，与室外环境相协调统一，它们之间有着相互依存的密切关系，设计时需要从里到外，从外到里多次反复协调，务使更趋完善合理。

3）立意与表达。设计的构思、立意至关重要。可以说，一项设计，没有立意就等于没有“灵魂”，设计的难度也往往在于要有一个好的构思。一个较为成熟的构思，往往需要足够的信息量，有商讨和思考的时间，在设计前期和出方案过程中使立意、构思逐步明确，形成一个好的构思。

（2）对于室内设计来说，正确、完整，又有表现力地表达出室内环境设计的构思和意图，使建设者和评审人员能够通过图纸、模型、说明等，全面地了解设计意图，也是非常重要的。室内设计根据设计的进程，通常可以分为四个阶段，即准备阶段、方案阶段、施工图阶段和实施阶段。

1）准备阶段。设计准备阶段主要是接受委托任务书，签订合同，或者根据标书要求参加投标；明确设计任务和要求，如室内设计任务的使用性质、功能特点、设计规模、等级标准、总造价，根据任务的使用性质所需创造的室内环境氛围、文化内涵或艺术风格等。

2）方案阶段。方案设计阶段是在设计准备阶段的基础上，进一步收集、分析、运用与设计任务有关的资料与信息，构思立意，进行初步方案设计，深入设计，进行方案的分析与比较。

确定初步设计方案，提供设计文件，如平面图、立面、透视图、室内装饰材料实样版面等。初步设计方案需经审定后，方可进行施工图设计。如图 6-1 所示是某个住宅项目装饰方案效果图。

图 6-1　住宅装饰方案效果图

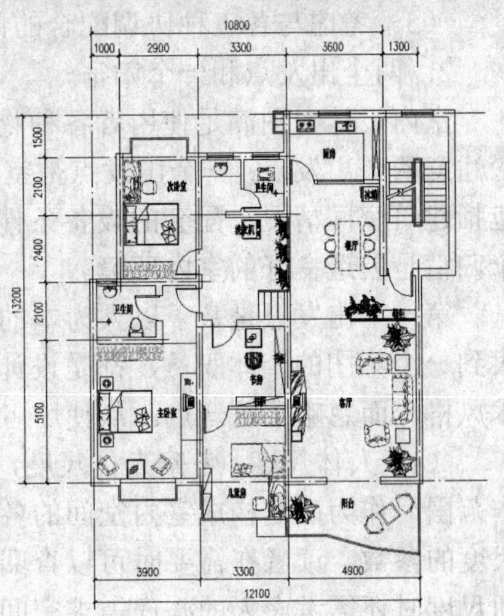

图 6-2　住宅装饰平面施工图

3）施工图阶段。施工图设计阶段是提供有关平面、立面、构造节点大样以及设备管线图等施工图纸，满足施工的需要。如图 6-2 所示是某个住宅项目装饰平面施工图。

说明

施工图设计是室内装饰从图纸文字效果转为实物效果的关键环节。

4）实施阶段。设计实施阶段也即是工程的施工阶段。室内工程在施工前，设计人员应向施工单位进行设计意图说明及图纸的技术交底；工程施工期间需按图纸要求核对施工实况，有时还需根据现场实况提出对图纸的局部修改或补充；施工结束时，会同质检部门和建设单位进行工程验收。为了使设计取得预期效果，室内设计人员必须抓好设计各阶段的环节，充分重视设计、施工、材料、设备等各个方面，并熟悉、重视与原建筑物的建筑设计、设施设计的衔接，同时还须协调好与建设单位和施工单位之间的相互关系，在设计意图和构思方面取得沟通与共识，以期取得理想的设计工程成果。

6.1.2　室内设计中的几个要素

1．设计前的准备工作

设计前的准备工作，一般涉及到以下几个方面：

（1）明确设计任务及要求：功能要求、工程规模、装修等级标准、总造价、设计期限及进度、室内风格特征及室内氛围趋向、文化内涵等。

（2）现场踏勘收集实际第一手资料，收集必要的相关工程图样，查阅同类工程的设计资料或现场参观学习同类工程，获取设计素材。

（3）熟悉相关标准、规范和法规的要求，熟悉定额标准，熟悉市场的设计收费惯例。

（4）与业主签订设计合同，明确双方责任、权利及义务。

（5）考虑与各工种协调配合的问题。

2．两个出发点和一个归宿

室内设计力图满足使用者各种物质上的需求和精神上的需求。在进行室内设计时，应注意两个出发点：一个出发点是室内环境的使用者；另一个出发点是既有的建筑条件，包括建筑空间情况、配套的设备条件（水、暖、电、通信等）及建筑周边环境特征。一个归宿是创造良好的室内环境。

第一个出发点是基于以人为本的设计理念提出的。对于装修工程，小到个人、家庭，大到一个集团的全体职员，都是设计师服务的对象。有的设计师比较倾向于表现个人艺术风格，而忽略了这一点。从使用者的角度考察，我们应注意以下几个方面：

（1）人体尺度。考察人体尺度，可以获得人在室内空间里完成各种活动时所需的动作范围，作为确定构成室内空间的各部分尺度的依据。在很多设计手册里都有各种人体尺度的参数，读者在需要时可以查阅。然而，仅仅满足人体活动的空间是不够，确定空间尺度时还需考虑人的心理需求空间，它的范围比活动空间大。此外，在特意塑造某种空间意象时（例如高大、空旷、肃穆等），空间尺度还要作相应的调整。

（2）室内功能要求、装修等级标准、室内风格特征及室内氛围趋向、文化内涵要求等。一方面设计师可以直接从业主那里获得这些信息，另一方设计师也可以就这些问题给业主提出建议或者跟业主协商解决。

（3）造价控制及设计进度。室内设计要考虑客户的经济承受能力，否则无法实施。如今生活工作的节奏比较快，把握设计期限和进度，有利于按时完成设计任务、保证设计质量。

第二个出发点在于仔细把握现有的建筑客观条件，充分利用它的有利因素，局部纠正或规避不利因素。

所谓“两个出发点和一个归宿”是为了引起读者重视。如何设计出好的室内作品，这中间还有一个设计过程，需要考虑空间布局、室内色彩、装饰材料、室内物理环境、室内家具陈设、室内绿化因素、设计方法和表现技能等。

3．空间布局

人们在室内空间里进行生活、学习、工作等各种活动时，每一种相对独立的活动都需要一个相对独立的空间，如会议室、商店、卧室等；一个相对独立的活动过渡到另一个相对独立的活动，这中间就需要一个交通空间，例如走道。人的室内行为模式和规范影响着空间的布置，反过来，空间的布置又有利于引导和规范人的行为模式。此外，人在室内活动时，对空间除了物质上的需求，还有精神上的需求。物质需求包括空间大小及性状、家具陈设、人流交通、消防安全、声光热物理环境等；精神需求是指空间形式和特征能否反映业主的情趣和美的享受、能否对人的心理情绪进行良性的诱导。从这个角度来看，不难理解各种室内空间的形成、功能及布置特点。

在进行空间布局时，一般要注意动静分区、洁污分区、公私分区等问题。动静分区就是指相对安静的空间和相对嘈杂的空间应有一定程度的分离，以免互相干扰。例如在住宅里，餐厅、厨房、客厅与卧室相互分离；在宾馆里，客房部与餐饮部相互分离等。洁污分区，也叫干湿分区，指的是诸如卫生间、厨房这种潮湿环境应该跟其他清洁、干

燥的空间分离。公私分区是针对空间的私密性问题提出来的，空间要体现私密、半私密、公开的层次特征。另外，还有主要空间和辅助空间之分。主要空间应争取布置在具有多个有利因素的位置上，辅助空间布置在次要位置上。这些是对空间布置上的普遍看法，在实际操作中则应具体问题具体分析，做到有理有据、灵活处理。

室内设计师直接参与建筑空间的布局和划分的机会较小。大多情况下，室内设计师面对的是已经布局好了的空间。比如在一套住宅里，起居厅、卧室、厨房等空间和它们之间的连接方式基本上已经确定；再如写字楼里办公区、卫生间、电梯间等空间及相对位置也已确定了。于是，室内设计师在把握建筑师空间布局特征的基础上，需要亲自处理的是更微观的空间布局。比如住宅里，应如何布置沙发、茶几、家庭影视设备，如何处理地面、墙面、顶棚等构成要素以完善室内空间；再如将一个建筑空间布置成快餐店，应考虑哪个区域布置就餐区、哪个区域布置服务台、哪个区域布置厨房、如何引导流线等。

4. 室内色彩和材料

视觉感受到的颜色来源于可见光波。可见光的波长范围为380~780nm，依波长由大到小呈现出红、澄、黄、绿、青、蓝、紫等颜色及中间颜色。当可见光照射到物体上时，一部分波长的光线被吸收，而另一部分波长的光线被反射，反射光线在人的视网膜上呈现的颜色，就被认为是物体的颜色。颜色具有3个要素，即色相、明度和彩度。色相，指一种颜色与其他颜色相区别的特征，如红与绿相区别，它由光的波长决定。明度，指颜色的明暗程度，它取决于光波的振幅。彩度，指某一纯色在颜色中所占的比例，有的也将它称为纯度或饱和度。进行室内色彩设计时，应注意以下几个方面：

（1）室内环境的色彩主要反映为空间各部件的表面颜色，以及各种颜色相互影响后的视觉感受，它们还受光源（天然光、人工光）的照度、光色和显色性等因素的影响。

（2）仔细结合材质、光线研究色彩的选用和搭配，使之协调统一，有情趣、有特色，能突出主题。

（3）考虑室内环境使用者的心理需求、文化倾向和要求等因素。

材料的选择，须注意材料的质地、性能、色彩、经济性、健康环保等问题。

5. 室内物理环境

室内物理环境是室内光环境、声环境、热工环境的总称。这3个方面直接影响着人的学习、工作效率、人的生活质量、身心健康等方面，是提高室内环境的质量不可忽视的因素。

（1）室内光环境。室内的光线，来源于两个方面，一方面是天然光，另一方面是人工光。天然光由直射太阳光和阳光穿过地球大气层时扩散而成的天空光组成。人工光主要是指各种电光源发出的光线。

尽量争取利用自然光满足室内的照度要求，在不能满足照度要求的地方辅助人工照明。我国大部分地区处在北半球，一般情况下，一定量的直射阳光照射到室内，有利于室内杀菌和人的身体健康，特别是在冬天；在夏天，炙热的阳光射到室内会使室内迅速升温，长时间会使室内陈设物品退色、变质等，所以应注意遮阳、隔热问题。

现代用的照明电光源可分为两大类。一类是白炽灯，一类是气体放电灯。白炽灯是靠灯丝通电加热到高温而放出热辐射光，如普通白炽灯、卤钨灯等；气体放电灯是靠气体激发而发光，属冷光源，如荧光灯、高压钠灯、低压钠灯、高压汞灯等。

照明设计应注意以下几个因素：①合适的照度；②适当的亮度对比；③宜人的光色；④良好的显色性；⑤避免眩光；⑥正确的投光方向。除此之外，在选择灯具时，应注意其发光效率、寿命及是否便于安装等因素。目前国家出台的相关照明设计标准中规定有各种室内空间的平均照度标准值，许多设计手册中也提供了各种灯具的性能参数，读者可以参阅。

（2）室内声环境。室内声环境的处理，主要包括两个方面。一方面是室内音质的设计，如音乐厅、电影院、录音室等，目的是提高室内音质，满足应有的听觉效果；另一方面是隔声与降噪，旨在隔绝和降低各种噪声对室内环境的干扰。

（3）室内热工环境。室内热工环境由室内热辐射、室内温度、湿度、空气流速等因素综合影响。为了满足人们舒适、健康的要求，在进行室内设计时，应结合空间布局、材料构造、家具陈设、色彩、绿化等方面综合考虑。

6. 室内家具陈设

家具是室内环境的重要组成部分，也是室内设计需要处理的重点之一。室内家具多半是到市场、工厂购买或定做，也有少部分家具由室内设计师直接进行设计。在选购和设计家具时，应该注意以下几个方面：

（1）家具的功能、尺度、材料及做工等。

（2）形式美的要求，宜与室内风格、主题协调。

（3）业主的经济承受能力。

（4）充分利用室内空间。

室内陈设一般包括各种家用电器、运动器材、器皿、书籍、化妆品、艺术品及其他个人收藏等。处理这些陈设物品，宜适度、得体，避免庸俗化。

此外，室内的各种织物的功能、色彩、材质的选择和搭配也是不容忽视的。

7. 室内绿化

绿色植物常常是生机盎然的象征，把绿化引进室内，有助于塑造室内环境。常见的室内绿化有盆栽、盆景、插花等形式，一些公共室内空间和一些居住空间也综合运用花木、山石、水景等园林手法来达到绿化目的，例如宾馆的中庭设计等。

绿化能够改善和美化室内环境，功能灵活多样。可以在一定程度上改善空气质量、改善人的心情，也可以利用它来分隔空间、引导空间、突出或遮掩局部位置。

进行室内绿化时，应该注意以下因素：

（1）植物是否对人体有害。注意植物散发的气味是否对身体有害，或者使用者对植物的气味是否过敏，有刺的植物不应让儿童接近等。

（2）植物的生长习性。注意植物喜阴还是喜阳、喜潮湿还是喜干燥、常绿还是落叶等习性，以及土壤需求、花期、生长速度等。

（3）植物的形状、大小和叶子的形状、大小、颜色等。注意选择合适的植物和合适的搭配。

（4）与环境协调，突出主题。

（5）精心设计、精心施工。

8. 室内设计制图

不管多么优秀的设计思想都要通过图样来传达。准确、清晰、美观的制图是室内设计不可缺少的部分，对能否中标和指导施工起着重要的作用，是设计师必备的技能。

6.2 室内设计制图基本知识

室内设计图样是交流设计思想、传达设计意图的技术文件，是室内装饰施工的依据，所以，应该遵循统一制图规范，在正确的制图理论及方法的指导下完成，否则就会失去图样的意义。因此，即使是在当今大量采用计算机绘图的形势下，仍然有必要掌握基本绘图知识。考虑到部分读者未经过常规的制图训练，因此在本节中将必备的制图知识作一个简单介绍。

6.2.1 室内设计制图概述

1. 室内设计制图的概念

室内设计图是室内设计人员用来表达设计思想、传达设计意图的技术文件，是室内装饰施工的依据。室内设计制图就是根据正确的制图理论及方法，按照国家统一的室内制图规范将室内空间6个面上的设计情况在二维图面上表现出来，它包括室内平面图、室内顶棚平面图、室内立面图、室内细部节点详图等。国家建设部出台的《房屋建筑制图统一标准》（GB/T50004-2001）和《建筑制图标准》（GB/T50104-2001）是室内设计中手工制图和计算机制图的依据。

2. 室内设计制图的方式

室内设计制图有手工制图和电脑制图两种方式。手工制图又分为徒手绘制和工具绘制两种。

手工制图应该是设计师必须掌握的技能，也是学习AutoCAD 2009软件或其他电脑绘图软件的基础。尤其是徒手绘画，往往是体现设计师素养和职场上的闪光点。采用手工绘图的方式可以绘制全部的图样文件，但是需要花费大量的精力和时间。电脑制图是指操作绘图软件在电脑上画出所需图形，并形成相应的图形文件，通过绘图仪或打印机将图形文件输出，形成具体的图样。一般情况下，手绘方式多用于方案构思设计阶段，电脑制图多用于施工图设计阶段。这两种方式同等重要，不可偏废。在本书里，我们重点讲解应用AutoCAD 2009绘制室内设计图，对于手绘不做具体介绍，读者若需要加强这项技能，可以参看其他相关书籍。

3. 室内设计制图程序

室内设计制图的程序是跟室内设计的程序相对应的。室内设计一般分为方案设计阶段和施工图设计阶段。方案设计阶段形成方案图（有的书籍将该阶段细分为构思分析阶段和方案图阶段），施工图设计阶段形成施工图。方案图包括平面图、顶棚图、立面图、剖面图及透视图等，一般要进行色彩表现，它主要用于向业主或招标单位进行方案展示和汇报，所以其重点在于形象地表现设计构思。施工图包括平面图、顶棚图、立面图、剖面图、节点构造详图及透视图，它是施工的主要依据，因此它需要详细、准确的表示出室内布置、各部分的形状、大小、材料、构造做法及相互关系等各项内容。

6.2.2 室内设计制图的要求及规范

1．图幅、图标及会签栏

图幅即图面的大小。根据国家规范的规定，按图面的长和宽的大小确定图幅的等级。室内设计常用的图幅有 A0（也称 0 号图幅，其余类推）、A1、A2、A3 及 A4，每种图幅的长宽尺寸如表 6-1 所示，表中的尺寸代号意义如图 6-3 和图 6-4 所示。

表 6-1 图幅标准 （单位：mm）

图幅代号 / 尺寸代号	A0	A1	A2	A3	A4
b×l	841×1189	594×841	420×594	297×420	210×297
c	10		5		
A	25				

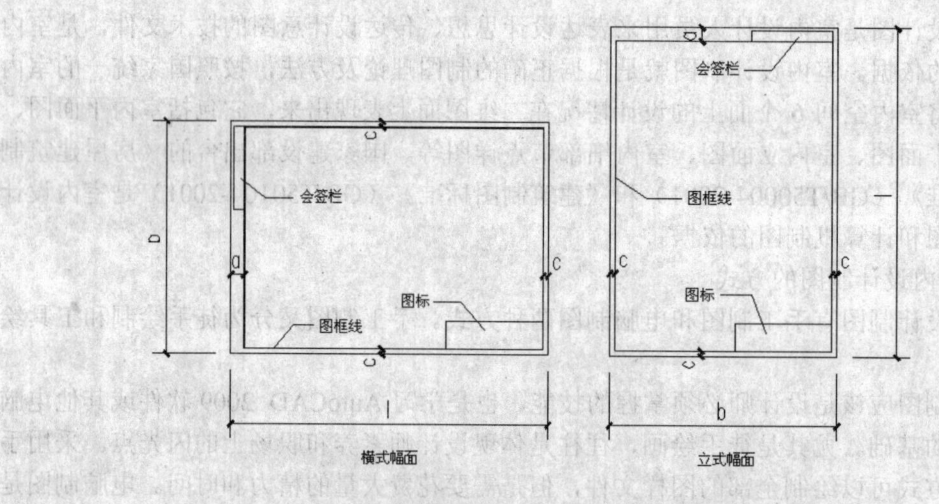

图 6-3 A0～A3 图幅格式

图标即图纸的图标栏，它包括设计单位名称、工程名称、签字区、图名区及图号区等内容。一般图标格式如图 6-5 所示，如今不少设计单位采用自己个性化的图标格式，但是仍必须包括这几项内容。会签栏是为各工种负责人审核后签名用的表格，它包括专业、姓名、日期等内容，具体内容根据需要设置，如图 6-6 所示为其中一种格式。对于不需要会签的图样，可以不设此栏。

2．线型要求

室内设计图主要由各种线条构成，不同的线型表示不同的对象和不同的部位，代表着不同的含义。为了图面能够清晰、准确、美观地表达设计思想，工程实践中采用了一套常用的线型，并规定了它们的使用范围，常用线型如表 6-2 所示。在 AutoCAD 2009 中，可以通过“图层”中“线型”、“线宽”的设置来选定所需线型。

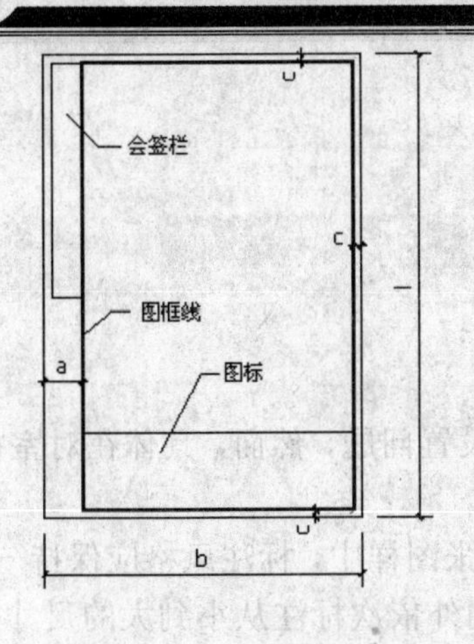

图 6-4　A4 图幅格式

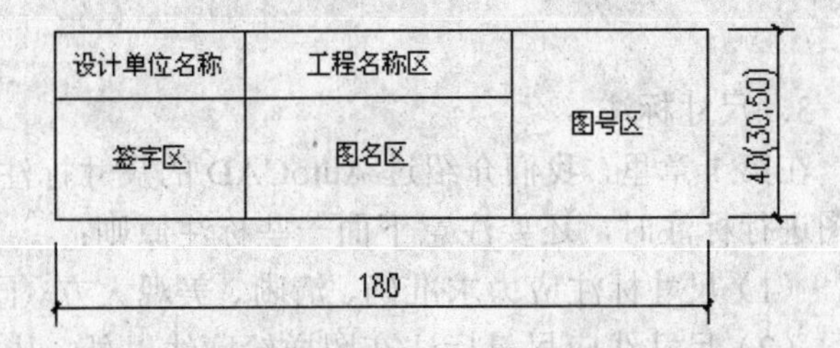

图 6-5　图标格式

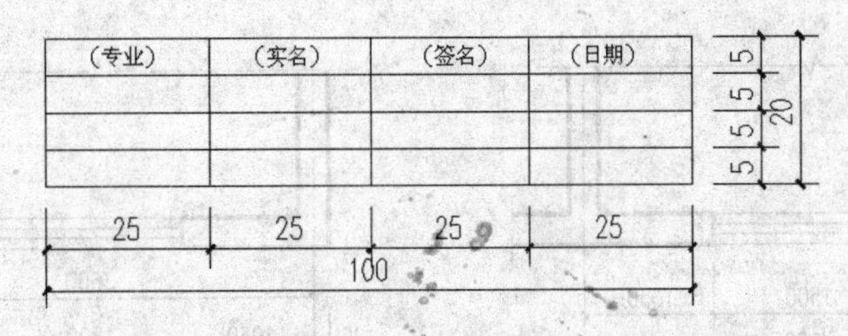

图 6-6　会签栏格式

表 6-2　常用线型

名称		线型	线宽	适用范围
实线	粗		b	建筑平面图、剖面图、构造详图的被剖切截面的轮廓线；建筑立面图、室内立面图外轮廓线；图框线
	中		0.5b	室内设计图中被剖切的次要构件的轮廓线；室内平面图、顶棚图、立面图、家具三视图中构配件的轮廓线等
	细		≤0.25b	尺寸线、图例线、索引符号、地面材料线及其他细部刻画用线
虚线	中		0.5b	主要用于构造详图中不可见的实物轮廓
	细		≤0.25b	其他不可见的次要实物轮廓线
点划线	细		≤0.25b	轴线、构配件的中心线、对称线等
折断线	细		≤0.25b	省画图样时的断开界限
波浪线	细		≤0.25b	构造层次的断开界线，有时也表示省略画出时的断开界限

注意

标准实线宽度 b=0.4~0.8mm。

3．尺寸标注

在第 1 章里，我们介绍过 AutoCAD 的尺寸标注的设置问题，然而，具体在对室内设计图进行标注时，还要注意下面一些标注原则：

（1）尺寸标注应力求准确、清晰、美观大方。同一张图样中，标注风格应保持一致。

（2）尺寸线应尽量标注在图样轮廓线以外，从内到外依次标注从小到大的尺寸，不能将大尺寸标在内，而小尺寸标在外，如图 6-7 所示。

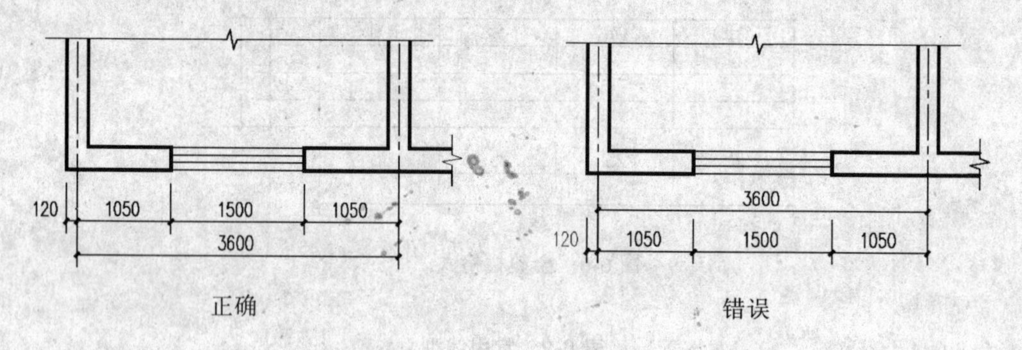

图 6-7　尺寸标注正误对比

（3）最内一道尺寸线与图样轮廓线之间的距离不应小于 10mm，两道尺寸线之间的距离一般为 7～10mm。

（4）尺寸界线朝向图样的端头距图样轮廓的距离应≥2mm，不宜直接与之相连。

（5）在图线拥挤的地方，应合理安排尺寸线的位置，但不宜与图线、文字及符号相交；可以考虑将轮廓线用作尺寸界线，但不能作为尺寸线。

（6）对于连续相同的尺寸，可以采用“均分”或“（EQ）”字样代替，如图 6-8 所示。

4．文字说明

在一幅完整的图样中用图线方式表现得不充分和无法用图线表示的地方，就需要进行文字说明，例如材料名称、构配件名称、构造做法、统计表及图名等。文字说明是图样内容的重要组成部分，制图规范对文字标注中的字体、字的大小、字体字号搭配等方面作了一些具体规定。

图 6-8　相同尺寸的省略

（1）一般原则：字体端正，排列整齐，清晰准确，美观大方，避免过于个性化的文字标注。

（2）字体：一般标注推荐采用仿宋字，标题可用楷体、隶书、黑体字等。例如：

仿宋：室内设计（小四）室内设计（四号）室内设计（二号）

黑体：室内设计（四号）室内设计（小二）

楷体：室内设计（四号）室内设计（二号）

隶书：室内设计（三号）室内设计（一号）

字母、数字及符号：0123456789abcdefghijk％ @ 或

0123456789abcdefghijk％@

（3）字的大小：标注的文字高度要适中。同一类型的文字采用同一大小的字。较大的字用于较概括性的说明内容，较小的字用于较细致的说明内容。

（4）字体及大小的搭配注意体现层次感。

5．常用图示标志

（1）详图索引符号及详图符号。室内平、立、剖面图中，在需要另设详图表示的部位，标注一个索引符号，以表明该详图的位置，这个索引符号就是详图索引符号。详图索引符号采用细实线绘制，圆圈直径10mm。如图6-9所示，图中d～g用于索引剖面详图，当详图就在本张图样时，采用图6-9a的形式，详图不在本张图样时，采用图4-7b～g的形式。

详图符号即详图的编号，用粗实线绘制，圆圈直径14mm，如图6-10所示。

（2）引出线。由图样引出一条或多条线段指向文字说明，该线段就是引出线。引出线与水平方向的夹角一般采用0°、30°、45°、60°、90°，常见的引出线形式如图6-11所示。图6-11a～d为普通引出线，图6-11e～h为多层构造引出线。使用多层构造引出线时，应注意构造分层的顺序要与文字说明的分层顺序一致。文字说明可以放在引出线的端头（如图6-11a～h所示），也可放在引出线水平段之上（如图6-11i所示）。

（3）内视符号。在房屋建筑中，一个特定的室内空间领域总存在竖向分隔（隔断或墙体）来界定。因此，根据具体情况，就有可能绘制1个或多个立面图来表达隔断、墙体及家具、构配件的设计情况。内视符号标注在平面图中，包含视点位置、方向和编号3个信息，建立平面图和室内立面图之间的联系。内视符号的形式如图6-12所示。图中立面图编号可用英文字母或阿拉伯数字表示，黑色的箭头指向表示立面的方向；图6-12a为单向内视符号，图6-12b为双向内视符号，图6-12c为四向内视符号，A、B、C、D

顺时针标注。

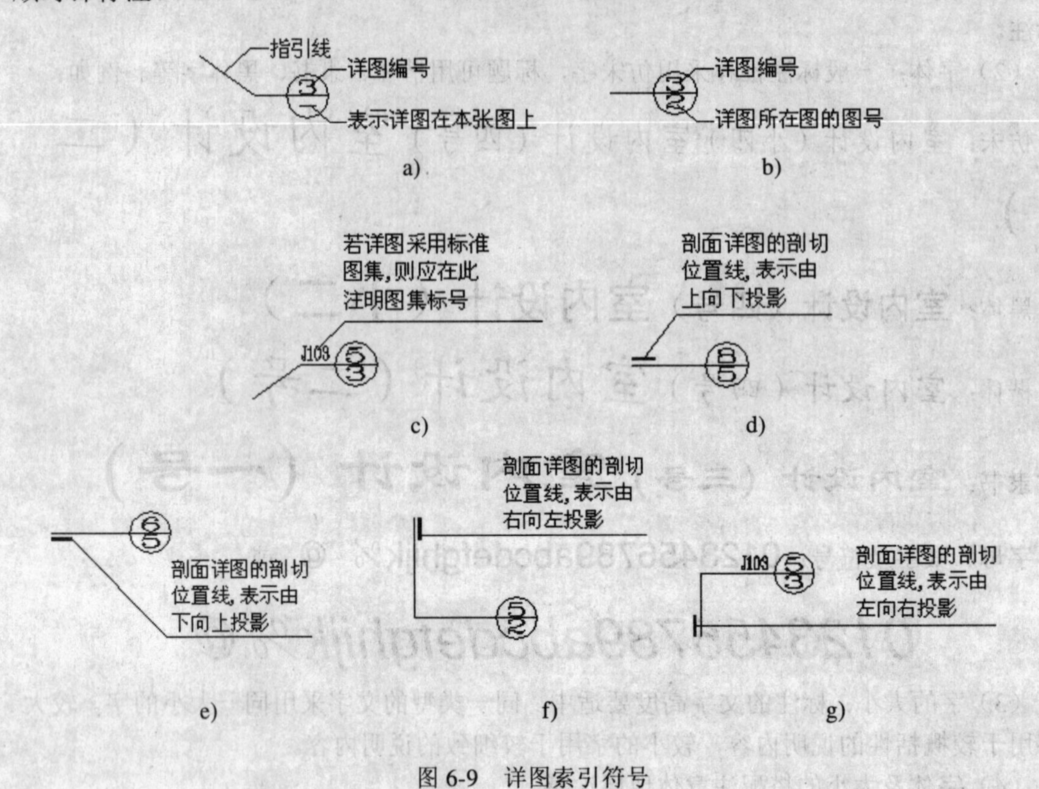

图 6-9　详图索引符号

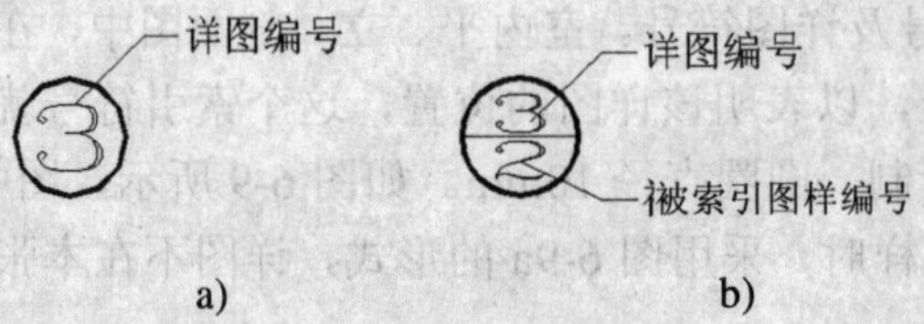

详图编号
3
a)
详图编号
3
2
被索引图样编号
b)

图 6-10　详图符号

为了方便读者查阅，将其他常用符号及其意义如表 6-3 所示。

6．常用材料符号

室内设计图中经常应用材料图例来表示材料，在无法用图例表示的地方，也采用文字说明。为了方便读者，将常用的图例汇集如表 6-4 所示。

7．常用绘图比例

下面列出常用绘图比例，读者根据实际情况灵活使用。

（1）平面图：1 : 50，1 : 100 等。

（2）立面图：1 : 20，1 : 30，1 : 50，1 : 100 等。

（3）顶棚图：1 : 50，1 : 100 等。

（4）构造详图：1 : 1，1 : 2，1 : 5，1 : 10，1 : 20 等。

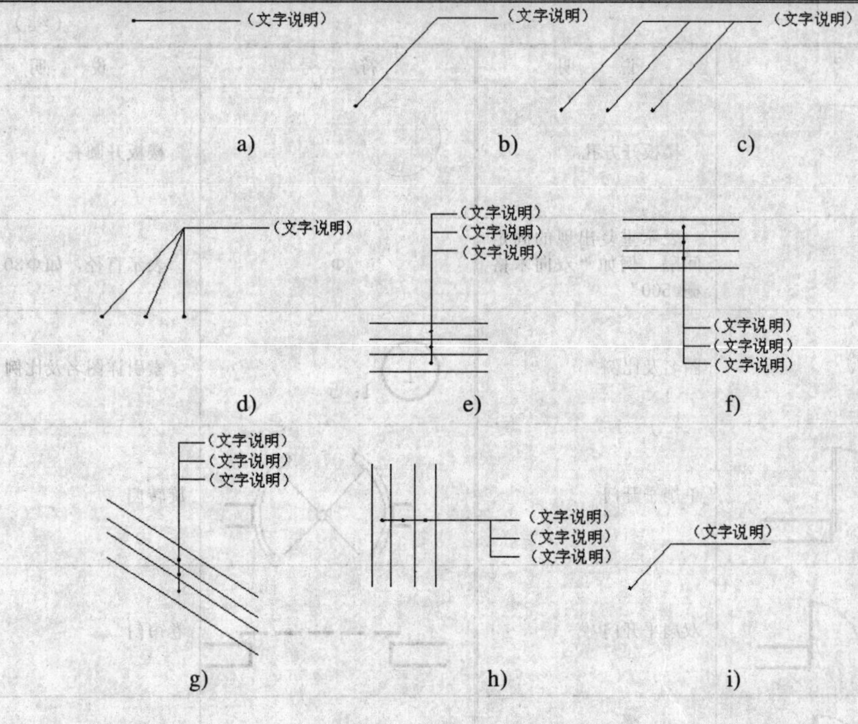

图 6-11　引出线形式

a)

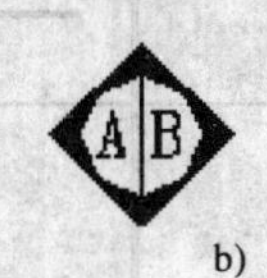

b)

c)

图 6-12　内视符号

表 6-3　室内设计图常用符号图例

符　　号	说　　明	符　　号	说　　明
3.600 3.600	标高符号，线上数字为标高值，单位为 m 下面一种在标注位置比较拥挤时采用	i=5%	表示坡度
1　　1	标注剖切位置的符号，标数字的方向为投影方向，“1”与剖面图的编号“4-1”对应	2　　2	标注绘制断面图的位置，标数字的方向为投影方向，“2”与断面图的编号“2-2”对应
	对称符号。在对称图形的中轴位置画此符号，可以省画另一半图形		指北针

（续）

符　号	说　明	符　号	说　明
	楼板开方孔		楼板开圆孔
@	表示重复出现的固定间隔，例如“双向木格栅@500”	Φ	表示直径，如Φ30
平面图 1:100	图名及比例	1　1：5	索引详图名及比例
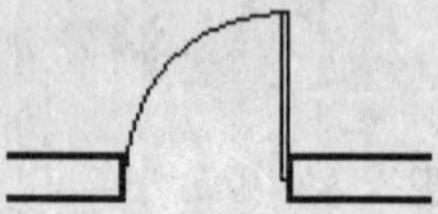	单扇平开门	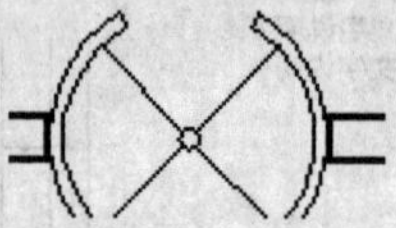	旋转门
	双扇平开门	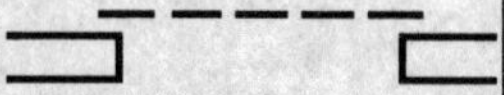	卷帘门
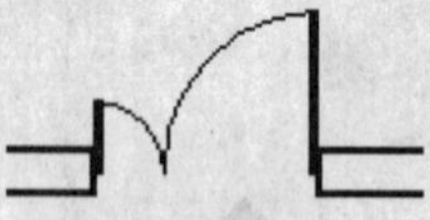	子母门		单扇推拉门
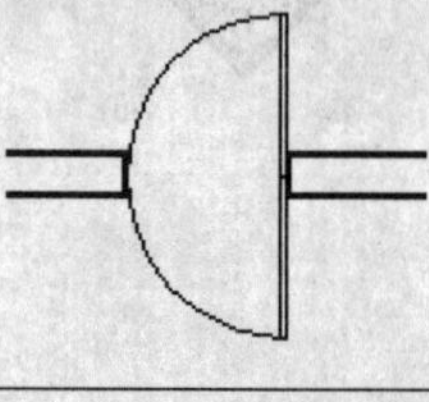	单扇弹簧门	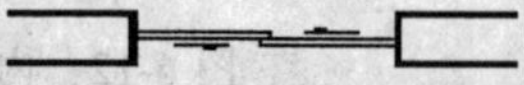	双扇推拉门
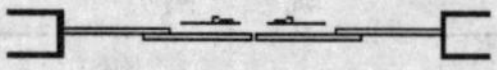	四扇推拉门	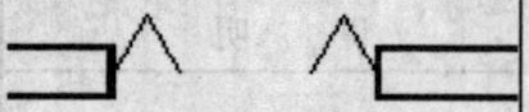	折叠门
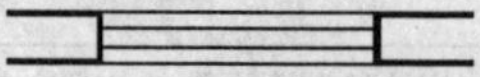	窗	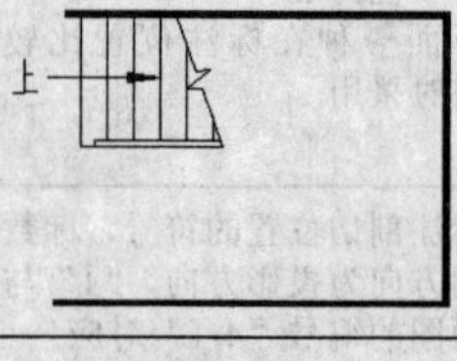 上	首层楼梯
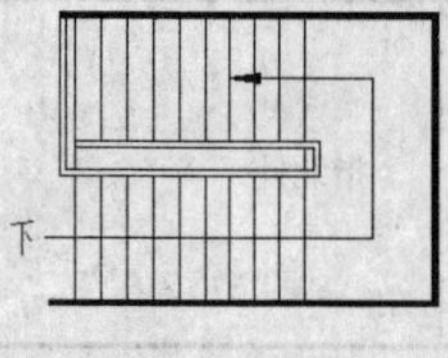 下	顶层楼梯	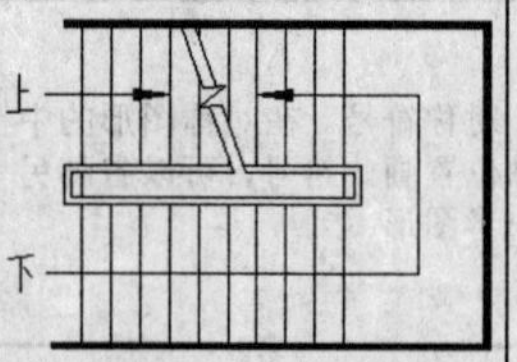 上 下	中间层楼梯

表 6-4 常用材料图例

材料图例	说明	材料图例	说明
	自然土壤		夯实土壤
	毛石砌体		普通转
	石材		砂、灰土
	空心砖		松散材料
	混凝土		钢筋混凝土
	多孔材料		金属
	矿渣、炉渣		玻璃
	纤维材料		防水材料 上下两种根据绘图比例大小选用
	木材		液体，须注明液体名称

6.2.3 绘制 A3 图纸样板图形

下面绘制一个样板图形，具有自己的图标栏和会签栏。绘制的具体步骤如下：

1．设置单位和图形边界

（1）打开 AutoCAD 程序，则系统自动建立新图形文件。

（2）设置单位。在“格式”下拉菜单中单击“单位”选项，AutoCAD 打开“图形单位”对话框，如图 6-13 所示。设置“长度”的类型为“小数”，“精度”为 0；“角度”的类型为“十进制度数”，“精度”

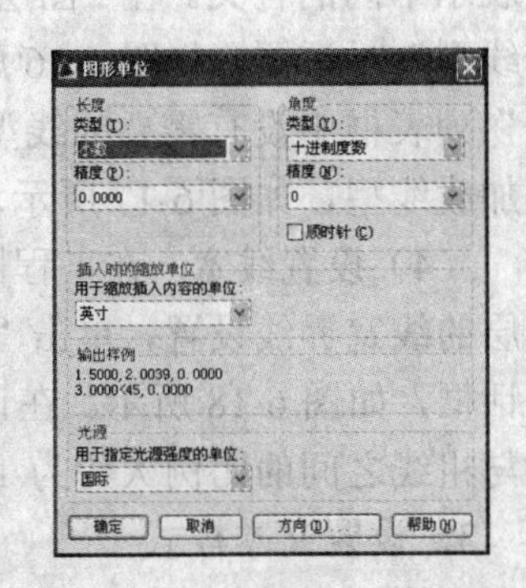

图 6-13 “图形单位”对话框

为 0，系统默认逆时针方向为正，拖放比例设置为“无单位”。

（3）设置图形边界。国标对图纸的幅面大小作了严格规定，在这里，不妨按国标 A3 图纸幅面设置图形边界。A3 图纸的幅面为 420mm×297mm，故设置图形边界如下：

命令：LIMITS↙

重新设置模型空间界限：

指定左下角点或 [开(ON)/关(OFF)] <0.0000,0.0000>：↙

指定右上角点 <12.0000,9.0000>：420,297↙

2．设置图层

（1）设置层名。在“格式”下拉菜单中单击“图层”选项，打开“图层特性管理器”，如图 6-14 所示。在该对话框中单击“新建”按钮，建立不同层名的新图层，这些不同的图层分别存放不同的图线或图形的不同部分。

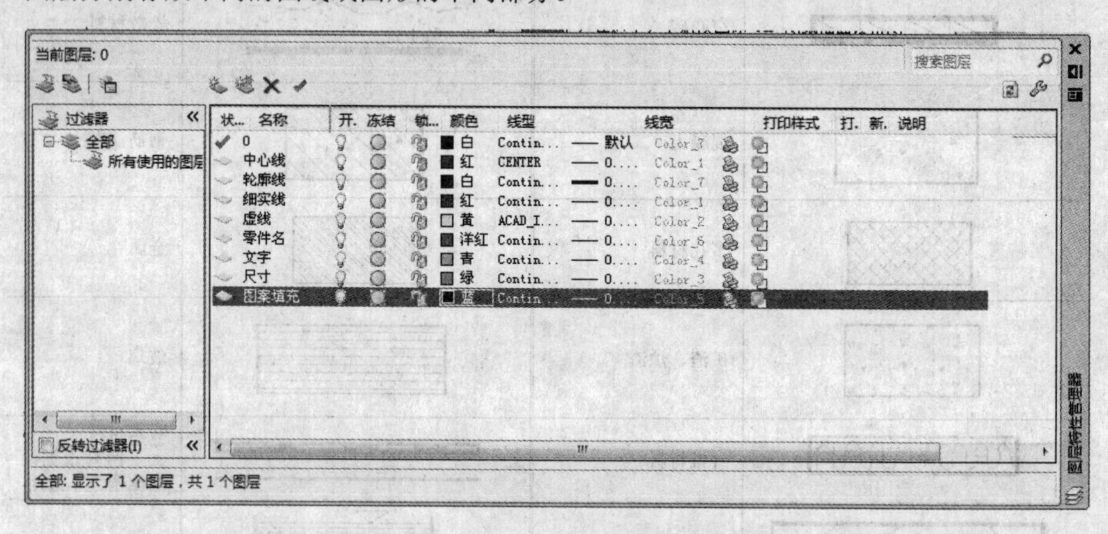

图 6-14 “图层特性管理器”对话框

（2）设置图层颜色。为了区分不同图层上的图线，增加图形不同部分的对比性，可以在“图层特性管理器”对话框中单击相应图层“颜色”标签下的颜色色块，打开“选择颜色”对话框，如图 6-15 所示。在该对话框中选择需要的颜色。

（3）设置线型。在常用的工程图样中，通常要用到不同的线型，这是因为不同的线型表示不同的含义。在“图层特性管理器”中单击“线型”标签下的线型选项，打开“选择线型”对话框，如图 6-16 所示，在该对话框中选择对应的线型，如果在“已加载的线型”列表框中没有需要的线型，可以单击“加载”按钮，打开“加载或重载线型”对话框加载线型，如图 6-17 所示。

（4）设置线宽。在工程图纸中，不同的线宽也表示不同的含义，因此也要对不同的图层的线宽界线设置，单击“图层特性管理器”中“线宽”标签下的选项，打开“线宽”对话框，如图 6-18 所示。在该对话框中选择适当的线宽。需要注意的是，应尽量保持细线与粗线之间的比例大约为 1 : 2。

3．设置文本样式

下面列出一些本练习中的格式，请按如下约定进行设置：文本高度一般注释 7mm，零件名称 10mm，图标栏和会签栏中其他文字 5mm，尺寸文字 5mm，线型比例 1，图纸空间线型比例 1，单位十进制，小数点后 0 位，角度小数点后 0 位。

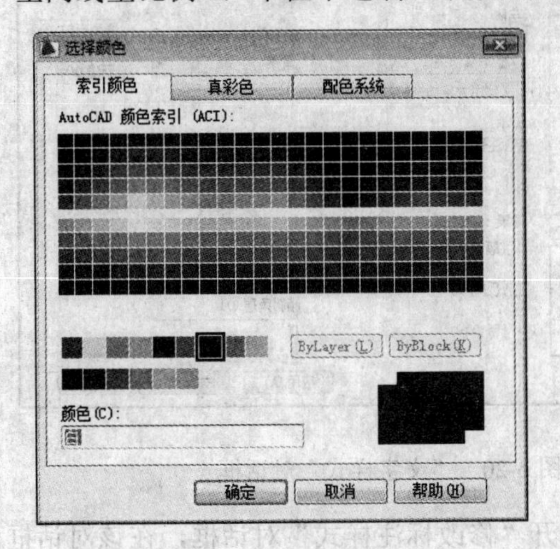

图 6-15　“选择颜色”对话框

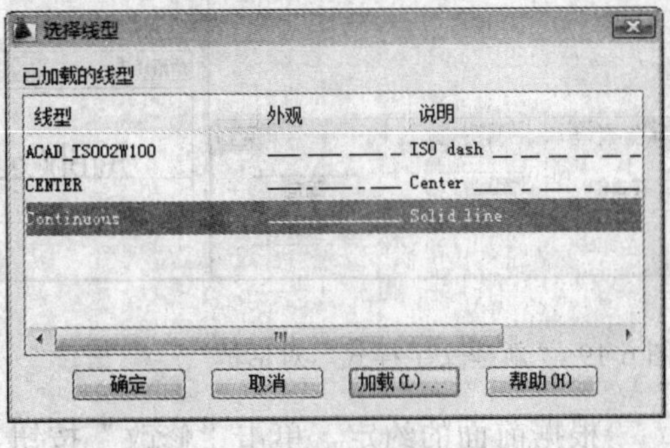

图 6-16　“选择线型”对话框

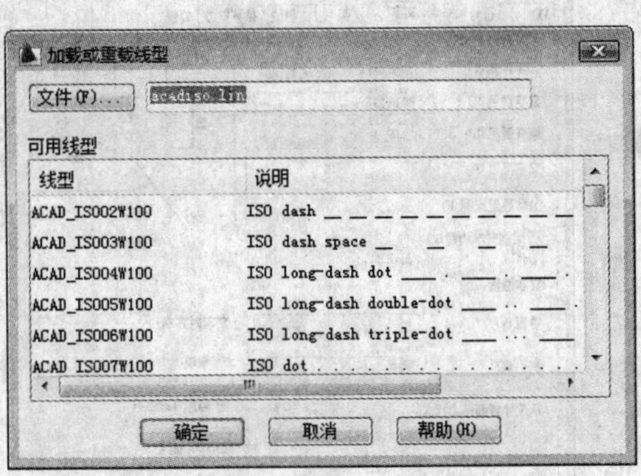

图 6-17　“加载或重载线型”对话框

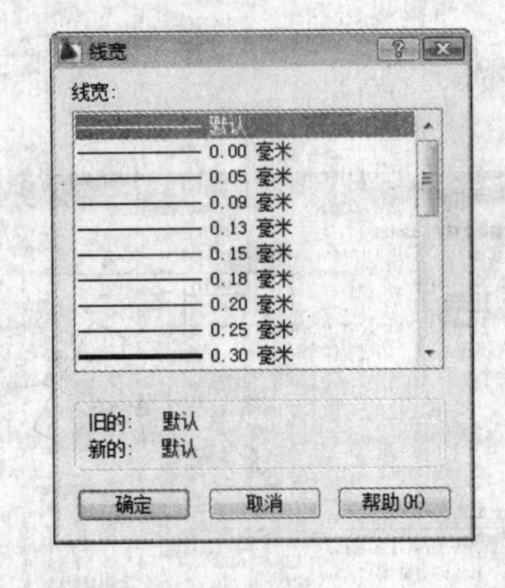

图 6-18　“线宽”对话框

可以生成 4 种文字样式，分别用于一般注释、标题块中零件名、标题块注释及尺寸标注。

在“格式”下拉菜单中单击“文字样式”选项，打开“文字样式”对话框，单击“新建”按钮，系统打开“新建文字样式”对话框，如图 6-19 所示。接受默认的“样式 1”文字样式名，确认退出。

系统回到“文字样式”对话框，在“字体名”下拉列表框中选择“仿宋 GB2312”选项；在“宽度比例”文本框中将宽度比例设置为 0.7；将文字高度设置为 5，如图 6-20 所示。单击“应用”按钮，再单击“关闭”按钮。其他文字样式类似设置。

4. 设置尺寸标注样式

在“格式”下拉菜单中单击“标注样式”选项，打开“标注样式管理器”对话框，如图 6-21 所示。在“预览”显示框中显示出标注样式的预览图形。

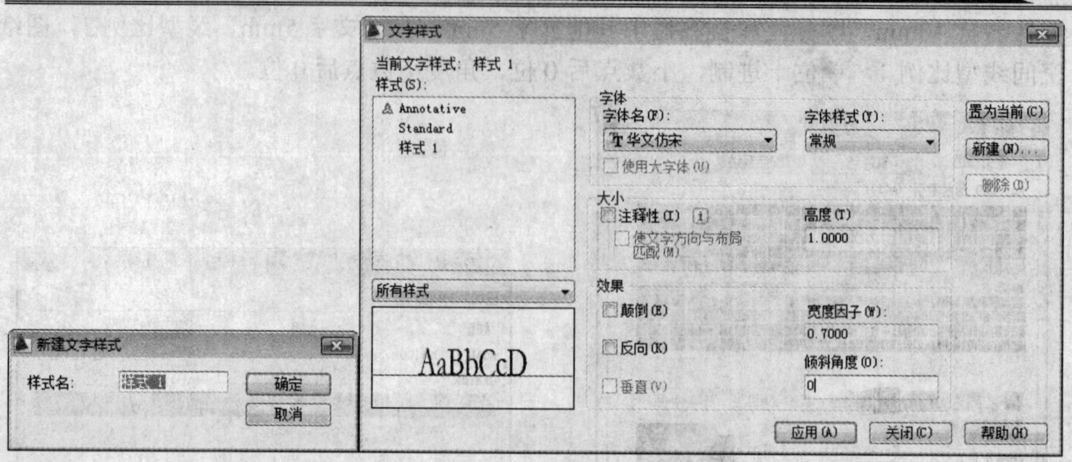

图 6-19 “新建文字样式”对话框　　图 6-20 “文字样式”对话框

根据前面的约定，单击“修改”按钮，打开“修改标注样式”对话框，在该对话框中对标注样式的选项按照需要进行修改，如图 6-22 所示。

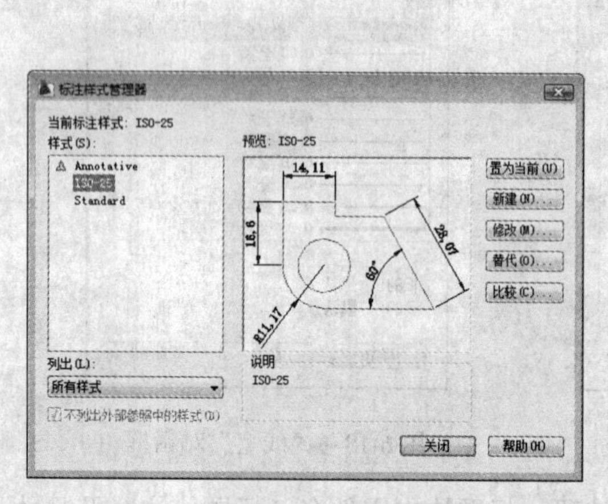

图 6-21 “标注样式管理器”对话框　　图 6-22 “修改标注样式”对话框

其中，在“线”选项卡中，设置“颜色”和“线宽”为“ByLayer”，在“符号和箭头”选项卡中，设置“箭头大小”为 1，“基线间距”为 6，其他不变。在“文字”选项卡中，设置“颜色”为“ByLayer”，“文字高度”为 5，其他不变。在“主单位”选项卡中，设置“精度”为 0，其他不变。其他选项卡不变。

5．绘制图框线

（1）利用“矩形”命令，绘制一个 420×297（A3 图纸大小）的矩形作为图纸范围。

（2）利用“分解”命令，把矩形分解。利用“偏移”命令，让左边的直线往右偏移 25 距离，如图 6-23 所示。

（3）利用“偏移”命令，设置矩形的其他三条边往里偏移的距离为 10，如图 6-24

所示。

（4）利用“多段线”命令，按照偏移线绘制如图 6-25 所示的多段线作为图框，注意设置线宽为 0.3。利用“删除”命令，删除掉偏移线条。

（5）打开前面保存的图标栏文件，然后调用下拉菜单命令“编辑”→“带基点复制”，选择图标栏的右下角点作为基点，把图标栏图形复制。返回到原来图形中，调用下拉菜单命令“编辑”→“粘贴”，选择图框右下角点作为基点进行粘贴。粘贴结果如图 6-26 所示。

图 6-23 绘制矩形和偏移操作

图 6-24 偏移操作结果

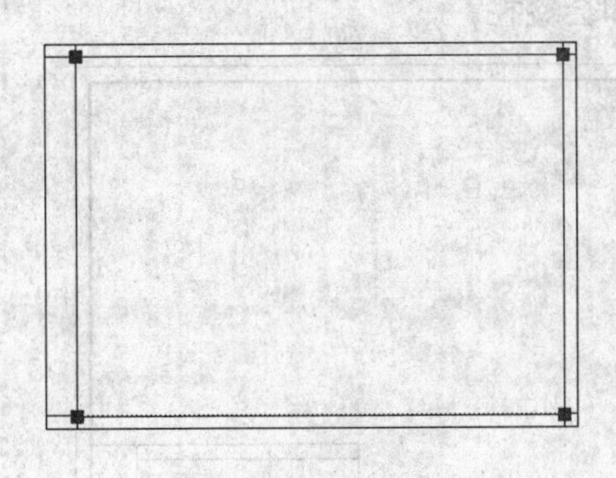

图 6-25 绘制多段线

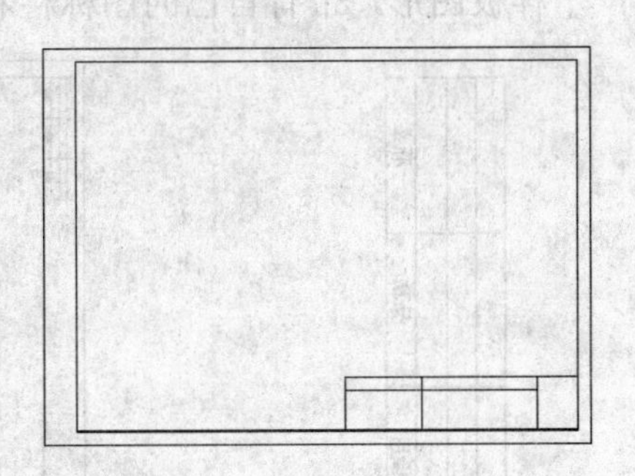

图 6-26 粘贴图标栏

（6）打开前面保存的会签栏文件，调用下拉菜单命令“编辑”→“带基点复制”，选择会签栏的右下角点作为基点，把会签栏图形复制。返回到原来图形中，调用下拉菜单命令“编辑”→“粘贴”，找个空白处把会签栏粘贴，结果如图 6-27 所示。

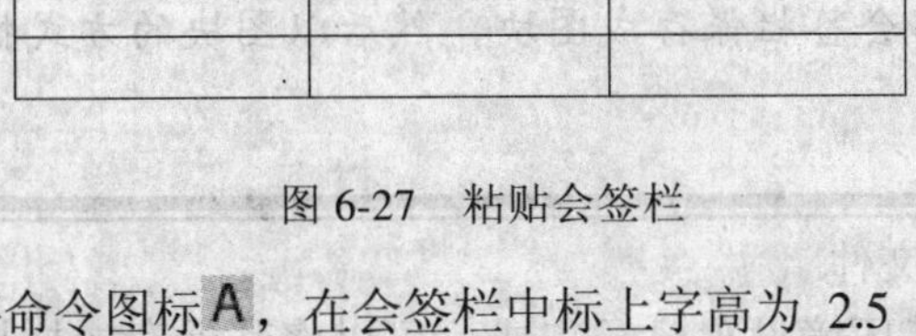

图 6-27 粘贴会签栏

（7）利用多行文字命令图标A，在会签栏中标上字高为 2.5 的文字“专业”。调出修改工具栏，选择复制命令图标，把文字复制到其他两个空中，如图 6-28 所示。

专业	专业	专业

图 6-28　绘制文字说明

（8）使用鼠标双击要修改的文字，在打开的“文字格式”对话框中把它们修改为“姓名”和“日期”，结果如图 6-29 所示。

专业	姓名	日期

图 6-29　修改文字

（9）利用“旋转”命令，把会签栏旋转-90°，得到竖放的会签栏，结果如图 6-30 所示。

（10）利用“移动”命令，把图标栏移动到图纸左上角，结果如图 6-31 所示。这就得到了一个样板图形，带有自己的图标栏和会签栏。

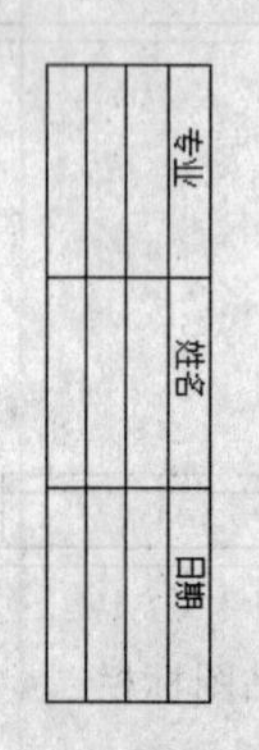

图 6-30　竖放的会签栏

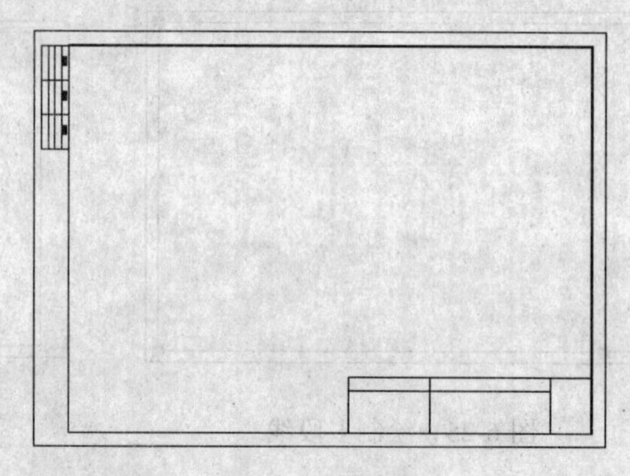

图 6-31　样板图形绘制结果

技巧

也可以将图标栏和会签栏保存成图块，然后以图块的方式插入到样板图中，后面章节将讲述。

6．保存成样板图文件

现在，样板图及其环境设置已经完成，可以将其保存成样板图文件：在“文件”下拉菜单中单击“保存”或“另存为”选项，打开“保存”或“图形另存为”对话框，如

图 6-32 所示。在“存为类型”下拉列表框中选择“AutoCAD 样板文件（*.dwt）”选项，输入文件名“A3”，单击“保存”按钮保存文件。

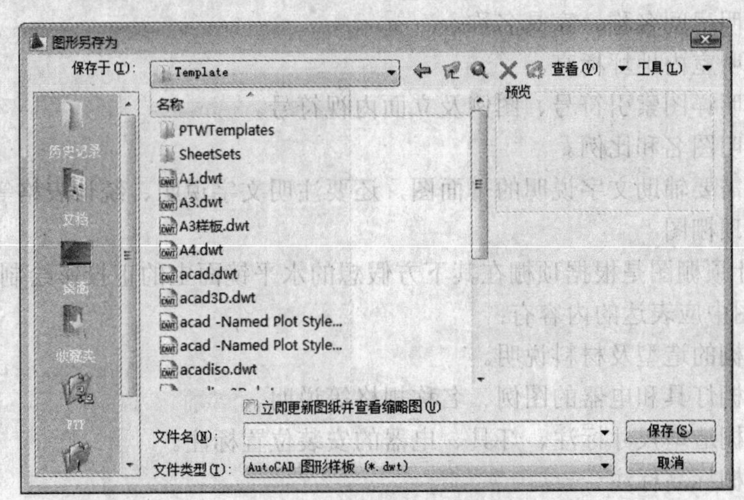

图 6-32　保存样板图

下次绘图时，可以打开该样板图文件，如图 6-33 所示，在此基础上开始绘图。

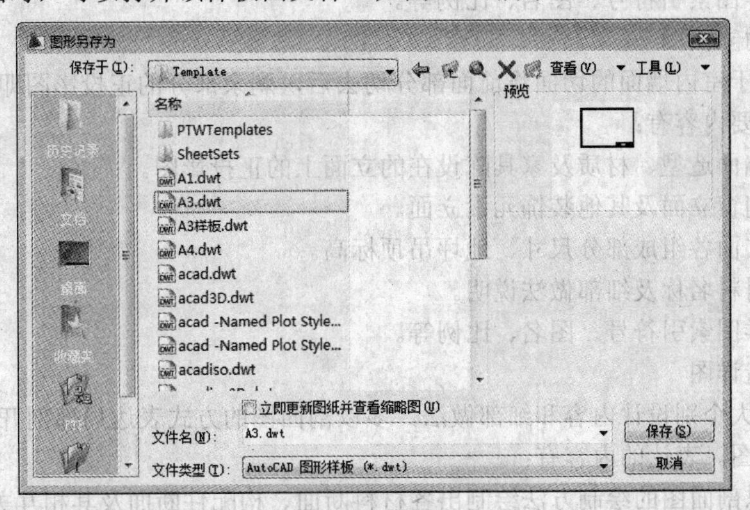

图 6-33　打开样板图

6.2.4　室内设计制图的内容

如前所述，一套完整的室内设计图一般包括平面图、顶棚图、立面图、构造详图和透视图。下面简述各种图样的概念及内容。

1．室内平面图

室内平面图是以平行于地面的切面在距地面 1.5mm 左右的位置将上部切去而形成的正投影图。室内平面图中应表达的内容有：

（1）墙体、隔断及门窗、各空间大小及布局、家具陈设、人流交通路线、室内绿化等；若不单独绘制地面材料平面图，则应该在平面图中表示地面材料。

（2）标注各房间尺寸、家具陈设尺寸及布局尺寸，对于复杂的公共建筑，则应标注

轴线编号。

（3）注明地面材料名称及规格。

（4）注明房间名称、家具名称。

（5）注明室内地坪标高。

（6）注明详图索引符号、图例及立面内视符号。

（7）注明图名和比例。

（8）若需要辅助文字说明的平面图，还要注明文字说明、统计表格等。

2．室内顶棚图

室内设计顶棚图是根据顶棚在其下方假想的水平镜面上的正投影绘制而成的镜像投影图。顶棚图中应表达的内容有：

（1）顶棚的造型及材料说明。

（2）顶棚灯具和电器的图例、名称规格等说明。

（3）顶棚造型尺寸标注、灯具、电器的安装位置标注。

（4）顶棚标高标注。

（5）顶棚细部做法的说明。

（6）详图索引符号、图名、比例等。

3．室内立面图

以平行于室内墙面的切面将前面部分切去后，剩余部分的正投影图即室内立面图。立面图的主要内容有：

（1）墙面造型、材质及家具陈设在的立面上的正投影图。

（2）门窗立面及其他装饰元素立面。

（3）立面各组成部分尺寸、地坪吊顶标高。

（4）材料名称及细部做法说明。

（5）详图索引符号、图名、比例等。

4．构造详图

为了放大个别设计内容和细部做法，多以剖面图的方式表达局部剖开后的情况，这就是构造详图。表达的内容有：

（1）以剖面图的绘制方法绘制出各材料断面、构配件断面及其相互关系。

（2）用细线表示出剖视方向上看到的部位轮廓及相互关系。

（3）标出材料断面图例。

（4）用指引线标出构造层次的材料名称及做法。

（5）标出其他构造做法。

（6）标注各部分尺寸。

（7）标注详图编号和比例。

5．透视图

透视图是根据透视原理在平面上绘制出能够反映三维空间效果的图形，它与人的视觉空间感受相似。室内设计常用的绘制方法有一点透视、两点透视（成角透视）、鸟瞰图 3 种。

透视图可以通过人工绘制，也可以应用计算机绘制，它能直观表达设计思想和效果，故也称作效果图或表现图，是一个完整的设计方案不可缺少的部分。鉴于本书重点是介绍应用 AutoCAD 2009 绘制二维图形，因此本书中不包含这部分内容。

6.2.5 室内设计制图的计算机应用软件简介

1．二维图形的制作

这里的二维图形是指绘制室内设计平、立、剖面图、顶棚图、详图的矢量图形。在工程实践中应用最多的软件是美国 AutoDesk 公司开发的 AutoCAD 软件，它的最新版本也就是本书介绍的 AutoCAD 2009。AutoCAD 是一个功能强大的矢量图形制作软件，它适应于建筑、机械、汽车、服装等诸多行业，并且它为二次开发提供了良好的平台和接口。为了方便建筑设计及室内设计绘图，国内有关公司出版了一些基于 AutoCAD 的二次开发软件，如天正、圆方等。

2．三维图形的制作

三维图形的制作，实际上分为两个步骤：一是建模，二是渲染。这里的建模指的是通过计算机建立建筑、室内空间的虚拟三维模型和灯光模型。渲染指的是应用渲染软件对模型进行渲染。

（1）建模软件。常见的建模软件有美国 AutoDesk 公司开发 AutoCAD、3DS MAX、3DS VIZ 等。应用 AutoCAD 可以进行准确建模，但是它的渲染效果较差，一般需要导入 3DS MAX 或 3DS VIZ 中附材质、设置灯光，而后渲染，而且还要处理好导入前后的接口问题。3DS MAX 和 3DS VIZ 都是功能强大的三维建模软件，二者的界面基本相同。不同的是，3DS MAX 面向普遍的三维动画制作，而 3DS VIZ 是 AutoDesk 公司专门为建筑、机械等行业定制的三维建模及渲染软件，取消了建筑、机械行业不必要的功能，增加了门窗、楼梯、栏杆、树木等造型模块和环境生成器，3DS VIZ 4.2 以上的版本还集成了 Lightscape 的灯光技术，弥补了 3DS MAX 的灯光技术的欠缺。

（2）渲染软件。常用的渲染软件有 3DS MAX、3DS VIZ 和 Lightscape 等。Lightscape 出色的是它的灯光技术，它不但能计算直射光产生的光照效果，而且能计算光线在界面上发生反射以后形成的环境光照效果。尤其用在室内效果图制作中，与真实情况更接近，从而渲染效果比较好。不过，3DS MAX、3DS VIZ 不断推出新版本，它们的灯光技术越来越完善。

3．后期制作

模型渲染以后一般都需要进行后期处理，Adobe 公司开发的 Photoshop 是一个首选的、功能强大的平面图像后期处理软件。若需将设计方案做成演示文稿进行方案汇报，则可以根据具体情况选择 Powerpoint、Flash 及其他影音制作软件。

6.2.6 学习制图软件的几点建议

（1）无论学习何种应用软件，都应该注意两点：①熟悉计算机的思维方式，即大致了解系统是如何运作的；②学会跟计算机交流，即在操作软件的过程中，学会阅读屏幕上不断显示的内容，并作出相应的回应。把握这两点，有利于快速地学会一个新软件，有利于在操作中独立解决问题。

（2）初学一个新软件，在参看教材的同时，一定要多上机实践，在上机中发现问题、解决问题，不要一个劲地埋在书本里。

（3）现在绘图软件，绘出一个图形，往往有多种途径未实现，读者在学习时注意这个特点，以便在实践中选择最方便、最适合自己习惯的方法绘制。本书后面介绍的一些绘制方法，不一定是最好的方法，但希望给读者提供一个解决问题的思路，抛砖引玉，以期读者举一反三、触类旁通。

（4）像 AutoCAD、3DS MAX、3DS VIZ 这样的复杂软件，学习起来难度比较大，但无论多复杂的软件，都是由基本操作、简单操作组合而成。如果读者下决心学好它，那就应该沉住气，循序渐进、由简到难、不断提高。

6.3 室内装饰设计欣赏

室内设计要美化环境是无可置疑的，但如何达到美化的目的，有不同的手法：

（1）有的用装饰符号作为室内设计的效果。

（2）现代室内设计的手法，该手法即是在满足功能要求的情况下，利用材料、色彩、质感、光影等有序的布置创造美。

（3）空间分割。组织和划分平面与空间，这是室内设计的一个主要手法。利用该设计手法，巧妙地布置平面和利用空间，有时可以突破原有的建筑平面、空间的限制，满足室内需要。在另一种情况下，设计又能使室内空间流通、平面灵活多变。

（4）民族特色。在表达民族特色方面，应采用设计手法，使室内充满民族韵味，而不是民族符号、语言的堆砌。

（5）其他设计手法。如：突出主题、人流导向、制造气氛等等都是室内设计的手法。

室内设计人员、往往首先拿到的是一个建筑的外壳，这个外壳或许是新建的，或许是老建筑，也或许是旧建筑，设计的魅力就在于在原有建筑的各种限制下做出最理想的方案。下面将列举介绍一些公共空间和住宅室内装饰效果图，供在室内装饰设计中学习参考和借鉴。

说明

他山之石，可以攻玉。多看，多交流有助于提高设计水平和鉴赏能力。

6.3.1 公共建筑空间室内设计效果欣赏

（1）大堂装饰效果图，如图 6-34 所示。

（2）餐馆装饰效果图，如图 6-35 所示。

（3）电梯厅装饰效果图，如图 6-36 所示。

（4）商业展厅装饰效果图，如图 6-37 所示。

（5）店铺装饰效果图，如图6-38所示。

（6）办公室装饰效果图，如图6-39所示。

图6-34 大堂装饰效果图

图6-35 餐馆装饰效果图

图6-36 电梯厅装饰效果图

图6-37 商业展厅装饰效果图

图6-38 店铺装饰效果图

图6-39 办公室装饰效果图

6.3.2 住宅建筑空间室内装修效果欣赏

（1）客厅装饰效果图，如图6-40所示。

（2）门厅装饰效果图，如图6-41所示。

（3）卧室装饰效果图，如图 6-42 所示。

图 6-40　客厅装饰效果图

图 6-41　门厅装饰效果图

图 6-42　卧室装饰效果图

图 6-43　厨房装饰效果图

（4）厨房装饰效果图，如图 6-43 所示。
（5）卫生间装饰效果图，如图 6-44 所示。

图 6-44　卫生间装饰效果图

图 6-45　餐厅装饰效果图

（6）餐厅装饰效果图，如图 6-45 所示。

（7）玄关装饰效果图，如图 6-46 所示。

（8）细部装饰效果图，如图 6-47 所示。

图 6-46　玄关装饰效果图

图 6-47　细部装饰效果图

第7章

写字楼室内装潢图设计

本章导读：

本章将详细论述如图7-1所示某写字楼的室内装饰设计思路及其相关装饰图的绘制方法与技巧，包括：写字楼各个建筑空间平面图中的墙体、柱子、门窗以及文字尺寸等图形绘制和标注；写字楼室内建筑装修平面图中的前台门厅、办公室和会议室等装修设计和家具布局方法；男女卫生间的厕所隔间等装修绘制方法；写字楼空间部分立面装修图及节点大样图设计要点；此外，还详细论述办公室空间室内的天花和地面造型设计方法及其他功能房间吊顶与地面设计方法等。

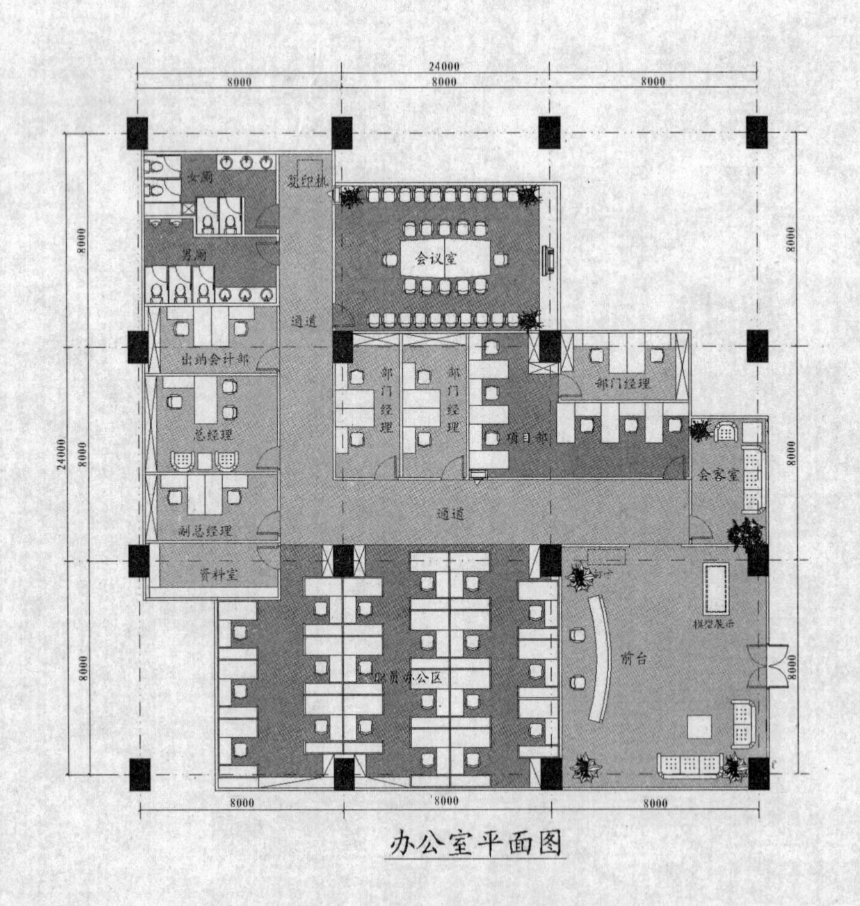

图7-1　写字楼空间装饰设计

7.1 写字楼装修前建筑平面图绘制

绘制思路

写字楼的设计是指人们在行政工作中特定的环境设计。我国写字楼设计种类繁多，在机关、学校、团体写字楼中多数采用小空间的全间断设计。这里主要介绍一种现代企业写字楼的设计。该设计从环境空间来认识,是一种集体和个人空间的综合体,它应考虑到的因素大致如下:

(1) 个人空间与集体空间系统的便利化及办公环境给人的心理满足;

(2) 从功能出发考虑到空间划分的合理性，如办公自动化、提高工作效率提高个人工作的集中力等

(3) 主入口的整体形象的完美性。

写字楼建筑平面图绘制与其他建筑平面图绘制方法类似，同样是先建立各个功能房间的开间和进深轴线，然后按轴线位置绘制建筑柱子以及各个功能房间墙体及相应的门窗洞口的平面造型，最后绘制消火栓等建筑设施的平面图形，同时标注相应的尺寸和文字说明。

写字楼是脑力劳动的场所,企业的创造性大都来源于该场所的个人创造性的发挥。因此,重视个人环境兼顾集体空间,借以活跃人们的思维,努力提高办公效率,这也就成为提高企业生产率的重要手段。从另一个方面来说,写字楼也是企业的整体形象的体现，一个完整、统一而美观的写字楼形象,能增加客户的信任感,同时也能给员工以心理上的满足。

下面介绍如图 7-2 所示的写字楼建筑平面设计相关知识及其绘图方法与技巧。

实讲实训
多媒体演示

多媒体演示参见配套光盘中的\\动画演示\第7章\写字楼装修前建筑平面图绘制.avi。

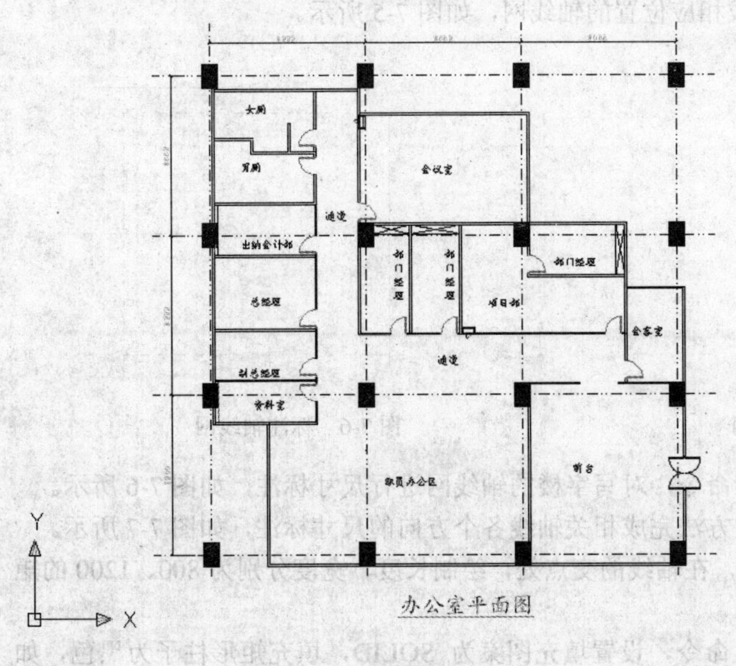

图 7-2 写字楼建筑平面

7.1.1 写字楼建筑墙体绘制

在进行装饰设计前的准备工作，是绘制写字楼的各个房间的墙体轮廓。

（1）利用“直线”命令，创建写字楼建筑的平面轴线。先绘制2条水平和垂直方向的直线，其长度要略大于办公建筑水平和垂直方向的总长度尺寸，如图7-3所示。

说明

作为办公建筑的平面轴线，其长度要略大于建筑水平和垂直方向的总长度尺寸。

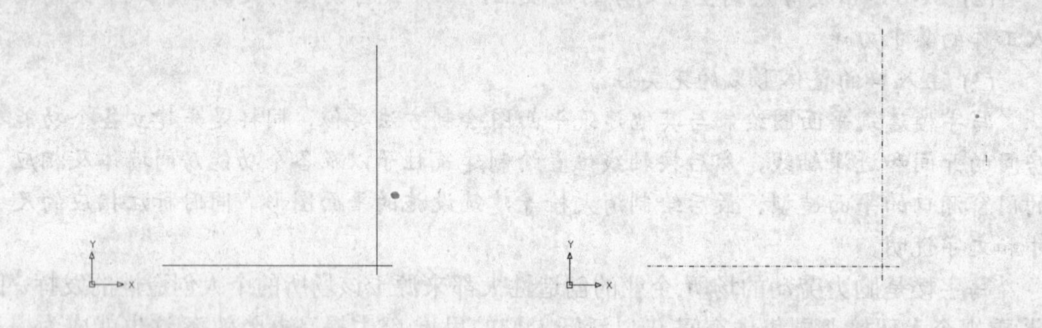

图7-3 创建建筑轴线　　图7-4 改变线型

（2）将两条直线改变为点划线线型，如图7-4所示。

（3）利用“偏移”命令，将水平轴线向上偏移800，1600，2400，将垂直轴线向左偏移800，1600，2400，生成相应位置的轴线网，如图7-5所示。

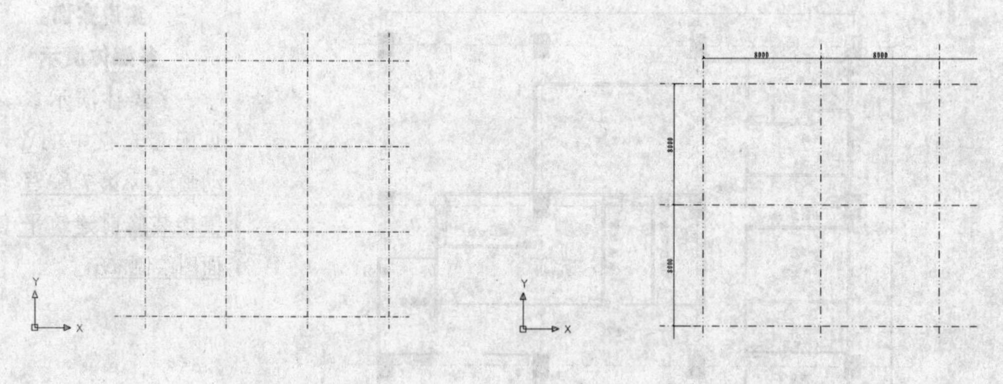

图7-5 创建轴线网　　图7-6 标注轴线网

（4）利用“连续标注”命令，对写字楼的轴线网进行尺寸标注，如图7-6所示。

（5）根据需要，按上述方法完成相关轴线各个方向的尺寸标注，如图7-7所示。

（6）利用“矩形”命令，在轴线的交点处，绘制长度、宽度分别为800、1200的矩形柱子轮廓，如图7-8所示。

（7）利用“图案填充”命令，设置填充图案为SOLID，填充矩形柱子为黑色，如

图 7-9 所示。

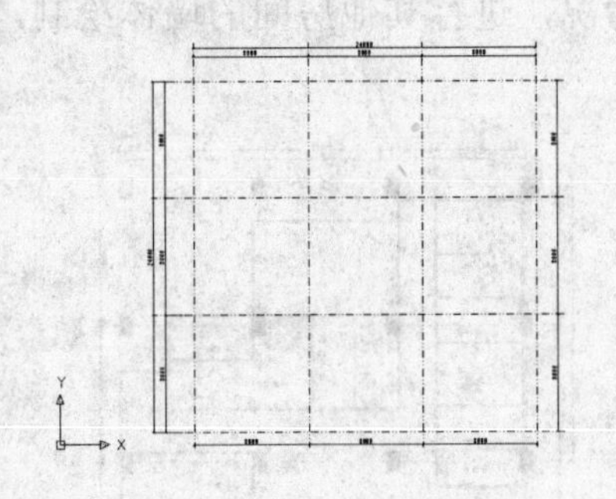

图 7-7 标注相关轴线

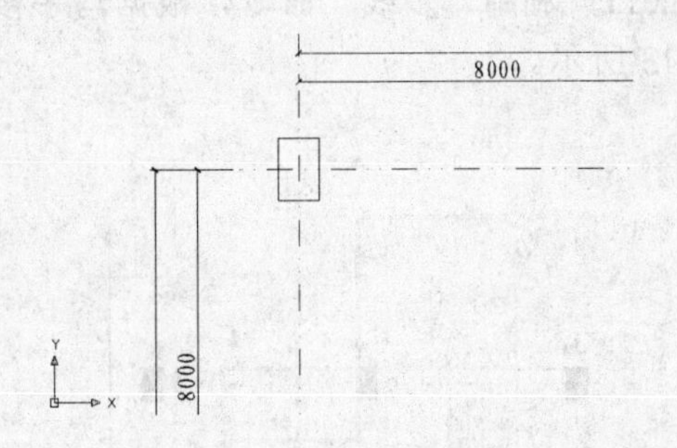

图 7-8 绘制矩形轮廓

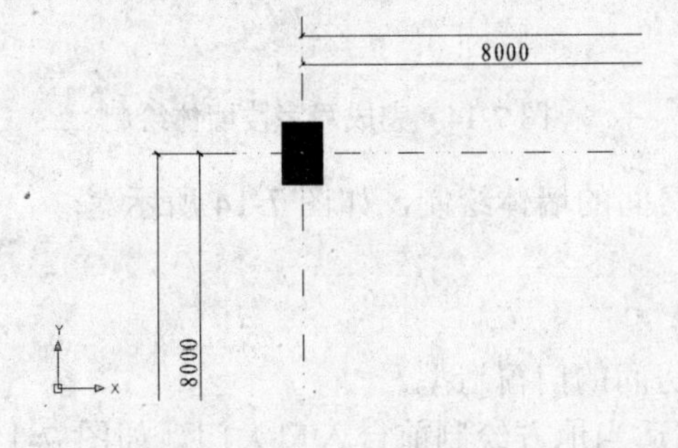

图 7-9 填充柱子

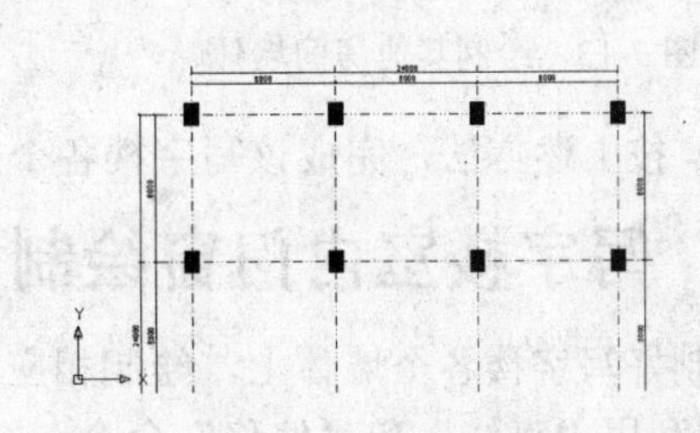

图 7-10 复制柱子

（8）利用“复制”命令，将上步绘制的矩形柱子复制到轴线节点处，如图 7-10 所示。

（9）完成柱网和柱子的布局绘制，如图 7-11 所示。

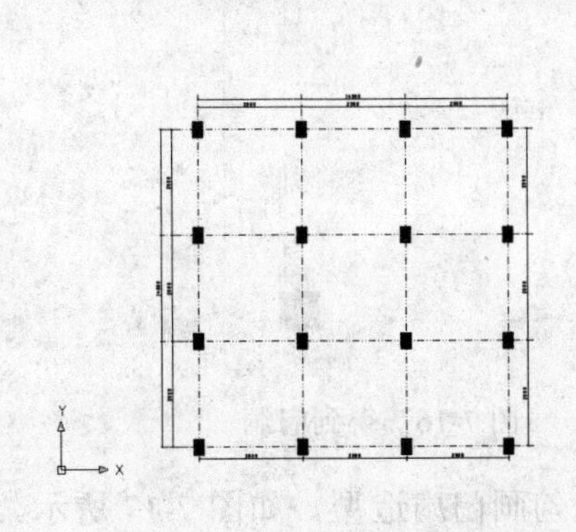

图 7-11 完成柱网和柱子

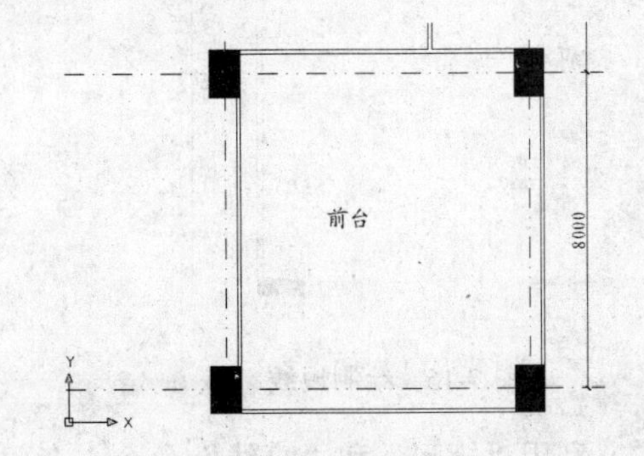

图 7-12 绘制前台墙体

说明

墙体宽度可以通过设置 MLINE 的比例（S）进行调整。

（10）利用“多线”命令，将多线的比例设置为 100，绘制写字楼前台的墙体，如

图 7-12 所示。

（11）利用“多线”命令，根据写字楼的布局情况，进行其他房间的墙体绘制，如图 7-13 所示。

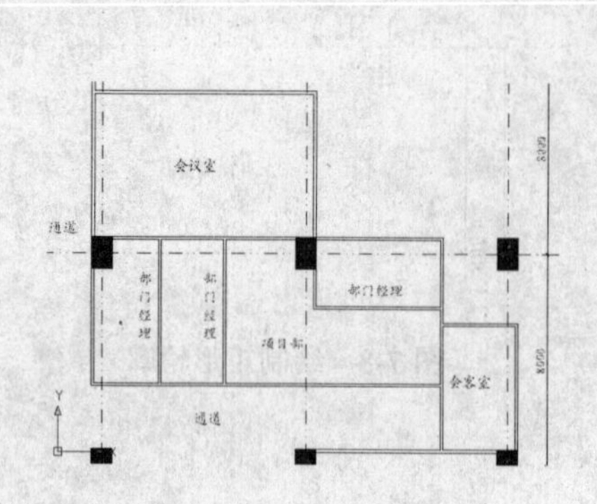

图 7-13　绘制其他房间墙体

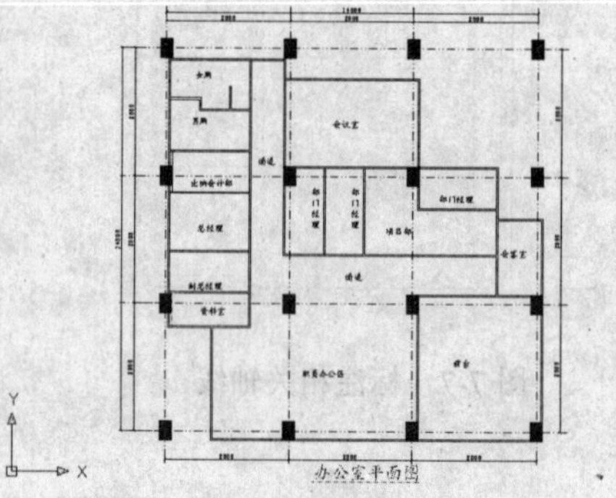

图 7-14　完成写字楼墙体绘制

（12）按上述方法，完成该写字楼各个房间的墙体绘制，如图 7-14 所示。

7.1.2　写字楼室内门窗绘制

在绘制好写字楼各个墙体上，绘制相应房间的门窗造型。

（1）利用“直线”和“偏移”命令，在适当地方绘制前台入口大门，如图 7-15 所示。

（2）利用“修剪”命令，通过对线条进行剪切得到入口门洞造型，如图 7-16 所示。

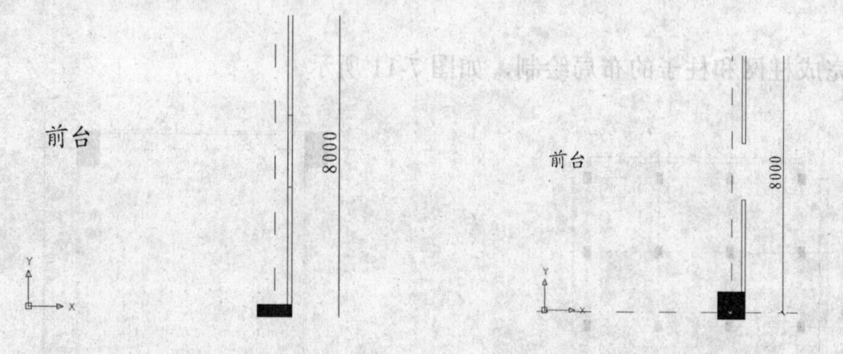

图 7-15　绘制短线　　　　图 7-16　得到门洞

（3）利用“矩形”和“直线”命令，在门洞处勾画门扇造型，如图 7-17 所示。

（4）利用“圆弧”命令，绘制弧线构成完整的门扇造型，如图 7-18 所示。

（5）利用“镜像”命令，将上步绘制的门扇进行镜像得到双扇门扇造型，如图 7-19 所示。

（6）利用“镜像”命令，将上步镜像得到的双扇门扇再进行镜像，得到两个方向可以开启的门扇造型），如图 7-20 所示。

（7）单扇门和门洞造型可按参照上述双扇门的方法绘制，如图 7-21 所示。

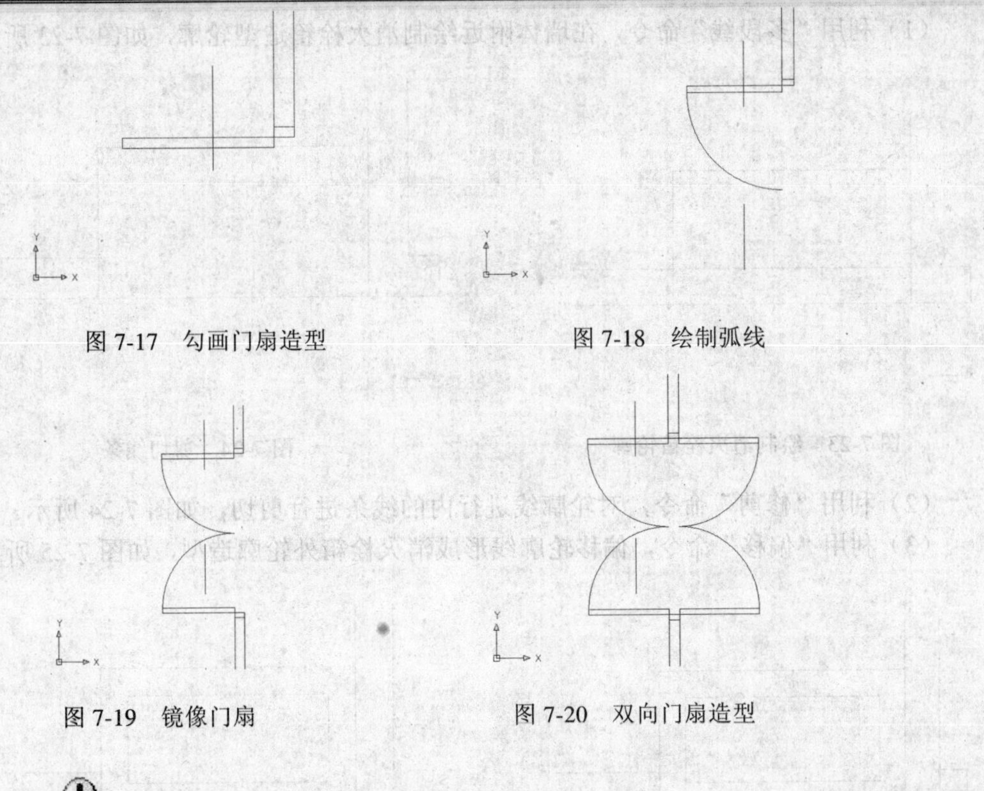

图 7-17 勾画门扇造型　　图 7-18 绘制弧线

图 7-19 镜像门扇　　图 7-20 双向门扇造型

说明

两个方向可以开启的门扇即是双向门。

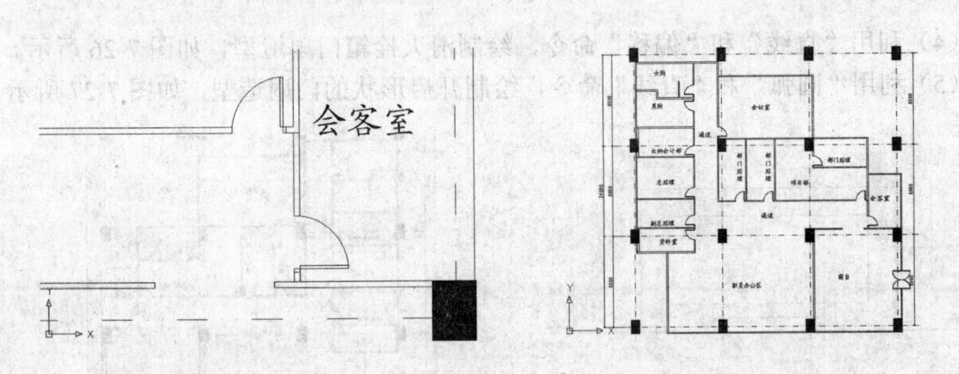

图 7-21 绘制单扇门和门洞　　图 7-22 其他门扇绘制

（8）写字楼空间其他房间的门扇和门洞造型可按上述方法绘制，如图 7-22 所示。

7.1.3 消火栓箱等消防辅助设施绘制

基于安全考虑，现代写字楼中还有一些消防辅助设施需要绘制，如消火栓箱等。

（1）利用“多段线”命令，在墙体附近绘制消火栓箱造型轮廓，如图 7-23 所示。

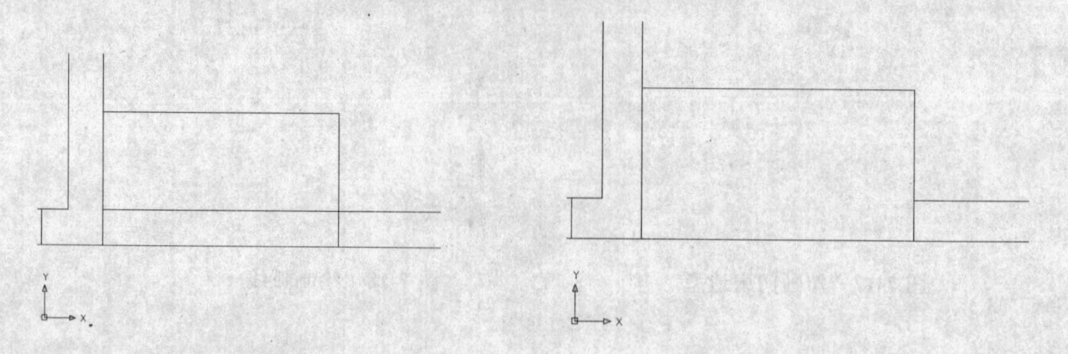

图 7-23　绘制消火栓箱轮廓　　　　图 7-24　剪切线条

（2）利用“修剪”命令，对轮廓线进行内的线条进行剪切，如图 7-24 所示。

（3）利用“偏移”命令，偏移轮廓线形成消火栓箱外轮廓造型，如图 7-25 所示。

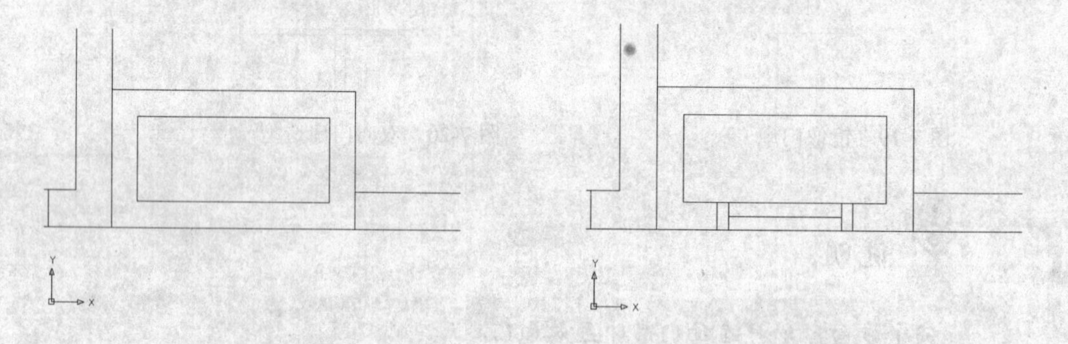

图 7-25 偏移轮廓线　　　　图 7-26　绘制消火栓箱门扇

（4）利用“直线”和“偏移”命令，绘制消火栓箱门扇造型，如图 7-26 所示。

（5）利用“圆弧”和“直线”命令，绘制开启形状的门扇造型，如图 7-27 所示。

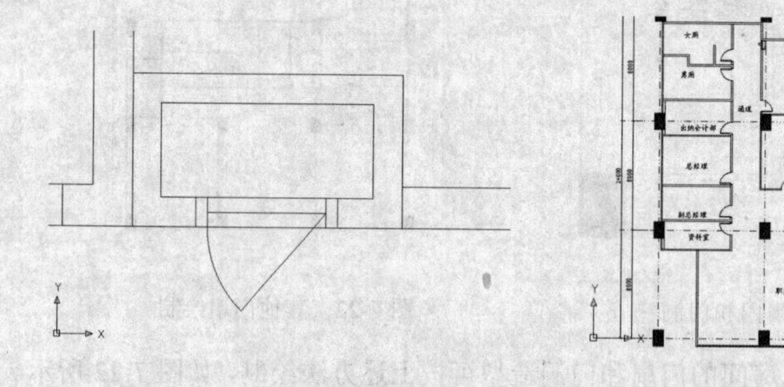

图 7-27　绘制门扇开启形状　　　　图 7-28　完成建筑平面

（6）至此，写字楼的未装修的建筑平面图绘制完成。缩放视图观察图形，保存图形，如图 7-28 所示。

7.2 写字楼装修图绘制

绘制思路

写字楼设计需要考虑多方面的问题，涉及科学、技术、人文、艺术等诸多因素。空间就是布局、格局，也即是指对空间的物理和心理分割。写字楼室内设计的最大目标就是要为工作人员创造一个舒适、方便、卫生、安全、高效的工作环境，以便更大限度地提高员工的工作效率。这一目标在当前商业竞争日益激烈的情况下显得更加重要，它是写字楼设计的基础，是写字楼设计的首要目标。其中“舒适”涉及建筑声学、建筑光学、建筑热工学、环境心理学和人类工效学等方面的学科；“方便”涉及功能流线分析、人类工效学等方面的内容；“卫生”涉及绿色材料、卫生学、给排水工程等方面的内容；“安全”问题则涉及建筑防灾，装饰构造等方面的内容。

写字楼具有不同于普通住宅的特点，它是由办公、会议、走廊3个区域来构成内部空间使用功能的，从有利于办公组织以及采光通风等角度考虑，其进深通常以8～9m为基本尺寸。写字楼主要有总经理室、副总经理室、部门经理室、会计室等，还有办公配套用房，如前台、会议室、接待室（会客室）、资料室和卫生间等。其装修设计关键是各个房间相应的家具设施安排和布局方式，设计方法与前面相关建筑的装修图绘制方法类似。

> **实讲实训 多媒体演示**
>
> 多媒体演示参见配套光盘中的\\动画演示\第7章\写字楼装修图绘制.avi。

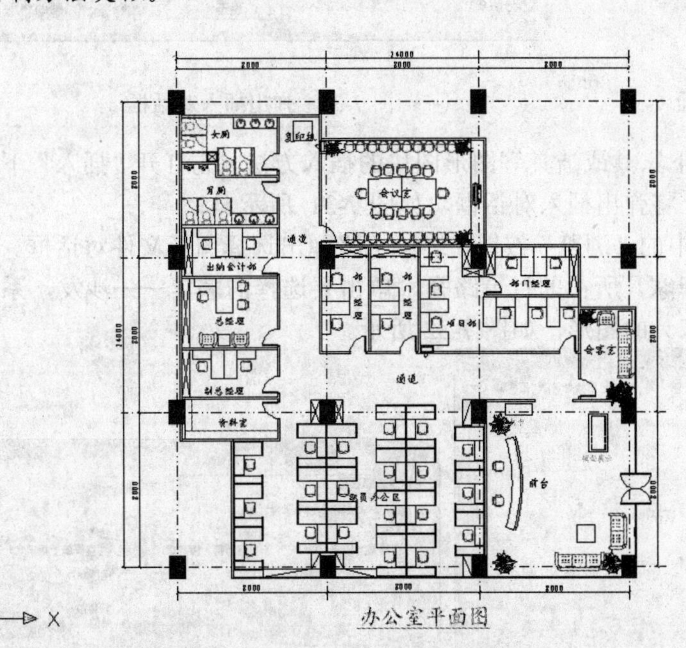

图7-29　写字楼装饰平面

写字楼设计的首要目标是以人为本。在国外，商务是随着商业而发展起来的,商业则是从生产车间发展起来的。随着社会的发展，为了会见客户和进行管理的需要，写字楼开始从生产空间里分离出来，并逐渐搬近市中心，开始形成自己专门的商务区，现代的写字楼模式开始形成。根据社会的发展状况，写字楼将迎来空间形态大小兼顾、硬件标准日趋超前、服务理念具针对性的时代。尤其随着21世纪科技的进步以及人们思想观念的转变，工作环境的舒适与否将变得越来越重要。上班族对现代办公环境的设计要求越来越高，办公智能化和写字楼环境的人性化将成为主流。

下面介绍如图7-29所示的写字楼装饰平面的设计相关知识及其绘图方法与技巧。

7.2.1　前台门厅平面布置

前台门厅是进入各个写字楼的主要入口，也是客人对公司形象产生第一印象的地方。

（1）还没有进行家具布置前的前台门厅空间平面，如图7-30所示。

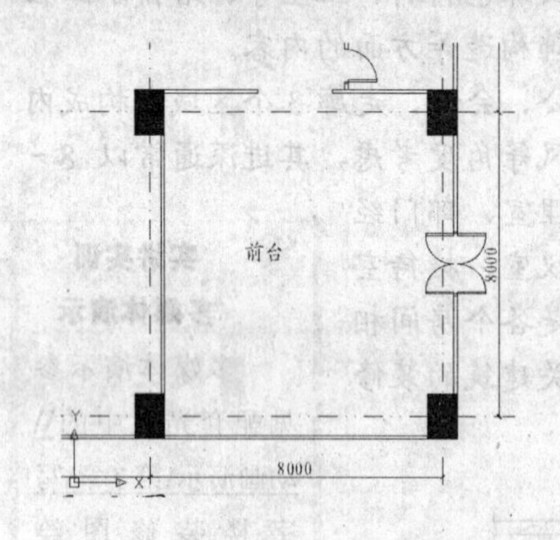

图7-30　前台门厅平面

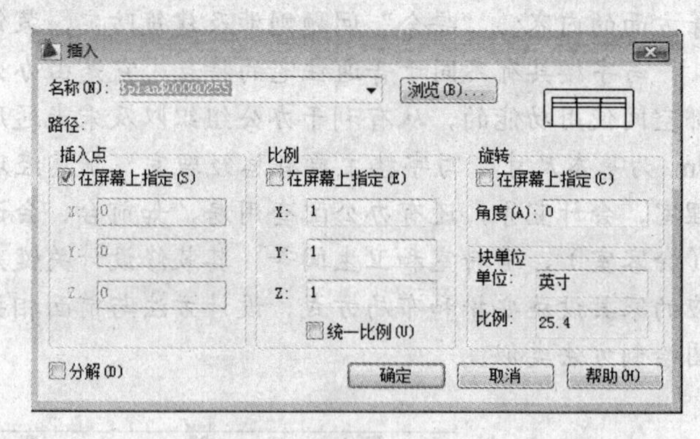

图7-31　弹出插入对话框

（2）在这里再介绍一下家具或洁具等图形图块的插入方法。先打开“插入”下拉菜单选择“块”命令，屏幕上将弹出插入对话框，如图7-31 所示。

（3）单击插入对话框中的“浏览”按钮，屏幕上将弹出选择图形文件对话框。在选择图形文件对话框中，选择家具所在的目录路径，单击要选择的家具——沙发，系统同时在对话框的右侧显示该家具的图形，如图7-32所示。

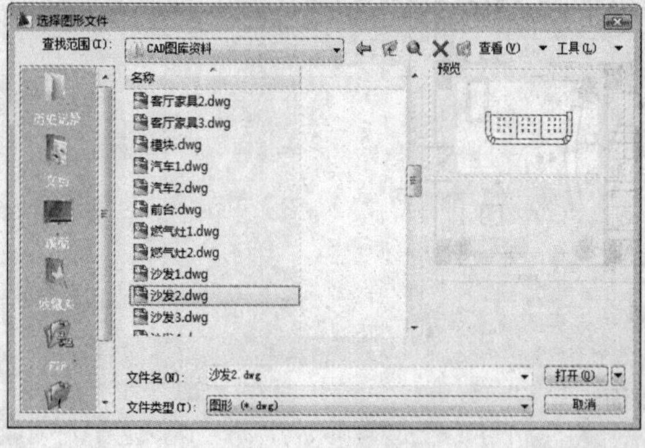

图7-32　选择沙发家具

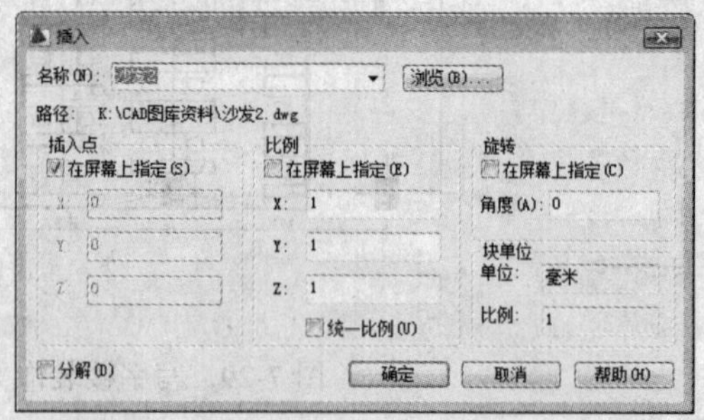

图7-33　返回插入对话框

（4）单击“打开”按钮，回到插入对话框中，此时名称已是所选择的沙发家具名称，如图7-33所示。

（5）再单击“确定”按钮，在屏幕上指定家具插入点位置和输入比例因子、旋转角度等，如图7-34所示。

说明

此时可以设置相关的参数，包括插入点、缩放比例和旋转等。也可以不设置，在每一项前勾取在屏幕上指定。

命令: insert（插入家具设施）
指定插入点或 [基点(B)/比例(S)/X/Y/Z/旋转(R)]:

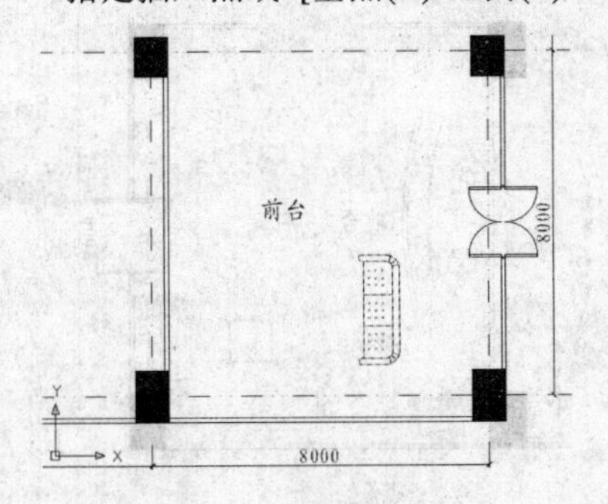

图7-34　插入沙发造型

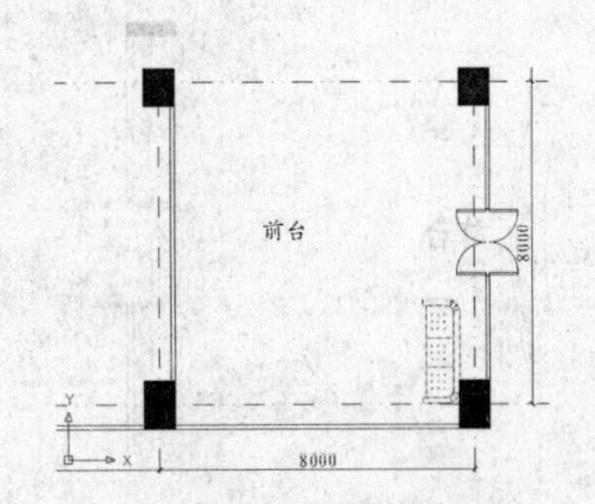

图7-35　调整沙发位置

（6）若插入的位置不合适，则可以利用“移动”命令，对其位置进行调整，如图7-35所示。

（7）利用“圆弧”命令，在适当的地方绘制弧线，再利用“偏移”命令，将圆弧偏移450、100。绘制弧形前台轮廓，如图7-36所示。

说明

其他家具的插入方法与上述沙发的插入方法相同，在后面章节不再具体论述。

（8）利用“直线”命令，分别连接弧线两端绘制端线轮廓，如图7-37所示。

（9）利用“插入块”命令，插入两个椅子造型，如图7-38所示。

（10）再利用“插入块”命令，在前台门厅下角布置沙发与茶几组合造型，如图7-39所示。

（11）利用“矩形”命令，在门厅前台上方绘制一个长度、宽度分别为1475、700的考勤打卡机，然后利用“矩形”命令，绘制长度、宽度为870、1900的矩形，再利用

“偏移”命令，将矩形向内偏移20、50，布置一个模型展示区域，如图7-40所示。

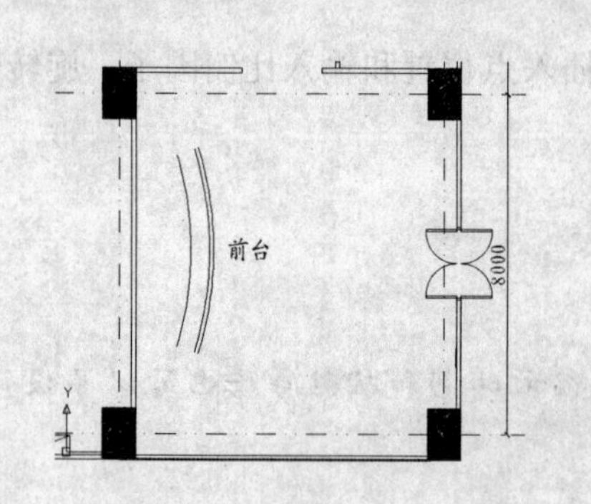

图7-36　绘制前台轮廓

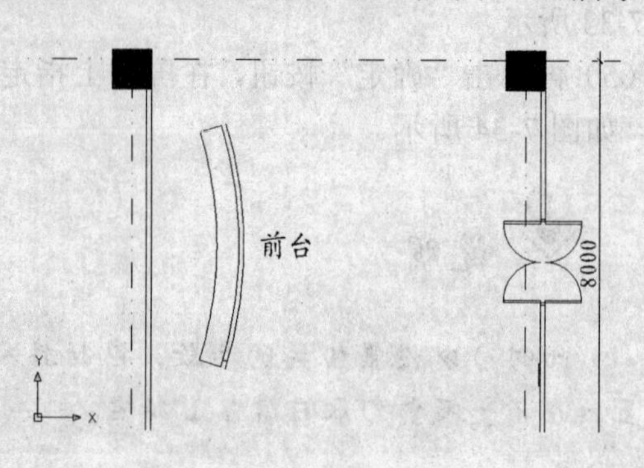

图7-37　绘制端线

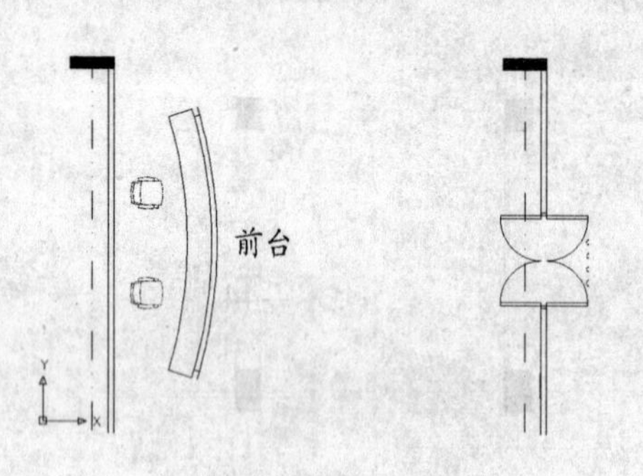

图7-38　插入椅子造型

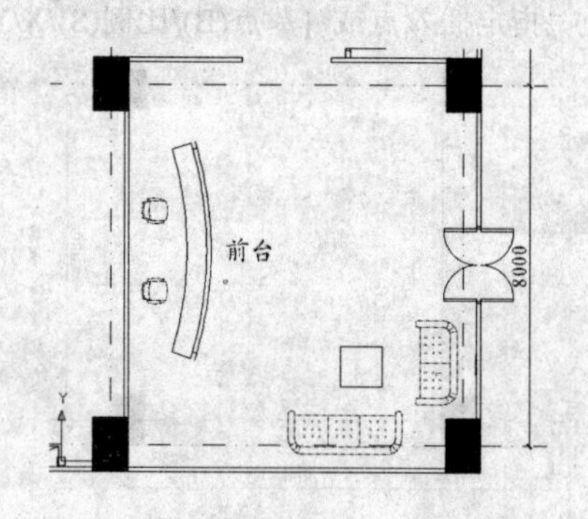

图7-39　布置沙发茶几

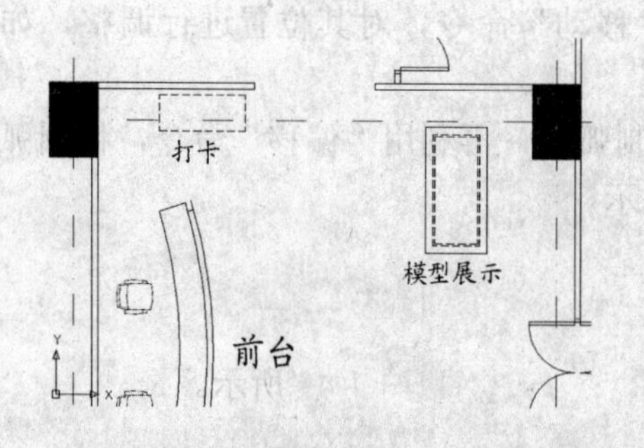

图7-40　布置打卡机

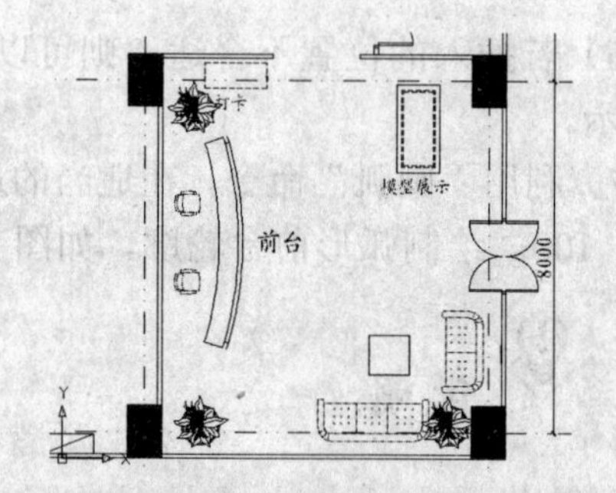

图7-41　布置花草

（12）利用“插入块”命令，布置一些花草进行美化，完成前台门厅装饰设计，如图7-41所示。

7.2.2　办公室和会议室等房间平面装饰设计

一个公司的写字楼，除了前台门厅外，一般还有多间办公室、一～二间会议室、出纳会计室和会客室以及资料室等各种功能的房间。

（1）利用“单行文字”命令，按功能相应安排各个功能房间的平面位置，标注相应的房间名称，文字高度为500，如图7-42所示。

说明

MTEXT 命令具有更强的文字标注功能。

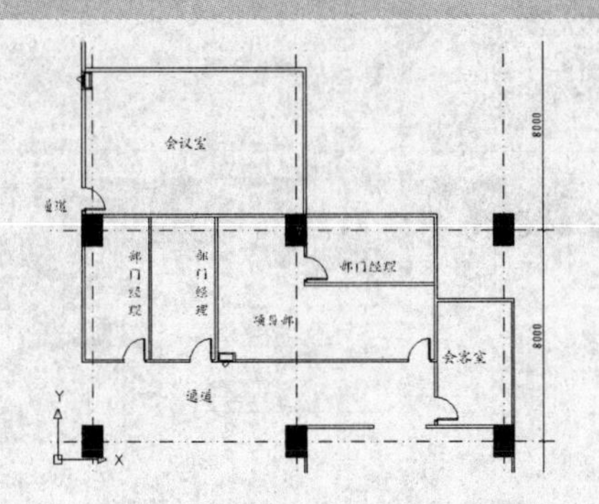

图 7-42　各个功能办公室位置

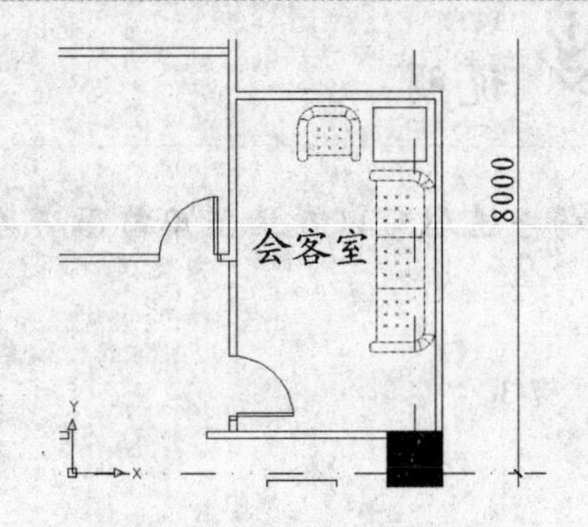

图 7-43　会客室设计

（2）利用“插入块”命令，在会客室插入 2 个沙发造型，然后利用“矩形”命令，在沙发之间绘制一个宽度、高度为 930、733 的茶几，如图 7-43 所示。

（3）利用“插入块”命令，插入花草对会客室进行装饰，如图 7-44 所示。

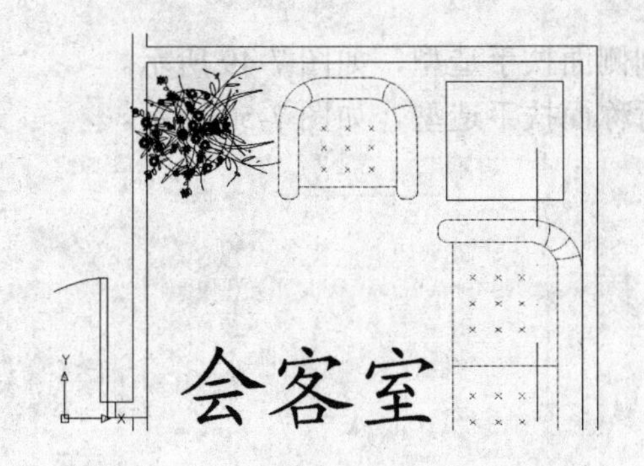

图 7-44　再布置花草

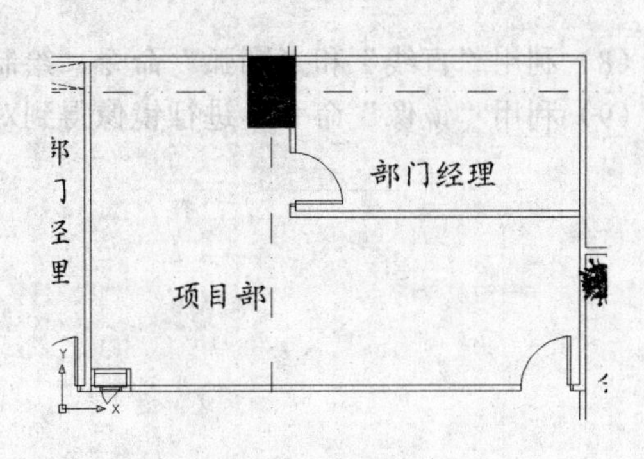

图 7-45　项目部办公室区域

（4）局部缩放视图，对项目部区域办公室进行设计，如图 7-45 所示。

（5）利用“矩形”命令，绘制两个宽度、高度为 1500、700，1000、500 的办公桌造型，如图 7-46 所示。

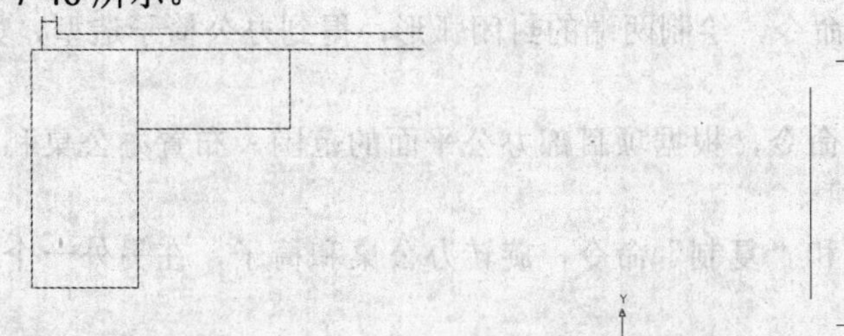

图 7-46 绘制办公桌

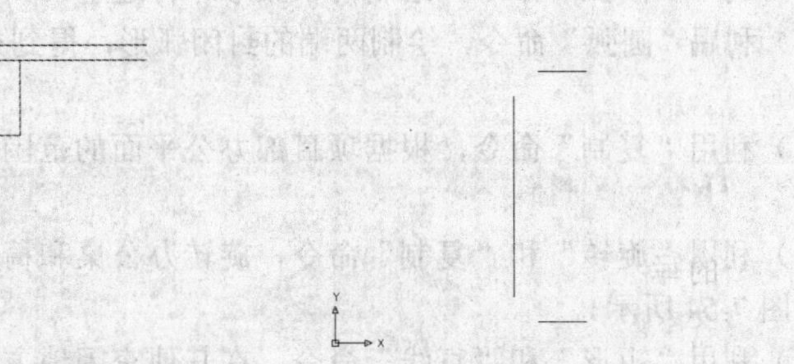

图 7-47 绘制椅子轮廓

（6）利用“直线”命令，分别绘制长度为400、100、100的办公椅子轮廓直线，如图7-47所示。

（7）利用“圆角”命令，对椅子轮廓线直线倒圆角，圆角半径为50，如图7-48所示。

说明

椅子造型可以直接使用前面有关章节绘制的椅子图形。

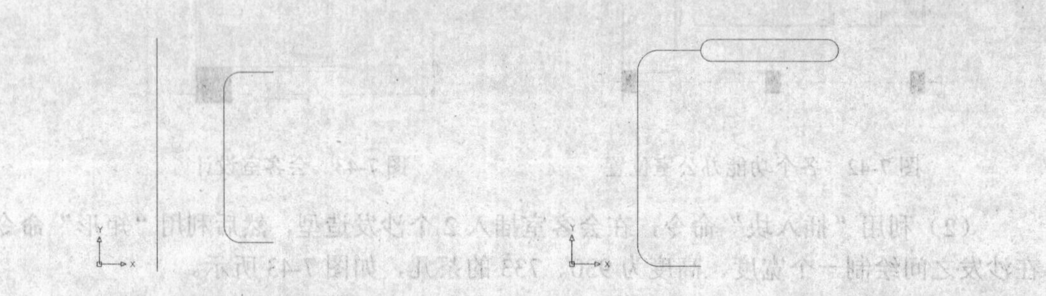

图7-48　轮廓线倒圆角　　　图7-49　绘制扶手

（8）利用“直线”和“圆弧”命令，绘制侧面扶手造型，如图7-49所示。

（9）利用“镜像”命令，进行镜像得到对称面扶手造型，如图7-50所示。

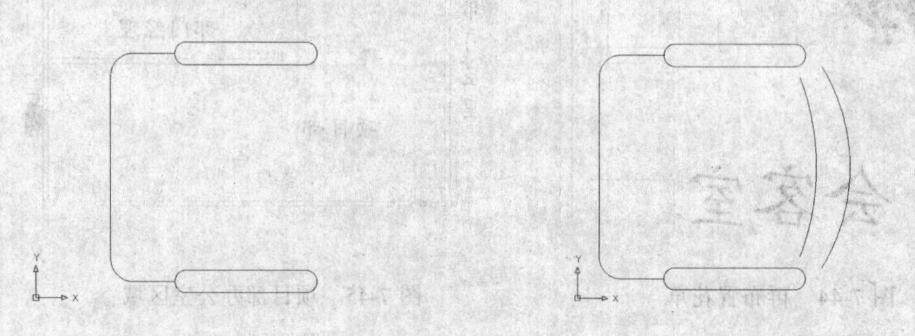

图7-50　镜像扶手　　　图7-51　绘制弧形靠背

（10）利用“圆弧”命令，绘制椅子弧形靠背造型，如图7-51所示。

（11）利用“圆弧”命令，绘制两端的封闭弧形，得到办公椅子造型，如图7-52所示。

（12）利用“复制”命令，根据项目部办公平面的范围，布置办公桌和椅子，如图7-53所示。

（13）利用“旋转”和“复制”命令，旋转办公桌和椅子，在另外一个方向布置办公桌，如图7-54所示。

（14）利用“矩形”和“直线”命令，在其他空闲地方安排办公文件柜，最后完成整个项目部的平面设计，如图7-55所示。

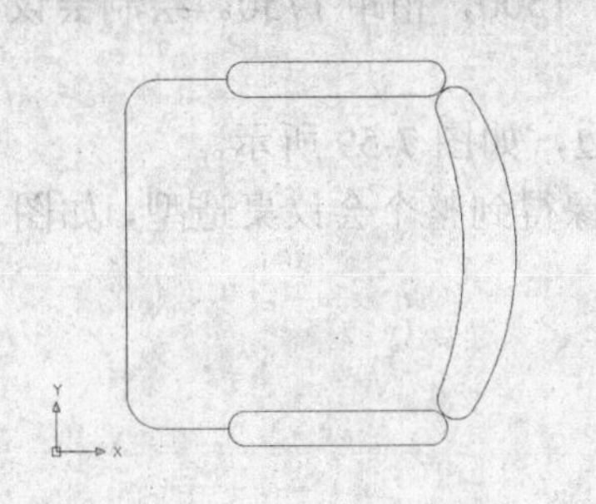

图 7-52 完成办公椅子

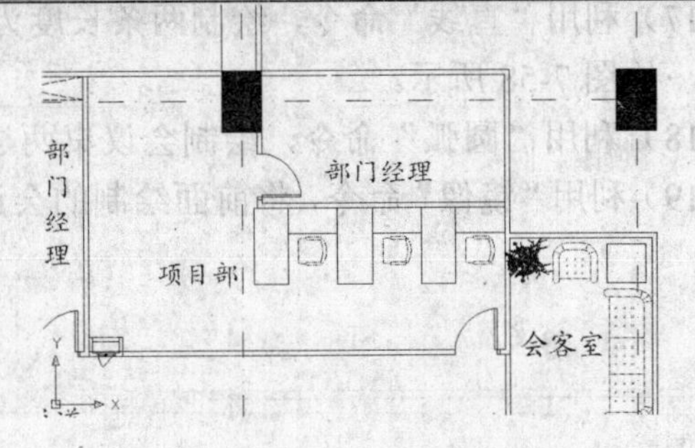

图 7-53 布置项目部办公室

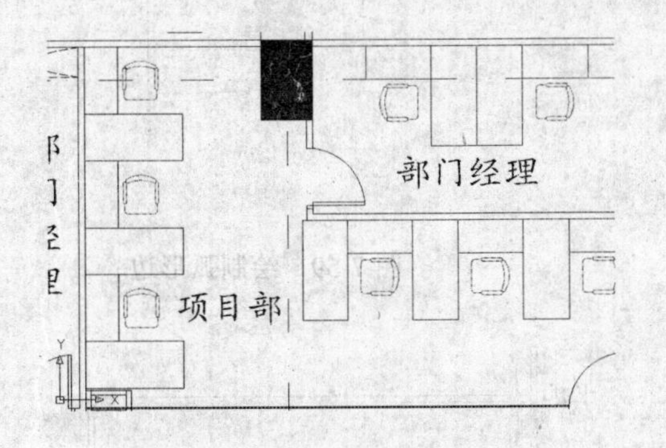

图 7-54 改变位置布置家具

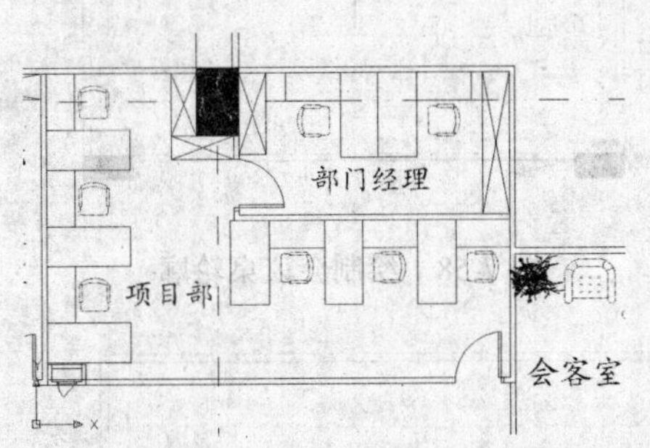

图 7-55 布置文件柜

说明

办公文件柜大小一般为 450mmX1200mm、450mmX900mm。

（15）其他部门的办公室，如总经理、部门经理和资料室等房间，参照上述方法进行装饰设计，如图 7-56 所示。

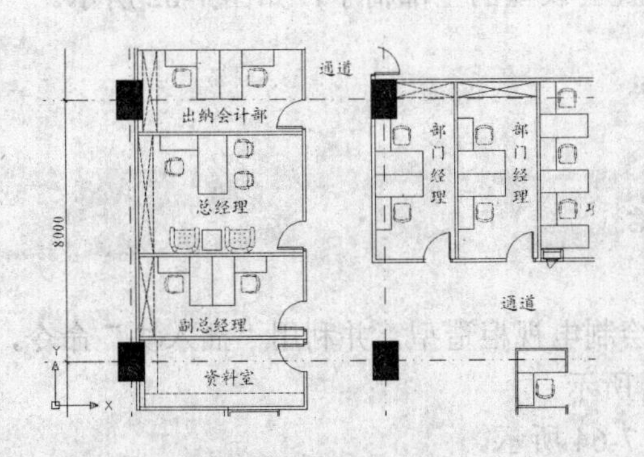

图 7-56 其他房间设计

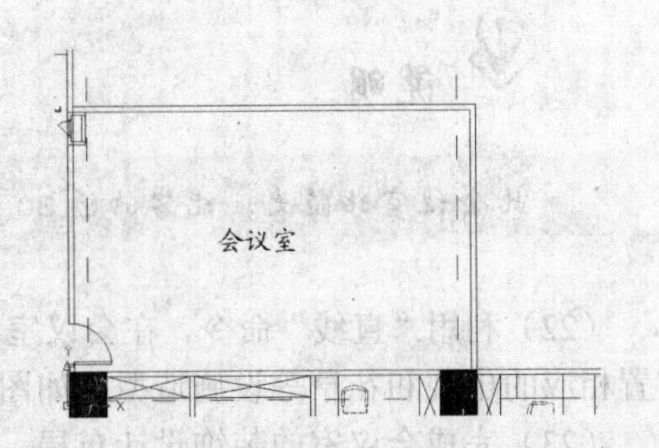

图 7-57 会议室平面位置

（16）局部放大长方形会议室平面，如图 7-57 所示。

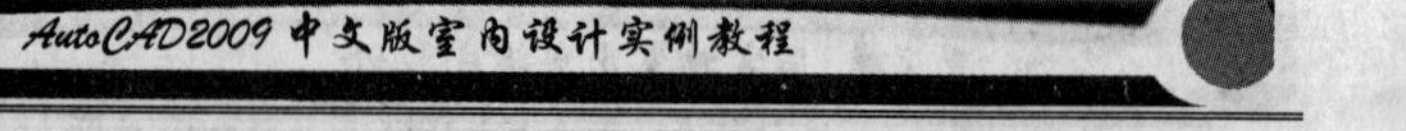

（17）利用“直线”命令，绘制两条长度为1300，1500，相距1750。绘制会议桌造型轮廓，如图7-58所示。

（18）利用“圆弧”命令，绘制会议桌两边弧形边，如图7-59所示。

（19）利用“镜像”命令，将前面绘制的会议桌镜像得到整个会议桌造型，如图7-60所示。

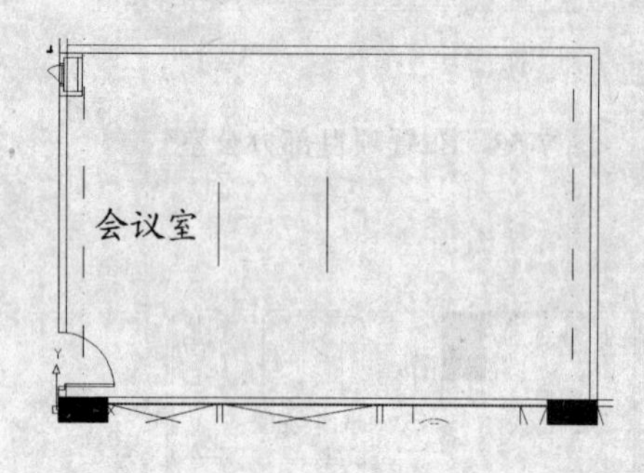

图7-58　绘制会议桌轮廓

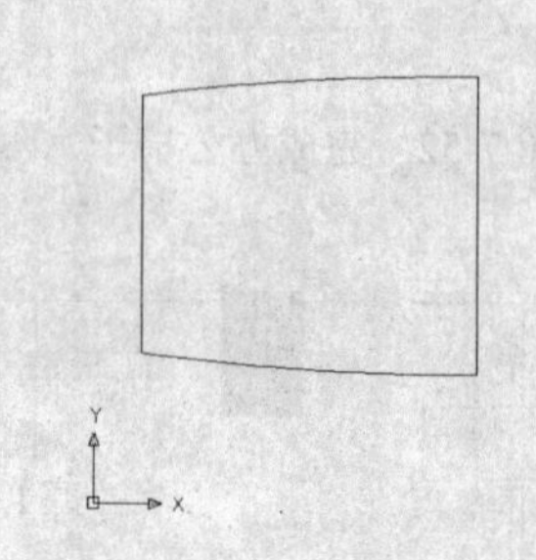

图7-59　绘制弧形边

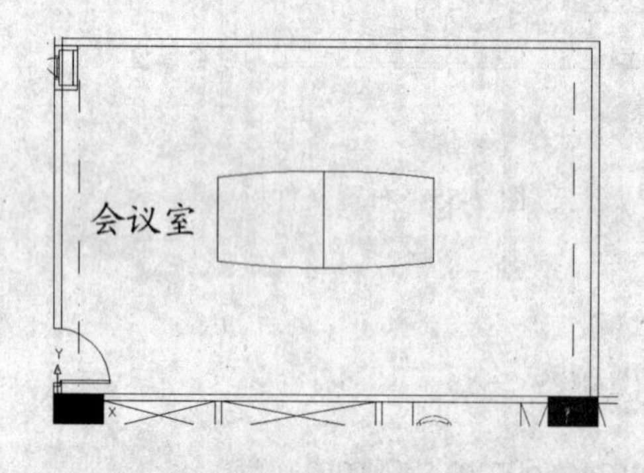

图7-60　得到会议桌造型

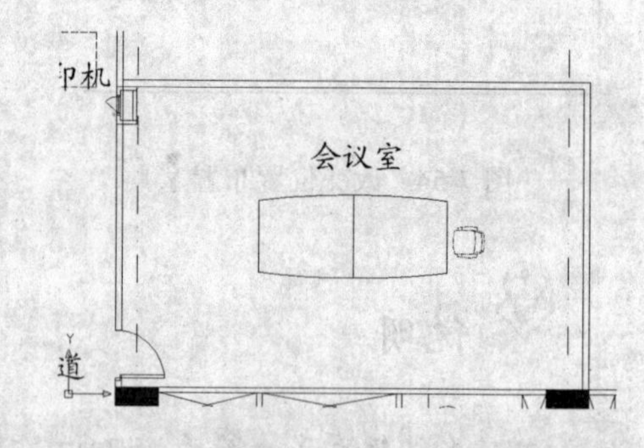

图7-61　插入椅子

（20）利用“插入块”命令，在会议室中插入椅子，如图7-61所示。

（21）利用“旋转”和“复制”命令，布置会议室的全部椅子，如图7-62所示。

说明

此会议室比较大，能容纳近30人左右。

（22）利用“直线”命令，在会议室右端绘制电视柜造型，并利用“插入块”命令，布置相应的电视和花草等设施造型，如图7-63所示。

（23）完成会议室的装饰设计布局，如图7-64所示。

（24）局部放大公共办公区，对公共办公区（普通员工办公区）空间平面进行设计，如图7-65所示。

（25）利用“复制”命令，将前面所绘制的办公桌和椅子造型复制到公共办公区，

如图7-66所示。

（26）利用“多段线”命令，在办公桌外侧勾画隔间轮廓造型和辅助矮柜造型，如图7-67所示。

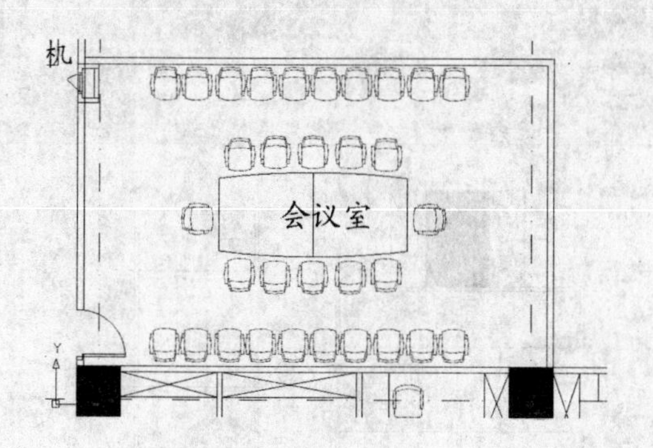

图7-62 复制椅子

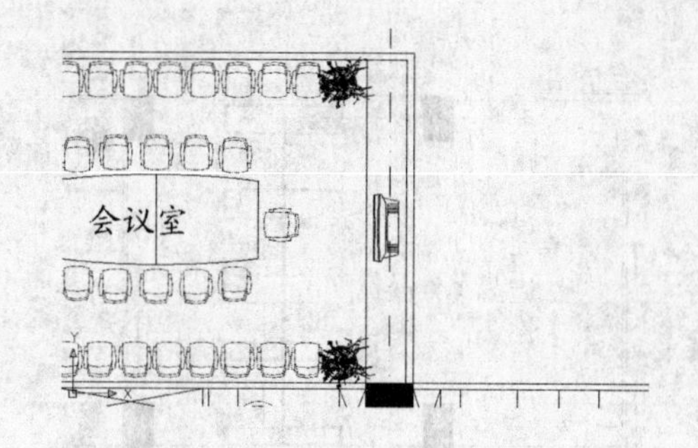

图7-63 绘制电视柜造型

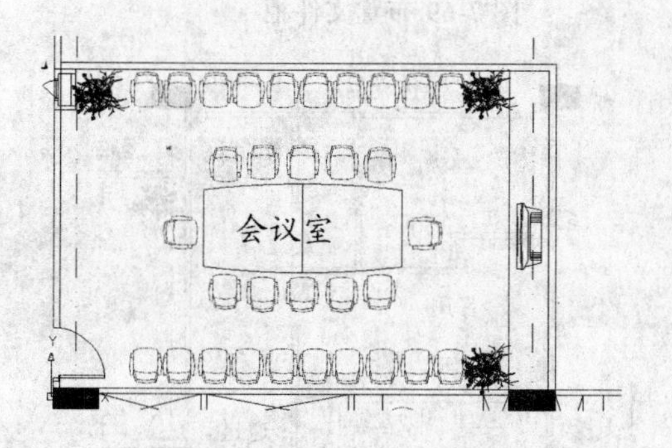

图7-64 完成会议室布局

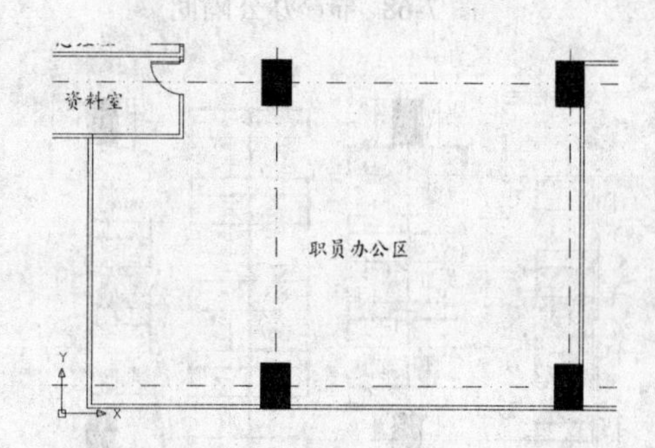

图7-65 员工办公区空间平面

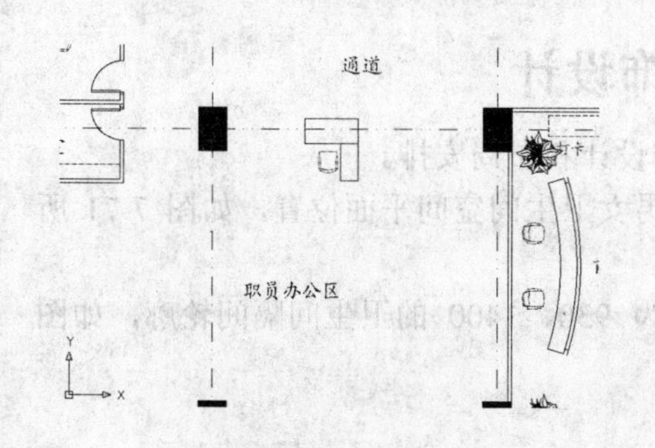

图7-66 复制一个办公桌

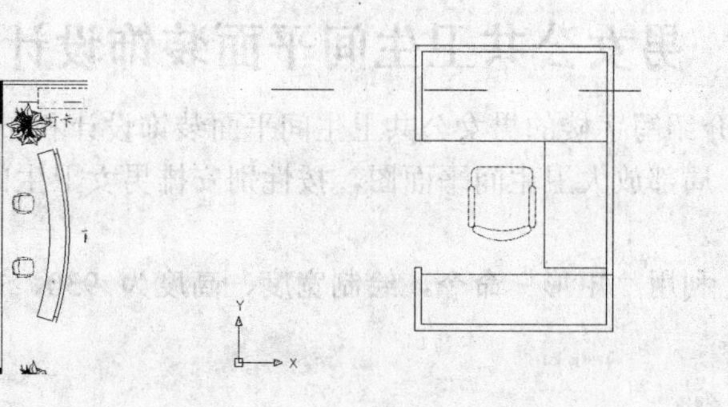

图7-67 勾画办公隔间轮廓

（27）利用“镜像”和“复制”命令，根据空间平面进行办公隔间布置，如图7-68所示。

（28）利用“多段线”命令，在空隙处布置文件柜造型，如图7-69所示。

（29）完成普通员工办公区空间平面进行设计，如图7-70所示。

说明

每个办公隔间大小约2200×1700mm。

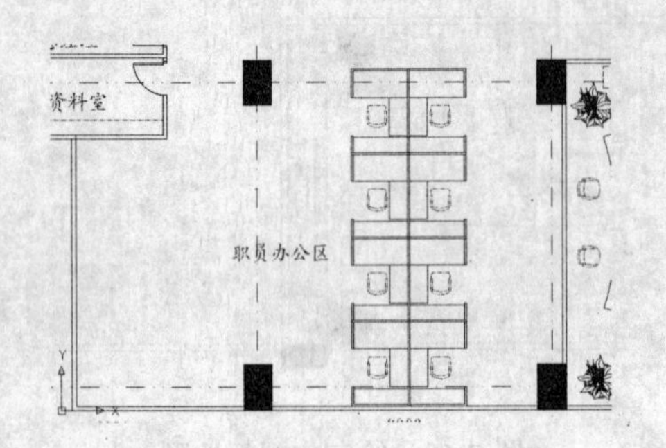

图 7-68 布置办公隔间

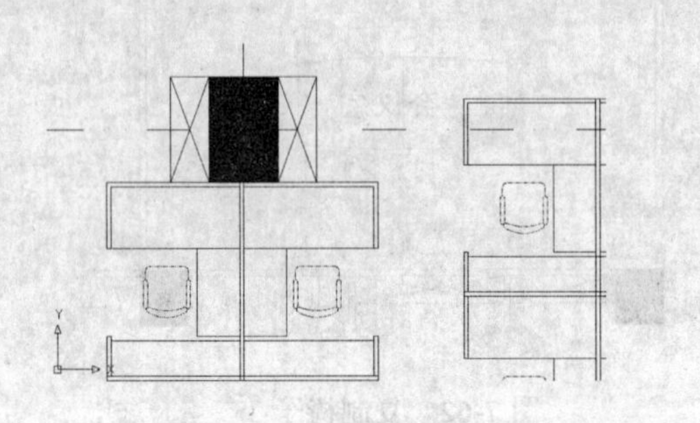
图 7-69 布置文件柜

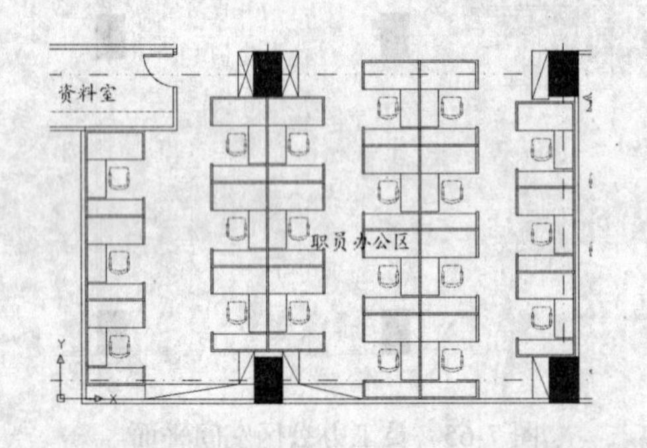

图 7-70 完成员工办公区设计

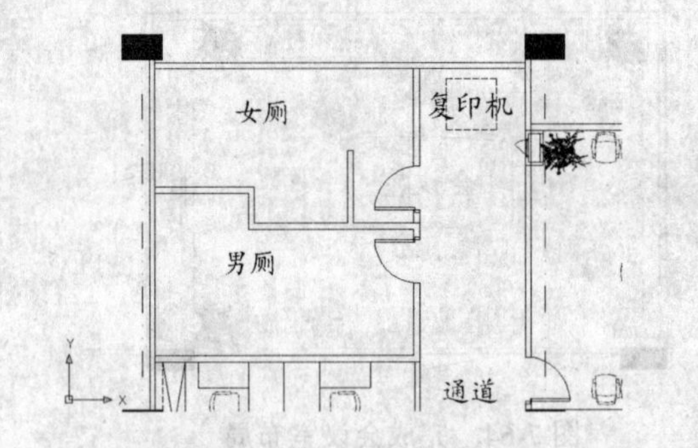

图 7-71 男女卫生间平面

7.2.3 男女公共卫生间平面装饰设计

下面介绍写字楼的男女公共卫生间平面装饰设计和布局安排。

（1）局部放大卫生间平面图，按性别安排男女卫生间空间平面位置，如图 7-71 所示。

（2）利用“矩形”命令，绘制宽度、高度为 930、1400 的卫生间隔间轮廓，如图 7-72 所示。

说明

卫生间内开门大小约1400mm×900mm。

（3）利用“直线”命令，在轮廓内侧绘制两条长度为 1400、270 的直线作为隔间的

隔断墙体，如图 7-73 所示。

（4）利用“矩形”命令，在适当的地方绘制宽度、高度为 600、30 的矩形作为隔间门扇轮廓，如图 7-74 所示。

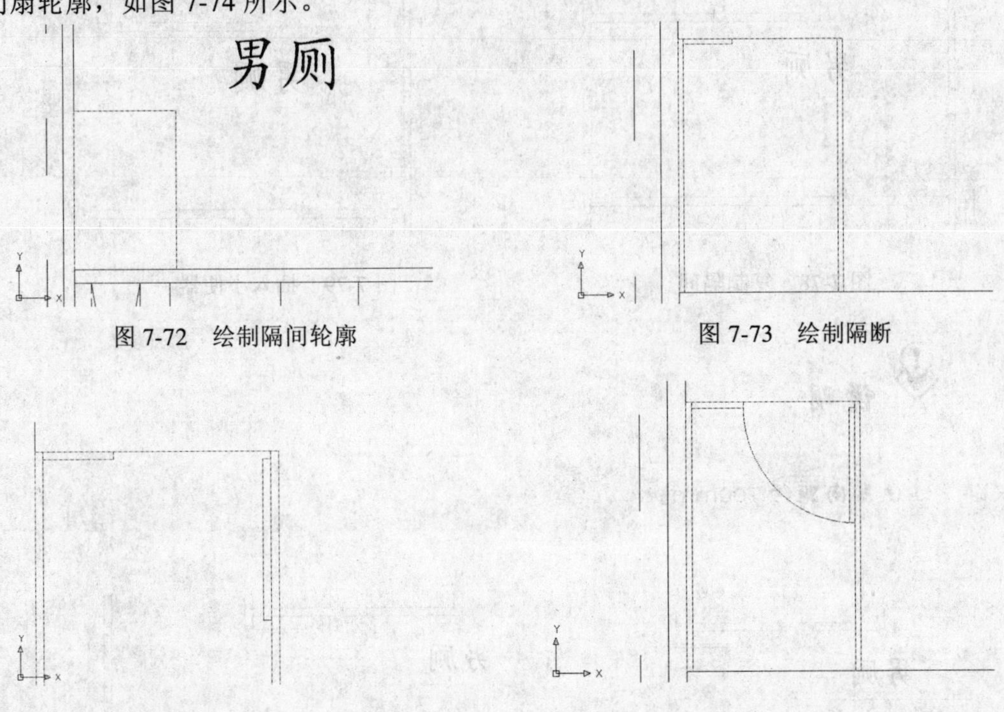

图 7-72　绘制隔间轮廓

图 7-73　绘制隔断

图 7-74　创建隔间门扇

图 7-75　勾画门扇弧线

（5）利用“圆弧”命令，勾画隔间门扇弧线，如图 7-75 所示。

（6）利用“矩形”和“直线”命令，在隔间的隔断内侧绘制手纸支架造型，如图 7-76 所示。

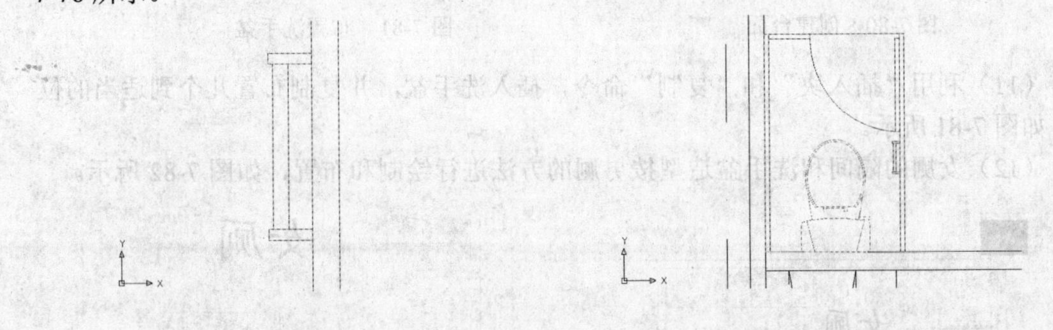

图 7-76　绘制支架

图 7-77　插入洁具

（7）利用“插入块”命令，在隔间内插入卫生洁具大便器造型，如图 7-77 所示。

（8）利用“复制”命令，复制隔间得到多个隔间造型，如图 7-78 所示。

（9）利用“插入块”和“复制”命令，插入小便器造型，如图 7-79 所示。

（10）利用“直线”命令，绘制长为 2413，宽度为 512 的洗手盆台面造型轮廓，如图 7-80 所示。

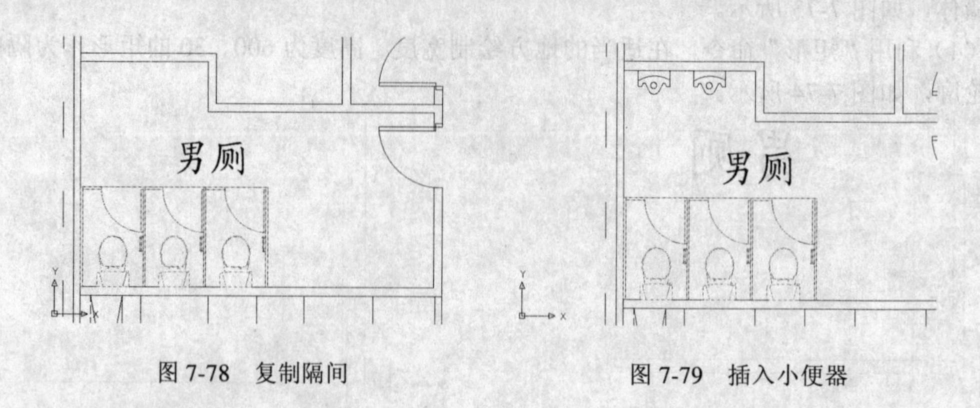

图 7-78　复制隔间　　　　图 7-79　插入小便器

说明

小便器间距约 700mm。

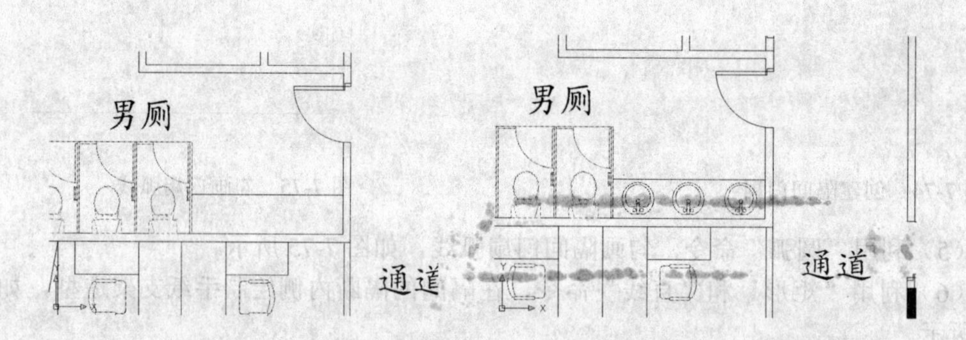

图 7-80　创建台面　　　　图 7-81　布置洗手盆

（11）利用“插入块”和“复制”命令，插入洗手盆，并复制布置几个到适当的位置，如图 7-81 所示。

（12）女厕的隔间和洗手盆造型按男厕的方法进行绘制和布置，如图 7-82 所示。

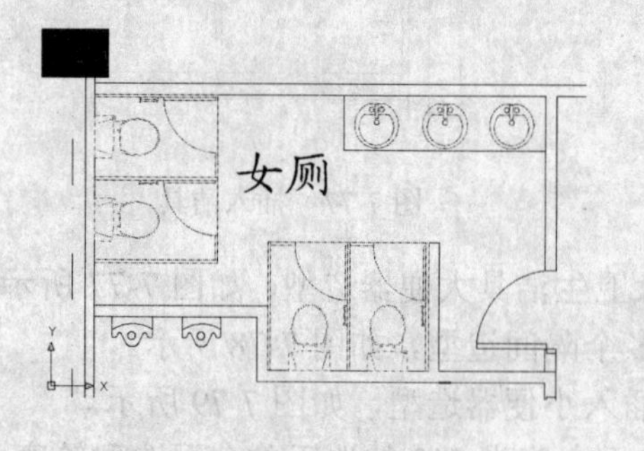

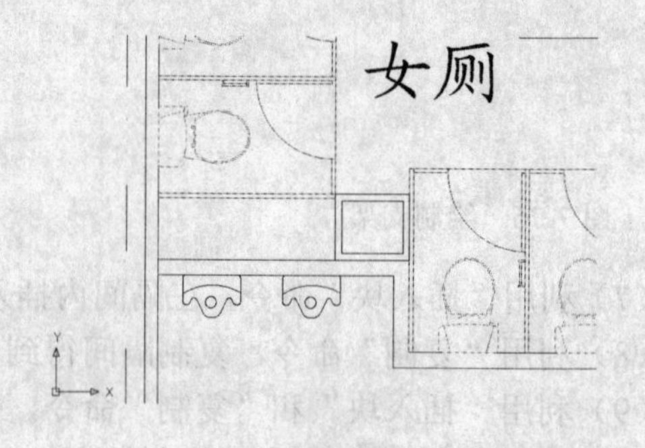

图 7-82　女厕设计　　　　图 7-83　绘制拖布池

（13）利用“多段线”命令，绘制宽度、高度为500、450的矩形，并利用“偏移”命令，将矩形向里偏移100，得到拖布池造型轮廓，如图7-83所示。

（14）利用“直线”命令，绘制偏移后的矩形的两对角线，再利用“圆”命令，绘制直径为60的圆，完成拖布池内部的造型，如图7-84所示。

（15）完成男女卫生间的设计与布置，如图7-85所示。

（16）写字楼的平面装饰设计绘制完成，缩放视图观察，保存图形，如图7-86所示。

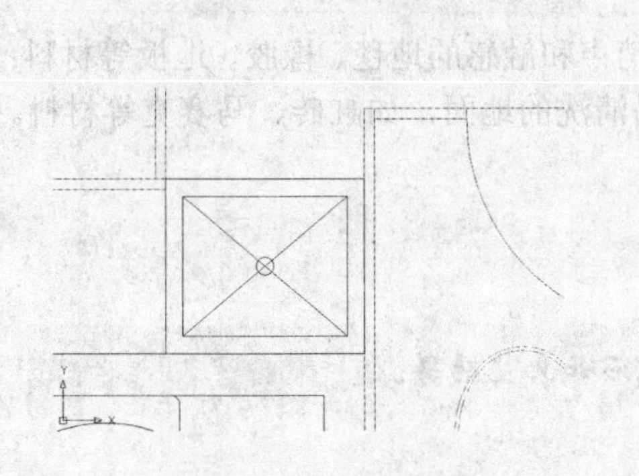

图7-84　勾画拖布池造型

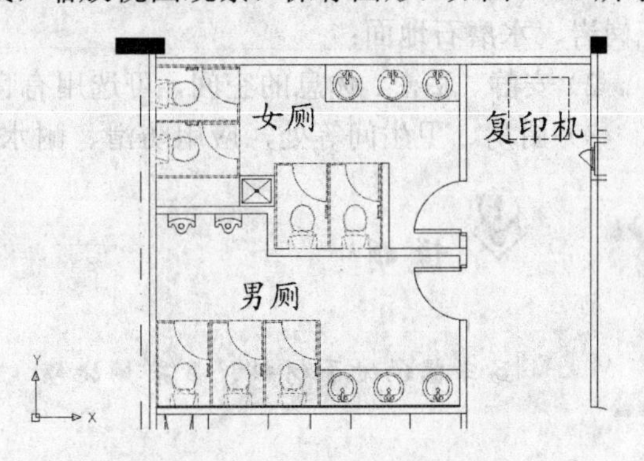

图7-85　完成卫生间设计

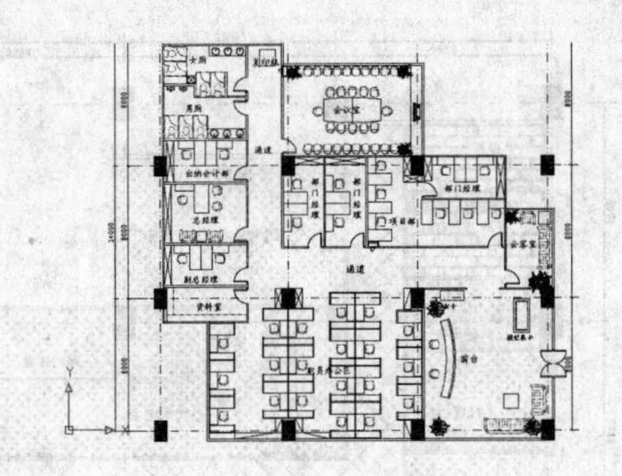

图7-86　完成写字楼平面设计

7.3　地面和天花板等平面图绘制

绘制思路

地面设计在室内、外整体建筑设计中的作用是不容忽视的。在人的视域中，地面的比例比较大，离人眼的距离比较近，因此它的造型往往给人比较直观的印象。在地面设计中必须注意设计的整体效果，包括上下界面的组合、地面和空间的实用机能、图案和色彩的设计、材料的质感和功能等。总之地面的设计好坏，对整体室内环境的艺术质量与效果，具有举足轻重的作用。而写

实讲实训
多媒体演示

多媒体演示参见配套光盘中的\\动画演示\第7章\地面和天花板平面图绘制.avi。

字楼天花板的装修材料较多，如轻钢龙骨石膏板天花板、铝扣板天花板和矿面板天花板等，根据各个房间的性质选用。

（1）地面材料有天然石材地面(花岗岩、大理石)、水泥板块地面(水磨石、混凝土)、陶瓷板地面、木板地面、金属板地面、钢化玻璃地面和卷材地面(地毯、鞓料、橡胶)。设计选择地面材料应注意以下几个方面：

1）大量人流通过的地面，如门厅、共享大堂、过道等处可选用美观、耐磨与清洁的花岗岩、水磨石地面；

2）安静、私密、休息的空间，可选用有良好消声和触感的地毯、橡胶、地板等材料；

3）厨房、卫生间等处，应用防滑、耐水、易清洗的地面，如缸砖、马赛克等材料。

说明

写字楼的地面材料，多采用地毯、大理石和抛光砖等。

（2）图 7-87 所示为写字楼的地面装修图绘制实例。

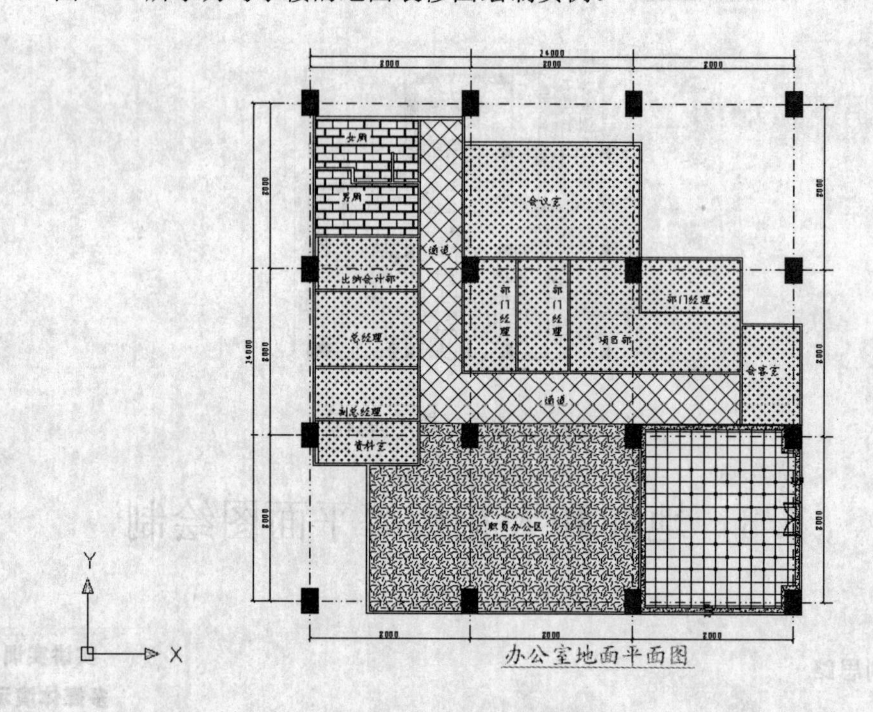

图 7-87 地面装修效果图

天花板的装修材料较多，下面介绍几种供参考：

1）轻钢龙骨石膏板天花板。石膏天花板是以熟石膏为主要案原料掺入添加剂与纤维制成，具有质轻、绝热、吸声、阻燃和可锯等性能。多用于商业空间，一般采用 600mm×600mm 规格，有明骨和暗骨之分，龙骨常用铝或铁。石膏板与轻钢龙骨相结合，

便构成轻钢龙骨石膏板。轻钢龙骨石膏板天花板有纸面石膏板、装饰石膏板、纤维石膏板、空心石膏板条多种。

2）夹板天花板。夹板（也叫胶合板）具有材质轻、强度高、良好的弹性和韧性、耐冲击和振动、易加工和涂饰、绝缘等优点。它还能轻易地创造出弯曲的、圆的、方的等各种各样的造型天花板。

说明

从目前来看，使用轻钢龙骨石膏板作隔断墙的较多，而用来做造型天花板的也比较常见。

3）铝扣板天花板。在厨房、厕所等容易脏污的地方使用，是目前的主流产品。

4）其他类型。如彩绘玻璃天花板，这种天花板具有多种图形图案，内部可安装照明装置，但一般只用于局部装饰。

装修若用轻钢龙骨石膏板天花板或夹板天花板，在其面涂漆时，应用石膏粉封好接缝，然后用牛皮胶带纸密封后再打底层、涂漆。如图 7-88 所示为写字楼的天花板装修图绘制实例。

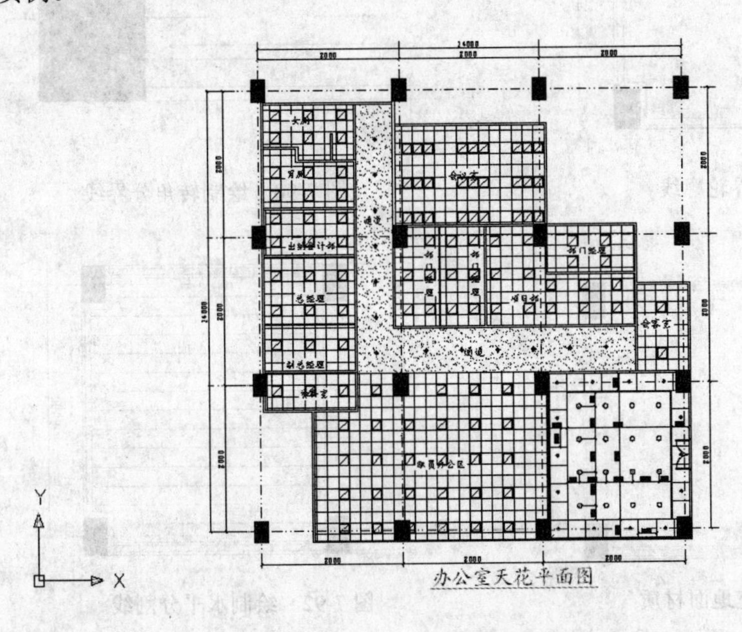

图 7-88　天花板装修效果图

7.3.1　地面装饰设计

下面介绍写字楼地面装修图绘制方法与相关技巧。

（1）利用“多段线”命令，绘制前台门厅的地面，如图 7-89 所示。

说明

绘制不同材质地面分界轮廓线，其距离门厅各个边的墙体一定距离(通过偏移定位相同距离)。

（2）利用“直线”命令，在轮廓线转角处绘制分界线，如图 7-90 所示。

（3）利用“图案填充”命令，设置填充图案为 AR-SAND，对轮廓线外侧进行填充图案，得到一种地面材质，如图 7-91 所示。

（4）利用“直线”命令，绘制一条水平直线，再利用“偏移”命令，绘制水平方向地面材质分割线，间距为 600，如图 7-92 所示。采用同样的方法绘制垂直方向地面材质分割线，如图 7-93 所示。

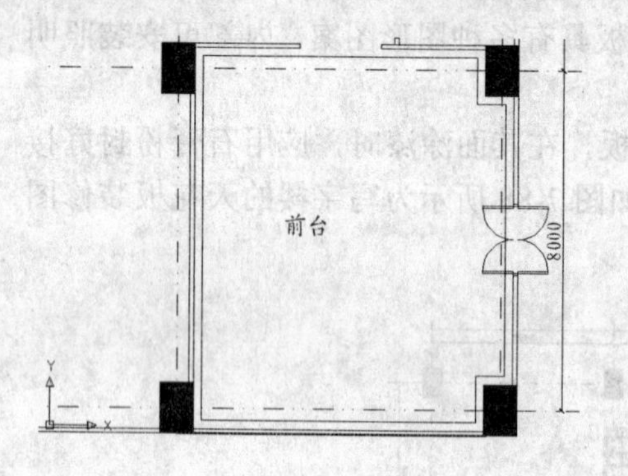

图 7-89　绘制分界轮廓线

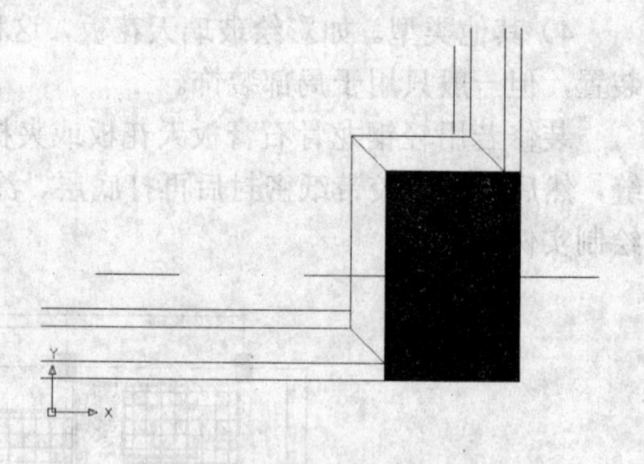

图 7-90　绘制转角分界线

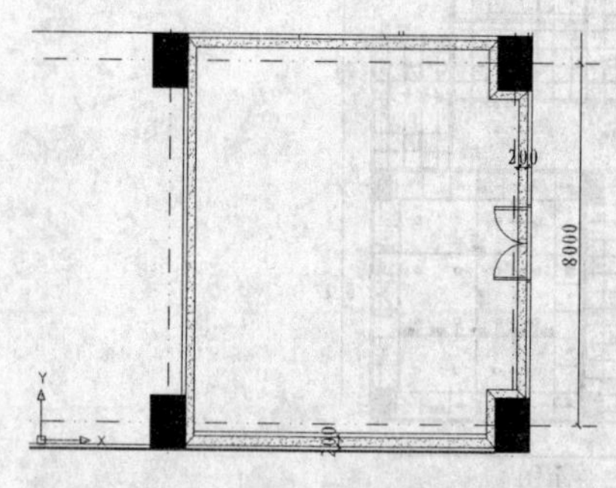

图 7-91　填充地面材质

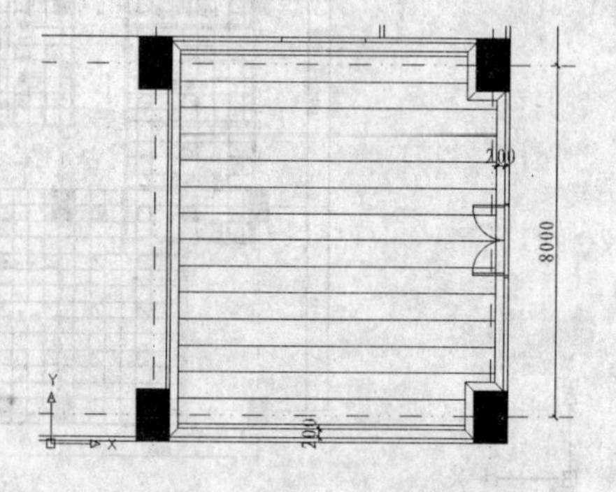

图 7-92　绘制水平分割线

说明

也可以通过 LINE、OFFSET 功能命令来完成。

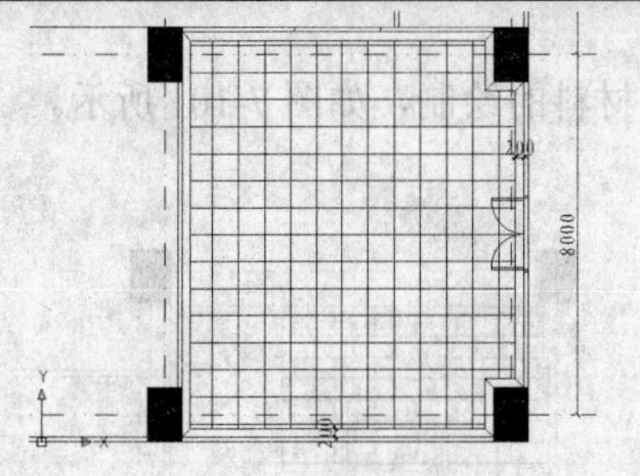

图 7-93 绘制竖直分割线

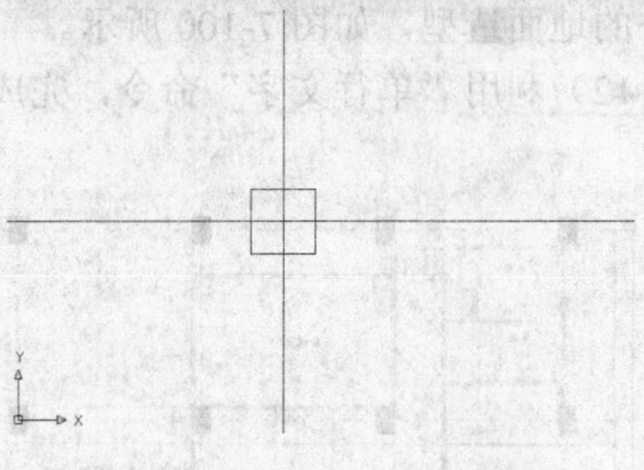

图 7-94 绘制小方框

（5）利用“正多边形”命令，在网格交点出绘制一个宽度为 100 的小方框图案，如图 7-94 所示。

（6）利用“图案填充”命令，设置填充图案为 SOLID，将小方框进行图案填充为实心图，如图 7-95 所示。

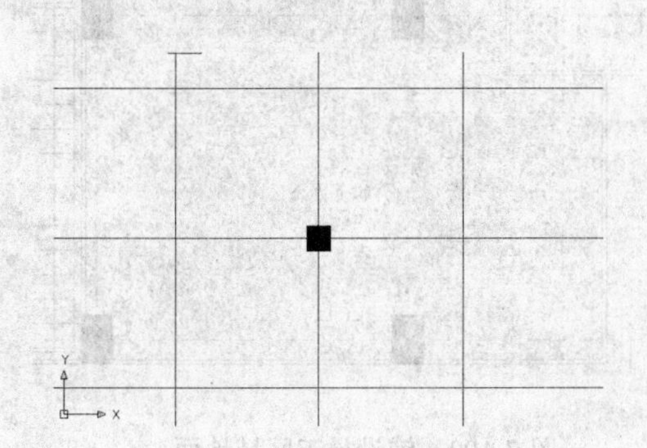

图 7-95 填充小方框

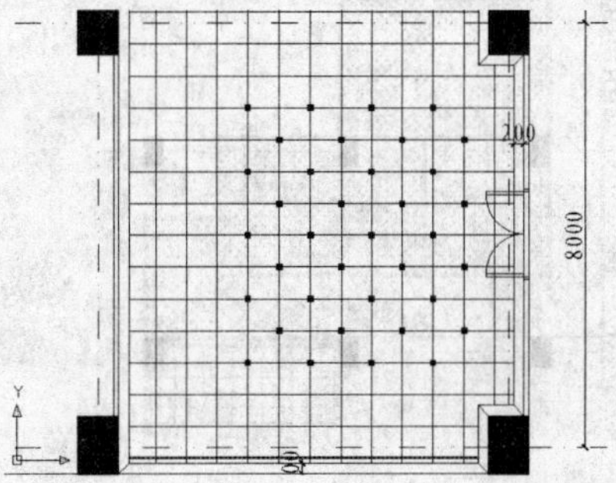

图 7-96 创建地面造型

（7）利用“复制”命令，将上步绘制的小方框进行复制，完成前台门厅地面绘制，如图 7-96 所示。

说明

根据设计形状创建前台门厅地面装修造型效果。

（8）利用“图案填充”命令，设置填充图案为 ANSI37，创建公共走道的地砖造型，如图 7-97 所示。

（9）利用“图案填充”命令，设置填充图案为 AR-B816，在卫生间铺设条形地砖，如图 7-98 所示。

（10）利用“图案填充”命令，设置填充图案为 CROSS，其他办公房间内铺设地毯地面，如图 7-99 所示。

（11）利用“图案填充”命令，设置填充图案为 HOUND，在员工公共办公区域选择另外的地面造型，如图 7-100 所示。

（12）利用“单行文字”命令，完成地面装修材料的绘制，如图 7-101 所示。

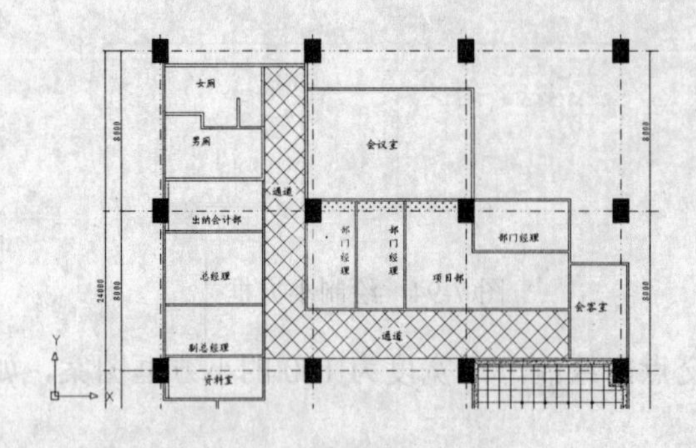

图 7-97　走道地面设计

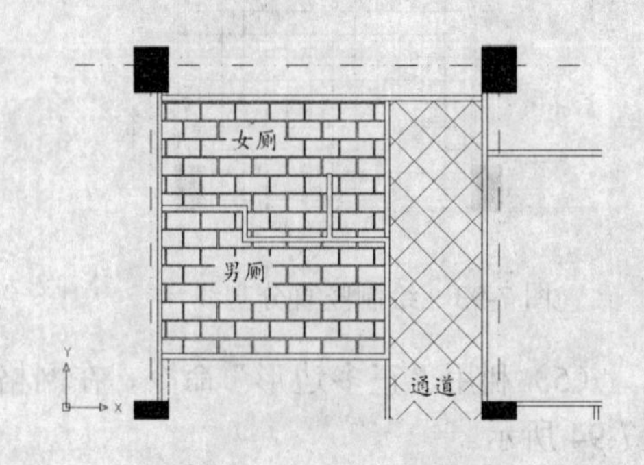

图 7-98　卫生间地面设计

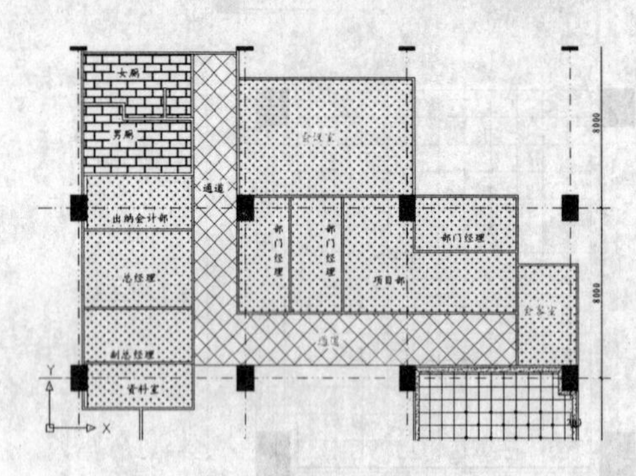
图 7-99　铺设地毯

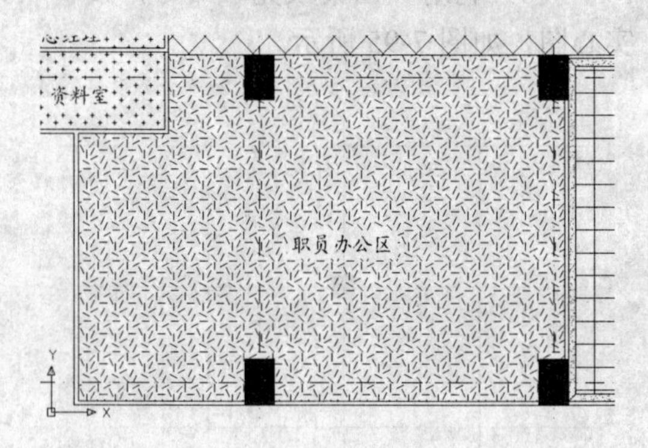

图 7-100　铺设员工区域地面

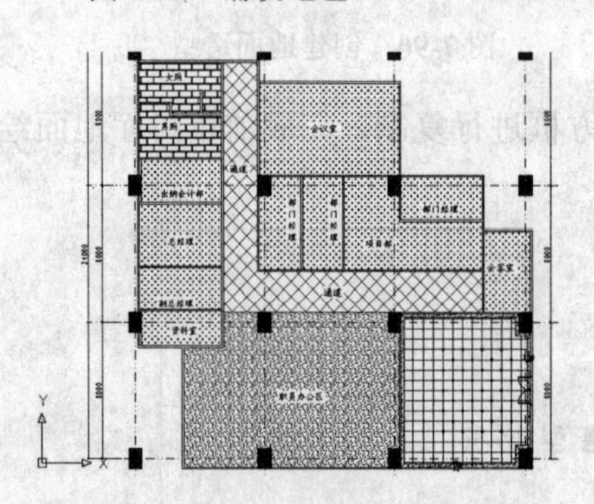
图 7-101　完成地面绘制

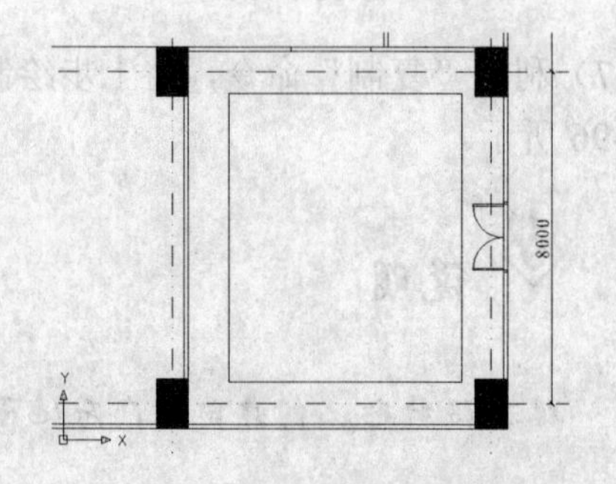

图 7-102　门厅吊顶造型设计

说明

可以引出标注各种文字，对装修采用的材料进行说明，在此从略。

7.3.2 天花板平面装饰设计

下面介绍写字楼天花板装修图绘制方法与相关技巧。

（1）利用“多段线”命令，对前台门厅吊顶造型进行设计，如图 7-102 所示。

（2）利用“直线”命令，绘制分割直线，再利用“偏移”命令，将直线进行偏移，间距为 100。对天花板造型外圈进行分割，如图 7-103 所示。

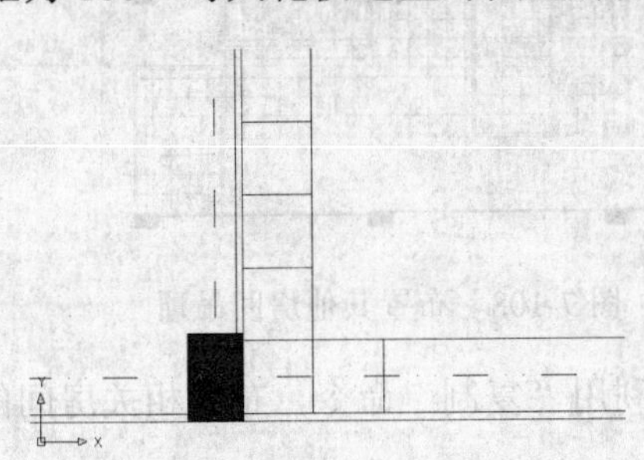

图 7-103 分割天花板

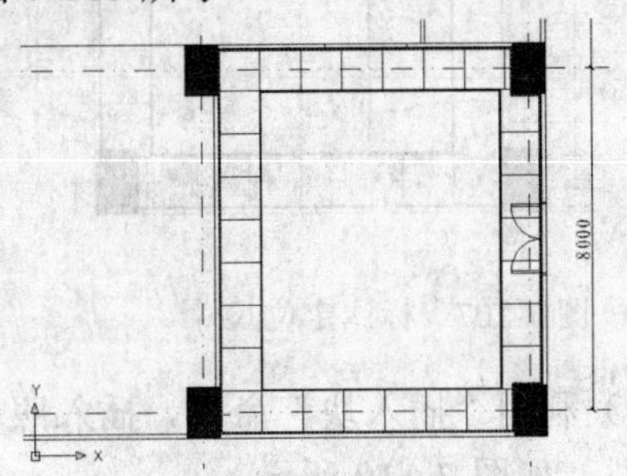

图 7-104 完成外圈分割

（3）利用“直线”和“偏移”命令，完成一个外圈门厅天花板造型分割，如图 7-104 所示。

（4）利用“插入块”和“复制”命令，布置外圈吊顶筒灯造型，如图 7-105 所示。

说明

按一定规律布置灯具。

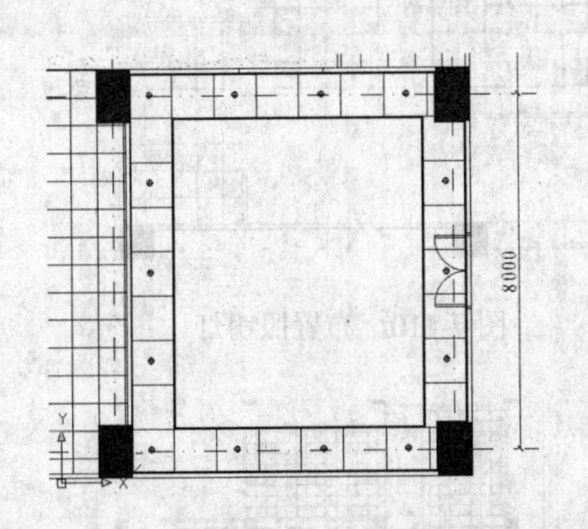

图 7-105 布置外圈筒灯

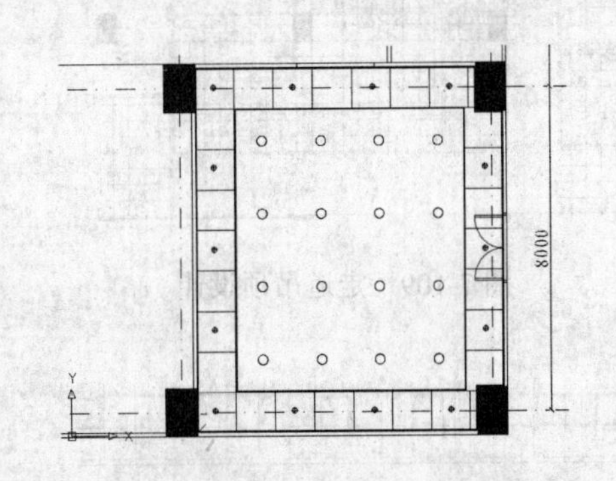

图 7-106 布置内圈造型灯

（5）利用“插入块”和“复制”命令，布置内圈吊顶造型灯，如图 7-106 所示。

（6）利用“连续标注”命令，标注定位尺寸，如图 7-107 所示。

（7）利用“图案填充”命令，将各个办公室房间、卫生间和职员办公区域的吊顶填充矿棉板吊顶，如图 7-108 所示。

（8）利用“图案填充”命令，设置填充图案为 AR-SAND，将写字楼公共走道的吊顶填充石膏板，如 7-109 所示。

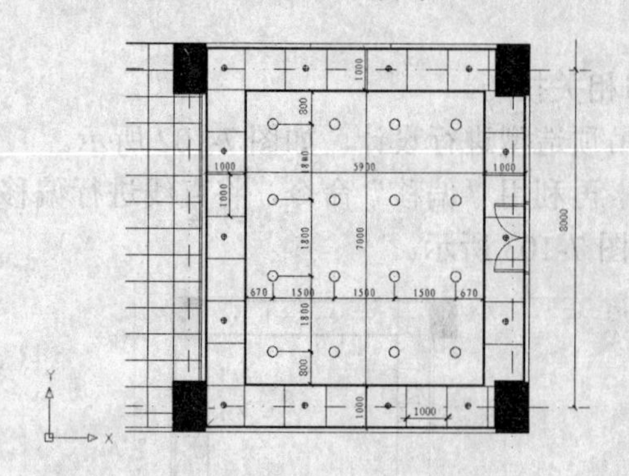

图 7-107 标注定位尺寸

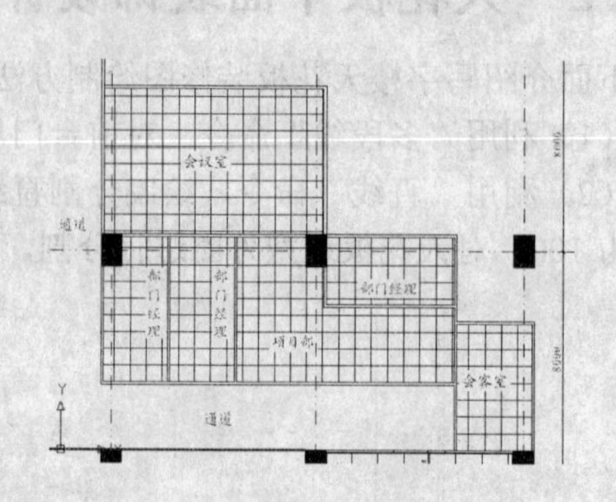

图 7-108 布置其他房间吊顶

（9）利用“插入块”命令，插入照明灯，再利用“复制”命令，布置相关房间的照明灯造型，如图 7-110 所示。

（10）利用“插入块”命令，插入筒灯，再利用“复制”命令，在走道吊顶布置筒灯，如图 7-111 所示。

说明

灯具采用隔栅灯造型。

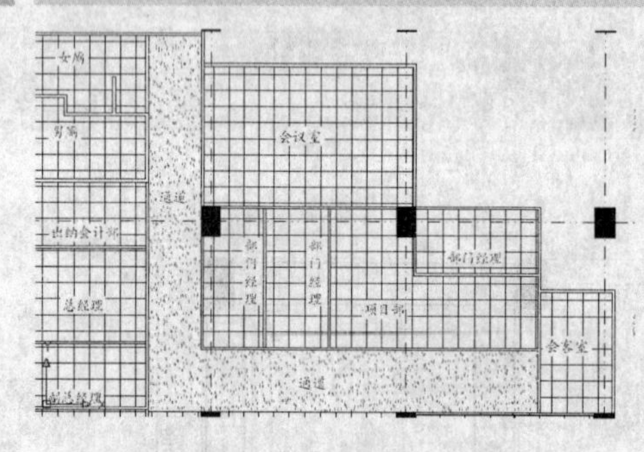

图 7-109 走道吊顶设计

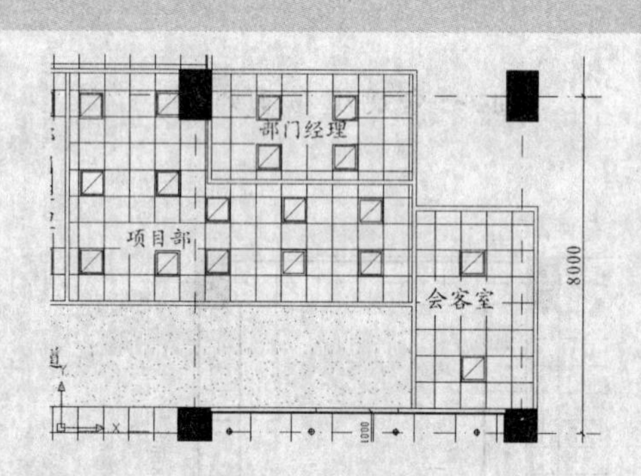

图 7-110 布置照明灯

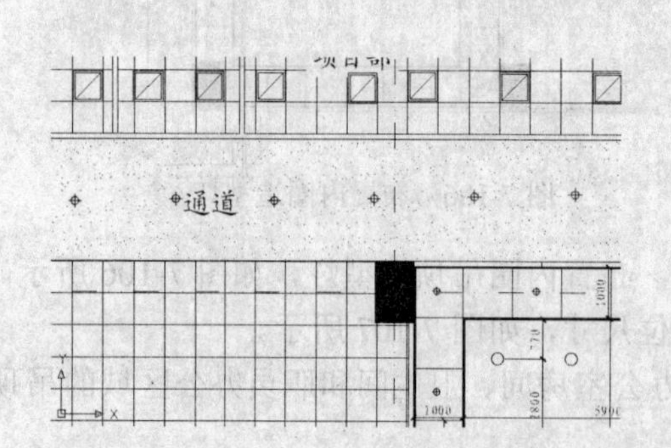

图 7-111 布置走道吊顶灯

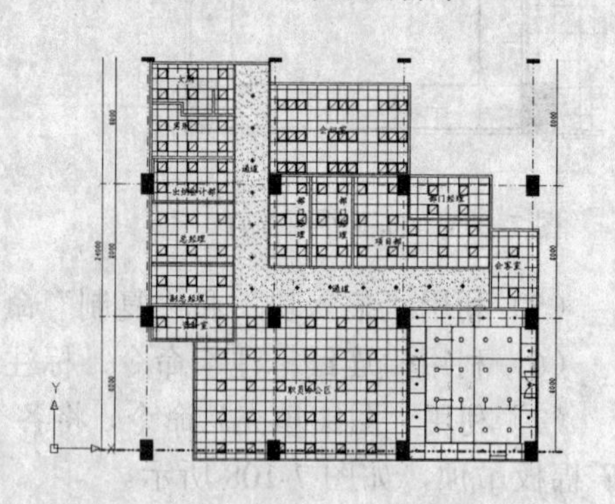

图 7-112 完成天花板设计

（11）完成写字楼吊顶图绘制，如图 7-112 所示。

说明

根据做法使用折线引出，标注相应的说明文字，在此从略。同时要注意及时保存图形。

7.4　写字楼立面和节点大样图设计

绘制思路

> **实讲实训 多媒体演示**
>
> 多媒体演示参见配套光盘中的\\动画演示\第 7 章\写字楼立面和节点大样图设计.avi。

立面设计应以满足功能为基础，与平面布局有机结合。设计中可充分利用各种几何线条来塑造立面效果。同时立面设计也应考虑到动态透视效果，以取得移步换景的良好效果。在室内立面设计处理中，形体上提倡简洁的线条和现代风格，并反映出个性特点；材质上鼓励设计中选用美观经济的新材料，通过材质变化及对比来丰富立面；色彩上居住建筑宜以淡雅、明快为主。此外，立面设计应考虑室内相关设施的位置，保持良好的整体效果。

下面介绍如图 7-113 和图 7-114 所示的写字楼装饰立面和节点大样图的设计相关知识及其绘图方法与技巧。

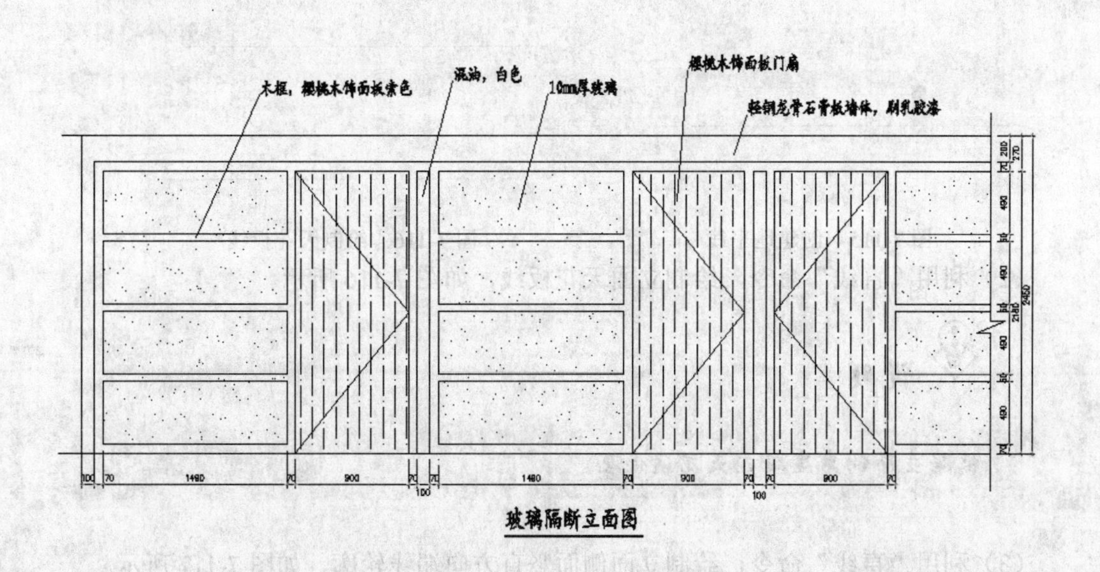

图 7-113　写字楼某立面图

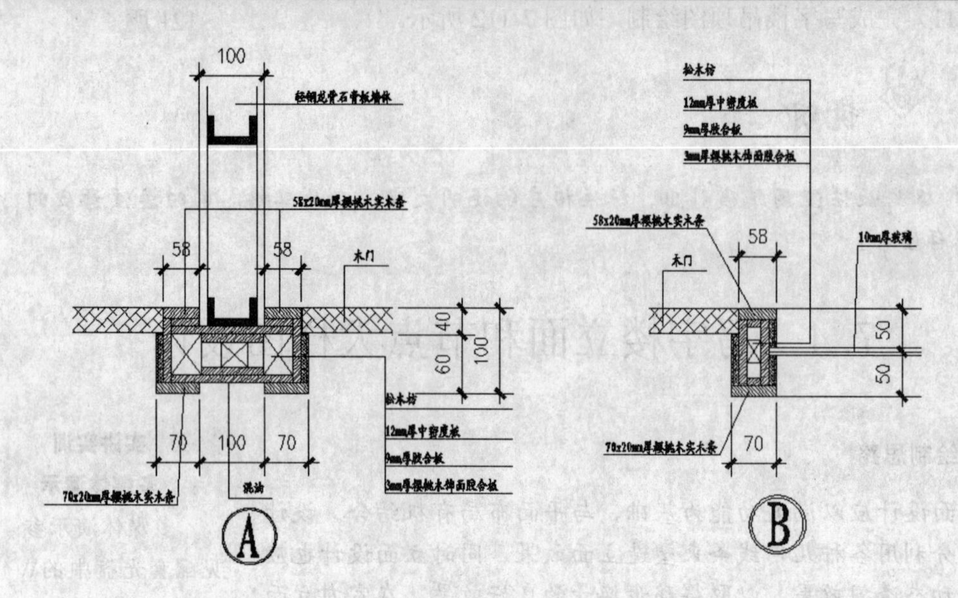

图 7-114　写字楼节点大样图

7.4.1　写字楼相关立面设计

下面介绍写字楼其中一个立面图——写字楼墙体的玻璃隔断立面的绘制方法与相关技巧。

（1）利用“直线”命令，创建地平线，如图 7-115 所示。

图 7-115　创建地平线 　　　　图 7-116　绘制天花板线

（2）利用“直线”命令，绘制立面天花板线，如图 7-116 所示。

说明

根据立面的高度确定天花线位置。

（3）利用“直线”命令，绘制立面侧面竖直方向端线轮廓，如图 7-117 所示。

（4）利用“直线”和“偏移”命令，按比例分割立面，如图 7-118 所示。

（5）利用“修剪”命令，对交接处进行剪切，如图 7-119 所示。

（6）利用“多段线”命令，绘制房间门立面轮廓，如图 7-120 所示。

（7）利用“直线”命令，勾画门扇开启方向立面轮廓线，如图 7-121 所示。

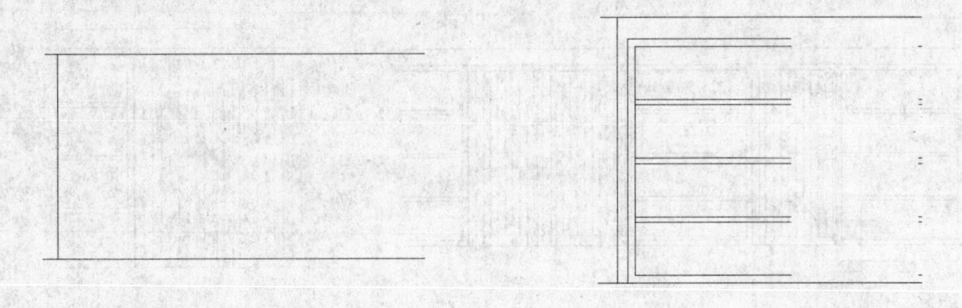

图 7-117　绘制端线　　　　图 7-118　分割立面

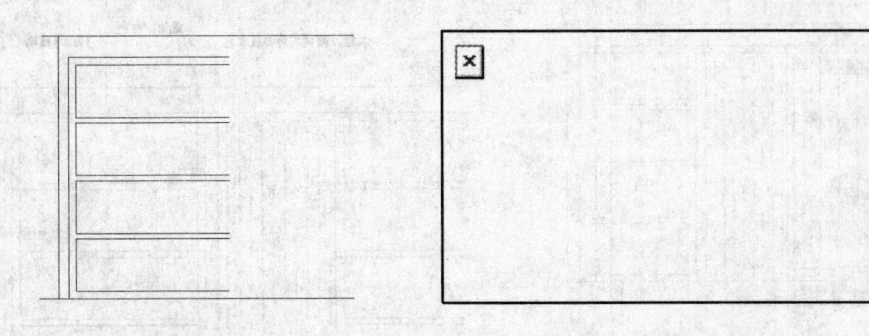

图 7-119　剪切交接条形　　　　图 7-120　绘制房间门轮廓

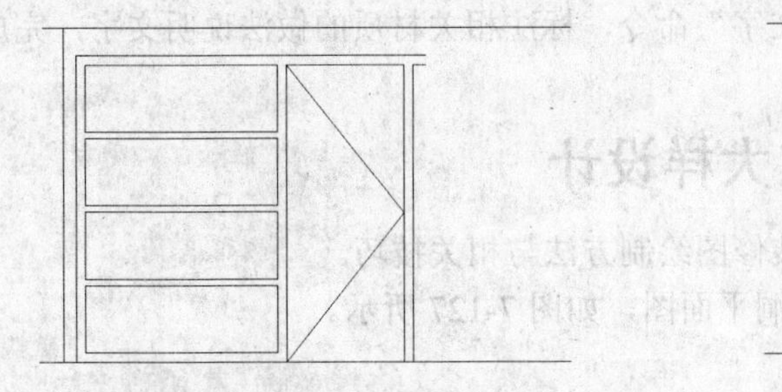

图 7-121　绘制门开启方向

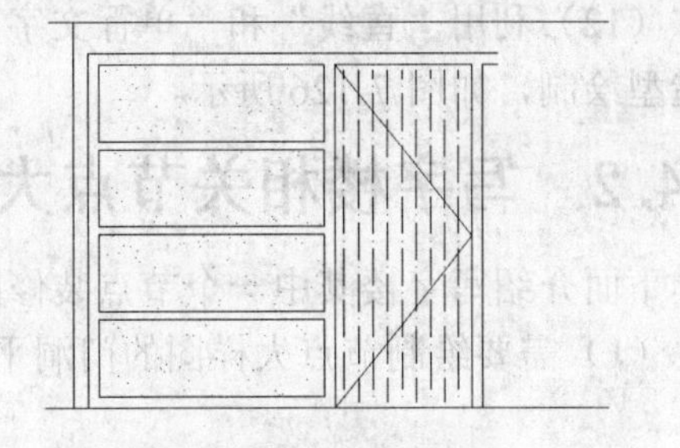

图 7-122　填充立面材质

（8）利用“图案填充”命令，填充不同图案，如图 7-122 所示。

说明

通过填充不同图案，反映不同的立面材质。

（9）按上述方法绘制相邻房间的立面造型，如图 7-123 所示。

（10）利用“直线”和“修剪”命令，在立面另外一端勾画折断线，如图 7-124 所示。

（11）利用“线性标注”命令，在竖直和水平方向进行尺寸标注，如图 7-125 所示。

图 7-123　绘制相邻立面造型

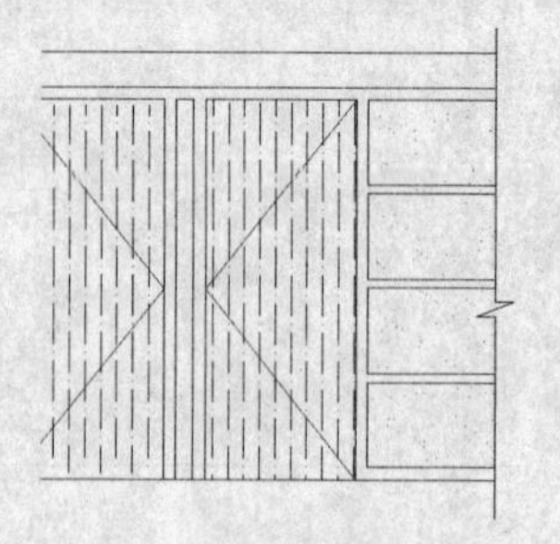

图 7-124　勾画折断线

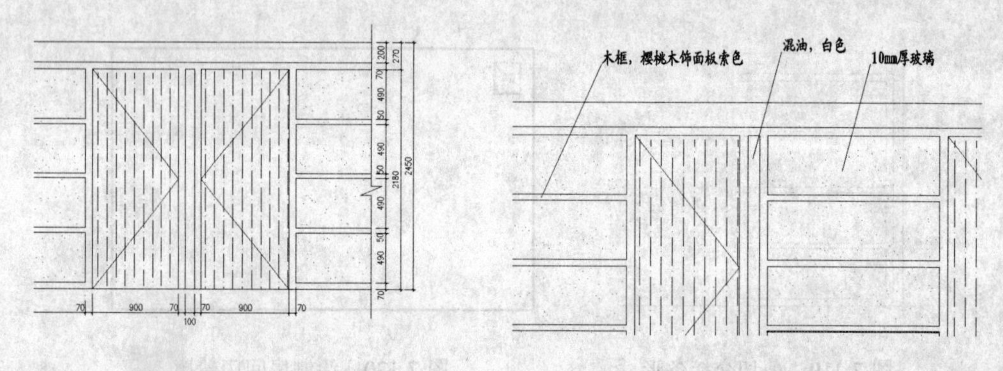

图 7-125　标注尺寸

图 7-126　标注说明文字

（12）利用“直线”和“单行文字”命令，标注相关材质的做法说明文字，完成立面造型绘制，如图 7-126 所示。

7.4.2　写字楼相关节点大样设计

下面介绍写字楼其中一个节点装修图绘制方法与相关技巧。

（1）需要绘制节点大样图的门洞平面图，如图 7-127 所示。

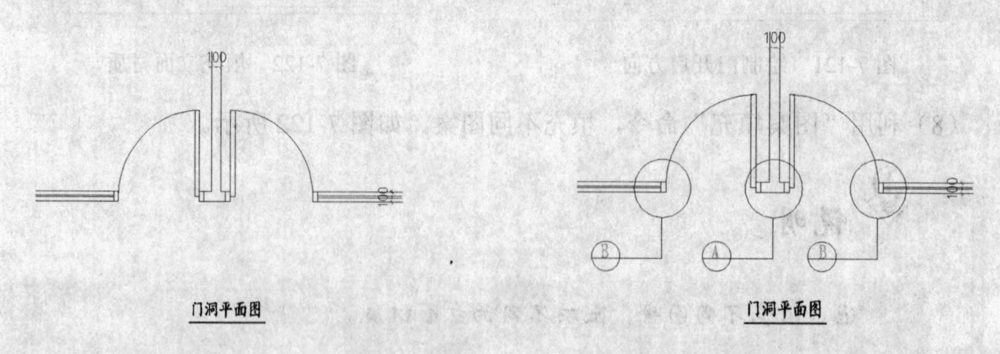

图 7-127　门洞平面图

图 7-128　绘制编号

（2）利用“圆”、“直线”和“单行文字”命令，绘制节点大样编号，如图 7-128 所示。

说明

绘制节点大样编号按顺序编号。

（3）利用“直线”和“偏移”命令，绘制中间的墙体轮廓，如图7-129所示。

图7-129 绘制墙体轮廓　　图7-130 绘制龙骨轮廓

（4）利用“多段线”命令，设置线宽为100，绘制龙骨轮廓造型。再利用“复制”命令，将龙骨线复制到适当的地方，如图7-130所示。

（5）利用“直线”命令，绘制内侧细部构造做法，如图7-131所示。

（6）利用“直线”、“偏移”和“修剪”命令，继续进行逐层勾画不同部位的构造做法，如图7-132所示。

（7）利用“矩形”和“直线”命令，勾画外侧表面构造做法，如图7-133所示。

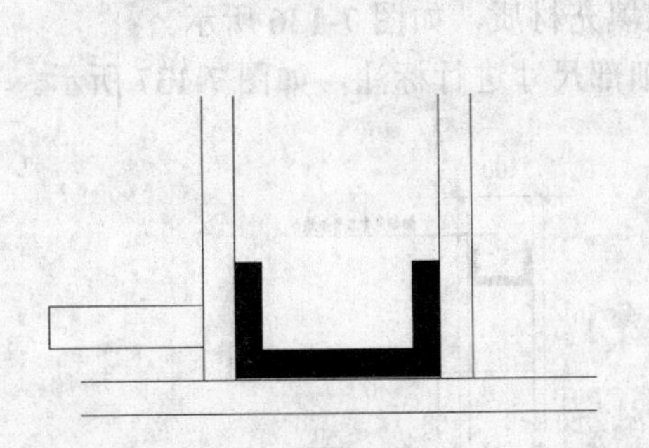

图7-131 绘制构造做法

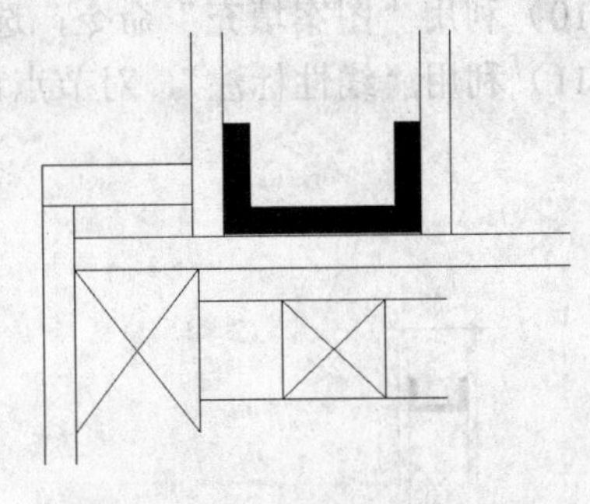

图7-132 勾画不同部位构造

说明

构造做法要具有可操作性，便于施工。

（8）利用“直线”命令，绘制门扇平面造型，如7-134所示。

（9）利用“镜像”命令，将左边的图以中间轴线为镜像线，进行镜像得到节点A

的大样图，如图 7-135 所示。

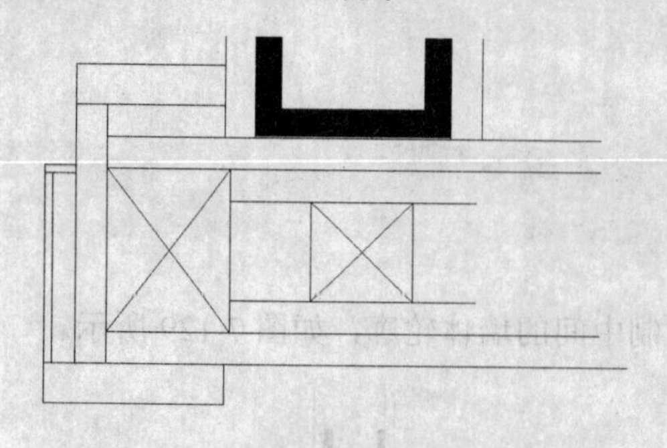

图 7-133　勾画外侧构造做法

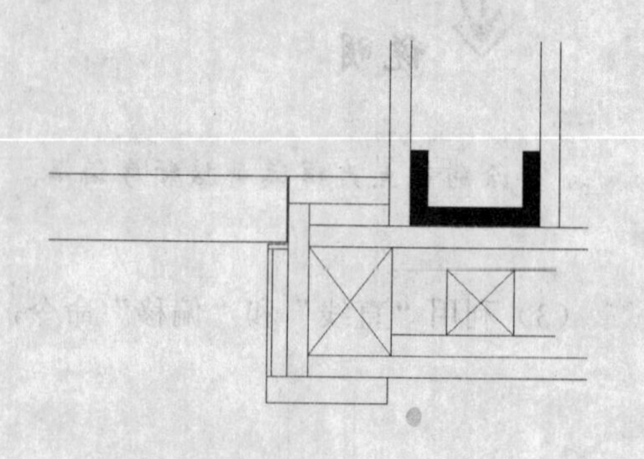

图 7-134　绘制门扇造型

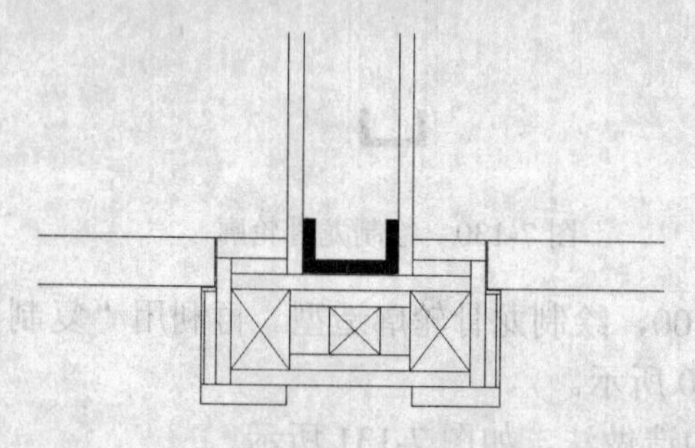

图 7-135　镜像图形

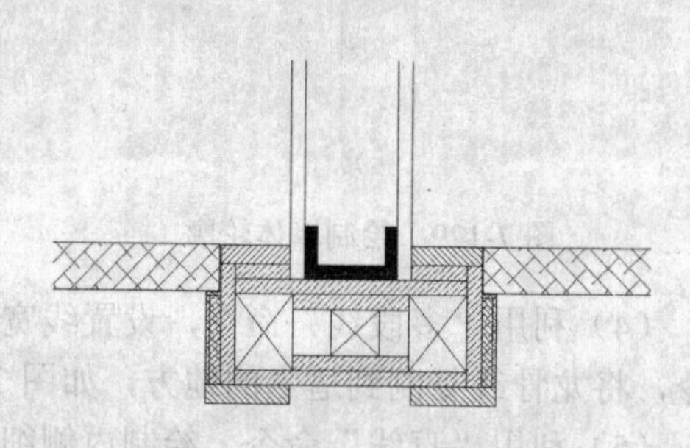

图 7-136　填充材质

（10）利用“图案填充”命令，选择图案填充材质，如图 7-136 所示。

（11）利用“线性标注”，对节点详图的细部尺寸进行标注，如图 7-137 所示。

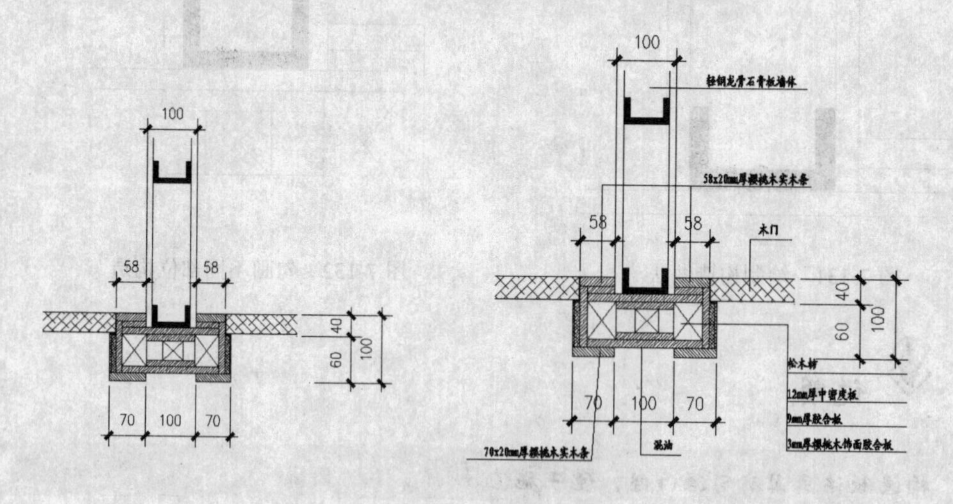

图 7-137　标注尺寸

图 7-138　标注文字

（12）利用“单行文字”命令，标注材质说明文字，如图 7-138 所示。

多行文字可以使用MTEXT命令来完成。

（13）利用“单行文字”、“圆”和“偏移”命令，绘制节点大样编号，完成大样图绘制，如图7-139所示。

图7-139　标注大样编号

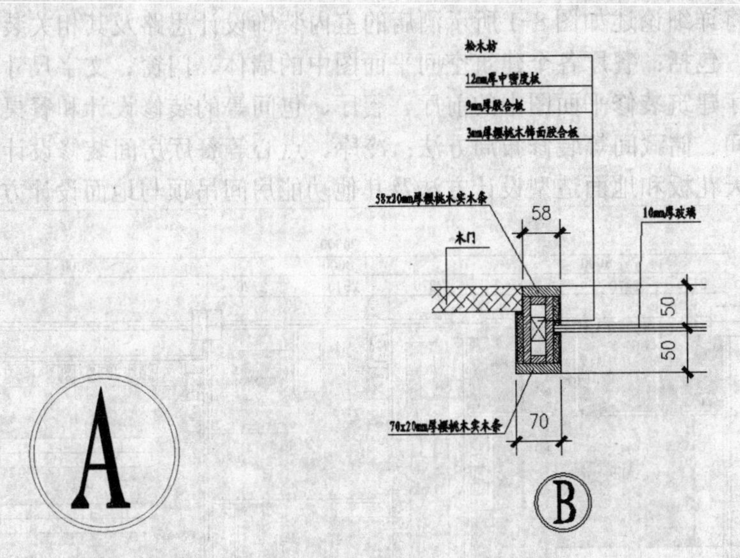

图7-140　绘制大样B

（14）节点大样B按节点大样A的绘制方法进行绘制，如图7-140所示。

第 8 章

酒店室内装饰图设计

本章导读：

本章将详细论述如图 8-1 所示酒店的室内装饰设计思路及其相关装饰图的绘制方法与技巧，包括：餐厅各个建筑空间平面图中的墙体、门窗、文字尺寸等图形绘制和标注；餐厅建筑装修平面图中的前厅、餐厅、包间等的装修设计和餐桌布局方法；厨房、操作间、储藏间等装修布局方法；冷库、点心等餐厅房间装修设计要点；餐厅大小包间的天花板和地面造型设计方法及其他功能房间吊顶与地面设计方法等。

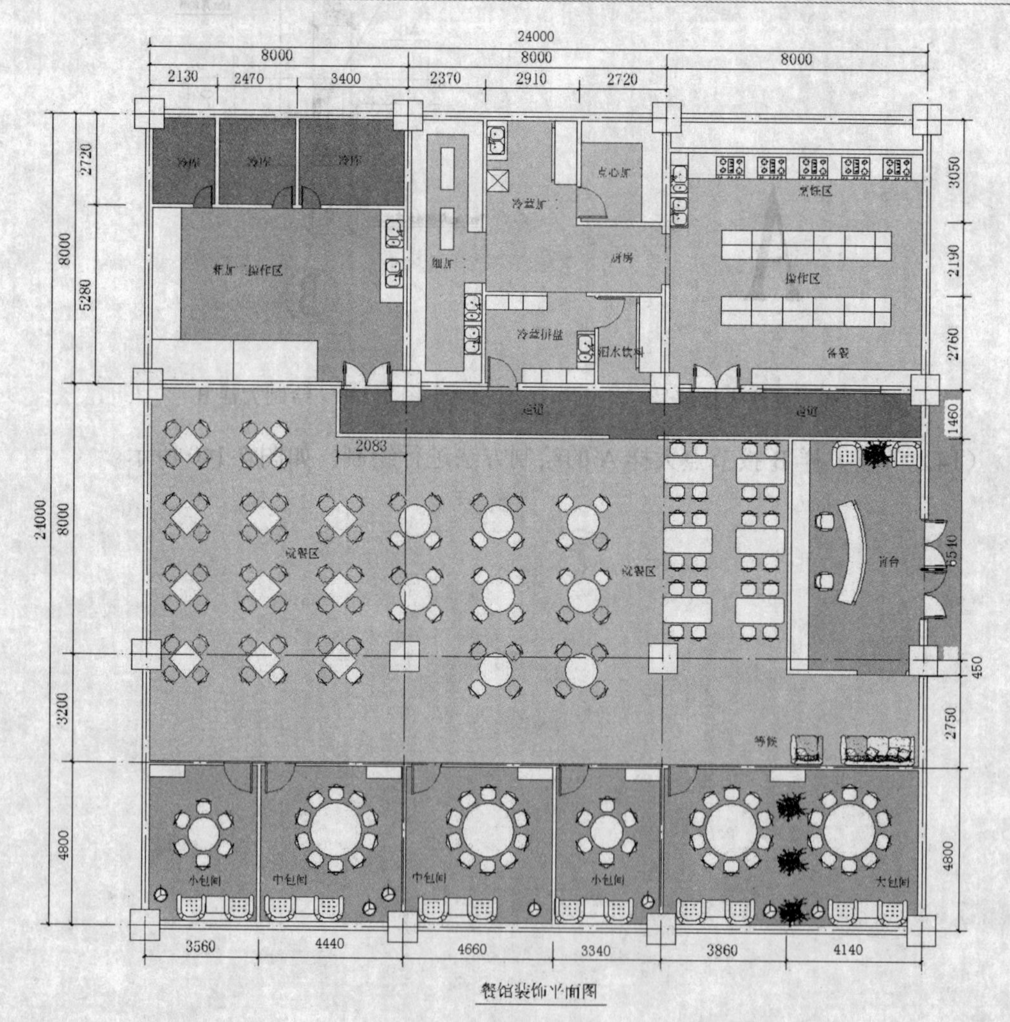

图 8-1　酒店装饰设计

8.1 酒店装修前建筑平面图绘制

绘制思路

酒店内部设计首先由其面积决定。由于现代都市人口密集，寸土寸金，因此须对空间作有效的利用。从生意上着眼，第一件应考虑的事就是每一位顾客可以利用的空间。酒店的总体布局是通过交通空间、使用空间、工作空间等要素的完美组织所共同创造的一个整体。作为一个整体，酒店的空间设计首先必须合乎接待顾客和使顾客方便用餐这一基本要求，同时还要追求更高的审美和艺术价值。原则上说，酒店的总体平面布局是不可能有一种放诸四海而皆准的真理的，但是它确实也有不少规律可循，并能根据这些规律，创造相当可靠的平面布局效果。与住宅建筑平面图绘制方法类似，同样是先建立各个功能房间的开间和进深轴线，然后按轴线位置绘制建筑柱子以及各个功能房间墙体及相应的门窗洞口的平面造型，最后绘制冷库等空间的平面图形，同时标注相应的尺寸和文字说明。

实讲实训
多媒体演示

多媒体演示参见配套光盘中的\\动画演示\第 8 章\酒店装修前建筑平面图绘制.avi。

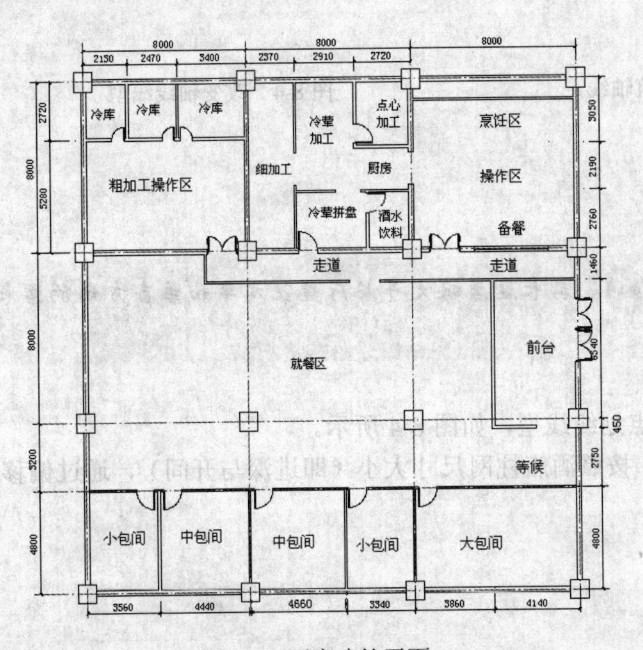

图 8-2 酒店建筑平面

酒店的厅内场地太挤与太宽均不好，应以顾客来酒店的数量来决定其面积大小。秩序是酒店平面设计的一个重要因素。由于酒店空间有限，所以许多建材与设备，均应作经济有序的组合，以显示出形式之美。所谓形式美，就是全体与部分的和谐。简单的平面配置富于统一的念，但容易因单调而失败；复杂的平面配置富于变化的趣味，但却容易松散。配置得当时，添一份则多，减一份嫌少，移去一部分则有失去和谐之感。因此，设计时还是要运用适度的规律把握秩序的精华，这样才能求取完整而又灵活的平面效果。

在设计酒店空间时，由于备用所需空间大小各异，其组合运用亦各不相同，必须考虑各种空间的适度性及各空间组织的合理性。在运用时要注意各空间面积的特殊性，并考察顾客与工作人员流动路线的简捷性，同时也要注意消防等安全性的安排，以求得各空间面积与建筑物的合理组合，高效率利用空间。

下面介绍如图 8-2 所示的酒店建筑平面设计绘图方法与技巧及其相关知识。

8.1.1 酒店建筑墙体绘制

下面绘制酒店的各个空间平面的建筑墙体和柱子轮廓。

（1）利用“直线”命令，绘制 2 条水平和垂直方向的直线，作为酒店建筑的平面轴线，如图 8-3 所示。

图 8-3　创建酒店建筑轴线　　　　图 8-4　改变轴线线型

说明

作为餐厅建筑的平面轴线，其长度要略大于餐厅建筑水平和垂直方向的总长度尺寸。

（2）将轴线线型改变为点划线线型，如图 8-4 所示。

（3）利用“偏移”命令，按照酒店柱网尺寸大小（即进深与开间），通过偏移生成平面轴网，如图 8-5 所示。

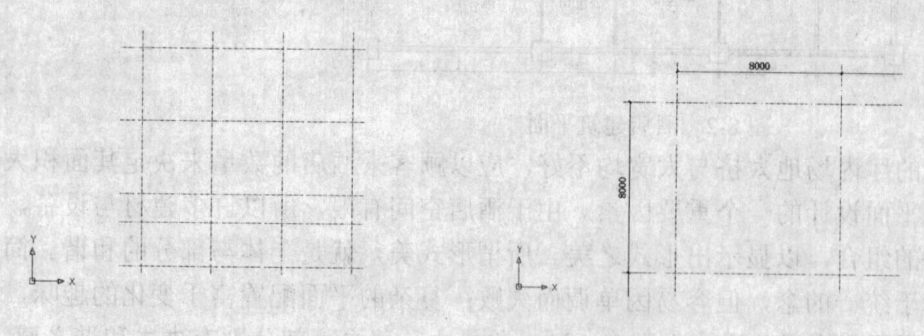

图 8-5　创建轴网平面　　　　图 8-6　标注平面轴网

（4）利用“线性标注”命令，标注酒店的平面轴线网的尺寸，如图 8-6 所示。

（5）利用“线性标注”命令，标注各个方向轴线的尺寸标注，如图 8-7 所示。

（6）利用“正多边形”命令，绘制边长为 900 的正方形，创建酒店正方形柱子外轮廓，如图 8-8 所示。

（7）利用“图案填充”命令，设置填充图案为 SOLID，将钢筋混凝土柱子填充为黑色实体，如图 8-9 所示。

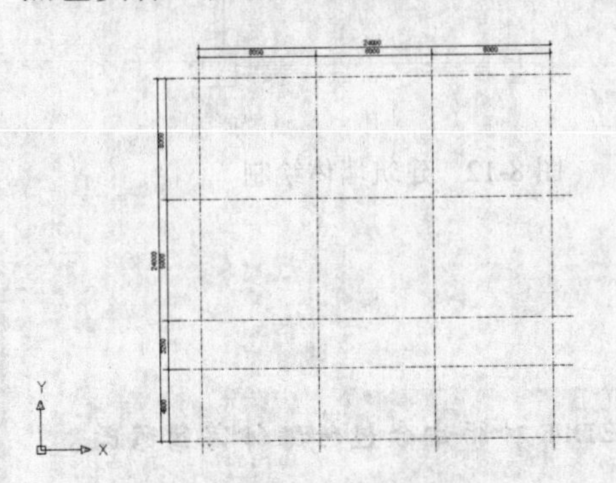

图 8-7 标注各个轴线

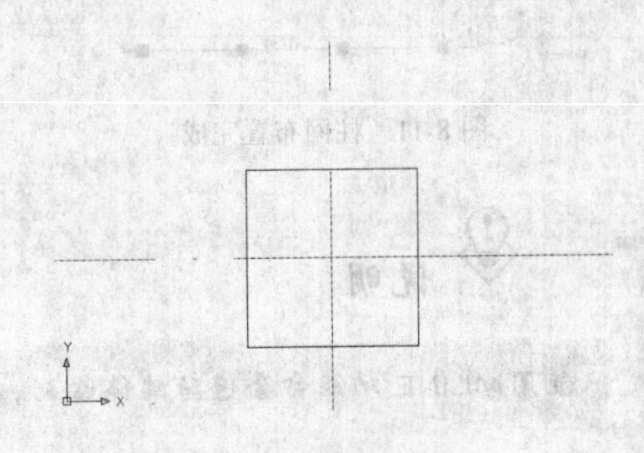

图 8-8 绘制柱子轮廓

说明

小比例（如 1：100）图形的钢筋混凝土柱子需填充为黑色实体。

图 8-9 填充黑色实体

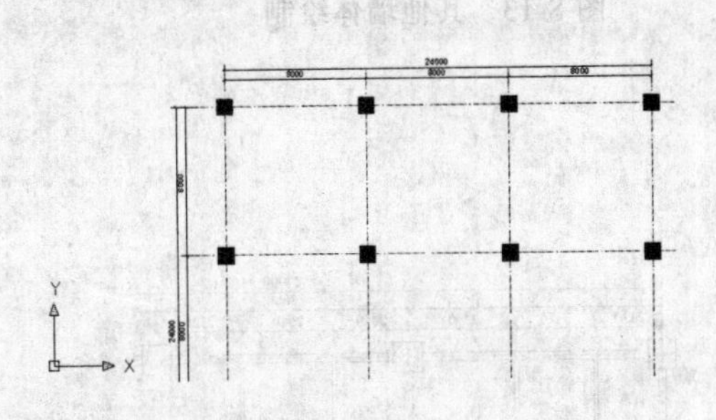

图 8-10 布置柱子

（8）利用“复制”命令，复制柱子到各轴线节点。如图 8-10 所示。最后柱网和柱子的布局绘制完成，如图 8-11 所示。

（9）利用“多线”命令，设置多线比例为 200，绘制酒店平面建筑墙体，如图 8-12 所示。

（10）继续进行绘制其他房间的墙体轮廓线，如图 8-13 所示。

（11）利用“多线”命令，设置多线的位置为居中对正位置，对正类型为无，比例为 100，绘制酒店内部房间的隔墙薄墙体，如图 8-14 所示。

（12）利用“线性标注”命令，标注隔墙位置尺寸，如图 8-15 所示。

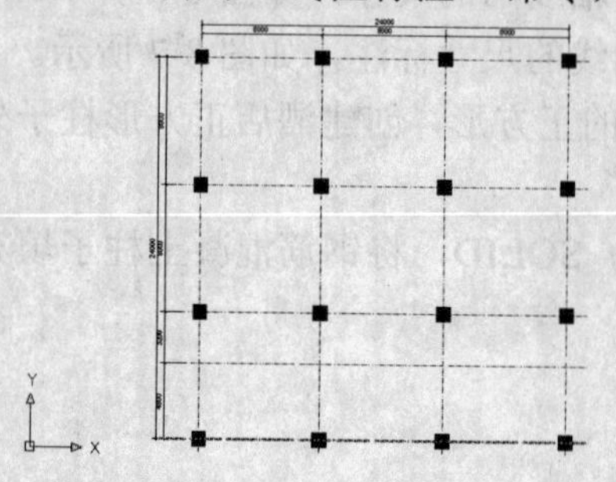

图 8-11　柱网布置完成

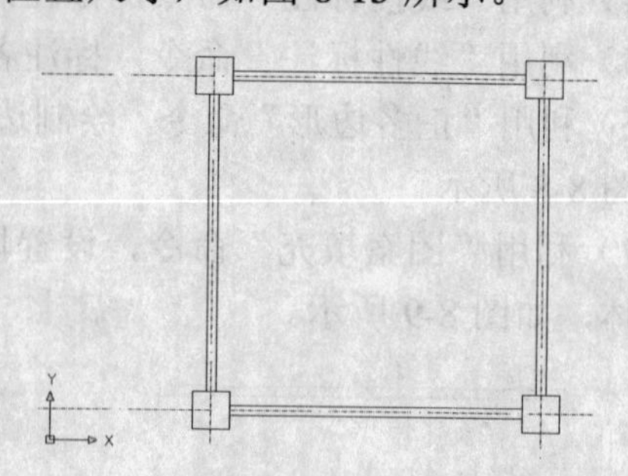

图 8-12　建筑墙体绘制

说明

使用MLINE功能命令进行墙体绘制，使用MLEDIT功能命令进行墙体编辑修改。

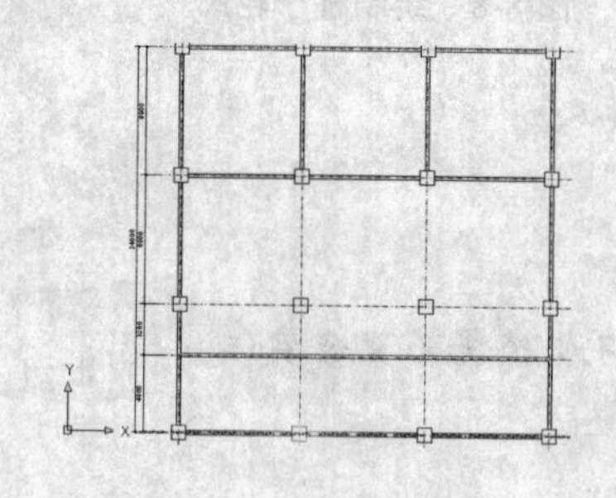

图 8-13　其他墙体绘制

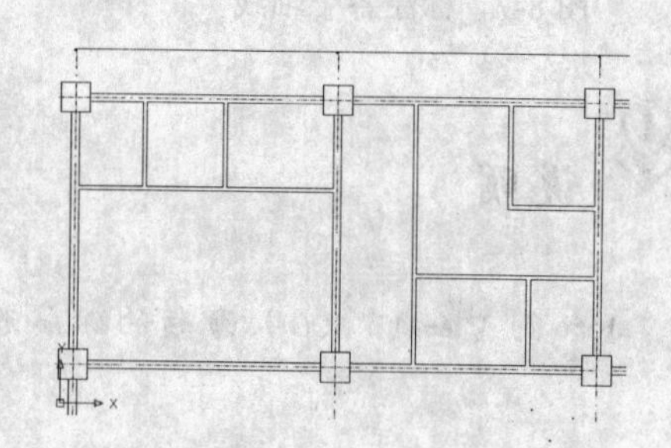

图 8-14　薄墙体绘制

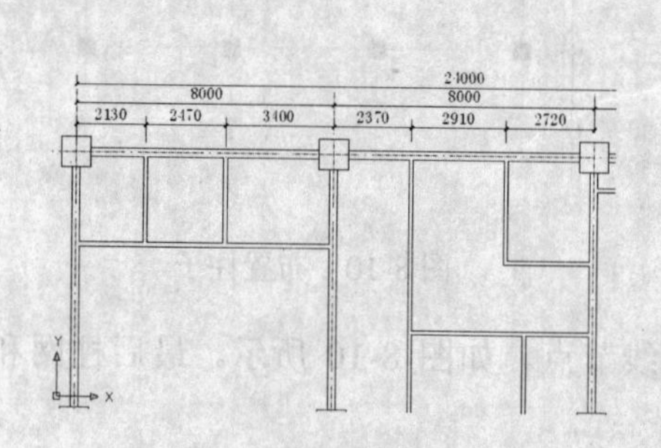

图 8-15　标注隔墙尺寸

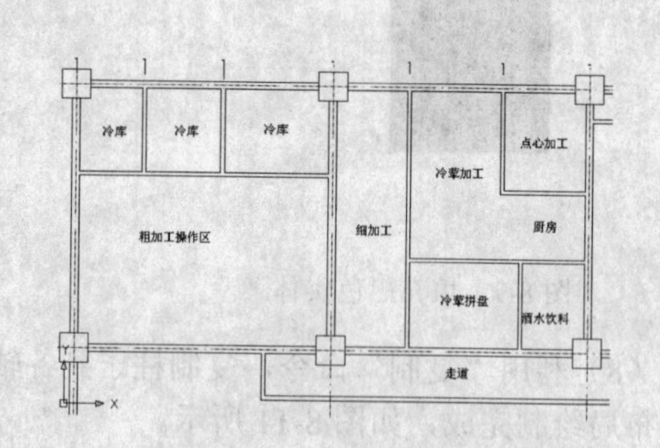

图 8-16　房间功能安排

（13）利用“单行文字”命令，对房间功能标注说明文字，字高为 500，旋转角度为 0，如图 8-16 所示。

（14）完成酒店建筑墙体平面绘制，保存图形，如图 8-17 所示。

说明

也可以使用MTEXT功能命令进行文字标注。

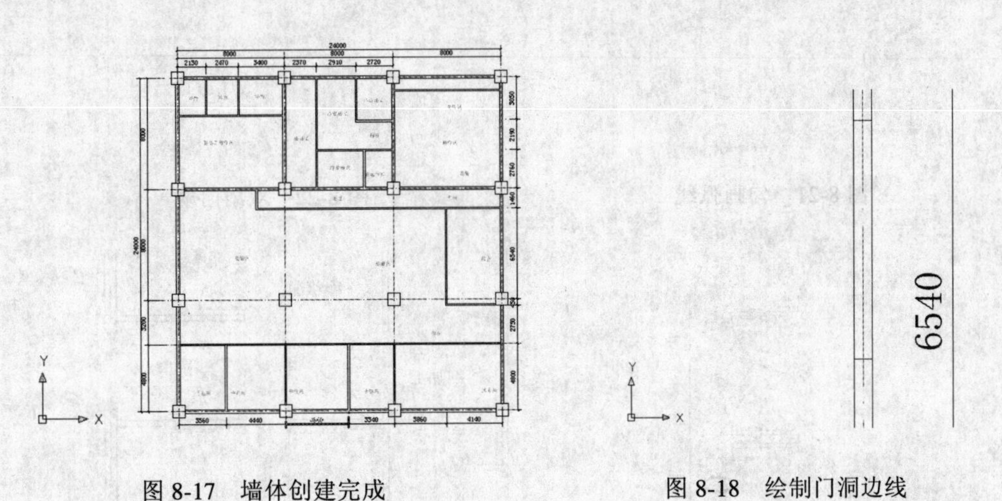

图 8-17　墙体创建完成　　　　图 8-18　绘制门洞边线

8.1.2　酒店室内门窗绘制

在绘制好酒店各个墙体上，绘制相应房间的门窗造型。

（1）利用“直线”命令，绘制前台入口大门门洞的边线，再利用“偏移”命令，将边线向下偏移2990，结果如图8-18所示。

（2）利用“修剪”命令，将多余的线段进行剪切，得到如图8-19所示的门洞。

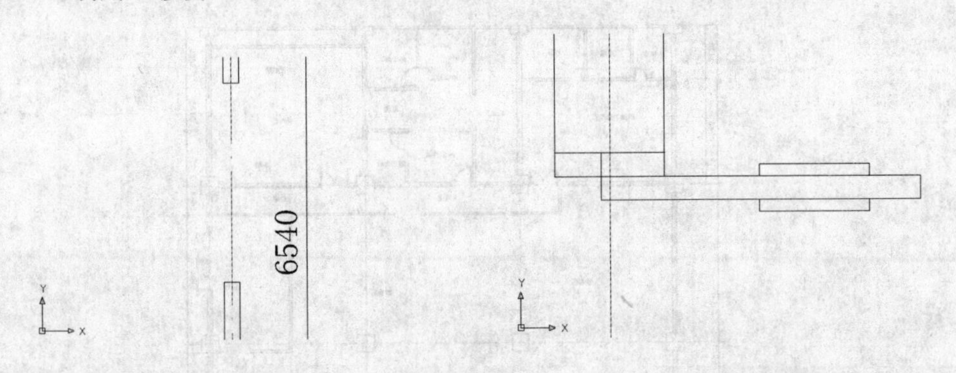

图 8-19　入口门洞　　　　图 8-20　门扇造型创建

（3）利用“矩形”和“直线”命令，创建入口其中一扇门扇造型，如图8-20所示。

（4）利用“圆弧”命令，勾画门扇弧线造型，如图8-21所示。

（5）利用“镜像”命令，将上步绘制的一扇门通过镜像得到双扇门，如图8-22所示。

（6）利用“复制”命令，将双扇门进行复制，得到两扇双扇门造型，如图 8-23 所示。

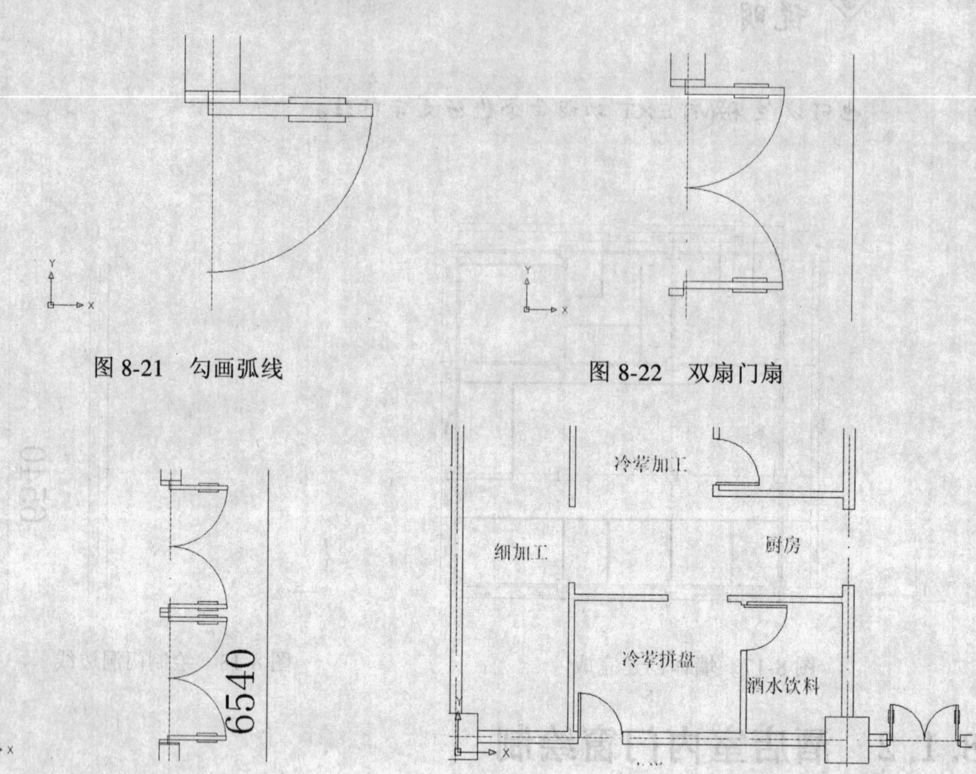

图 8-21　勾画弧线

图 8-22　双扇门扇

图 8-23　复制门扇

图 8-24　创建其他门扇

（7）其他单扇门造型和门洞造型按同样绘制方法得到，如图 8-24 所示。

（8）酒店平面门扇和门洞绘制完成，其建筑平面创建也基本完成，如图 8-25 所示。

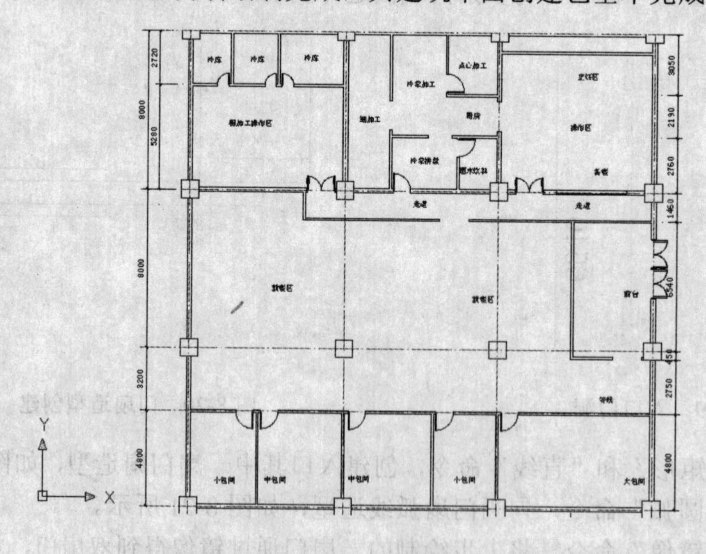

图 8-25　完成建筑平面

8.2 酒店装修图绘制

绘制思路

> **实讲实训**
> **多媒体演示**
>
> 多媒体演示参见配套光盘中的\\动画演示\第 8 章\酒店装修图绘制.avi。

酒店装修的要点：

1）色彩的搭配。酒店的色彩配搭一般是从空间感的角度来考虑的。色彩的使用上，宜采用暖色系，因为从色彩心理学上来讲，暖色有利于促进食欲。

2）装修的风格。酒店的风格在一定程度上是由餐具和餐桌等决定的，所以在装修前期，就应对餐桌、餐椅的风格定夺好。其中最容易冲突的是色彩、天花造型和墙面装饰品。

3）家具选择。餐桌的选择需要注意与空间大小配合，小空间配大餐桌或者大空间配小餐桌都是不合适的。餐桌与餐椅一般是配套的，也可分开选购，但需注意人体工程学方面的问题，如椅面到桌面的高度差以 30cm 左右为宜，过高或过低都会影响正常姿势；椅子的靠背应感觉舒适等。餐桌布宜以布料为主，目前市场上也有多种选择。使用塑料餐布的，在放置热物时，应放置必要的厚垫，特别是玻璃桌，有可能引起不必要的受热开裂。

酒店的装修包括方方面面，因为酒店服务的对象包括社会各阶层人士，一般以广大工薪阶层为主，所以，酒店的装修从表至里，既要有文化品位，能突出自身经营的主题，又要符合大众化。有些经营者在装修酒店前，总想将店铺设计得更豪华、更现代，能在激烈的商海竞争中受到消费者的欢迎，结果往往事与愿违。不根据自己酒店的具体情况，因时因地地灵活掌握装修的内容和档次，过分强调豪华，而忽视了文化品味和大众化的构思，不会收到好的效果。装修店面各有特色，总的一个共同点就是大众化的装修，雅俗共赏。除了菜品丰富、菜量较大、经济实惠、上菜迅速等特点外，装修风格也朴实大方，不事张扬，能为百姓所乐于接受。

下面介绍如图 8-26 所示的酒店装饰平面的设计绘图方法与技巧及其相关知识。

8.2.1 酒店入口门厅平面布置

下面先布置酒店入口门厅平面。

（1）利用“直线”命令，在酒店入口门厅空间平面后绘制一个展示柜轮廓，如图 8-27 所示。

说明

接待门厅是餐厅的主要入口，也是客人进入餐厅的通道。

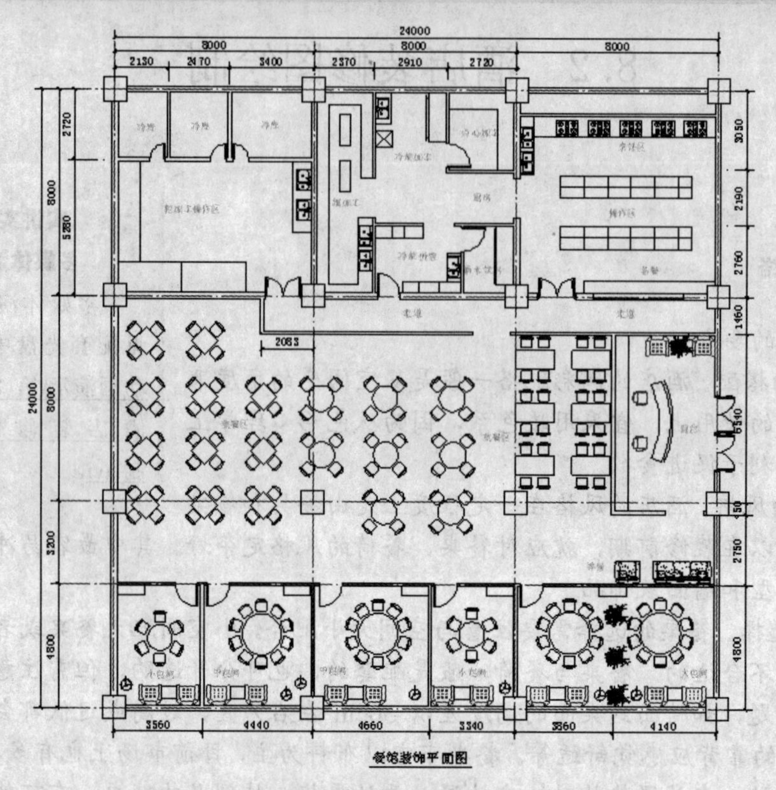

图 8-26　酒店装饰平面

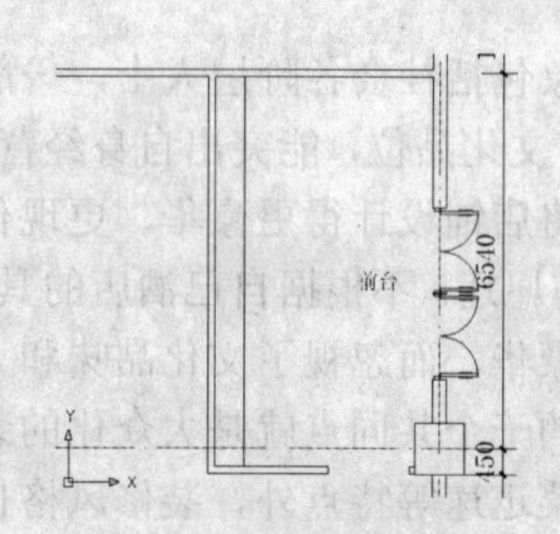

图 8-27　绘制展示柜轮廓

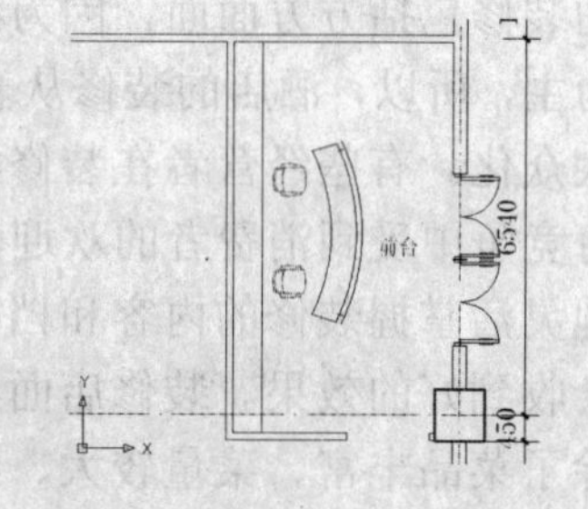

图 8-28　插入服务台

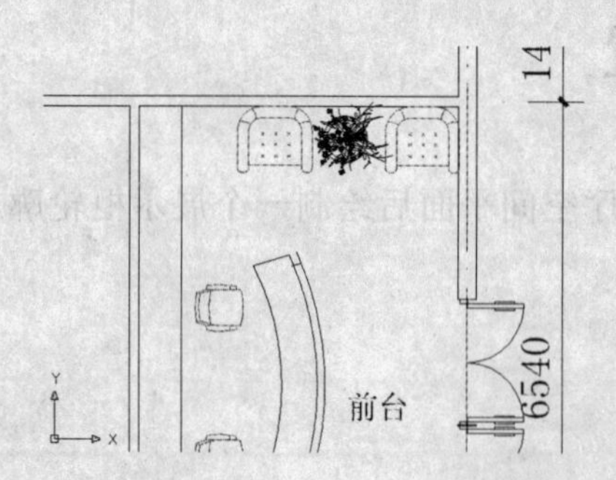

图 8-29　布置沙发

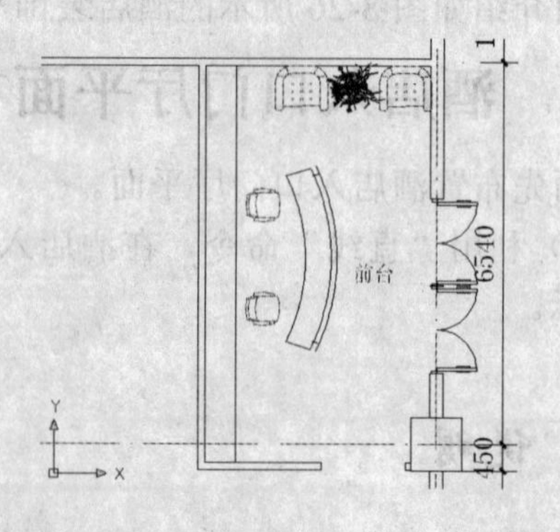

图 8-30　入口布置完成

（2）利用“插入块”和“复制”命令，插入服务台和椅子造型，如图8-28所示。

（3）利用“插入块”命令，在另外一端布置沙发和花草，如图8-29所示。

（4）入口门厅设计布置完成。如图8-30所示。

8.2.2 包间和就餐区等房间平面装饰设计

酒店一般有多间大小不同的包间，还有开敞的公共就餐区等各种功能的房间和空间平面。

（1）利用“插入块”命令，从入口门厅进入的通道休息区处布置沙发造型，如图8-31所示。

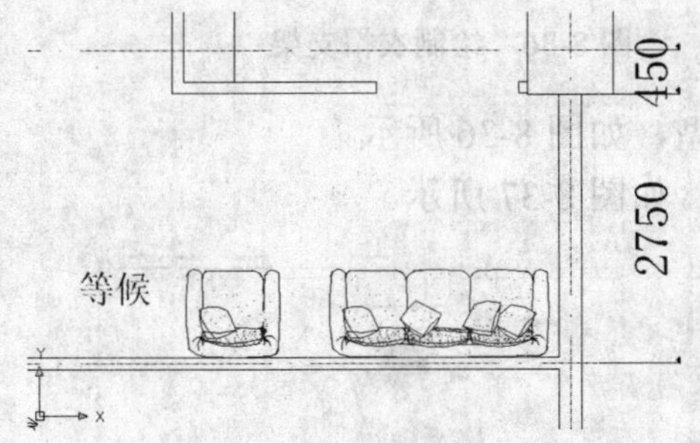

图8-31 布置休息区沙发

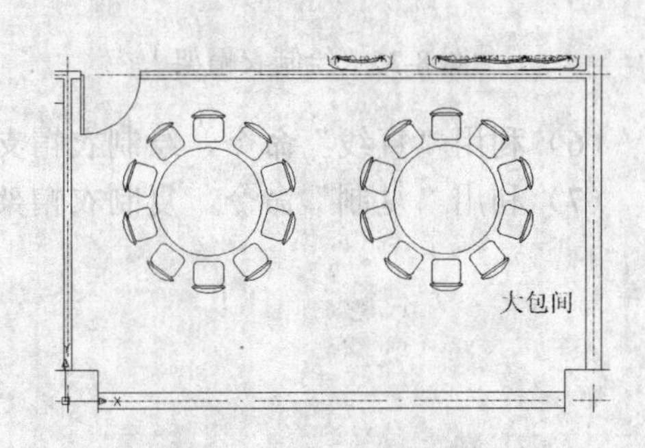

图8-32 布置大餐桌

（2）利用“插入块”和“复制”命令，在大包间布置两个大餐桌造型，如图8-32所示。

（3）利用“插入块”和“复制”命令，布置大包间沙发，如图8-33所示。

说明

为大包间布置沙发是供客人休息。

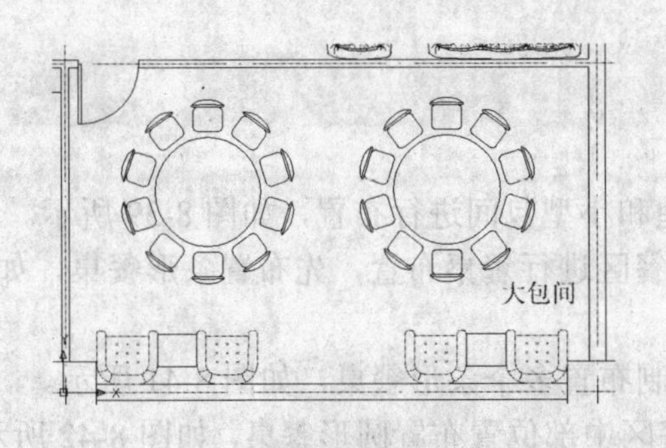

图8-33 再布置沙发

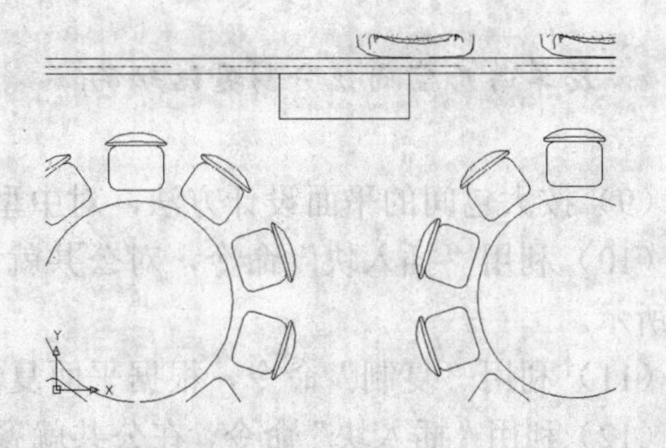

图8-34 绘制餐具桌

（4）利用“矩形”命令，在包间墙体中间位置绘制一个宽度、高度为1070、360的小餐具桌子，如图8-34所示。

（5）利用“圆”命令，分别绘制直径为 420、400、75、20 的圆，包间衣帽架造型如图 8-35 所示。

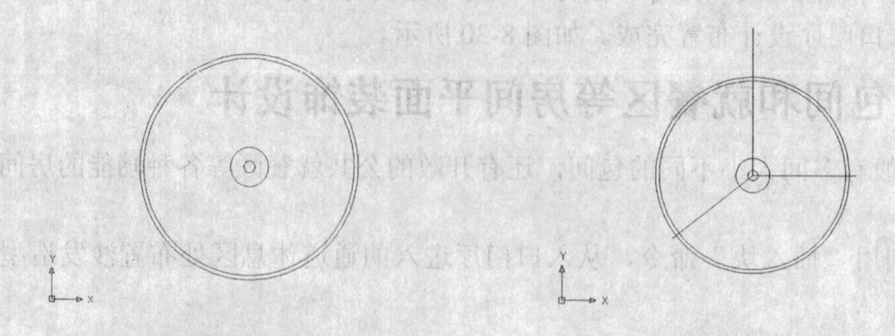

图 8-35　绘制衣帽架　　　　图 8-36　绘制衣帽支架

（6）利用“直线”命令，绘制衣帽支架造型，如图 8-36 所示。

（7）利用“复制”命令，复制衣帽架造型，如图 8-37 所示。

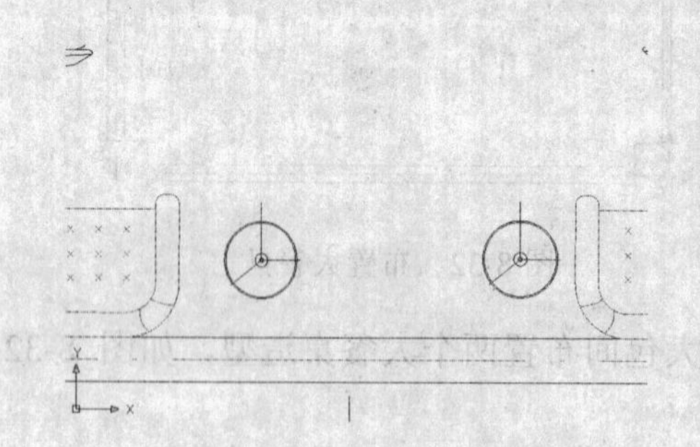

图 8-37　复制衣帽架

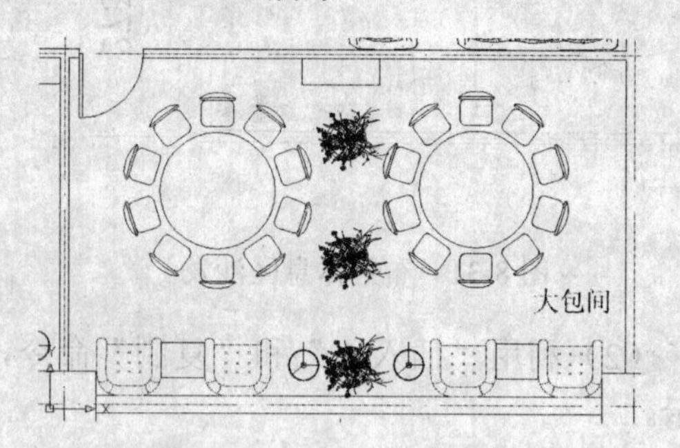

图 8-38　布置花草分割

（8）利用“插入块”和“复制”命令，在中间位置布置花草作为空间软分割，完成大包间装饰平面设计，如图 8-38 所示。

说明

花草作为空间软分割是活动的。

（9）按大包间的平面设计方法，对中型和小型包间进行布置，如图 8-39 所示。

（10）利用“插入块”命令，对公共就餐区进行餐桌布置，先布置条形餐桌，如图 8-40 所示。

（11）利用“复制”命令，根据平面复制布置多个条形餐桌，如图 8-41 所示。

（12）利用“插入块”命令，在公共就餐区中部位置布置圆形餐桌，如图 8-42 所示。

（13）利用“复制”命令，进行复制布置圆形餐桌，如图 8-43 所示。

（14）利用“插入块”命令，在其他空闲地方布置方形餐桌，如图 8-44 所示。

（15）利用 “复制”命令，通过复制进行方形餐桌布置，如图 8-45 所示。

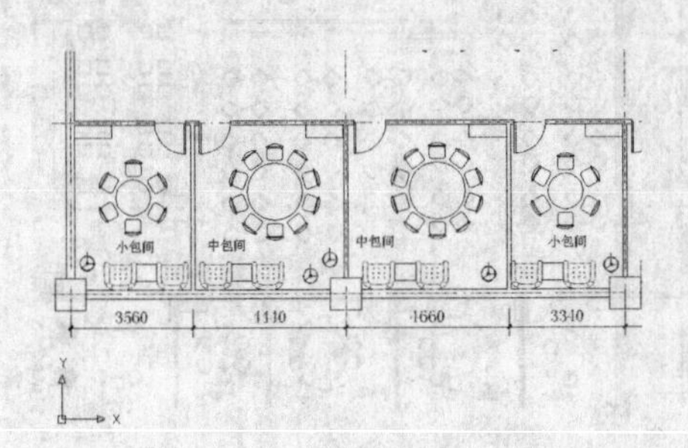

图 8-39 中小包间平面设计

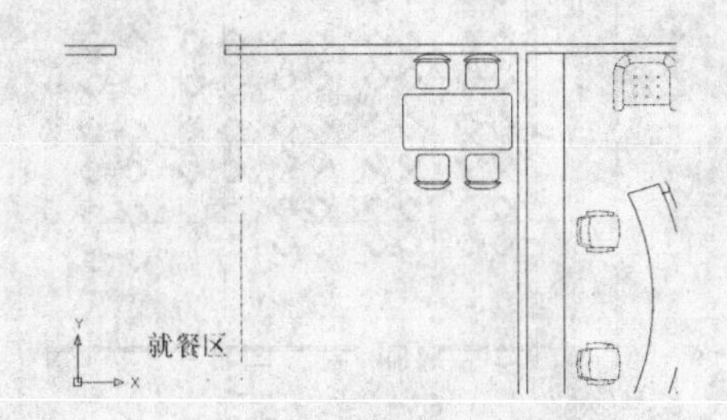

图 8-40 布置条形餐桌

说明

本案例公共区域的餐桌为四人座的。

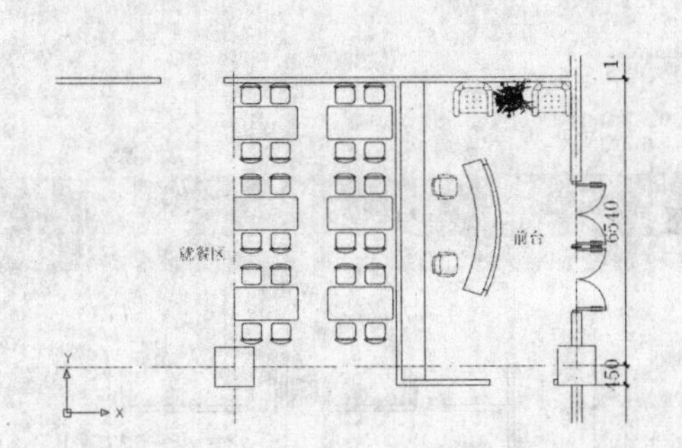

图 8-41 复制布置条形餐桌

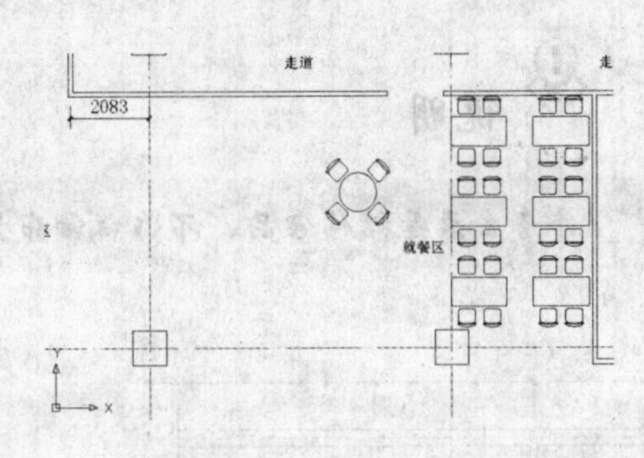

图 8-42 布置圆形餐桌

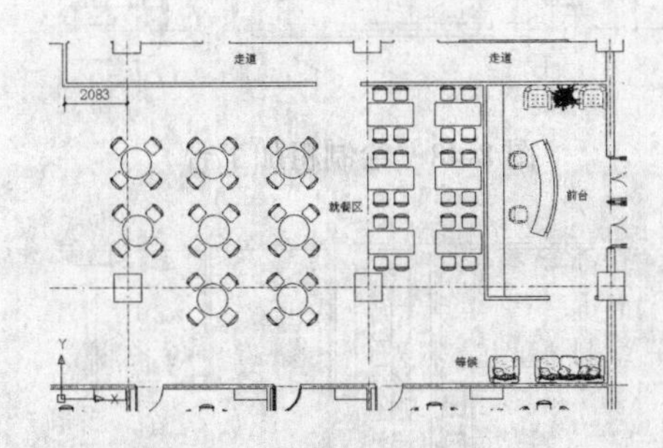

图 8-43 复制圆形餐桌

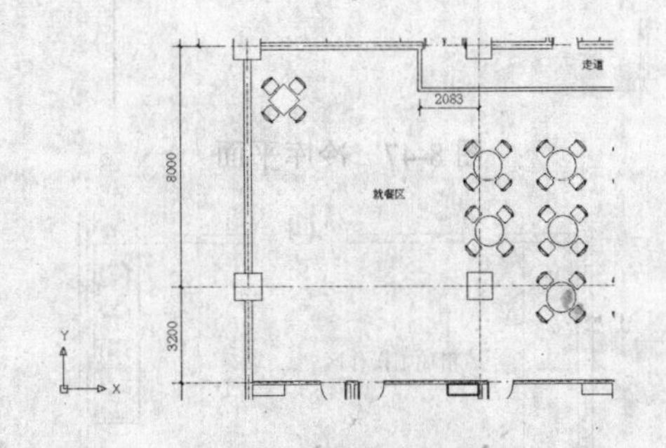

图 8-44 布置方形餐桌

（16）完成公共就餐区平面设计，如图 8-46 所示。

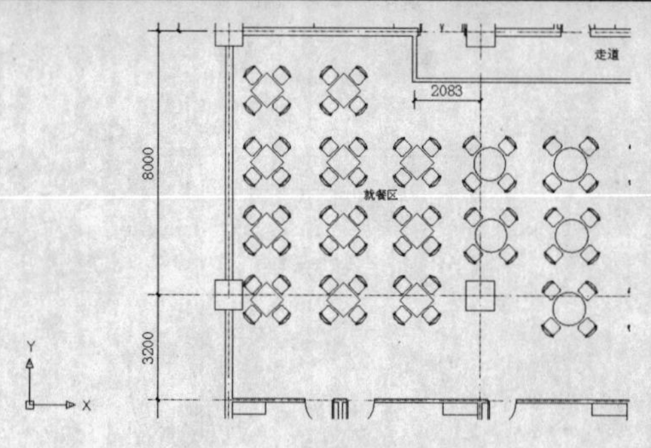

图 8-45　复制方形餐桌

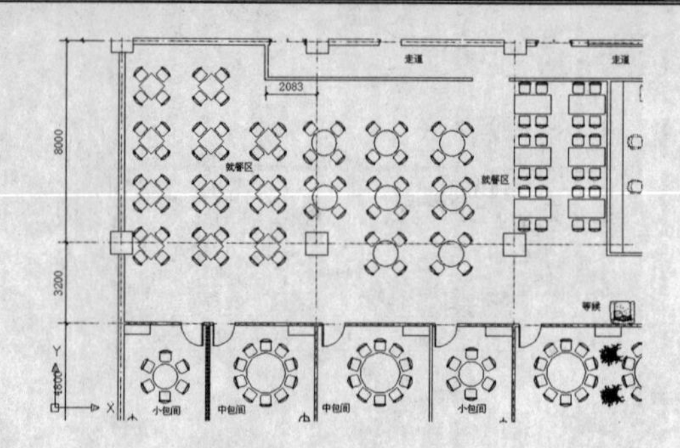

图 8-46　公共就餐区平面

8.2.3　酒店厨房操作间的平面装饰设计

下面介绍酒店的厨房操作间平面装饰设计和布局安排。

（1）局部放大冷库的空间平面，如图 8-47 所示。

（2）利用“多段线”命令，绘制粗加工台轮廓，如图 8-48 所示。

（3）利用“直线”和“插入块”命令，在另外位置布置洗涤池，如图 8-49 所示。

说明

冷库主要是储存食品，不作详细布置。

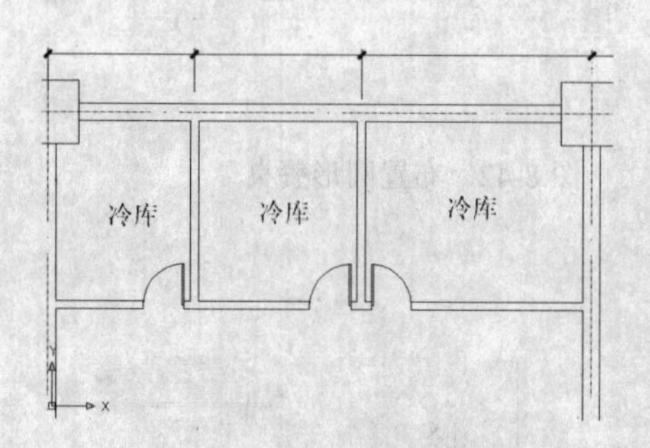

图 8-47　冷库平面

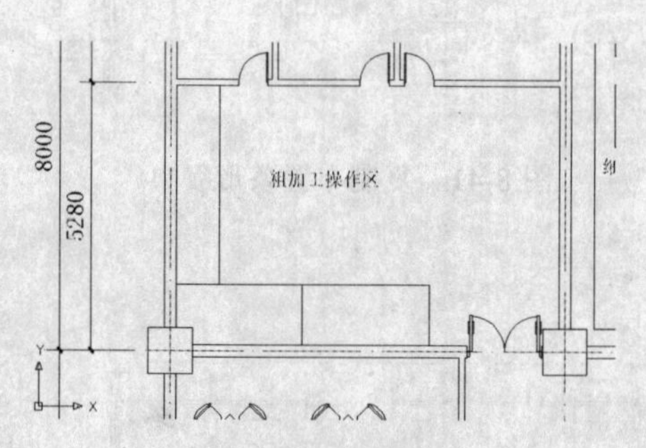

图 8-48　绘制粗加工台

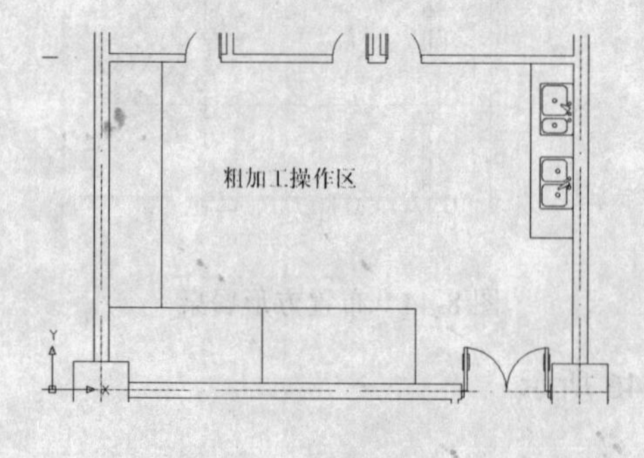

图 8-49　绘制洗涤池

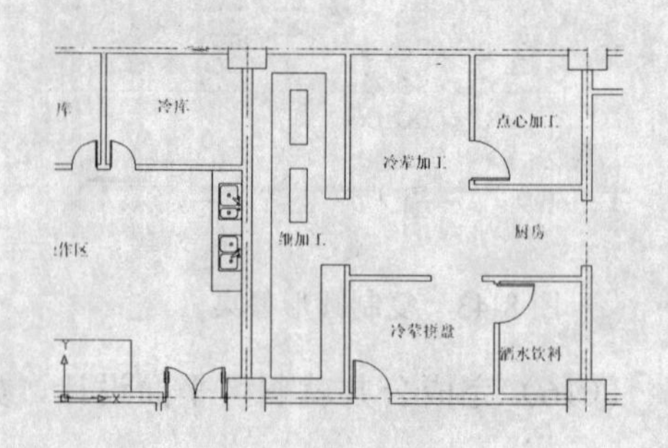

图 8-50　创建细加工台

（4）利用“直线”和“矩形”命令，在细加工区绘制加工台造型，如图 8-50 所示。

（5）利用“插入块”命令，为细加工区布置洗涤池，如图 8-51 所示。

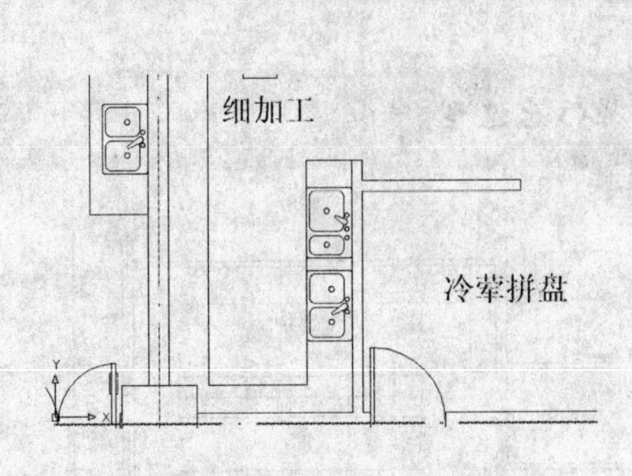

图 8-51　插入细加工区洗涤池

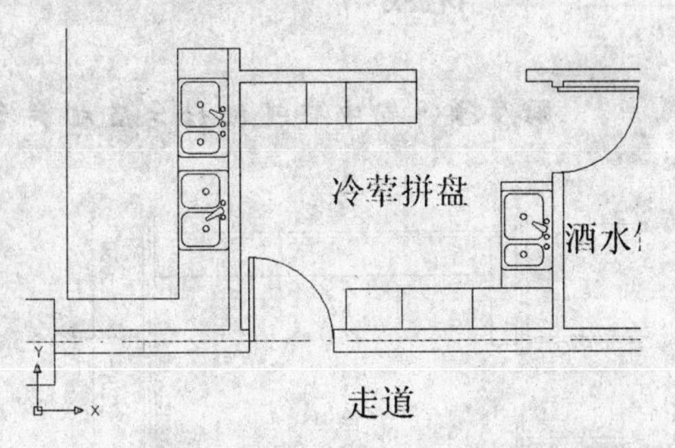

图 8-52　冷荤拼盘区域设计

（6）利用“矩形”、“直线”和“插入块”命令，在冷荤拼盘区域勾画操作台和储存柜造型，并插入相应的洗涤池，如图 8-52 所示。

（7）利用“矩形”和“直线”命令，在酒水饮料间绘制酒水饮料储存柜造型，如图 8-53 所示。

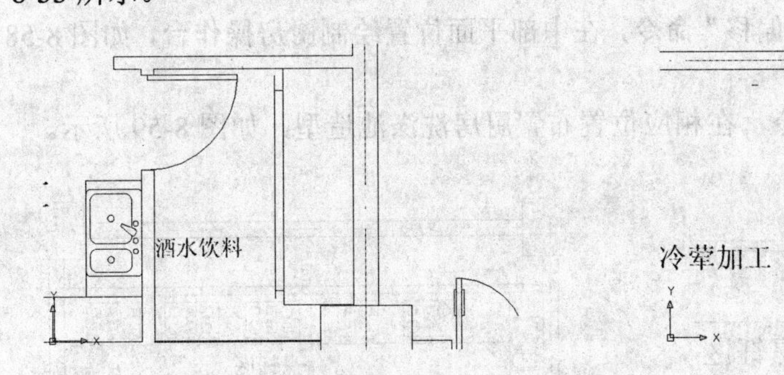

图 8-53　勾画酒水柜

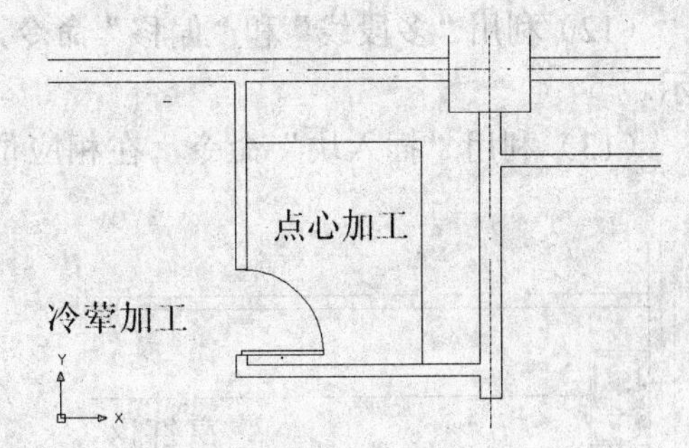

图 8-54　绘制点心加工台

（8）利用“多段线”命令，绘制点心加工间的加工台轮廓造型，如图 8-54 所示。

（9）利用“直线”命令，在冷荤区绘制操作台和储存柜造型，如图 8-55 所示。

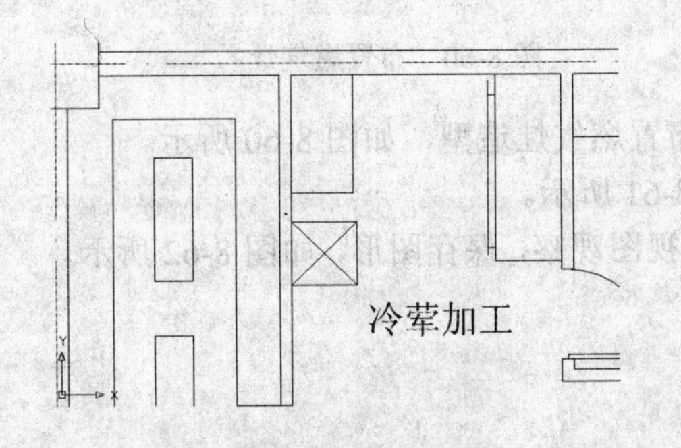

图 8-55　绘制冷荤操作台

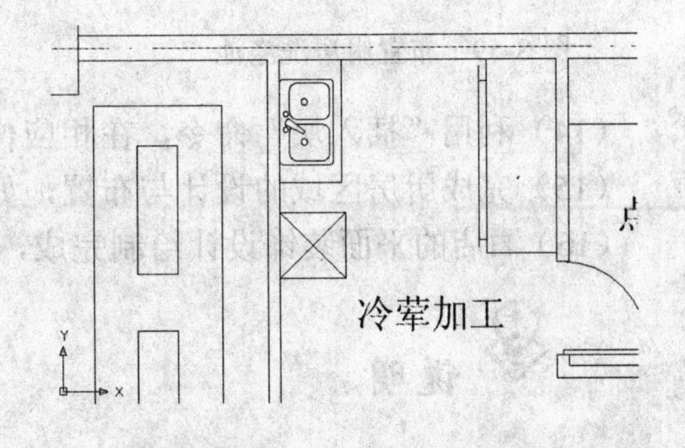

图 8-56　安排洗涤池

（10）利用“插入块”命令，在冷荤加工车间插入洗涤池，如图 8-56 所示。

（11）利用“直线”命令，在厨房操作间进行设计，如图 8-57 所示。

说明

厨房操作间中有烹饪灶台及相关备餐操作台造型。

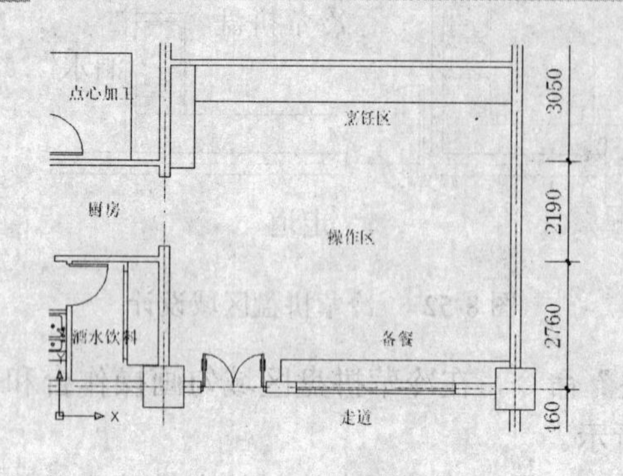

图 8-57　绘制烹饪灶台

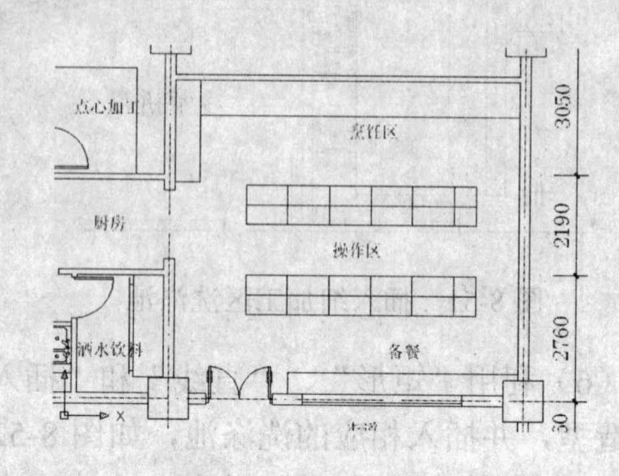

图 8-58　绘制厨房操作台

（12）利用“多段线”和“偏移”命令，在中部平面位置绘制厨房操作台，如图 8-58 所示。

（13）利用“插入块”命令，在相应位置布置厨房洗涤池造型，如图 8-59 所示。

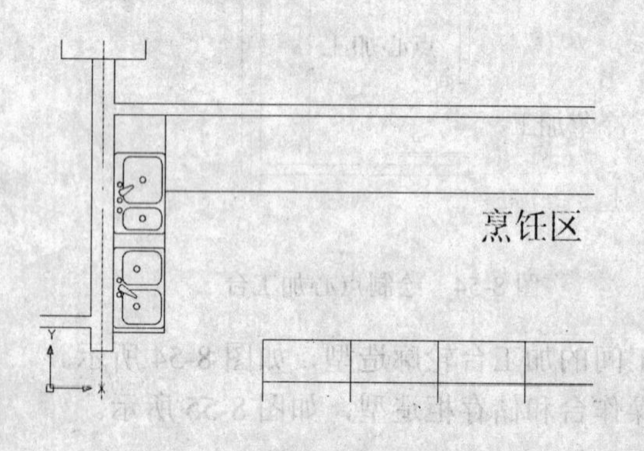

图 8-59　布置厨房洗涤池

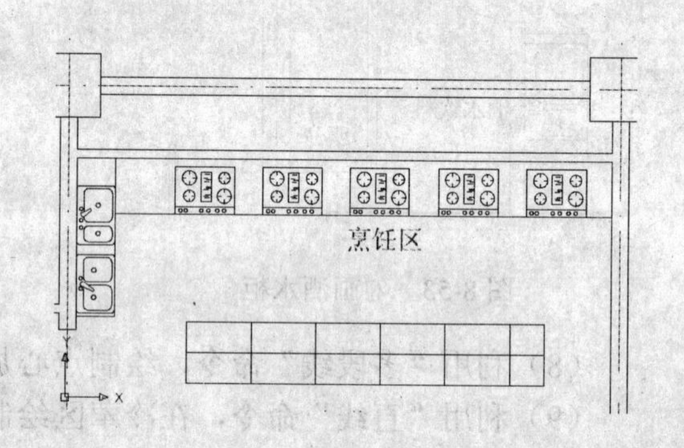

图 8-60　布置燃气灶

（14）利用“插入块”命令，在相应位置布置燃气灶造型，如图 8-60 所示。

（15）完成厨房区域的设计与布置，如图 8-61 所示。

（16）酒店的平面装饰设计绘制完成，缩放视图观察，保存图形，如图 8-62 所示。

说明

注意在绘图中及时保存图形。

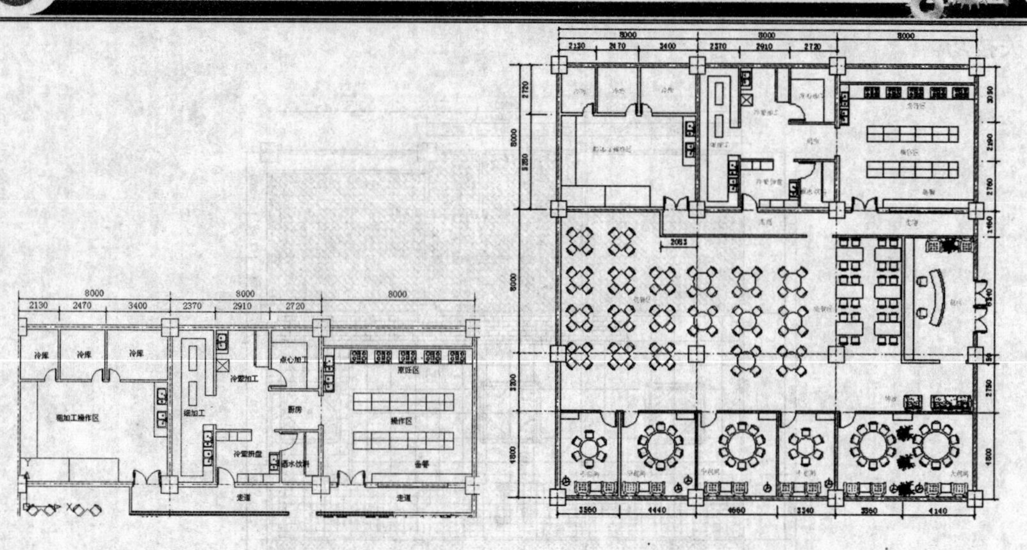

图 8-61 完成厨房区域设计　　　　图 8-62 完成酒店平面设计

8.3 酒店地面和天花板等平面图绘制

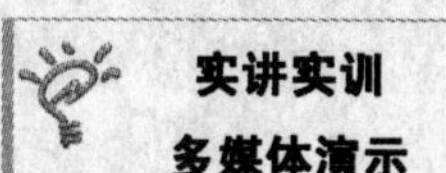

实讲实训
多媒体演示

多媒体演示参见配套光盘中的\\动画演示\第 8 章\酒店地面和天花板等平面图绘制.avi。

绘制思路

酒店的地面装修中，要注意使用易清洁的材料，如石材、瓷砖等。而在酒店天花板设计中，照明灯具的设计十分重要。酒店中安装和设计各种照明灯具，一定要根据酒店内部装修的具体情况，选择适合本酒店需要来设计各种类型的照明设备。酒店的照明种类很多，如筒灯、烛光、太阳灯、吸顶灯、射灯、节能灯、彩光灯等。其中照明的色彩、亮度以及动感效果，均对就餐环境、就餐气氛以及顾客在用餐中的感觉，起着很重要的作用。酒店室外合理的照明，不但显示出企业的重要标志，而且能使企业档次提高，更重要的是让顾客增强对酒店的注意力，吸引更多的顾客，从而创造更好的经济效益。

现代酒店越来越注重运用适应时代潮流的装饰设计新理念，突出酒店经营的主体性和个性，满足客人在快节奏的社会中追求完善舒适的心理需求。因此酒店装饰设计要体现“完美舒适即是豪华”这一新理念，一改传统的繁琐复杂的设计手法，通过巧妙的几何造型、主体色彩的运用和富有节奏感的“目的性照明”烘托，营造出简洁、明快、亮丽的装饰风格和方便、舒适、快捷的经营主题。要让共享大厅空间自然延伸，并与室外绿色景观融为一体。总而言之，酒店的室内规划布局要合理，着重强调其整体和谐性和独特的装饰风格，突出舒适感和人性化的设计理念。同时要完善配套隐蔽工程，为酒店整体经营的经济性、安全性、环保性和舒适性打下良好的基础。

在下面相关章节中将介绍如图 8-63 和图 8-64 所示酒店的天花板装修图绘制方法与

相关技巧。

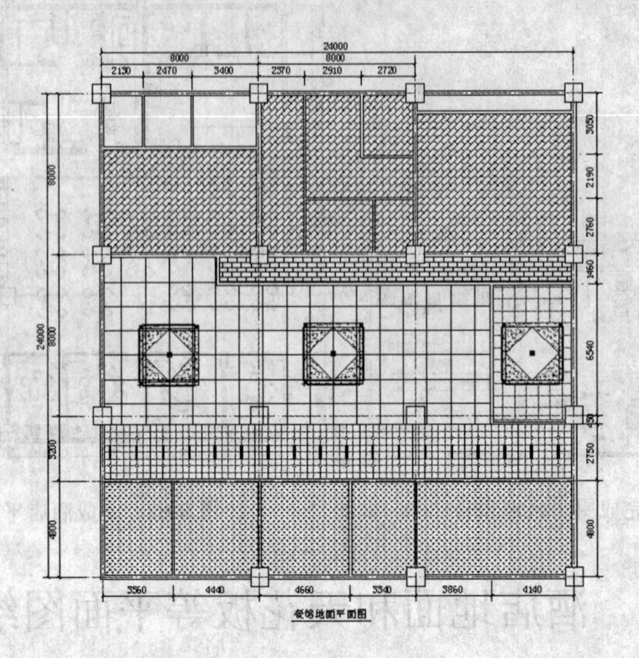

图 8-63　地面装修效果图

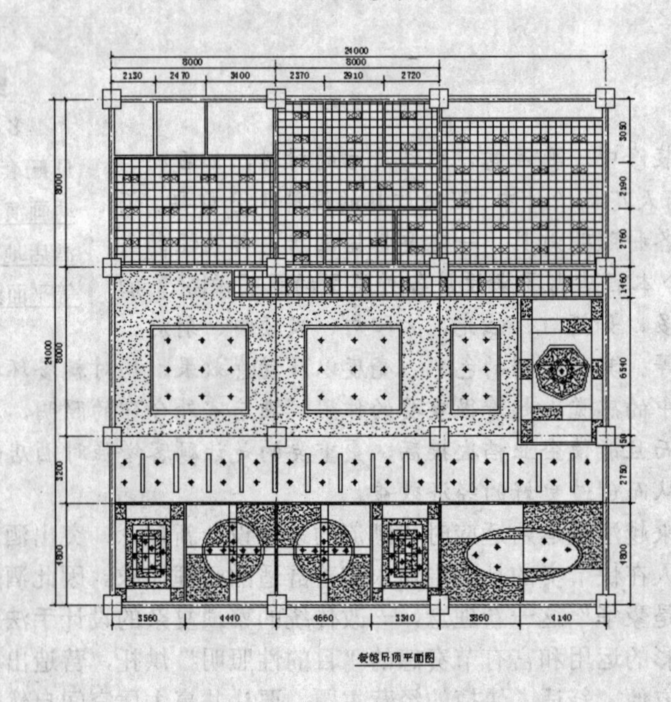

图 8-64　天花板装修效果图

8.3.1　地面装饰设计

下面介绍酒店地面装修图绘制方法与相关技巧。

（1）利用“多段线”和“偏移”命令，先绘制酒店入口门厅的地面，如图 8-65 所示。

绘制材质地面分格轮廓线时，预留中间位置绘制地面图案。

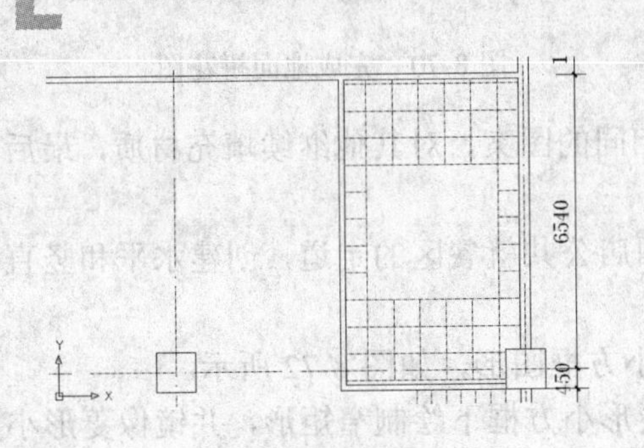

图 8-65　绘制分格线

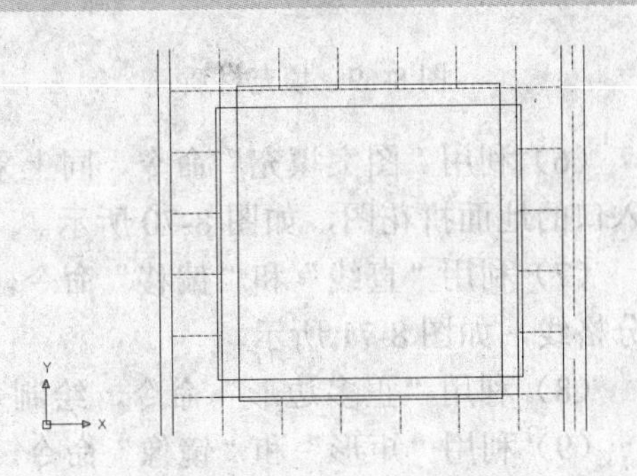

图 8-66　绘制地面拼花

（2）利用“直线”和“矩形”命令，勾画入口地面的地面拼花图案造型，如图 8-66 所示。

（3）利用“正多边形”命令，在图案内侧绘制一个菱形，如图 8-67 所示。

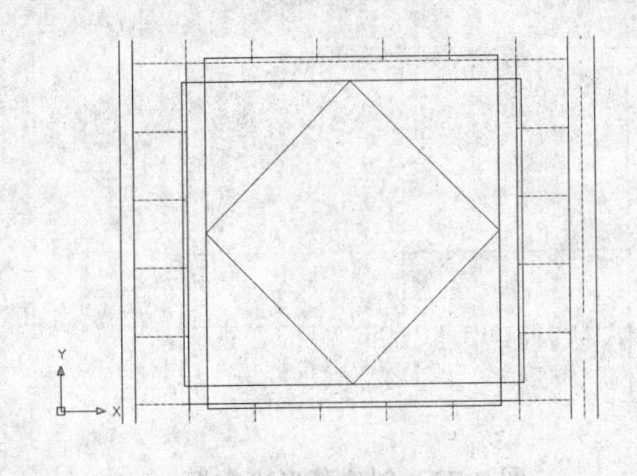

图 8-67　创建菱形

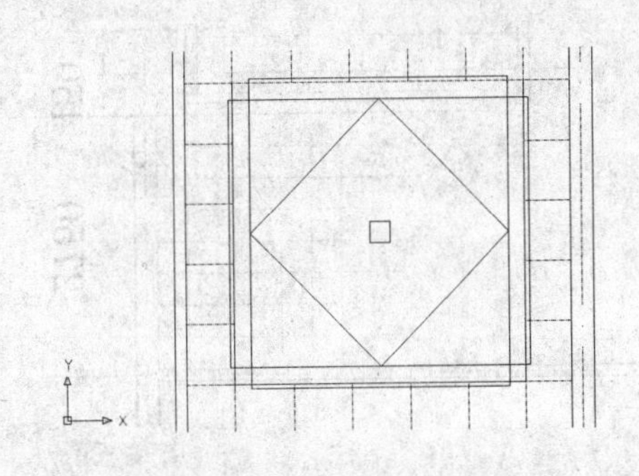

图 8-68　创建小方框

（4）利用“正多边形”命令在内侧中心位置绘制一个小方框图案，如图 8-68 所示。

（5）利用“图案填充”命令，设置填充图案为 SOLID，对其中一些的位置进行填充图案，如图 8-69 所示。

对其中一些的位置进行填充图案是为了得到一种地面材质效果。

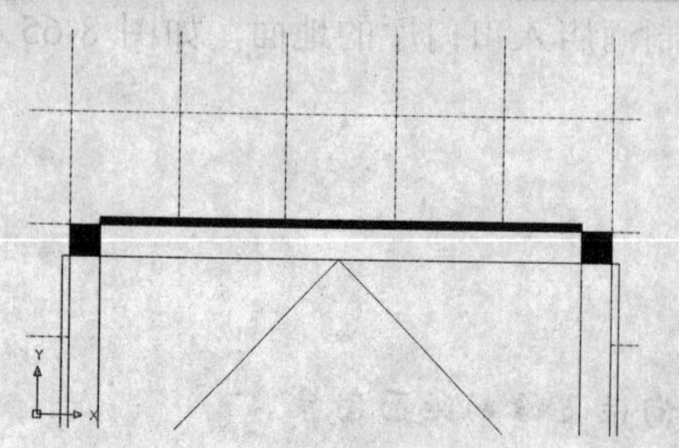

图 8-69　填充材质

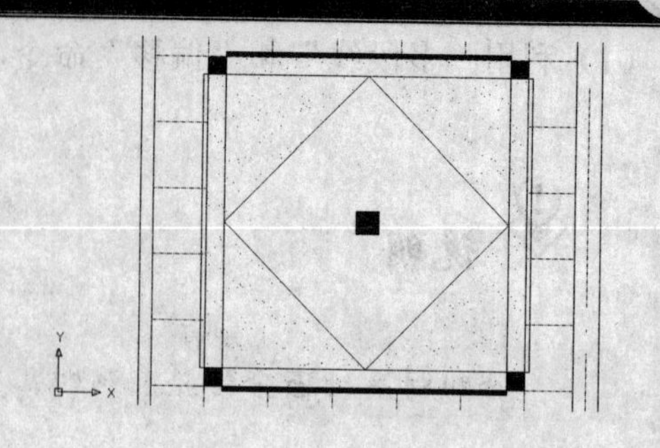

图 8-70　完成地面拼花图

（6）利用“图案填充”命令，同上采用相同的图案，对其他继续填充材质，最后得到入口的地面拼花图，如图 8-70 所示。

（7）利用“直线”和“偏移”命令，在酒店公共就餐区的走道，创建水平和竖直方向分格线，如图 8-71 所示。

（8）利用“正多边形”命令，绘制菱形小方框图形，如图 8-72 所示。

（9）利用“矩形”和“镜像”命令，在菱形小方框下绘制窄矩形，并镜像菱形小方框，如图 8-73 所示。

（10）利用“复制”和“修剪”命令，复制造型，并剪切矩形和菱形内的线条，如图 8-74 所示。

（11）利用“图案填充”命令，设置填充图案为 AR-SAND，通过图案填充得到不同造型材质，如图 8-75 所示。

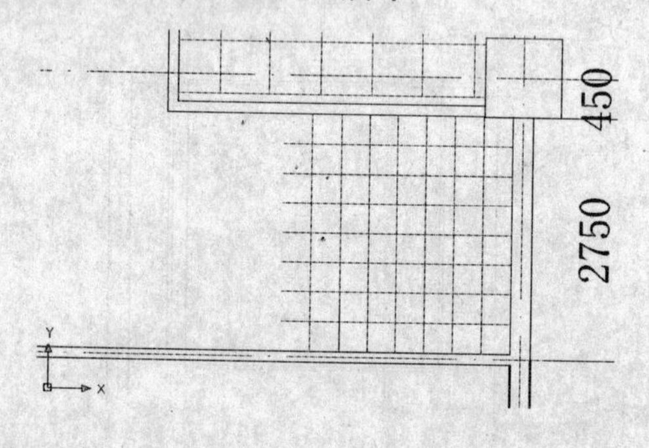

图 8-71　创建分格线

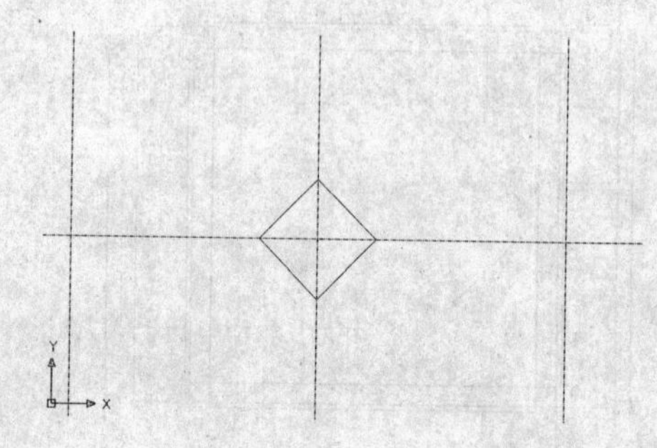

图 8-72　创建菱形小方框

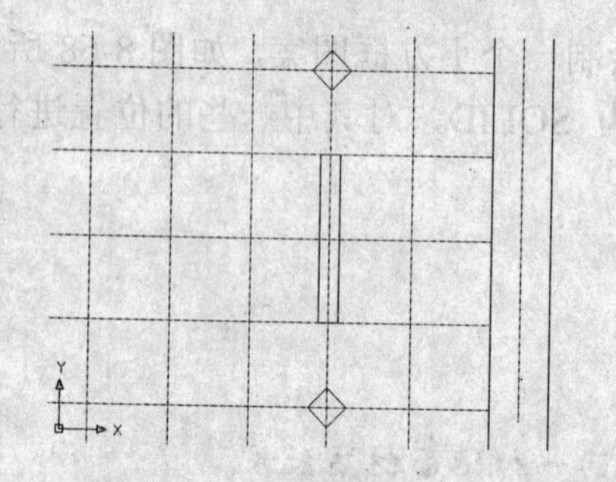

图 8-73　绘制窄矩形

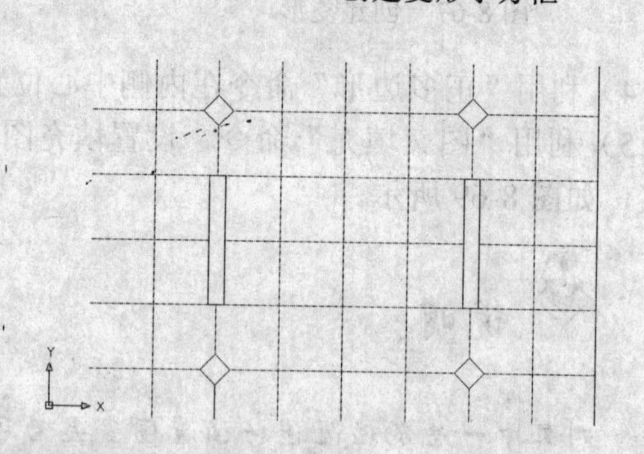

图 8-74　剪切图形线条

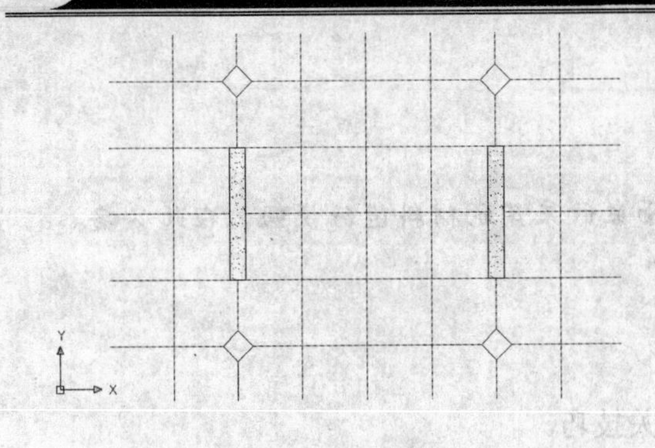

图 8-75 填充材质

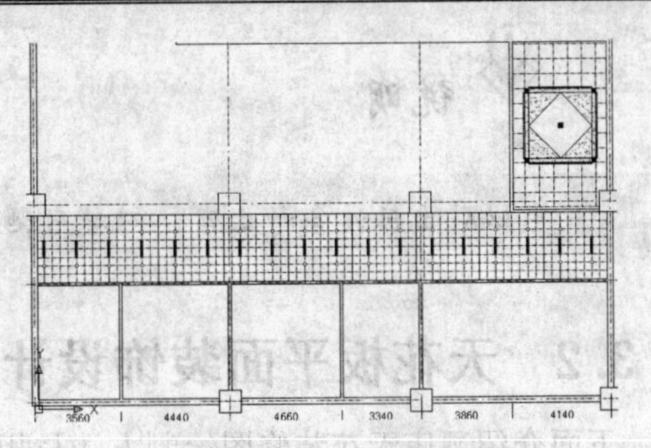

图 8-76 走道地面设计

（12）利用"复制"命令，进行造型复制，得到走道地面装修造型，如图 8-76 所示。

（13）公共就餐区地面造型，先绘制分格线，再绘制拼花图案（相同的图案可以复制得到），如图 8-77 所示。

（14）利用"图案填充"命令，设置填充图案为 GROSS，各个包间房间内铺设地毯地面，如图 8-78 所示。

（15）利用"图案填充"命令，设置填充图案为 AR-B816，走道、各个厨房操作间的地面铺设地砖地面，如图 8-79 所示。

（16）利用"单行文字"命令，完成地面装修材料的绘制，如图 8-80 所示。

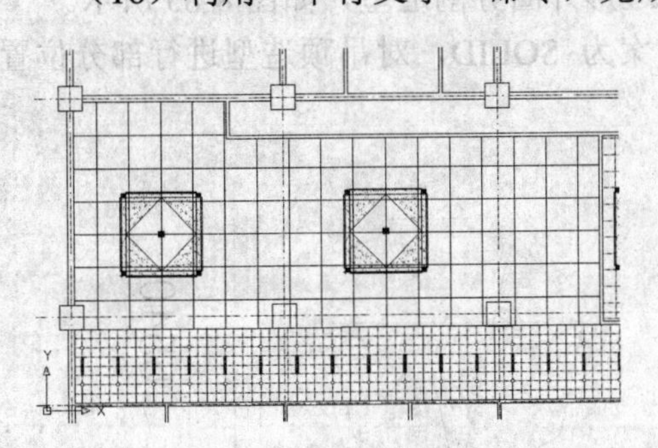

图 8-77 铺设就餐区地面

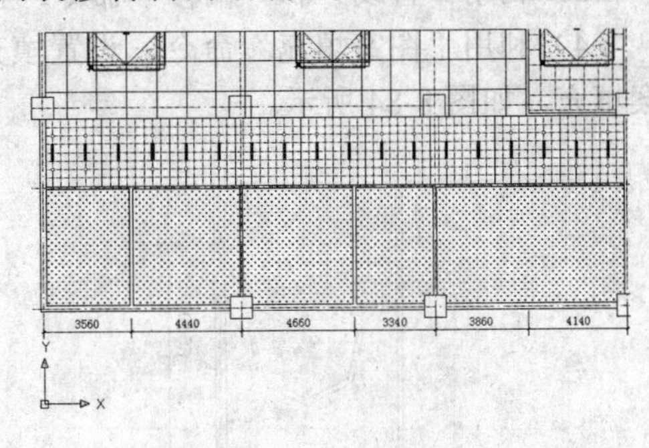

图 8-78 铺设包间地毯

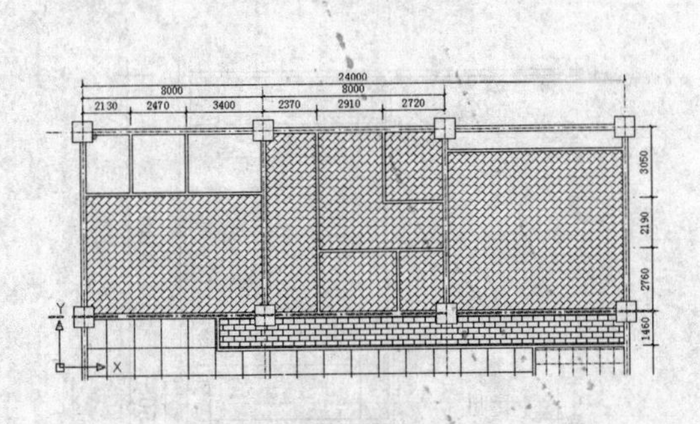

图 8-79 铺设地砖地面

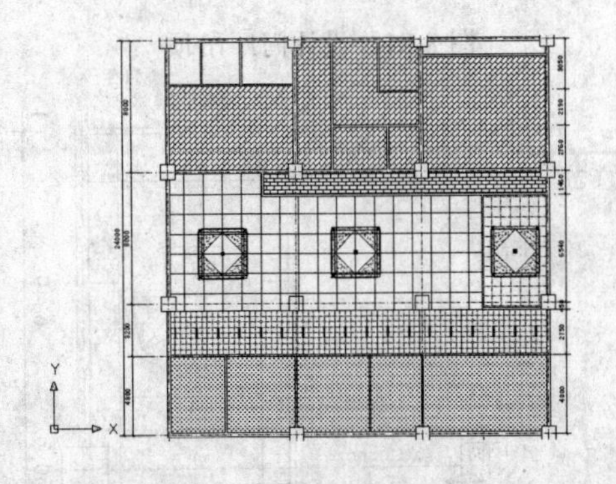

图 8-80 完成酒店地面绘制

说明

可以引出标注各种文字，对餐厅地面装修采用的材料进行说明，在此从略。

8.3.2 天花板平面装饰设计

下面介绍酒店天花装修图绘制方法与相关技巧。

（1）利用“正多边形”命令，绘制一个内接半径为 1410 的正七边形，再利用“偏移”命令，将其向内偏移 140，进行入口门厅吊顶造型设计，如图 8-81 所示。

说明

入口门厅吊顶造型设计应简洁为主。

（2）利用“直线”命令，连接偏移的正七边形的对角线，如图 8-82 所示。

（3）利用“直线”和“偏移”命令，在多边形外圈分割造型，如图 8-83 所示。

（4）利用“图案填充”命令，设置填充图案为 SOLID，对吊顶造型进行部分位置图案填充，如图 8-84 所示。

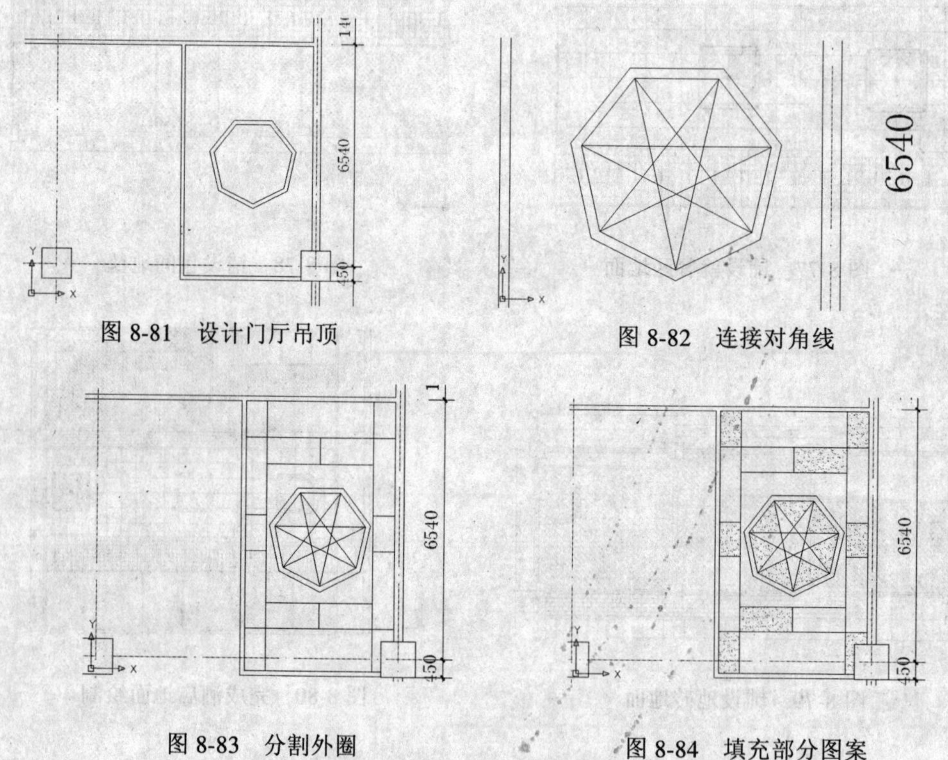

图 8-81　设计门厅吊顶

图 8-82　连接对角线

图 8-83　分割外圈

图 8-84　填充部分图案

说明

各个包间吊顶造型各异，以区别不同包间风格。

（5）利用“椭圆”和“偏移”命令，绘制大包间吊顶造型，如图 8-85 所示。

图 8-85　绘制椭圆

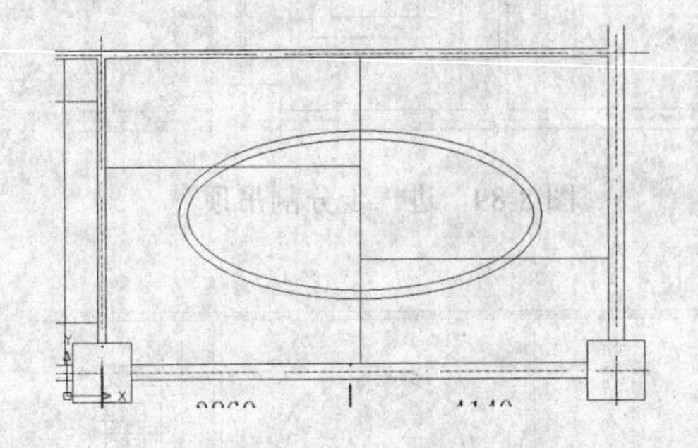

图 8-86　分割大包间吊顶

（6）利用“直线”命令，分割大包间吊顶，如图 8-86 所示。

（7）利用“图案填充”命令，设置填充图案为 SOLID，选择图案填充大包间吊顶不同部位，如图 8-87 所示。

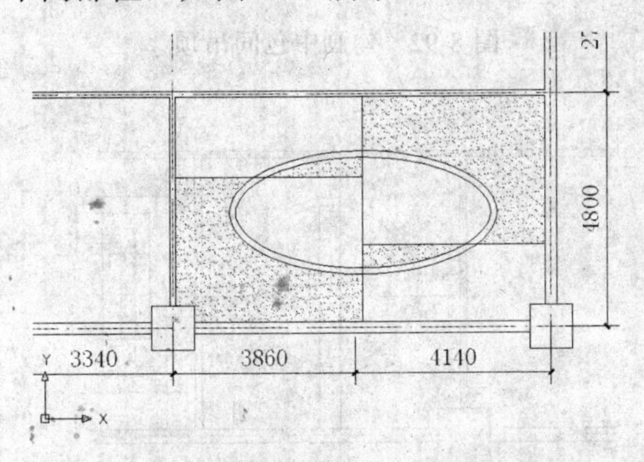

图 8-87　填充大包间吊顶

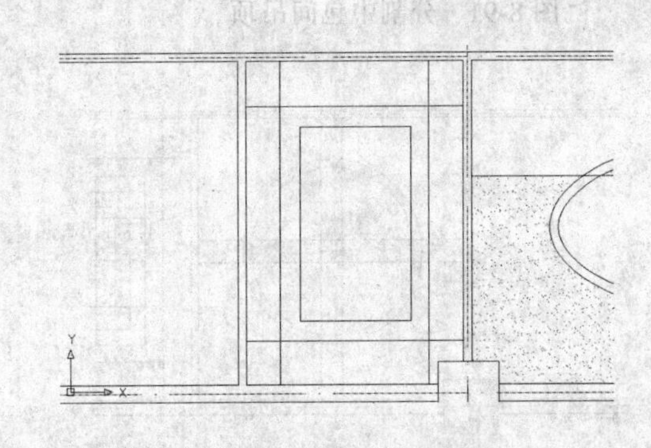

图 8-88　分割小包间吊顶

（8）利用“直线”和“偏移”命令，分割小包间吊顶造型，如图 8-88 所示。

（9）利用“多段线”和“偏移”命令，进一步分割小包间吊顶内侧造型，如图 8-89 所示。

（10）利用“图案填充”命令，设置填充图案为 SOLID，选择图案填充小包间吊顶不同部位造型，如图 8-90 所示。

（11）利用“圆”命令，绘制直径为 3020，2755 的同心圆，分割中型包间的吊顶造型，如图 8-91 所示。

（12）利用“矩形”命令，绘制宽度、高度分别为 4620、365 的矩形，进一步勾画中包间吊顶造型，如图 8-92 所示。

（13）利用“矩形”命令，在另外对应位置勾画相同的包间吊顶造型，如图 8-93 所示。

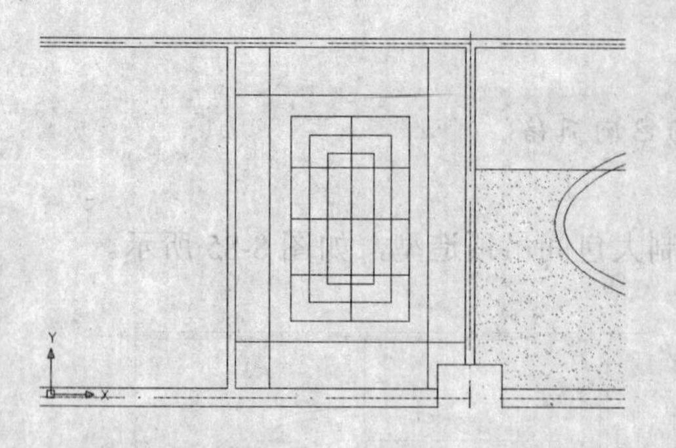
图 8-89　进一步分割吊顶

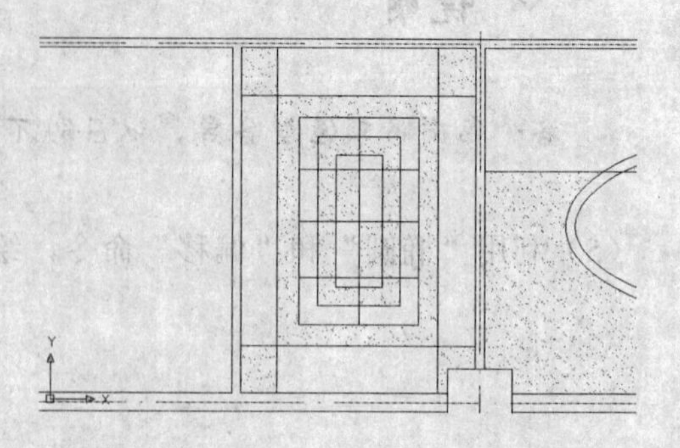
图 8-90　填充小包间吊顶

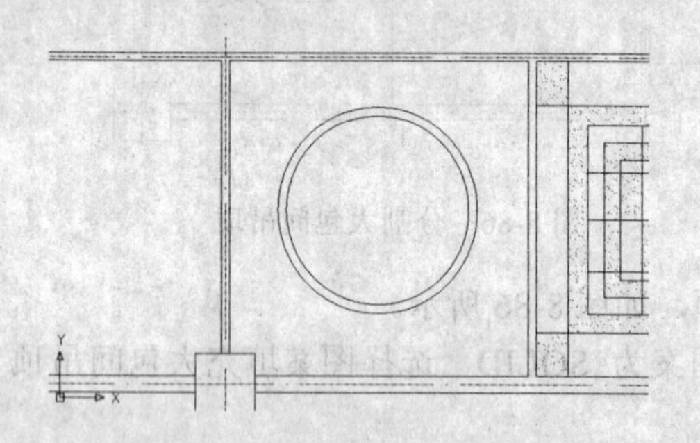
图 8-91　分割中包间吊顶

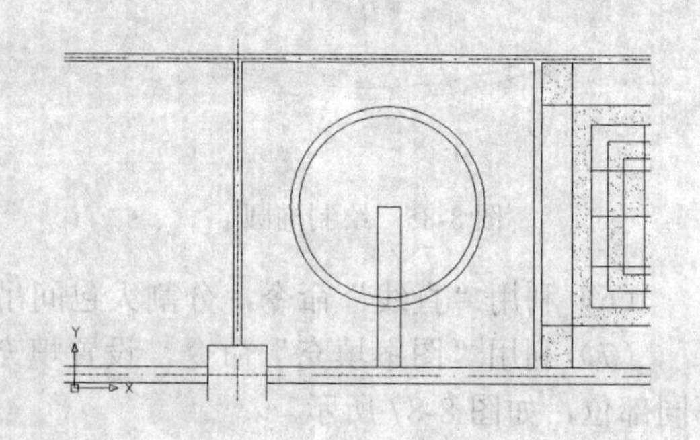
图 8-92　勾画中包间吊顶

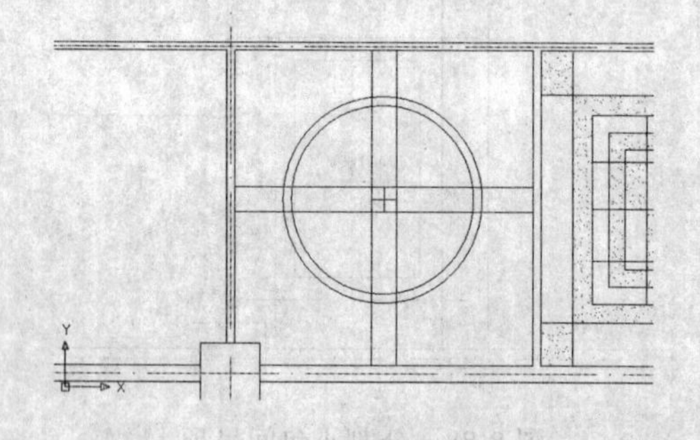
图 8-93　勾画相同吊顶造型

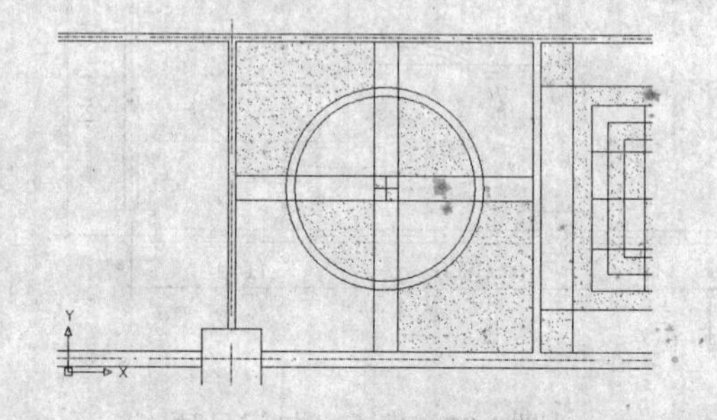
图 8-94　分割小包间吊顶

（14）利用“图案填充”命令，设置填充图案为 SOLID，选择图案填充中包间吊顶不同部位造型，如图 8-94 所示。

（15）另外两个中小包间吊顶造型按上述方法进行绘制，如图 8-95 所示。

（16）利用“矩形”和“复制”命令，公共就餐区走道吊顶造型设计，如图 8-96 所示。

（17）利用“多段线”、“偏移”和“图案填充”命令，公共就餐区的大吊顶造型绘制，如图 8-97 所示。

（18）利用“图案填充”命令，设置填充图案为 ANSI37，角度为 45º。厨房操作区

域及其交通走道吊顶造型，如图 8-98 所示。

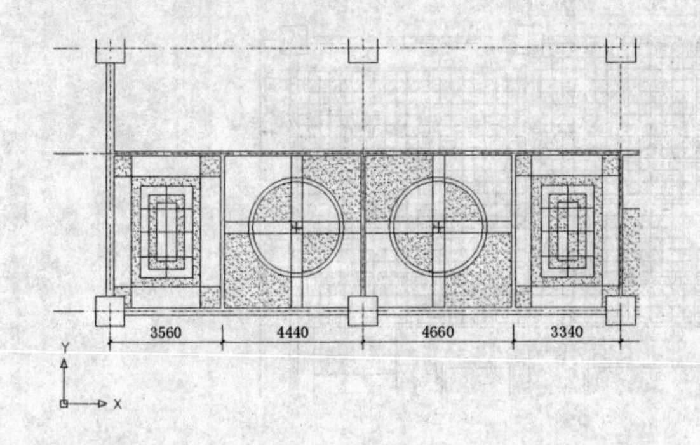

图 8-95　另外两个包间吊顶设计

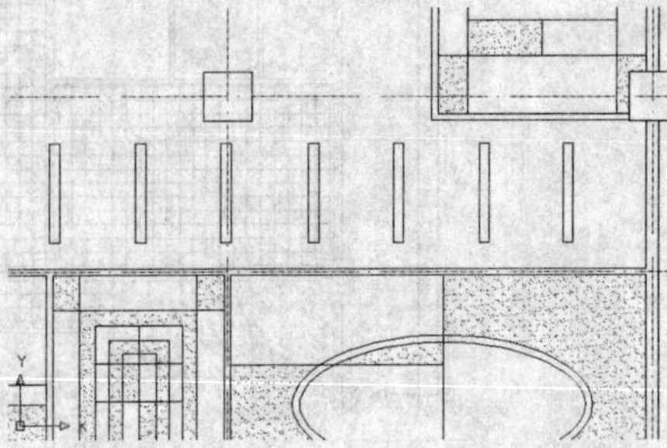

图 8-96　就餐区走道吊顶

说明

公共就餐区的走道吊顶造型设计以空间大为特点。

（19）利用“插入块”和“复制”命令，吊顶造型灯布置，如图 8-99 所示。

（20）利用“插入块”和“复制”命令，其他矿棉板吊顶照明灯布置，如图 8-100 所示。

（21）完成酒店吊顶图绘制。根据做法使用折线引出，标注相应的说明文字，在此从略，如图 8-101 所示。

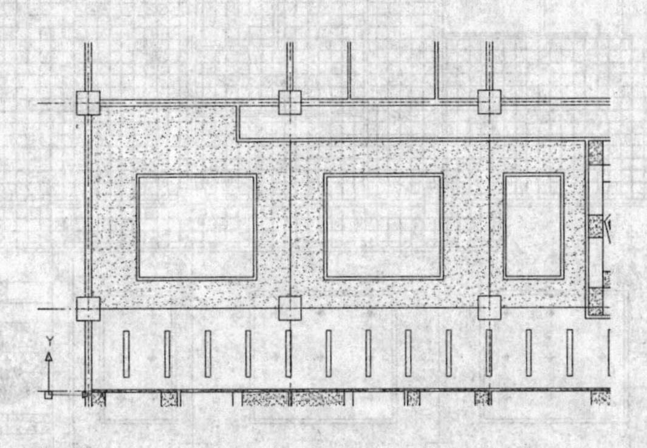

图 8-97　绘制大吊顶造型

说明

厨房操作区域及其交通走道吊顶造型一般都采用矿棉板造型。

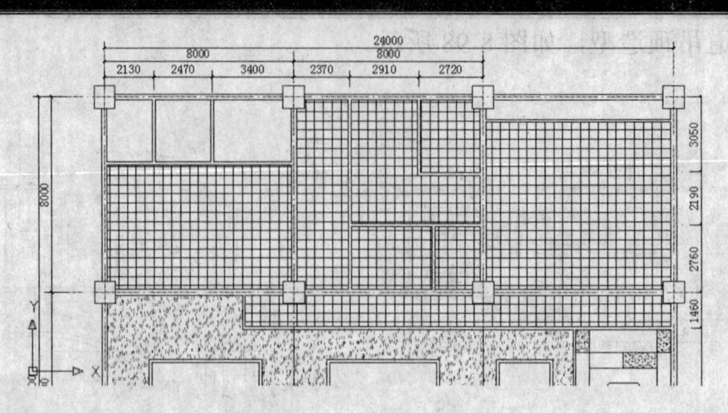

图 8-98　填充矿棉板

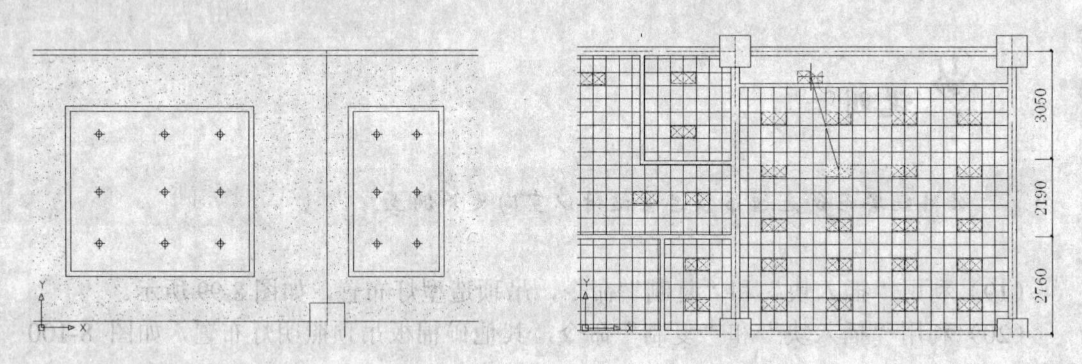

图 8-99　布置吊顶灯　　　　　　图 8-100　布置照明灯

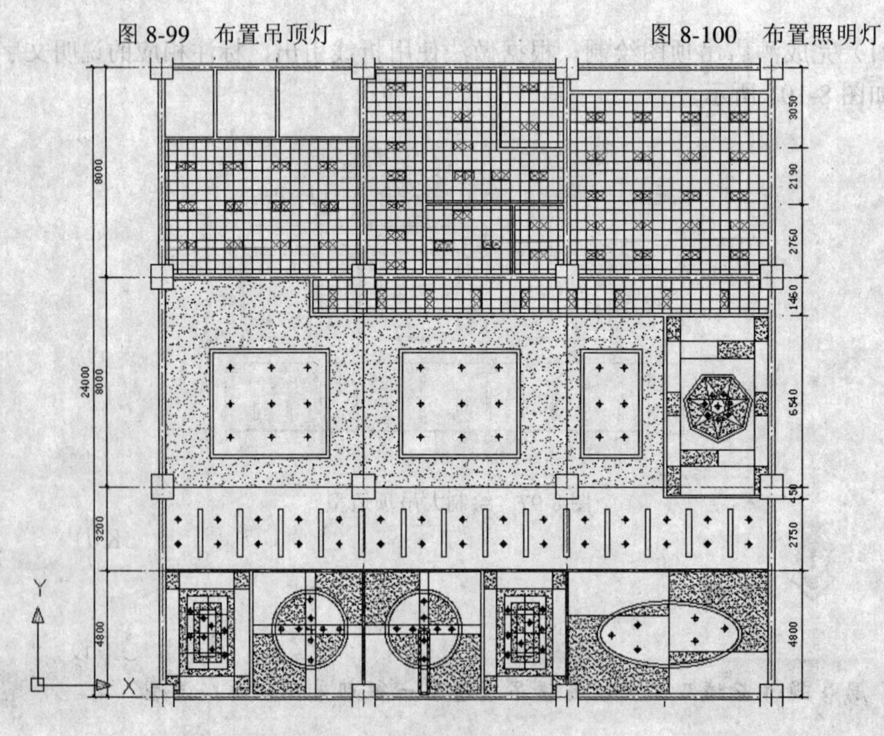

图 8-101　完成酒店天花板设计

第9章 卡拉OK歌舞厅室内设计图绘制

本章导读：

为了让读者进一步掌握AutoCAD 2009中文版在室内制图中的应用，同时也借此机会让读者熟悉不同建筑类型的室内设计，本章将选取一个卡拉OK歌舞厅的室内制图作为范例。该歌舞厅包括酒吧、舞厅、KTV包房、屋顶花园等几大部分，涉及面较广，比较典型。本章在软件方面，除了进一步介绍各种绘图、编辑命令的使用，还结合实例介绍“设计中心”、“工具选项板”、“图纸集管理器”的应用；在设计图方面，除了照常介绍平面图、立面图、顶棚图以外，还重点介绍各种详图的绘制。本章的知识点既是对前面各章节知识的一个深化，又是对各章节内容的一个收拢和总结。

9.1 卡拉OK歌舞厅室内设计要点及实例简介

实讲实训 多媒体演示

多媒体演示参见配套光盘中的\\动画演示\第9章\卡拉OK歌舞厅室内设计要点及实例.avi。

本节思路

本节首先简单介绍一下卡拉OK普通歌舞厅室内设计的基本知识和设计要点，然后简要介绍本章采用的实例概况，为下面的讲解做准备。

9.1.1 卡拉OK歌舞厅室内设计要点概述

卡拉OK歌舞厅是当今社会常见的一种公共娱乐场所，它集歌舞、酒吧、茶室、咖啡等功能于一身。卡拉OK歌舞厅的室内活动空间可以分为入口区、歌舞区及服务区三大部分，一般功能分区如图9-1所示。入口区往往设服务台、出纳结账和衣帽寄存等空间，有的歌舞厅设有门厅，并在门厅处布置休息区。歌舞区是卡拉OK厅中主要的活动场所，其中又包括舞池、舞台、坐席区、酒吧等部分，这几个部分相互临近、布置灵活，体现热情洋溢、生动活泼的气氛。较高级的歌舞厅还专门设置卡拉OK包房，它是演唱卡拉OK较私密性的空间。卡拉OK包房内常设沙发、茶几、卡拉OK设备，较大的包房设置一个小舞池，供客人兴趣所致时翩翩起舞。在歌舞区，宾客可以进行唱歌、跳舞、听音乐、观赏表演、喝茶饮酒、喝咖啡、交友谈天等活动。服务区一般设置声光控制室、化妆室、餐饮供应、卫生间、办公室等空间。声光控制室、化妆室一般要临近舞台。餐饮供应需要根据歌舞厅的大小及功能定位来确定，有的歌舞厅根据餐饮的需要设置专门的厨房。至于卫生间，应该男女分开，蹲位足够，临近歌舞区、路程短。办公室的设置可以根据具体情况和业主的需要来确定。卡拉 OK 歌舞厅常常处于人流较大的商业建筑区，不少歌舞厅是利用既有建筑的局部空间改造而成，而业主往往要求充分利用室内空间，这时，室内设计师就要合理地处理好各功能空间的组合布局。

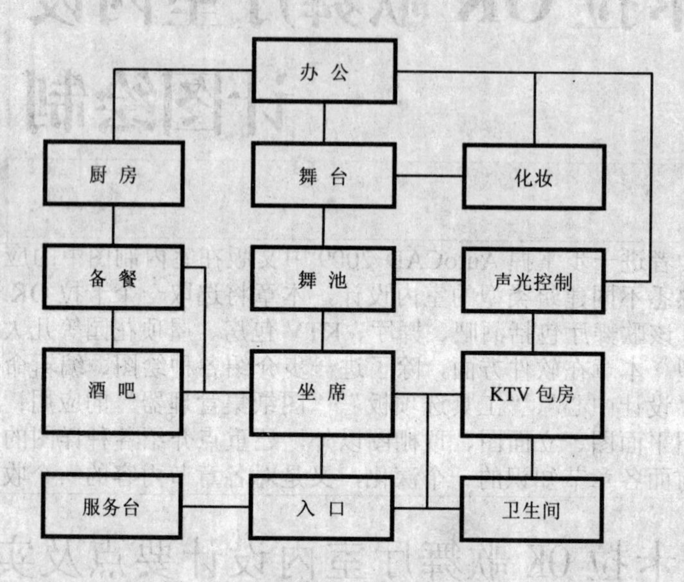

图 9-1　普通歌舞厅功能分析图

在塑造歌舞厅室内环境时，光环境、声环境的运用发挥着重要的作用。在歌舞区，舞台处的灯光应具有较高的照度，稍微降低各种光色的变化；然而在舞池区域，则要降低光的照度，增加各种光色的变化。常见做法是，采用成套的歌舞厅照明系统来创造流光四溢、扑朔迷离的光照环境。有的舞池地面采用架空的钢花玻璃，玻璃下设置各中反照灯光加倍渲染舞池气氛。在坐席区和包房中多采用一般照明和局部照明相结合的方式来完成。总体说来，它们所需的照度都比较低，最好是照度可调的形式，然后在局部用适当光色的点光源来渲染气氛。至于吧台、服务台，应注意适当提高光照度和显色性，以便工作的需要。在这样的大前提下，设计师可以发挥自己的创造力，利用不同的灯具形式和照明方式来塑造特定的歌舞厅光照气氛。此外，室内音响设计也是一个重要环节，采用较高品质的音响设备，配合合理的音响布置，有利于形成良好的声音环境。

材质的选择非常重要。卡拉 OK 歌舞厅常用的室内装饰材料有木材、石材、玻璃、织物皮革、玻璃、墙纸、地毯等。木材使用广泛，地面、墙面、顶棚、家具陈设，不同木材形式可以用在不同的地方。石材主要指花岗石和大理石，多用于舞池地面、入口地面、墙面等地方。玻璃的使用也比较广泛，可用于地面、隔断、家具陈设等，各式玻璃配合光照形成特殊的艺术效果。织物和皮革具有装饰、吸声、隔声的作用，多用于舞厅、包房的墙面。墙纸多用于舞厅、包房的墙面。地毯多用于坐席区地面、公共走道、包房的地面，它具有装饰、吸声、隔声、保暖等作用。

9.1.2　实例简介

该实例是一个目前国内比较典型的歌舞厅室内设计。该歌舞厅楼层处于某市商业区的一座钢筋混凝土框架房屋的顶层。该楼层原为餐馆，业主现打算将它改为卡拉 OK 歌舞厅，室内设歌舞区、酒吧、KTV 包房等活动场所，并利用与该楼相齐平的局部屋顶设计一个屋顶花园，考虑在花园内设少量茶座。与屋顶花园临近的室内部分原为餐馆的厨房。建筑平面如图 9-2 所示。

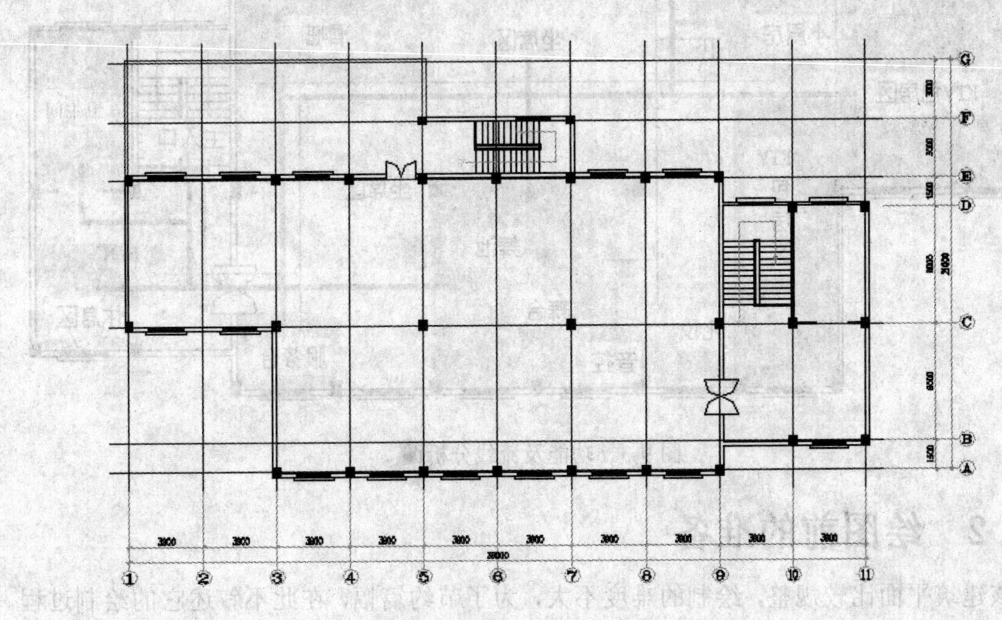

图 9-2　某歌舞厅建筑平面图

9.2　歌舞厅室内平面图绘制

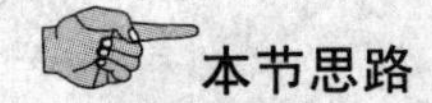
本节思路

针对该实例的具体情况，在本节中首先给出室内功能及交通流线分析图，然后讲解主要功能区的平面图形的绘制，它们分别是入口区、酒吧、歌舞区、KTV 包房区、屋顶花园等几个部分。最后，简单介绍一下尺寸、文字标注、插入图框的要点。

实讲实训
多媒体演示

多媒体演示参见配套光盘中的\\动画演示\第 9 章\歌舞厅室内平面图绘制.avi。

9.2.1　平面功能及流线分析

如前所述，该歌舞厅场地原为餐馆，现改做歌舞厅，因而其内部的所有隔墙及装饰层需要全部清除掉。为了把握歌舞厅室内各区域分布情况，以便讲解图形的绘制，现给出该楼层平面功能及流线分析图，如图 9-3 所示。

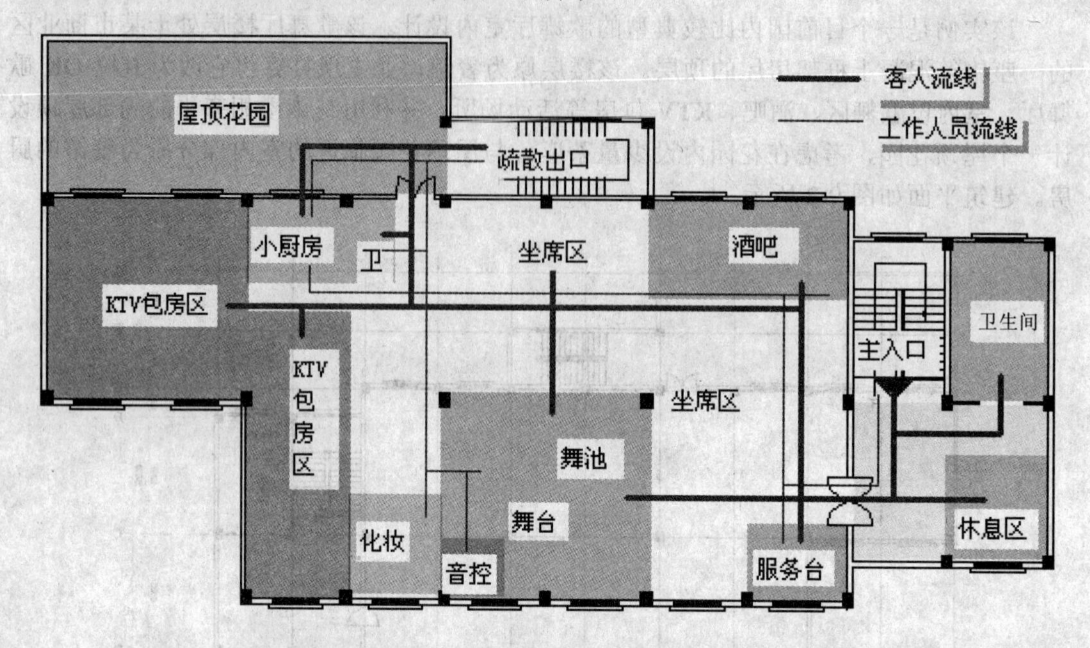

图 9-3　功能及流线分析图

9.2.2　绘图前的准备

该建筑平面比较规整，绘制的难度不大，为了节约篇幅，在此不叙述它的绘制过程。在本书的光盘内已经给出了如图 9-2 所示的平面，读者可以打开直接利用，感兴趣的读者也可遵照该图练习绘制。

（1）事先在硬盘中适当的位置建立一个文件夹，比如取名为“歌舞厅室内设计”，如图 9-4 所示，用于存放该实例所有的图形文件。

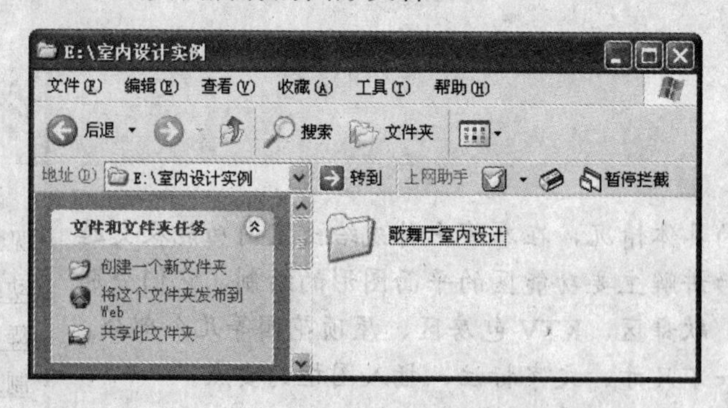

图 9-4　建立“歌舞厅室内设计”文件夹

（2）打开附带光盘“X:\源文件\第 9 章\建筑平面.dwg”文件，将它另存于刚才的文件夹内，取名为“室内平面图.dwg”，结果如图 9-5 所示。

在这张图样中，接着绘制室内部分的平面图形。读者可以看到该文件中包含了现有图形所需的图层、图块及文字、尺寸、标注等样式。在下面的绘制中，若需要增加图层、样式，则通过“设计中心”来直接引用前面有关章节的内容，让读者体会“设计中心”的方便快捷之处。

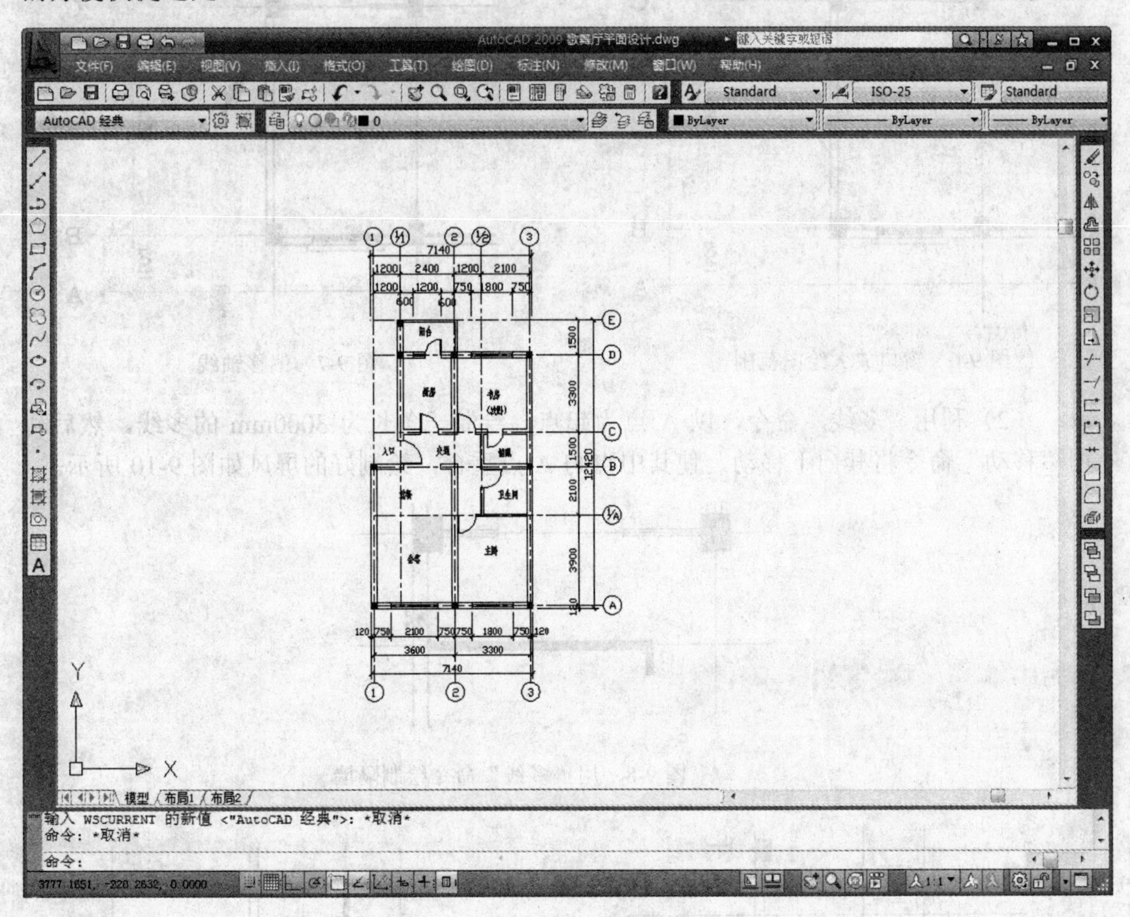

图 9-5　另存为“室内平面图”

9.2.3　入口区的绘制

如图 9-3 所示，入口区包括楼梯口处的门厅、休息区布置、服务台布置等内容。我们首先绘制隔墙、隔断，然后布置家具陈设，最后绘制地面材料图案。

1．卫生间入口处的隔墙

（1）用窗口放大按钮将门厅区放大显示，如图 9-6 所示，

（2）利用“偏移”命令，由红色的 C 轴线向下偏移复制出一条轴线，偏移距离为 1500mm，结果如图 9-7 所示。

（3）首先将墙体图层置为当前层，并事先设置多线样式。

（4）利用“多线”命令，将多线的对正方式设为“无”，比例设为“100”，沿新增轴线由右向左绘制多线，绘制结果及尺寸如图 9-8 所示。

2．入口屏风

（1）利用“偏移”命令，由⑧轴线和前面新增的轴线分别向右和向下偏移复制出两条轴线，偏移距离分别为 1500mm、2250mm，结果如图 9-9 所示。这两条直线交于 A 点。

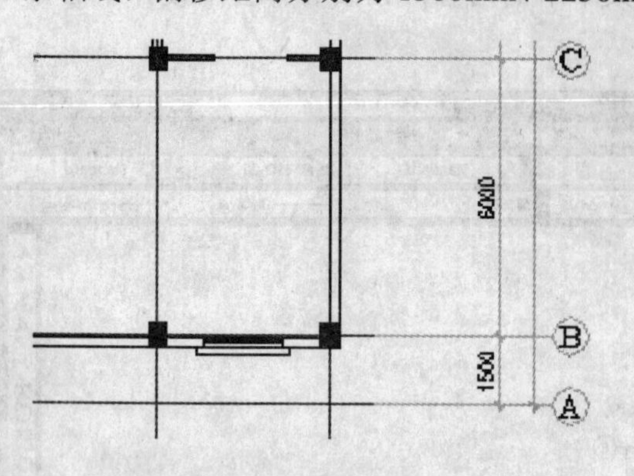

图 9-6　窗口放大绘图范围

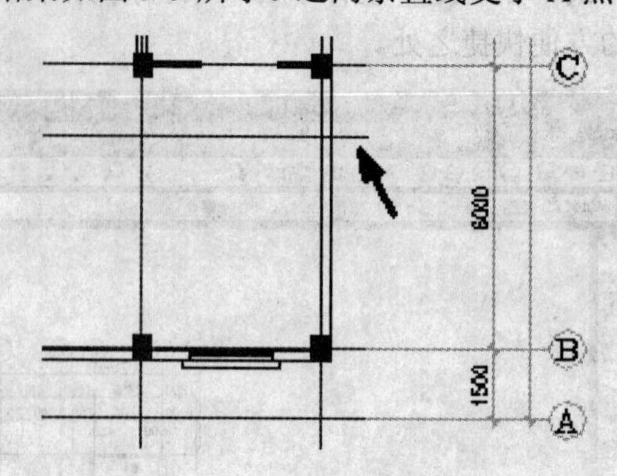

图 9-7　偏移轴线

（2）利用“多线”命令，以 A 点为起点，绘制一条长为 3000mm 的多线，然后利用“移动”命令将其向下移动，使其中点与 A 点重合，绘制好的屏风如图 9-10 所示。

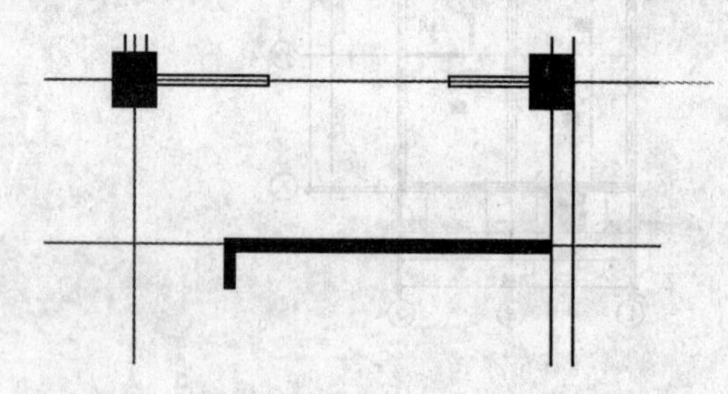

图 9-8　用“多线”命令绘制隔墙

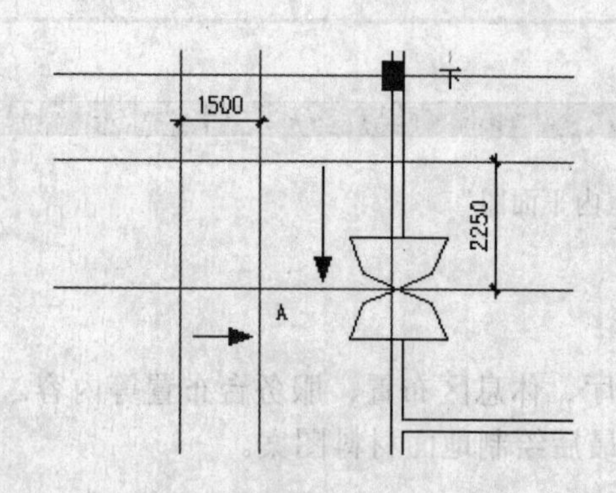

图 9-9　偏移复制定位轴线

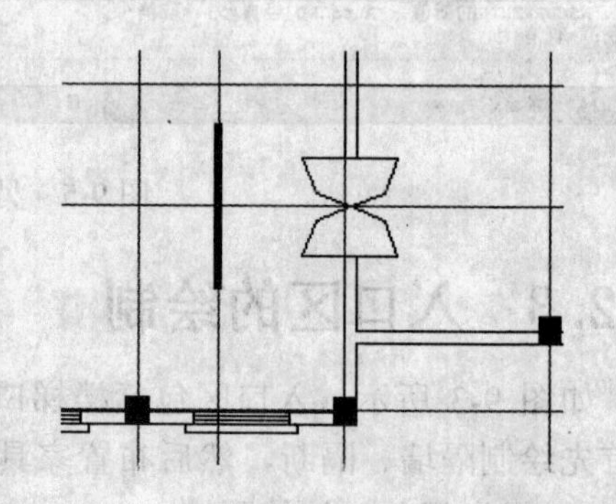

图 9-10　绘制屏风

3．家具陈设布置

（1）休息区布置

1）利用“插入块”命令，将“沙发 3” 放置在休息区适当位置，如图 9-11 所示。

2）利用“插入块”命令，将“沙发 2” 放置在休息区“沙发 3”右侧的适当位置，如图 9-12 所示。

3）利用“镜像”命令，将“沙发 2”复制到另一侧。

4）绘制一个 500mm×1000mm 的矩形作为茶几面，并将四角进行倒角处理，倒角距离为 20mm，将它放在沙发前面。如图 9-13 所示。

5）将“植物”层置为当前层。利用“插入块”命令，将植物放置在茶几面上，结果如图 9-14 所示。

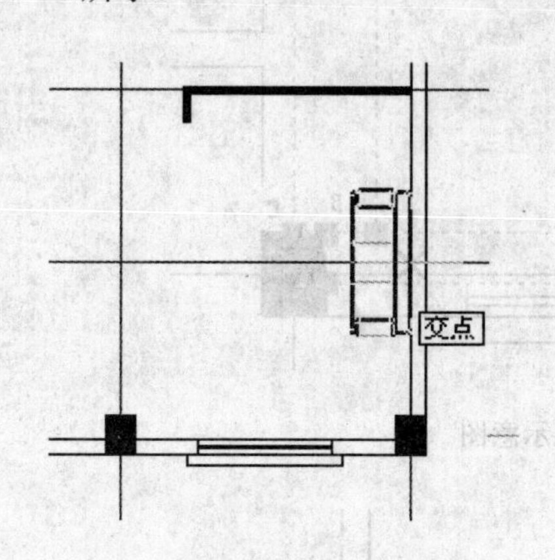

图 9-11 插入“沙发 3”到休息区

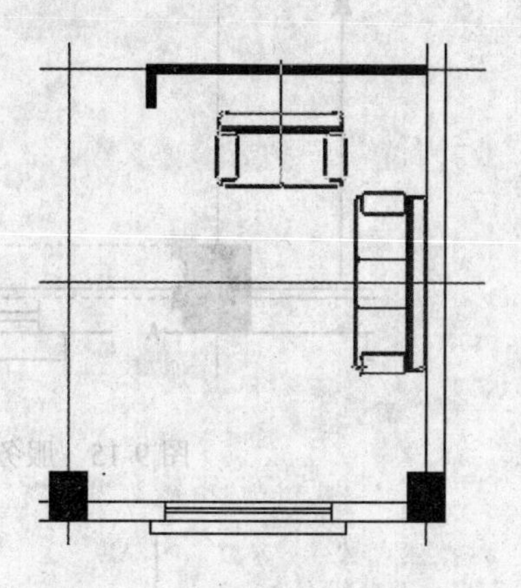

图 9-12 输入转角后定位

（2）服务台布置

1）将“家具”图层置为当前层。

2）利用“偏移”命令，由 A 轴线向上偏移 1800mm，得到一条新轴线，如图 9-15 所示。然后利用“矩形”命令，以图中 C 点为起点，绘制一个 500mm×1550mm 的矩形作为衣柜的轮廓；重复“矩形”命令，分别以 A、B 点作为起点和终点绘制一个矩形作为陈列柜的轮廓。

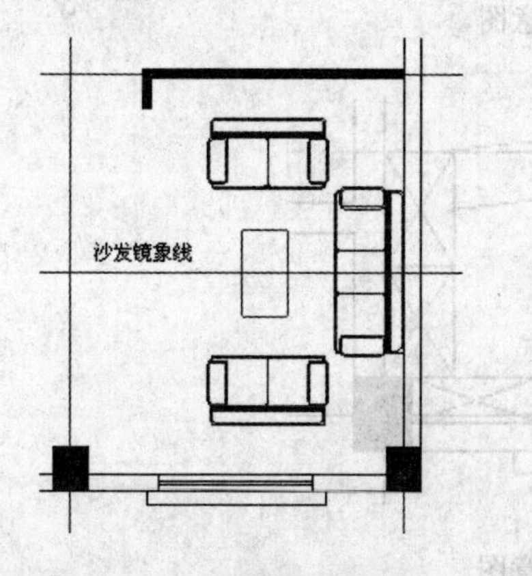

图 9-13 完成沙发、茶几布置

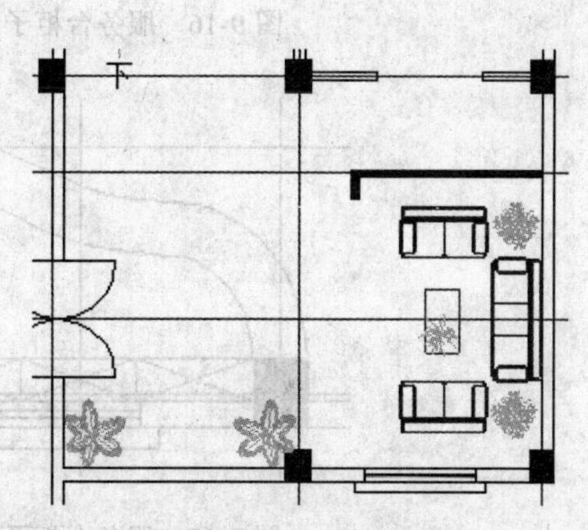

图 9-14 插入绿色植物

3）利用“直线”命令在矩形内部作适当分隔，并将柜子轮廓的颜色设为蓝色，结果如图 9-16 所示。

4）利用“样条曲线”命令，在柜子的前面绘制出台面的外边线，然后利用“偏移”命令向内偏移 400mm 得到内边线，最后将这两条样条曲线颜色设为蓝色，如图 9-17 所示。

5）利用“插入块”命令，将吧台椅子插入到服务台前。利用“复制”命令，将吧台椅子复制到服务台前适当的地方。然后利用“旋转”命令，以椅子中心为旋转基点，拖动鼠标旋转到一定的角度后点击“确定”按钮，如图 9-18 所示。

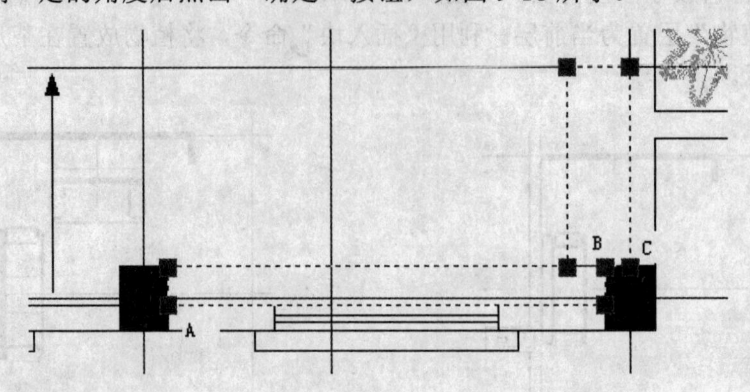

图 9-15　服务台柜子绘制示意图

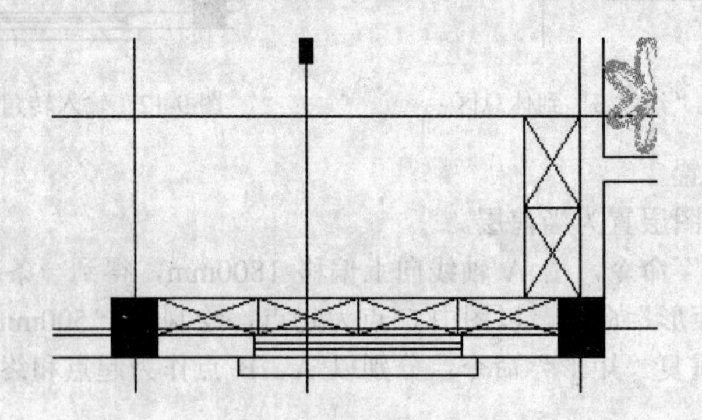
图 9-16　服务台柜子绘制示意图

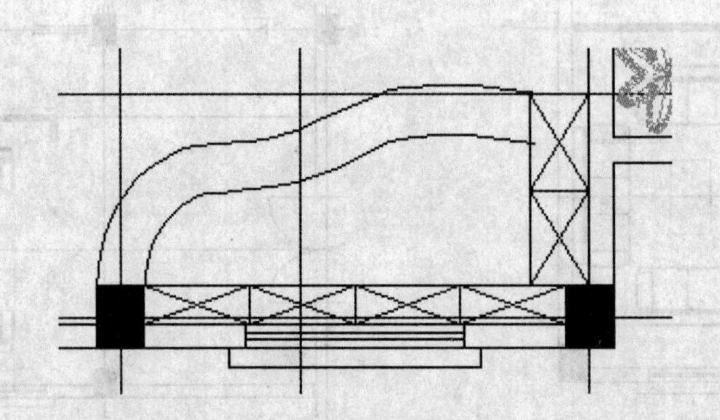
图 9-17　服务台柜子绘制示意图

6）服务台区的家具陈设平面图形基本绘制结束。

7）利用“拉伸”命令，将大门及屏风位置调整好，如图 9-19 所示。

4．地面图案

入口处的地面采用 600mm×600mm 的花岗岩铺地，门前地面上设计一个铺地拼花。

（1）新建“地面材料”图层，并将之置为当前。将“植物”、“家具”层关闭，并将“轴线”层解锁。

（2）绘制网格。利用“偏移”命令，由⑨轴线向右偏移1950mm，得到一条辅助线，沿该辅助线在门厅区域内绘制一条直线；另外，以大门的中点为起点绘制一条水平直线，如图9-20所示。

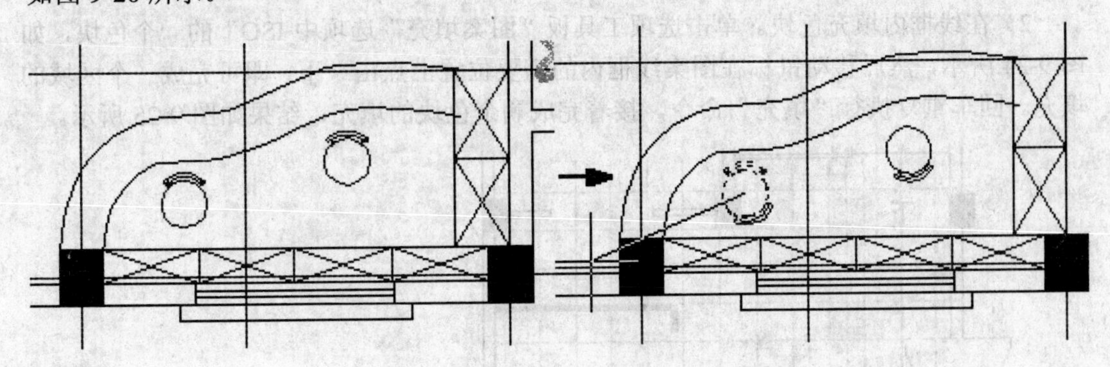

图9-18 插入、复制椅子并旋转

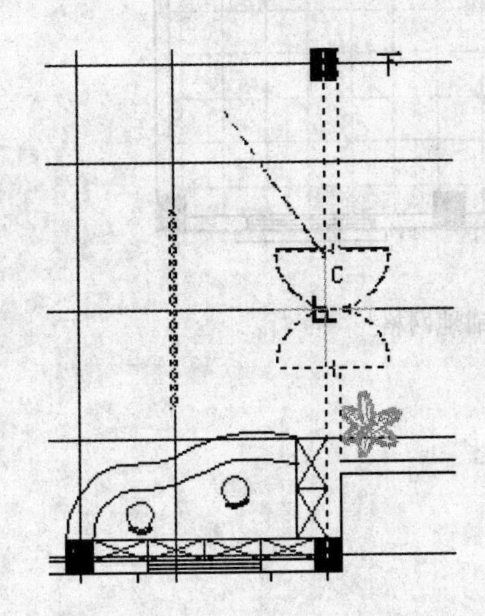

图9-19 拉伸操作示意图

由这两条直线分别向两侧偏移300mm，得到四条直线，如图9-21所示。然后分别由这四条直线向四周阵列得出铺地网格，阵列间距为600mm，结果如图9-22所示。

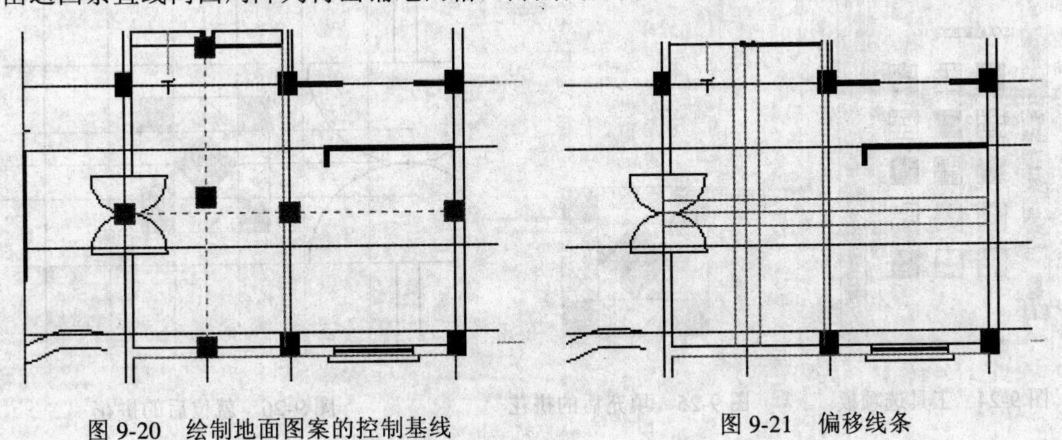

图9-20 绘制地面图案的控制基线 图9-21 偏移线条

（3）绘制地面拼花。

1）利用“正多边形”、“直线”和“偏移”命令，按图 9-23 所示的尺寸绘制一个正方形线条图案；

2）在线框内填充色块。单击选项工具板“图案填充”选项中 ISO”的一个色块，如图 9-24 所示，然后移动鼠标在图案线框内的需要位置上点击一下，即可完成一个区域的填充。回车重复执行“填充”命令，接着完成剩余色块的填充，结果如图 9-25 所示。

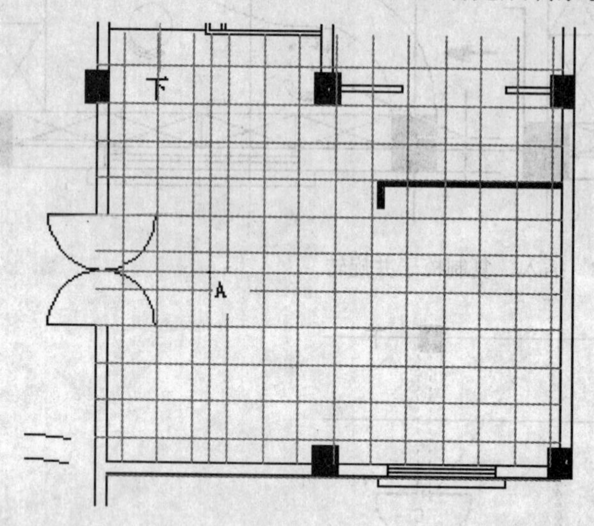

图 9-22　铺地网格

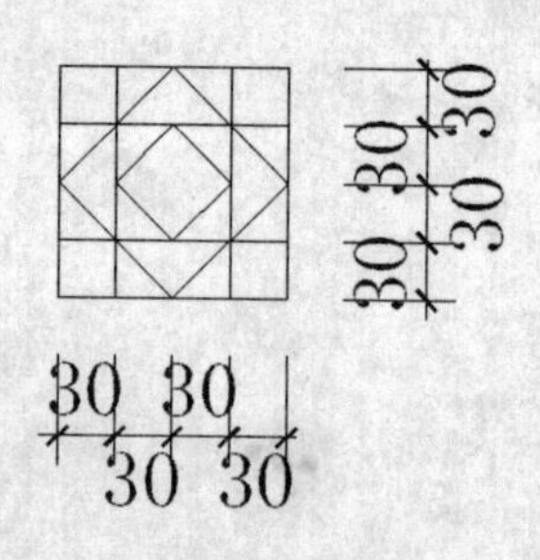

图 9-23　拼花图案尺寸

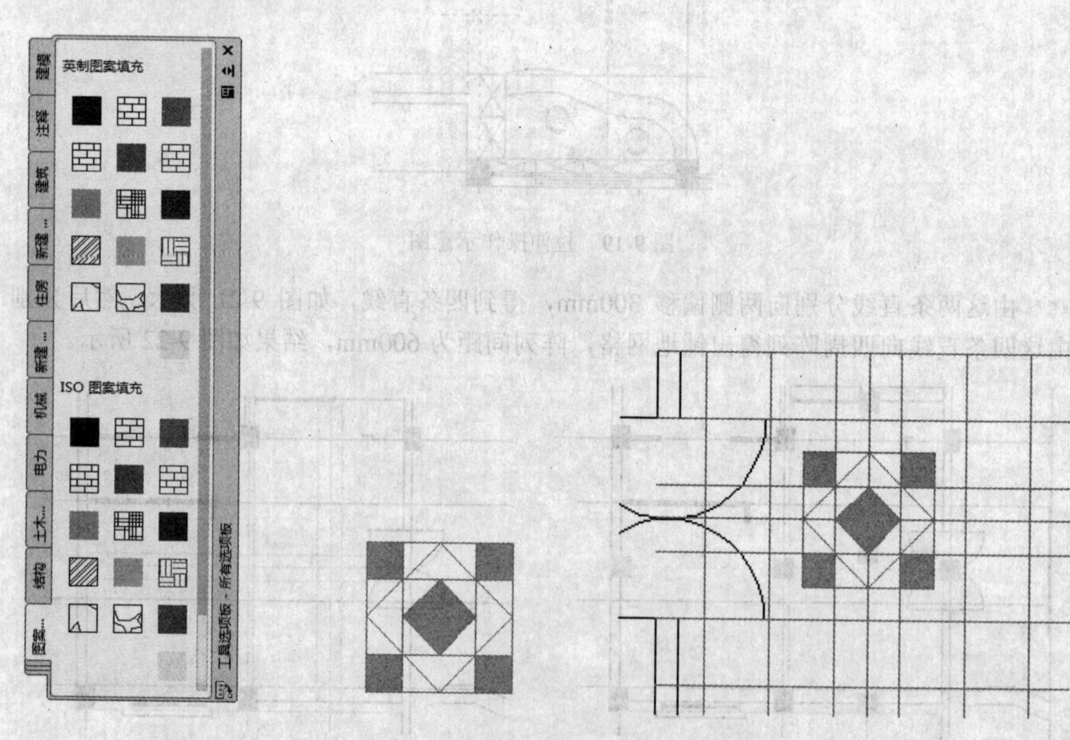

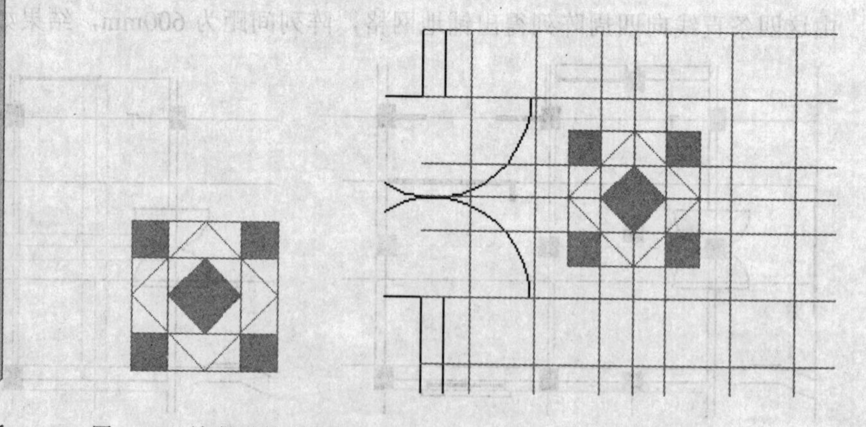

图 9-24　工具选项板　　图 9-25　填充后的拼花　　图 9-26　就位后的拼花

3）利用“移动”命令，将图案移动到图9-22中的A点，结果如图9-26所示。

4）修改地面图案。打开家具、植物图层，利用“修剪”命令，将那些与家具重合的线条及不需要的线条修剪掉，结果如图9-27所示。

5）地面图案补充。利用“正多边形”命令，绘制一个边长为150mm的正方形。利用“旋转”命令，将它旋转90°。利用“工具选项板窗口”命令，并在其中填充相同的色块。利用“复制”命令，将该色块布置到地面网格节点上去，结果如图9-28所示。

服务台区地面铺地毯，采用文字说明，就可以不绘具体图案了。

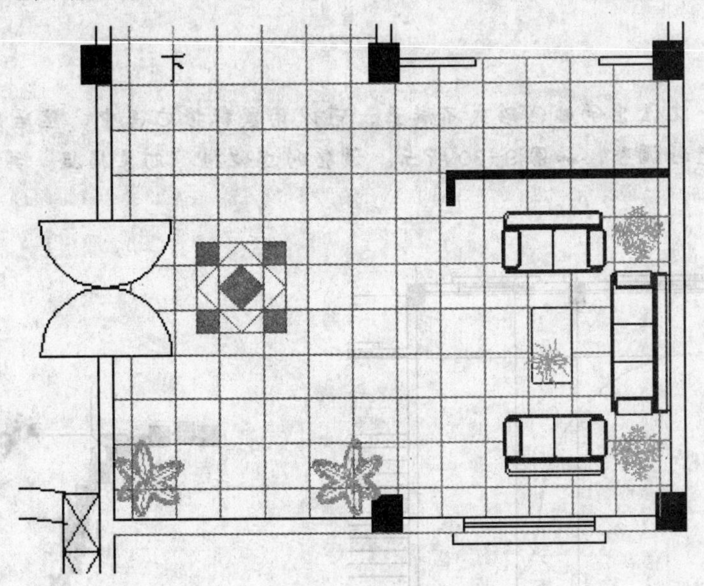

图9-27　修改后的地面图案

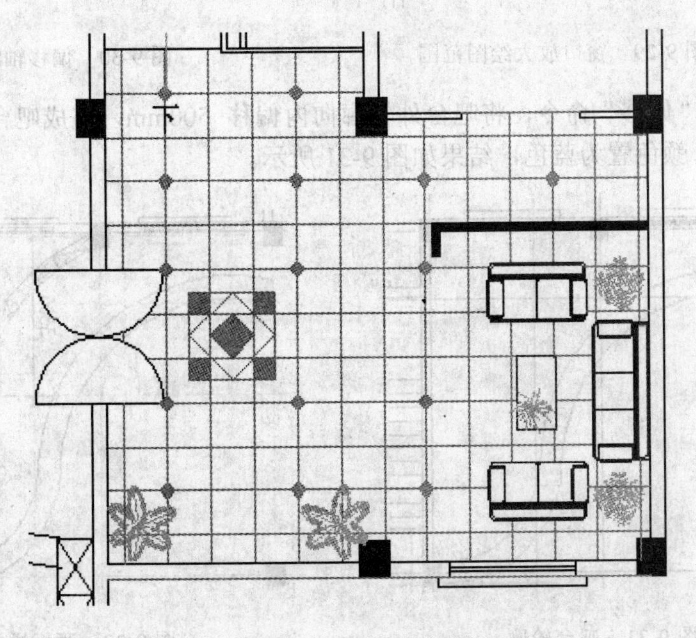

图 9-28　完成地面图案绘制

9.2.4 酒吧的绘制

酒吧区的绘制内容包括吧台、酒柜、椅子等内容。将图 9-3 所示的酒吧区域放大显示，将“家具”层置为当前层，下面开始绘制。

1. 吧台

（1）绘制吧台外轮廓。利用“样条曲线”命令绘制如图 9-29 所示的一根样条曲线。

说明

如果一次绘出的曲线形式不满意，可以用鼠标将它选中，然后用鼠标指针拖动节点进行调整，如图 9-30 所示。调整时建议将“对象捕捉”关闭。

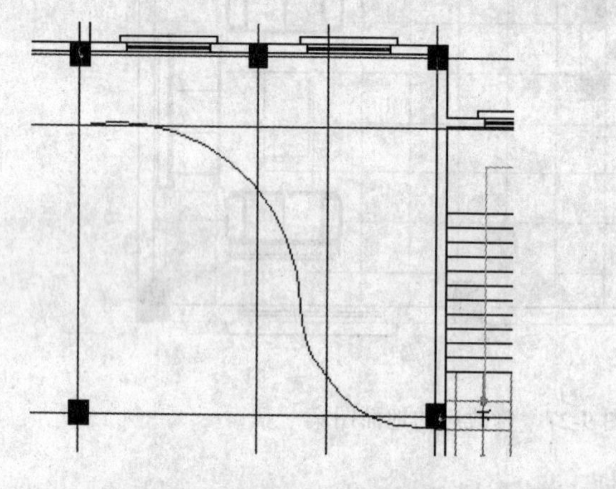

图 9-29 窗口放大绘图范围

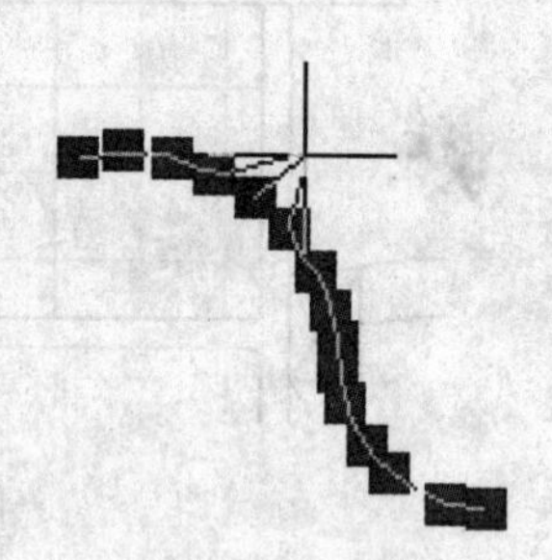

图 9-30 偏移轴线

（2）利用“偏移”命令，将吧台外轮廓向内偏移 500mm，完成吧台的绘制，并将吧台轮廓选中，颜色置为蓝色，结果如图 9-31 所示。

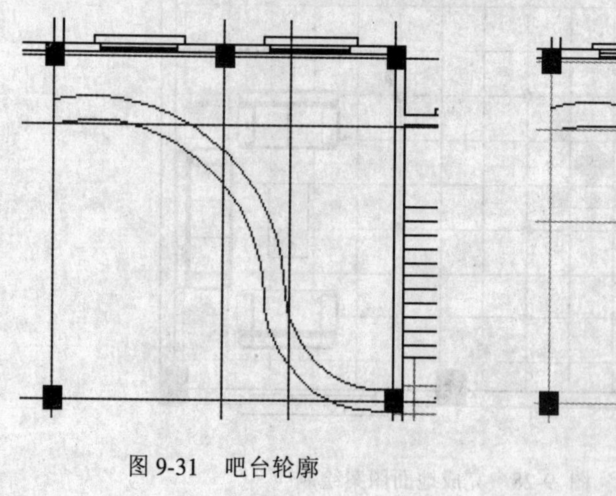

图 9-31 吧台轮廓

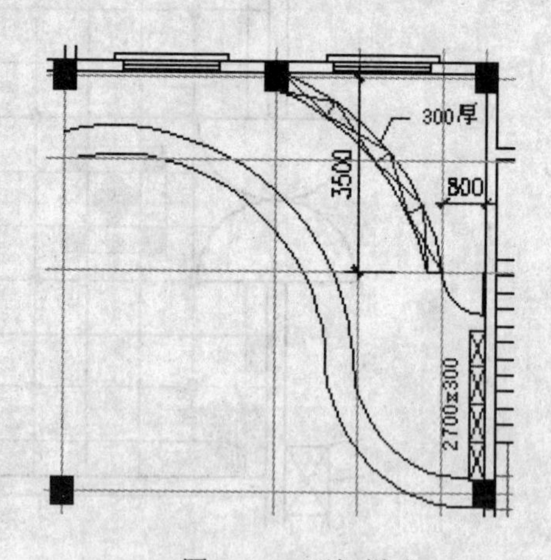

图 9-32 酒柜样式

2．酒柜

在吧台的内部依吧台的弧线形式设计一个酒柜，酒柜内部墙角处作储藏用。在这里，直接给出酒柜的形式及尺寸，读者可自己完成，结果如图 9-32 所示。

3．布置椅子

利用“插入块”，吧台前插入吧台椅子，再利用“复制”和“旋转”命令将其旋转定位，结果如图 9-33 所示。

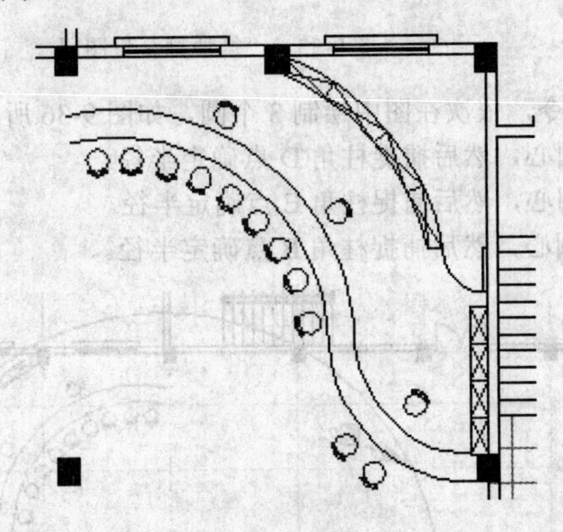

图 9-33　布置椅子

至于地面图案，在此不绘出，只采用文字说明。

9.2.5　歌舞区的绘制

如图 9-3 所示，歌舞区绘制内容包括舞池、舞台、声光控制室、化妆室、坐席等内容。下面逐一介绍。

1．舞池、舞台

（1）辅助定位线绘制。将“轴线”层设置为当前层。单击“绘图“菜单中的“射线”命令，以图 9-34 中的 A 点为起点、B 点为通过点，绘制一条射线。命令行提示如下：

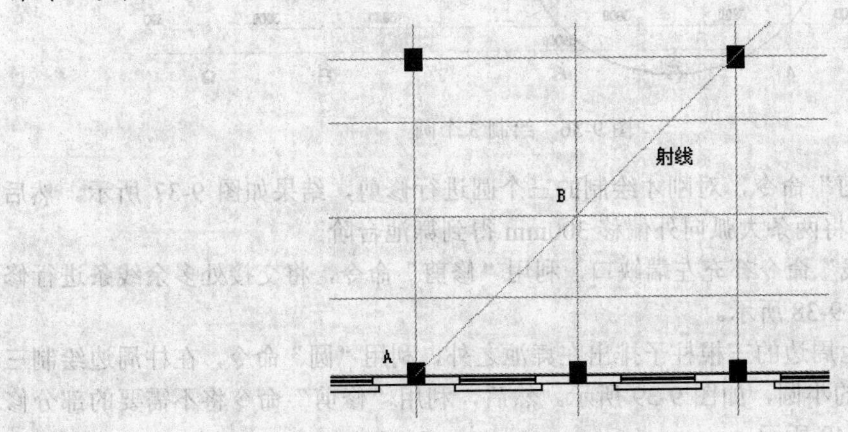

图 9-34　拼花图案尺寸

命令: _ray 指定起点: （用鼠标捕捉 A 点）
指定通过点: （用鼠标捕捉 B 点）
指定通过点: （回车或点击右键确定）

（2）舞池、舞台绘制。

1）建立一个“舞池舞台”图层，参数如图 9-35 所示，置为当前。

舞池舞台 ■白 Continuous —— 默认

图 9-35 “舞池舞台”图层

2）利用“圆”命令，依次在图中绘制 3 个圆，如图 9-36 所示。绘制参数如下：

圆 1：以点 B 为圆心，然后捕捉柱角 D 点确定半径。

圆 2：以点 C 为圆心，然后捕捉柱角 E 点确定半径。

圆 3：以点 A 为圆心，然后捕捉柱角 B 点确定半径。

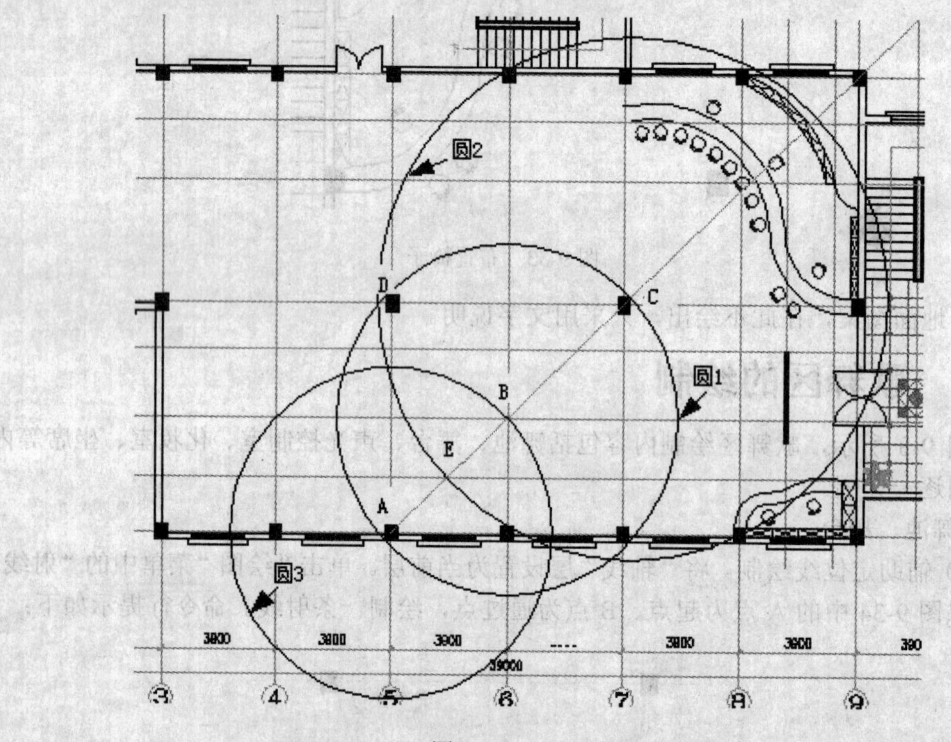

图 9-36 绘制 3 个圆

3）利用“修剪”命令，对刚才绘制的三个圆进行修剪，结果如图 9-37 所示。然后利用“偏移”命令将两条大弧向外偏移 300mm 得到舞池台阶

4）利用“直线”命令补充左端缺口，利用“修剪”命令，将交接处多余线条进行修剪处理，结果如图 9-38 所示。

5）为了把舞池周边的三根柱子排出在舞池之外，利用“圆”命令，在柱周边绘制三个半径为 900mm 的小圆，如图 9-39 所示。然后，利用“修剪”命令将不需要的部分修剪掉，结果如图 9-40 所示。

2．歌舞区隔墙、隔断

（1）将“墙体”图层置为当前层。将舞台后的圆弧置换到“轴线”图层。

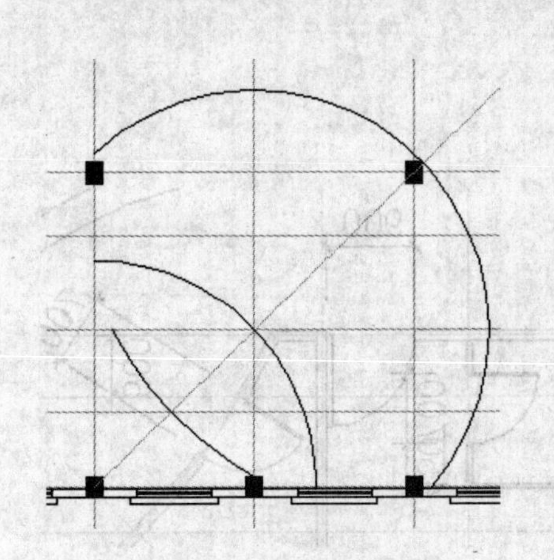

图 9-37　修剪后剩下的圆弧

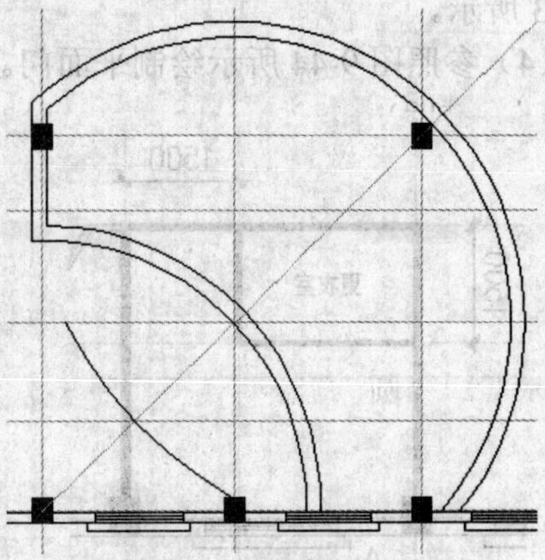

图 9-38　偏移出舞池台阶

（2）化妆室、声光控制室隔墙。利用“多线”命令，首先绘制出化妆室隔墙，如图 9-41 所示。利用“多段线”命令，沿图中 A、B、C、D 点绘制一条多段线，注意，BD 段设置为弧线。利用“偏移”命令，将多段线向两侧各偏移 50mm 得到弧墙，然后利用“删除”命令，将初始的多段线删除，结果如图 9-42 所示。

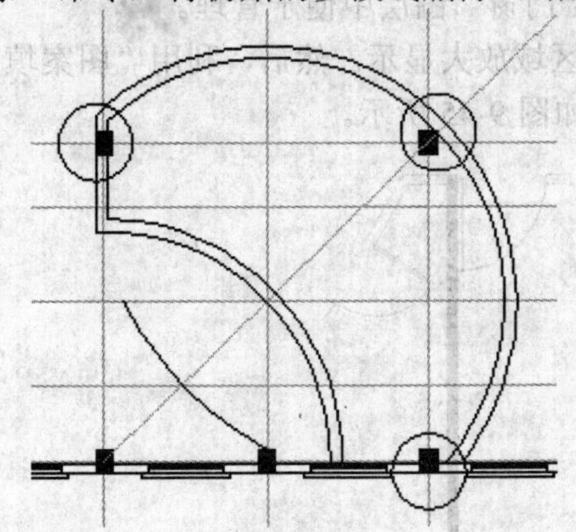

图 9-39　绘制 3 个小圆

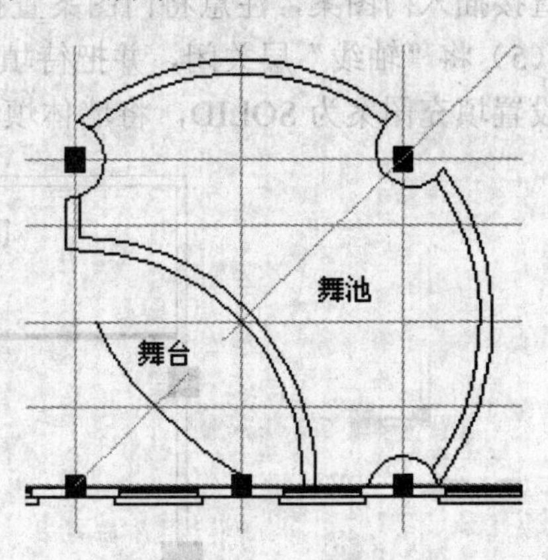

图 9-40　小圆修剪结果

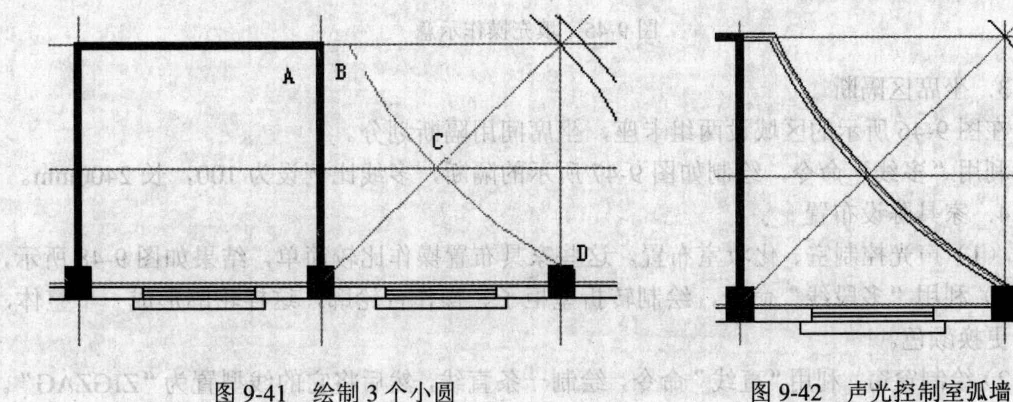

图 9-41　绘制 3 个小圆

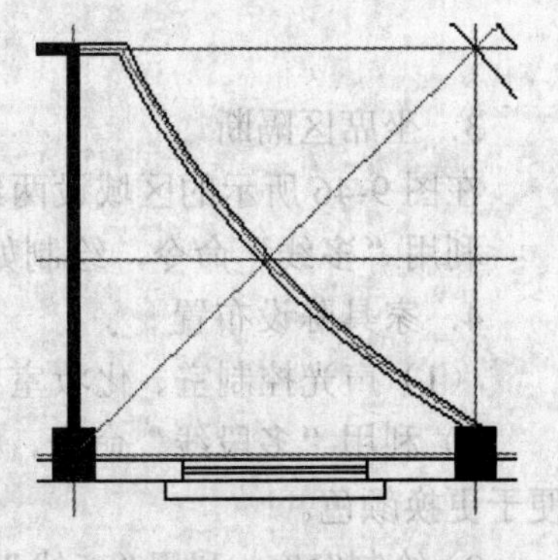

图 9-42　声光控制室弧墙

（3）利用“多线”命令，绘制化妆室内更衣室隔墙，多线比例更改为 50，结果如图 9-43 所示。

（4）参照图 9-44 所示绘制平面门。

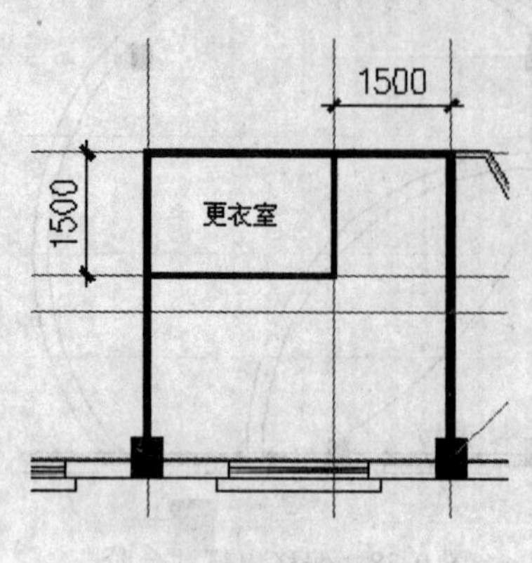

图 9-43　更衣室隔墙

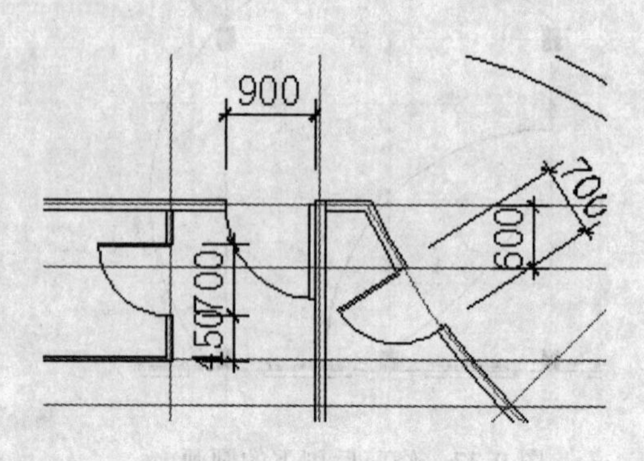

图 9-44　门尺寸

1）利用“分解”命令将多线分解开。

2）利用“修剪”命令，在墙体上修剪出门洞。

3）最后利用“直线”和“圆弧”命令，绘制一个门图案，也可以利用“插入块”命令，直接插入门图案，注意将门图案置换到“门窗”图层中便于管理。

（5）将“轴线”层关闭，并把待填充的区域放大显示。然后，利用“图案填充”命令，设置填充图案为 SOLID，将墙体填充，如图 9-45 所示。

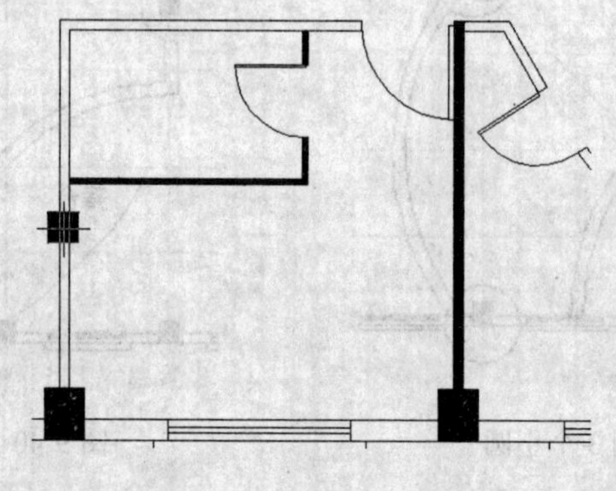

图 9-45　填充操作示意

3．坐席区隔断

在图 9-46 所示的区域设两组卡座，坐席间用隔断划分。

利用“多线”命令，绘制如图 9-47 所示的隔断，多线比例设为 100，长 2400mm。

4．家具陈设布置

（1）声光控制室、化妆室布置。这些家具布置操作比较简单，结果如图 9-48 所示，

1）利用“多段线”命令，绘制转折型柜子、操作台轮廓，这样轮廓形成一个整体，便于更换颜色。

2）绘制窗帘。利用“直线”命令，绘制一条直线，然后将它的线型置为“ZIGZAG”。

如果不能正常显示，则选中直线，点击“标准”工具栏中的“特性”按钮，调整其中的线型比例，如图 9-49 所示。

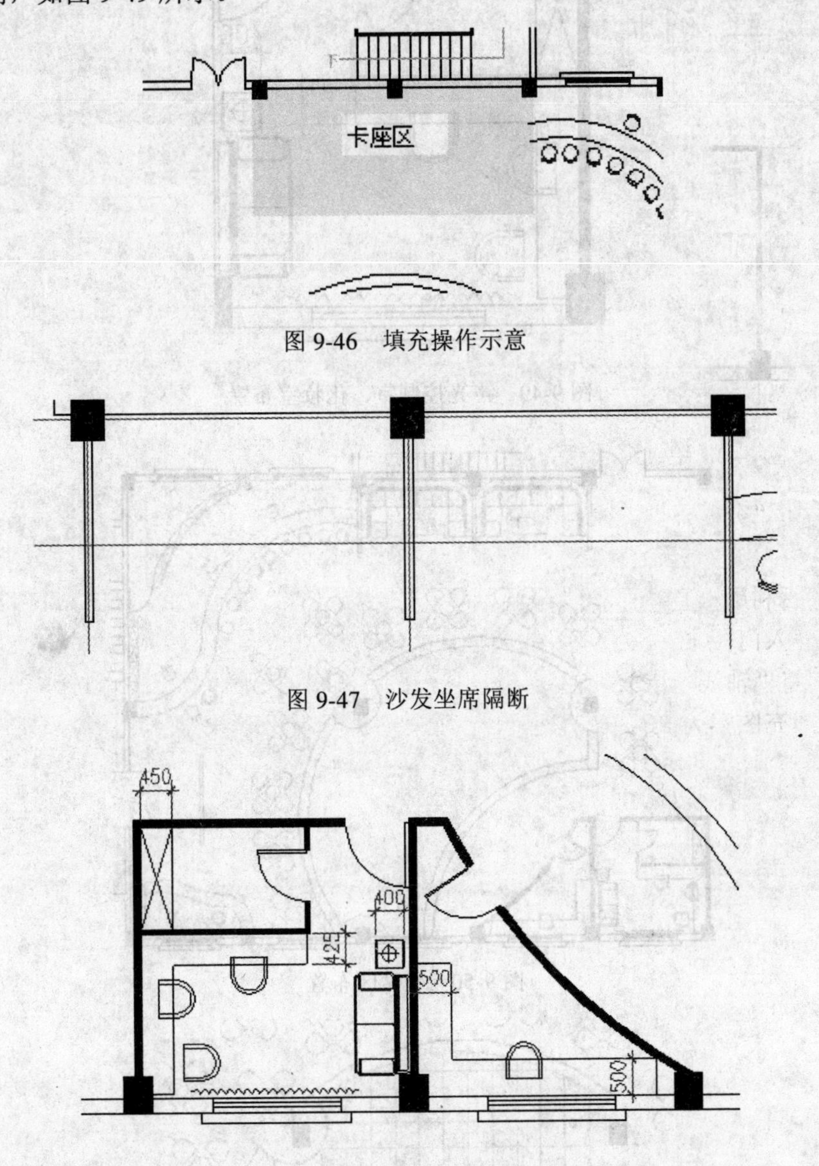

图 9-46　填充操作示意

图 9-47　沙发坐席隔断

图 9-48　声光控制室、化妆室布置

（2）坐席区布置。利用“插入块”命令，插入沙发、桌子，结果如图 9-50 所示。

5．地面图案

在这里，主要表示舞池地面图案。舞池地面铺 600mm×600mm 的花岗石，中央设计一个圆形拼花图案。具体操作如下：

（1）将“地面材料”图层置为当前层。将舞池区全部在屏幕上显示出来。

（2）点击“图案填充”按钮，填充图案为“NET”，比例为 4800，采用“点拾取”的方式选取填充区域，然后完成填充，结果如图 9-51 所示。

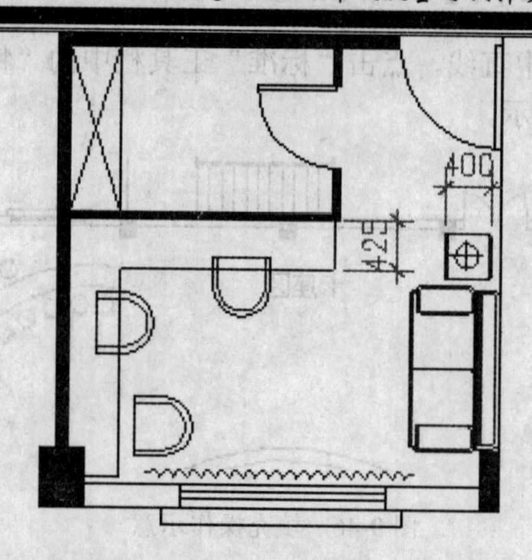

图 9-49　声光控制室、化妆室布置

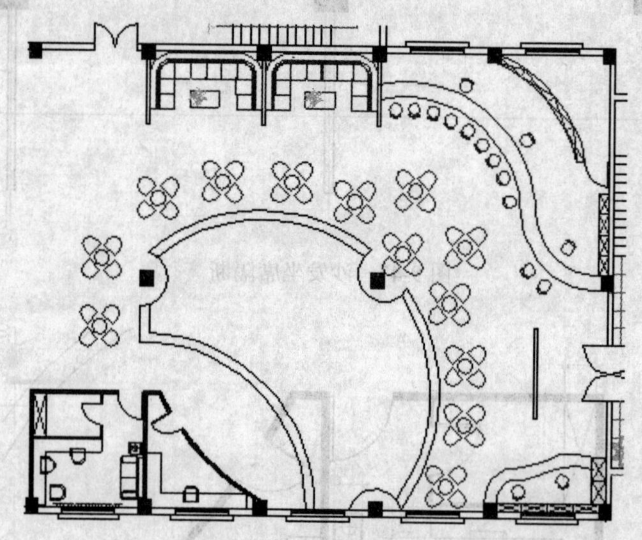

图 9-50　坐席区布置

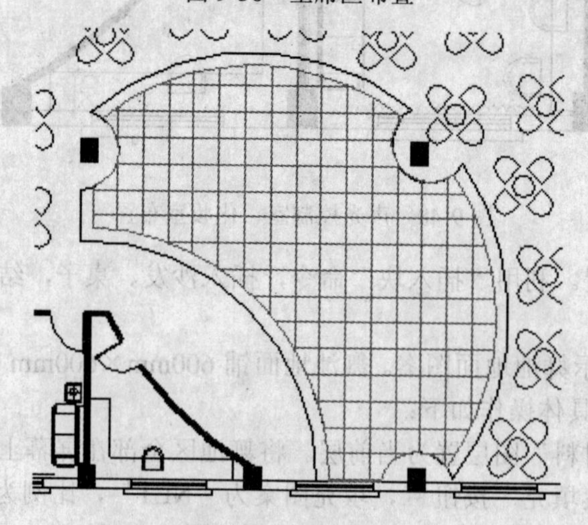

图 9-51　舞池地面图案填充

9.2.6 包房区的绘制

包房区包括两部分：I 区和 II 区。I 区设 4 个小包房，II 区设 2 个大包房。I 区中间设置 1500mm 宽的过道（轴线距离）。隔墙均采用 100mm 厚的金属骨架隔墙。包房内设置沙发、茶几及电视机等卡拉 OK 设备。I 区包房地面满铺地毯，II 区包房内先满铺木地板，然后再局部铺地毯。

1. 隔墙绘制

（1）利用“多线”命令，将包房区隔墙（包括厨房及两个小卫生间）绘制出来，如图 9-52 所示。

（2）绘制卷帘门

1）点击“多段线”按钮，绘制一条直线。

2）将该直线选中，点击“特性”，弹出“特性”窗口。

3）将窗口中的“线型”、“线型比例”、“全局宽度”修改，这样，刚才绘制的多段线即变成粗虚线，如图 9-53 中部所示。

（3）在走道尽头的横墙上开一道窗，如图 9-53 所示。

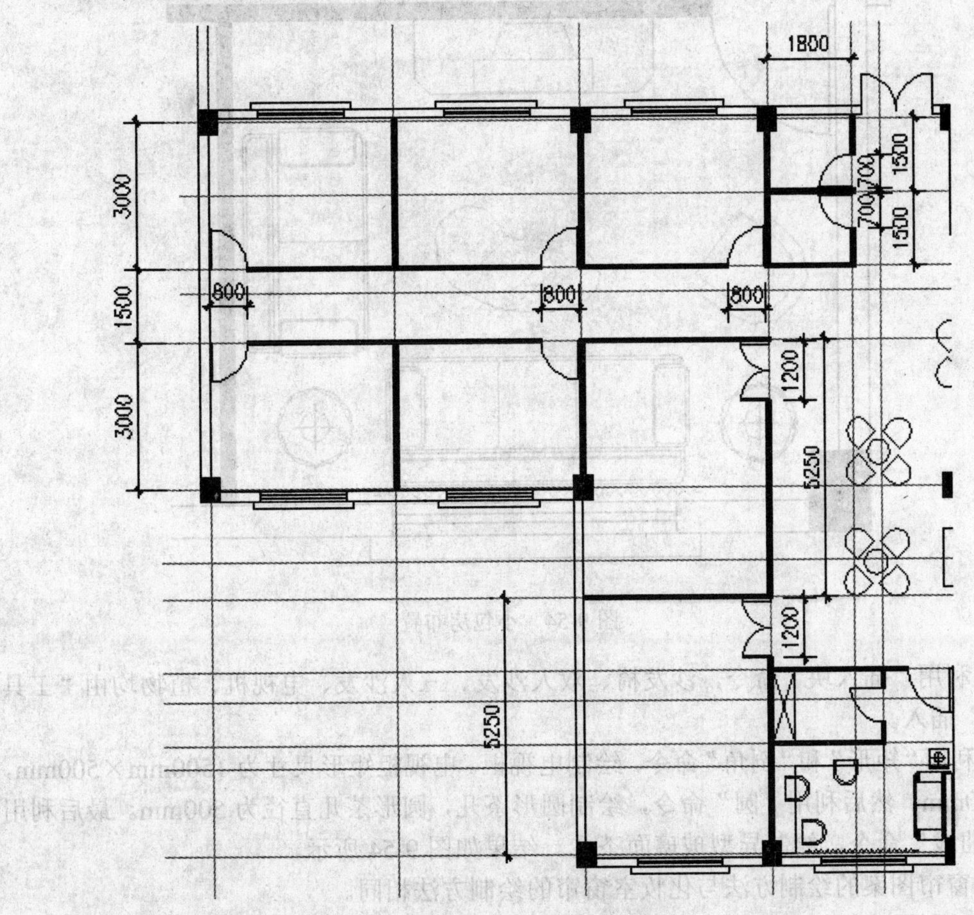

图 9-52 包房区隔墙

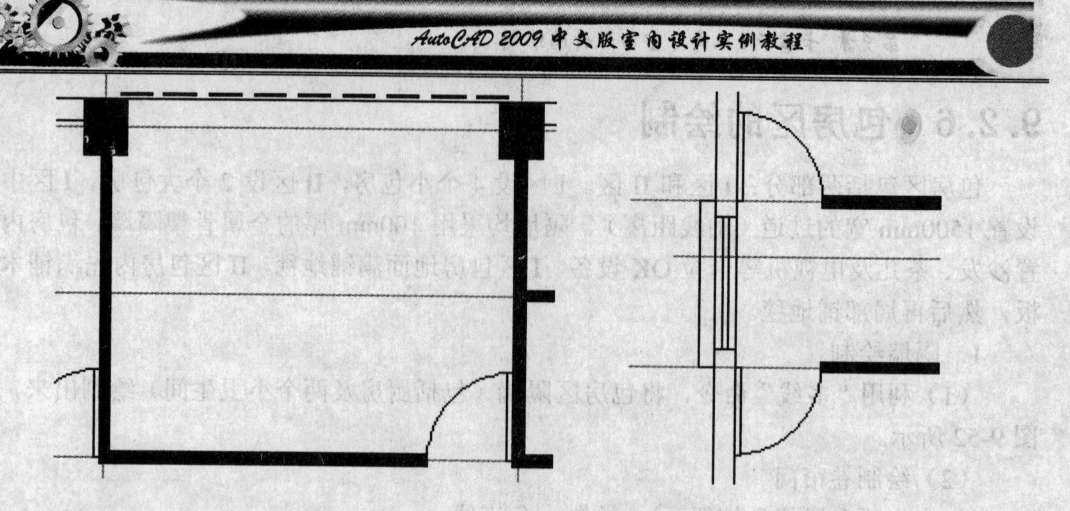

图 9-53　卷帘门及新增窗

2．家具陈设布置

（1）小包房布置

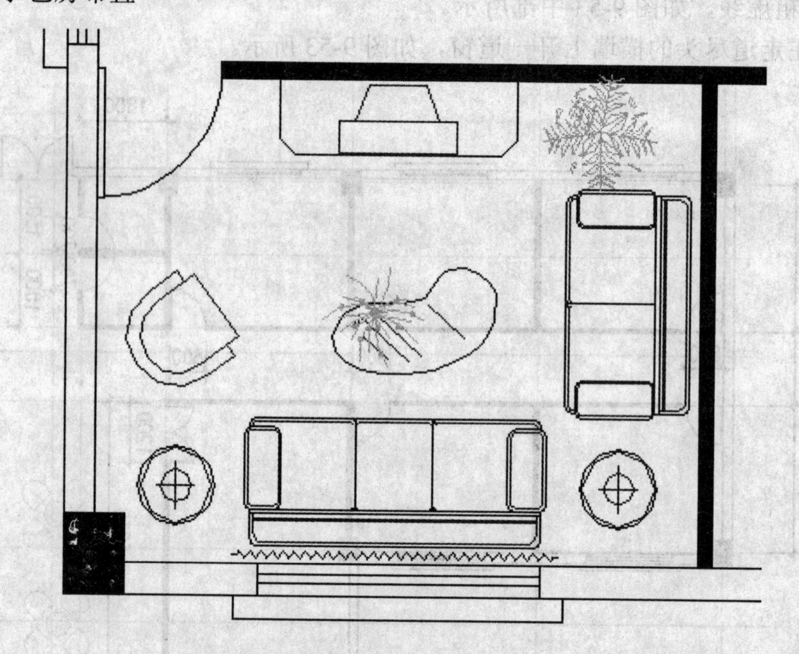

图 9-54　小包房布置

1）利用“插入块”命令，沙发椅、双人沙发、三人沙发、电视机、植物均由“工具选项板”插入。

2）利用“矩形”和“倒角”命令，绘制电视柜。电视柜矩形尺寸为 1500mm×500mm，倒角 100mm。然后利用“圆”命令，绘制圆形茶几，圆形茶几直径为 500mm。最后利用“样条曲线”命令，绘制异型玻璃面茶几。结果如图 9-54 所示。

3）窗帘图案的绘制方法与化妆室窗帘的绘制方法相同。

（2）利用“复制”命令，将小包房布置复制到大包房中，进行调整即可，结果如图 9-55 所示。

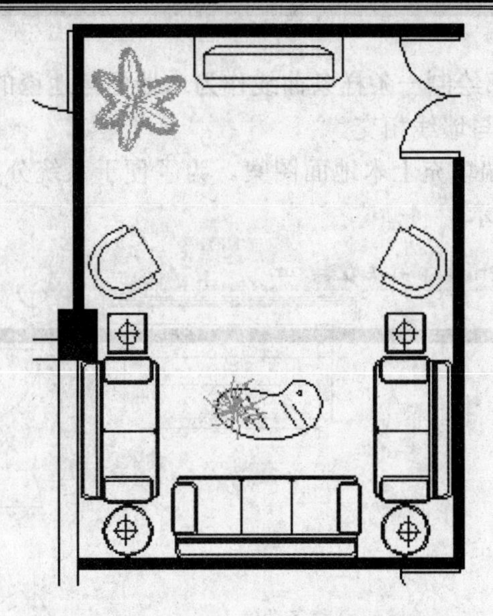

图 9-55　大包房布置

（3）利用“复制”命令，将大小包房的布局分布到其他包房中，结果如图 9-56 所示。在分布时，可以考虑先将“墙体”、“柱”、“门窗”等图层锁定，这样，在选取家具陈设时，即使将墙体、柱、门窗的图线选在其内，也不会产生影响。

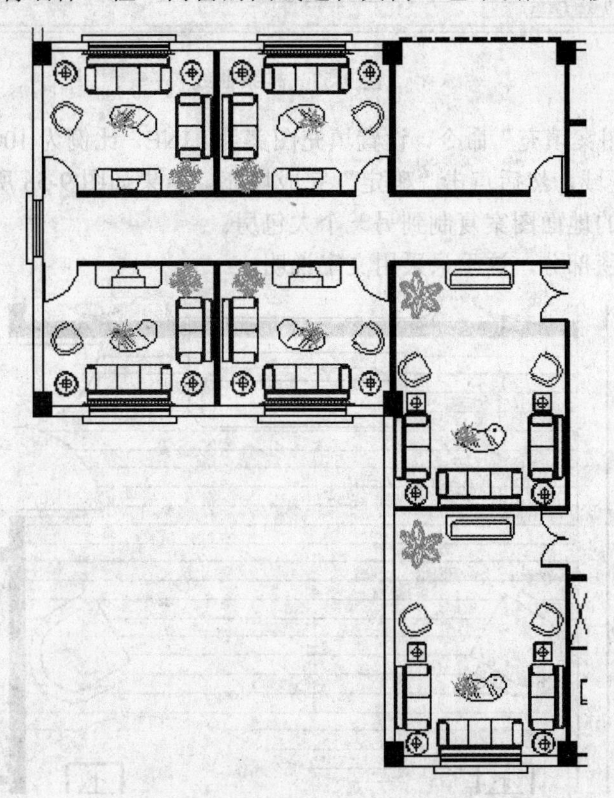

图 9-56　包房家具陈设布置

3．地面图案

（1）在包房地面中部绘制一条样条曲线作为木地面与地毯的交接线，如图 9-57 所示。注意将样条曲线两端与墙线相交。

（2）将接近门的一端填充上木地面图案。为了便于系统分析填充条件，请将如图 9-57 所示的绘图区放大显示。

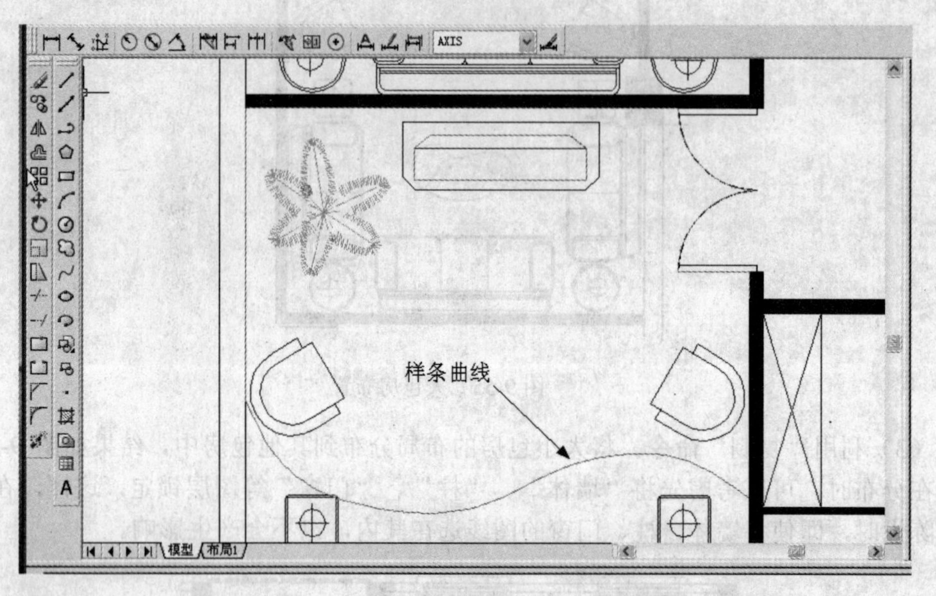

图 9-57　样条曲线

（3）利用“图案填充”命令，设置填充图案为 LINE，比例为 1000，采用“拾取点”的方式选中填充区域，然后点击“确定”完成填充，结果如图 9-58 所示。

（4）将完成的地面图案复制到另一个大包房。

（5）关于地毯部分，这里只采用文字说明。

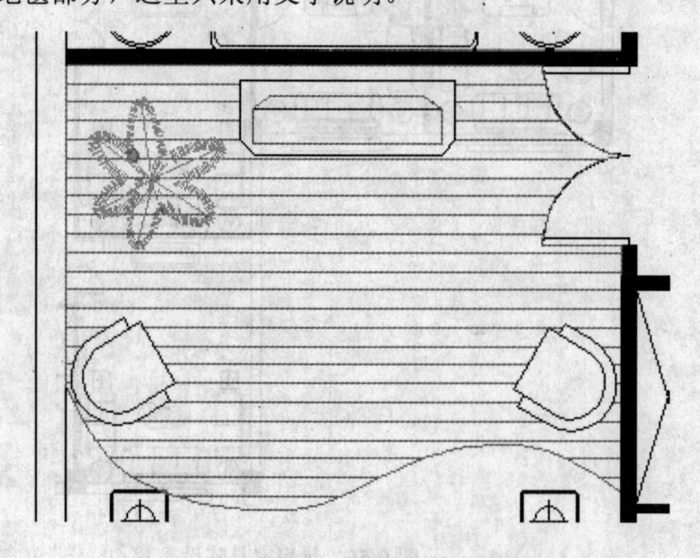

图 9-58　木地面填充效果

9.2.7 屋顶花园绘制

该屋顶花园内包含水池、花坛、山石、小径、茶座等内容，下面介绍如何用 AutoCAD 2005 绘制它。

1．水池

（1）建立一个“花园”图层，参数如图 9-59 所示，置为当前层。

图 9-59 “花园”图层

（2）利用“样条曲线”命令绘制一个水池轮廓，然后向外侧偏移 100mm，如图 9-60 所示。

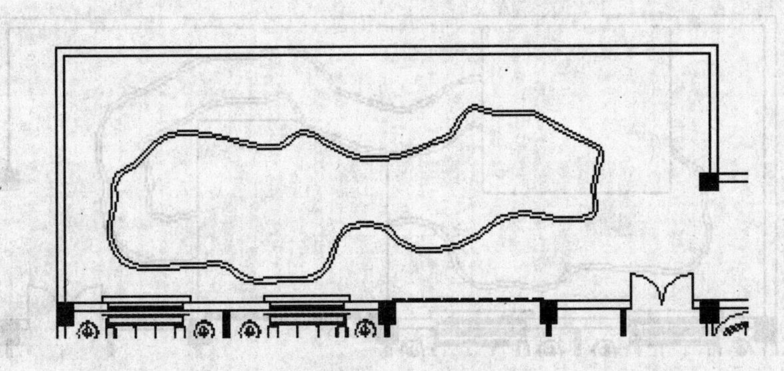

图 9-60 水池轮廓

2．平台、小径、花坛

（1）利用“矩形”命令，绘制如图 9-61 所示的两个矩形作为临水平台。

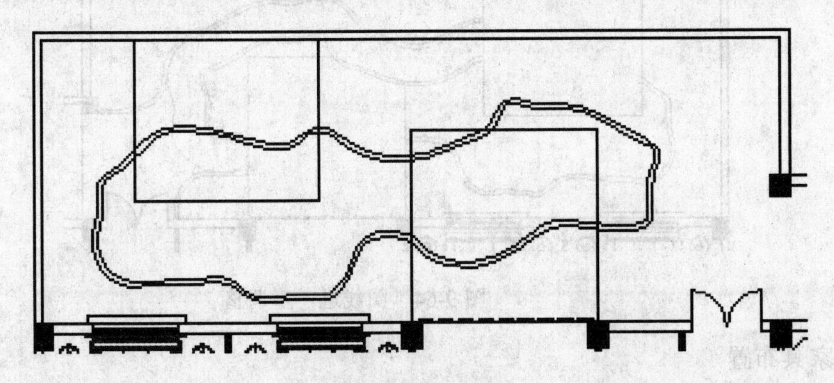

图 9-61 水池轮廓

（2）利用“偏移”命令，由水池外轮廓偏移出小径，偏移间距为 800mm、100mm，结果如图 9-62 所示。

（3）利用“修剪”命令，将花园调整为如图 9-63 所示样式。

（4）利用“直线”命令，进一步将图线补充、修改为如图 9-64 所示的样式。

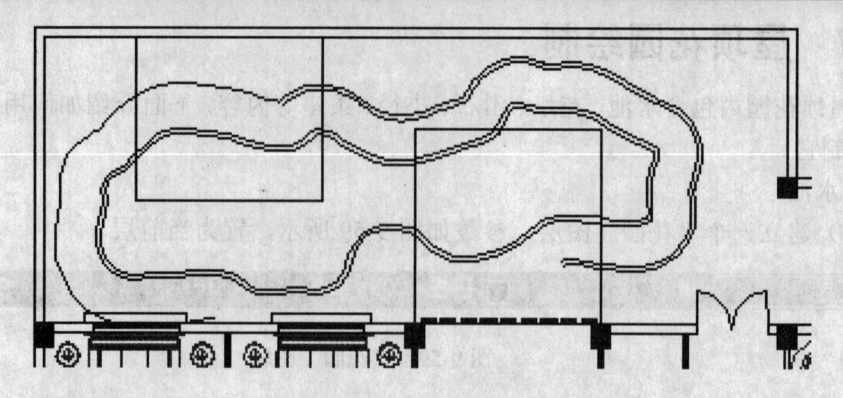

图 9-62　小径绘制

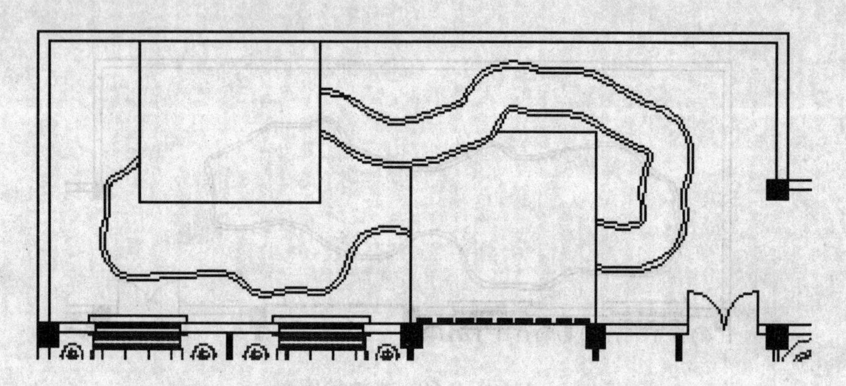

图 9-63　图线调整

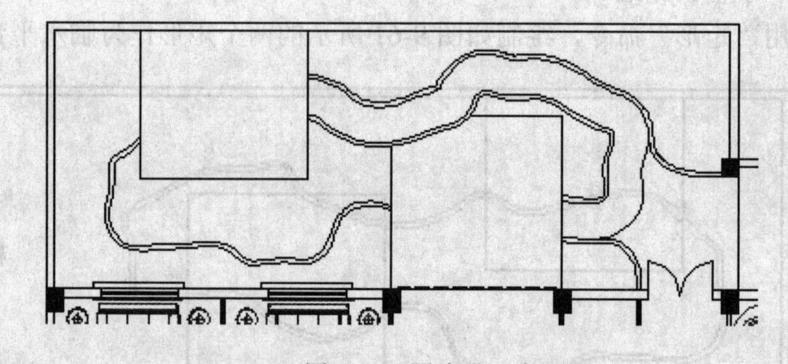

图 9-64　图线进一步调整

3．家具布置

利用“插入块”命令，在平台上布置茶座和长椅，如图 9-65 所示。

4．图案填充

（1）利用“图案填充”命令，采用渐变填充，颜色为蓝色，填充水池。

（2）利用“图案填充”命令，设置填充图案为 LINE，填充平台。

（3）利用“图案填充”命令，设置填充图案为 GRAVEL，填充小径。

（4）利用“图案填充”命令，设置填充图案为 ANGLE，门口地面。

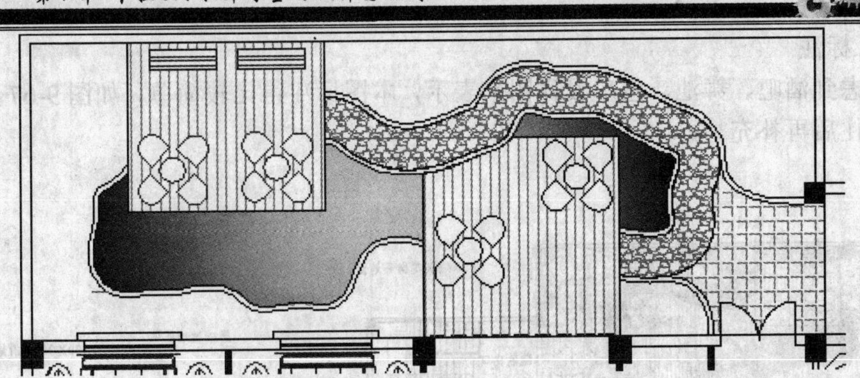

图 9-65 填充结果

5．绿化布置

（1）将“植物”层设置为当前层，利用“插入块”命令，插入各种绿色植物到花坛内。

（2）利用“直线”或“多段线”绘制山石图样。

（3）单击“绘图”工具栏中的“点”命令，在花坛内的空白处打一些点，作为草坪。结果如图 9-66 所示。

图 9-66 填充结果

到此为止，屋顶花园部分的图形基本绘制完毕。该实例中厨房、厕所部分与前面同前，在此不赘述。

9.2.8 文字、尺寸标注及符号标注

1．图面比例调整

该平面图绘制时以 1：100 的比例绘制，假如把它放在 A3 图框中，则超出图框，先将它改为 1:150 的比例。操作步骤是将上面完成的平面图全部选中，点击“比例缩放”按钮，输入比例因子 0.66667，完成比例调整。

2．标注样式

将标注样式中的“测量比例因子”调整为 1.5。

3．标注

考虑到酒吧、舞池、包房设详图来表示，本图标注得比较简单，如图 9-67 所示。不足之处往后再补充。

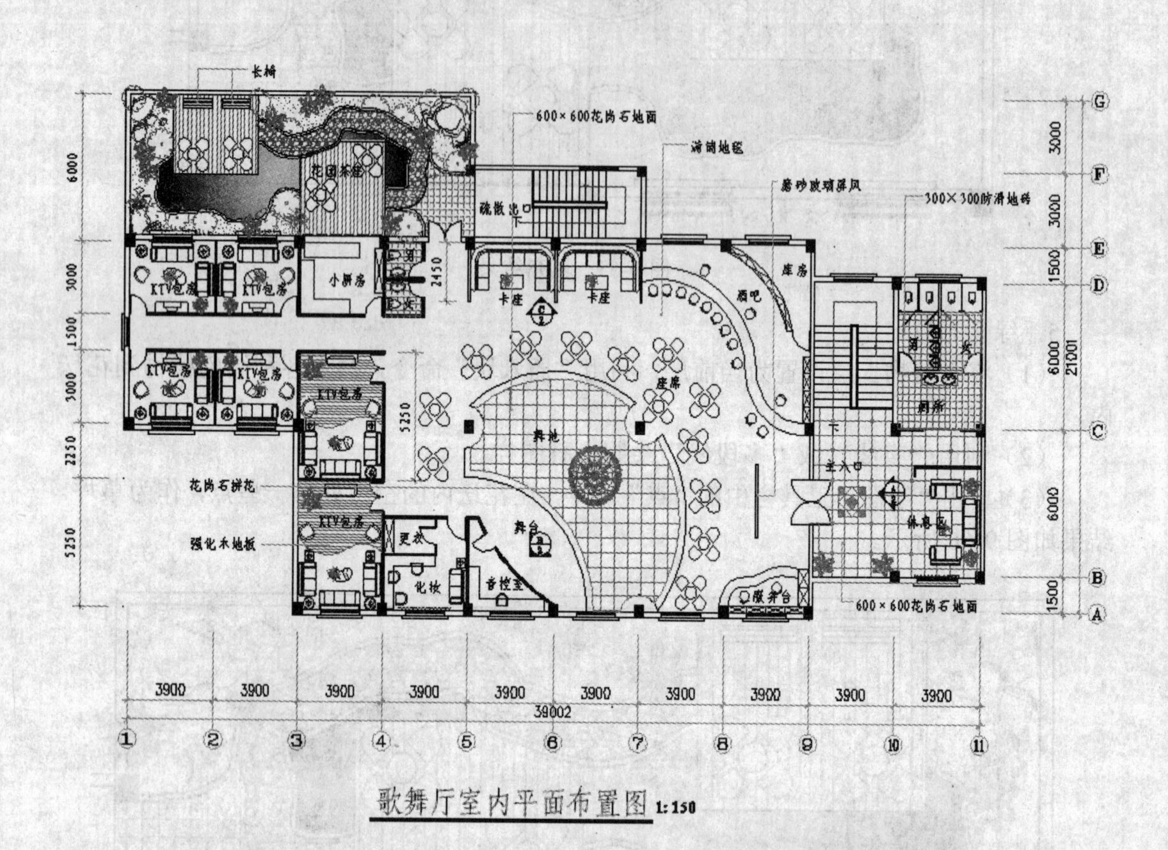

图 9-67　标注后的平面图

4．插入图框

插入图框的方法有多种，在这里，将做好的图框以图块的方式插入到模型空间内。具体操作是：点击“插入块”命令，找到光盘图库中的“A3 横式.dwg”文件，输入插入比例 100，将它插入到模型空间内。最后，将图标中的文字作相应的修改，如图 9-68 所示。

XXX设计公司		某卡拉OK歌舞厅室内设计		
描图		歌舞厅室内平面布置图	比例	1:150
设计			图号	01
校对				
审核			日期	

图 9-68　图标文字修改

9.3 歌舞厅室内立面图绘制

本节思路

本节主要介绍比较有特色的三个立面图。第一个是入口立面，第二个是舞台立面，第三个是卡座处墙面。在每个立面图中，对必要的节点详图展开绘制。在每个图中，首先给出绘制结果，然后说明要点。

实讲实训
多媒体演示

多媒体演示参见配套光盘中的\\动画演示\第9章\歌舞厅室内立面图绘制.avi。

9.3.1 绘图前的准备

绘图之前，可以以光盘X：图库中的“A3图框.dwt”作为样板来新建一个文件，也可以将前面绘制好的“室内平面图.dwg”另存为一张新图。在此，本文采用后一种方式，文件名取为“图 2.dwg”。然后，建立一个“立面”图层，用来放置主要的立面图线。绘制时比例采用1：100，绘好图线后再调整比例。

9.3.2 入口立面图的绘制

1．A立面图（如图9-69所示）

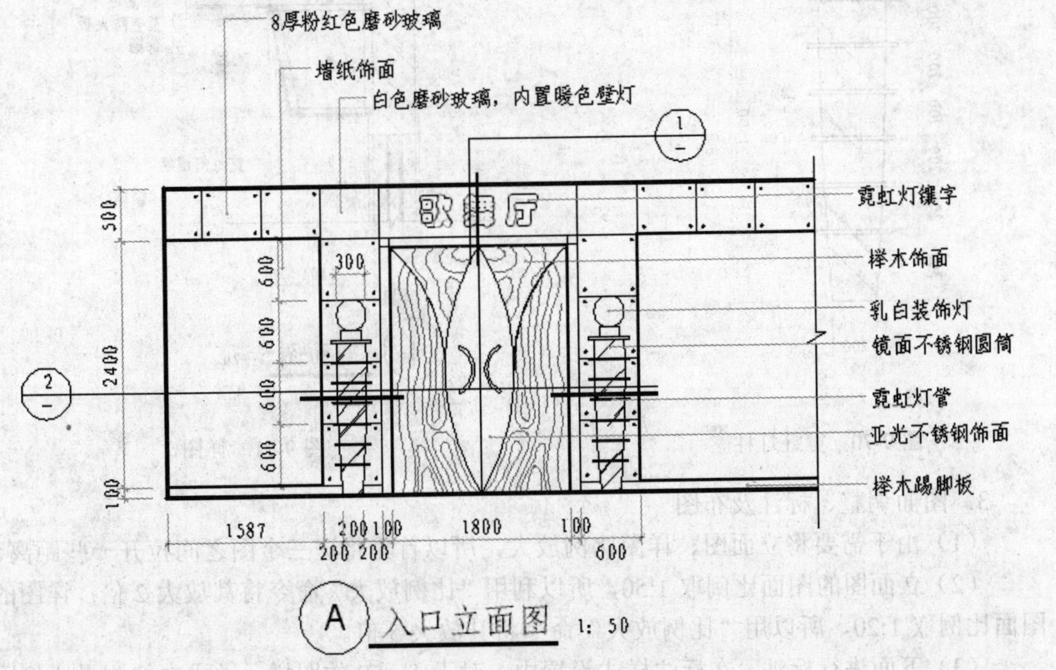

图9-69 A立面图

（1）利用“直线”命令，绘制上下轮廓线，然后确定大门的宽度及高度。

（2）利用“圆弧”命令，绘制门的细部，利用“样条曲线”命令，绘制门上的木纹。

（3）利用“正多边形”命令，绘制出 600mm×600mm 的磨砂玻璃砖方块，然后利用“圆”命令，在四角绘制小圆圈作为安装钮。

（4）利用“单行文字”命令，在大门上方打上“歌舞厅”字样。

（5）利用“直线”、“圆”和“矩形”命令，绘制尺寸如图 9-70 所示霓虹灯柱。

（6）利用“移动”和“复制”命令，将霓虹灯柱放置在大门的两边。

图线绘制结束后，可以先不标注，下面以立面图尺寸作为参照来绘制详图 1、2。

2．详图 1、2

为了进一步说明入口构造及其关系，在 A 立面图的基础上绘制两个详图，如图 9-71、9-72 所示。

（1）以立面图作为水平参照（详图 1）和竖直参照（详图 2）绘制详图。

（2）绘制详图时，要细心、仔细，多借助辅助线条来确定尺寸。

（3）图 9-71、9-72 所示的详图还是比较简单，在实际工程中，需根据具体情况作必要的调整和补充。如果这些详图仍不足以表达设计意图，可以进一步用详图来表达。

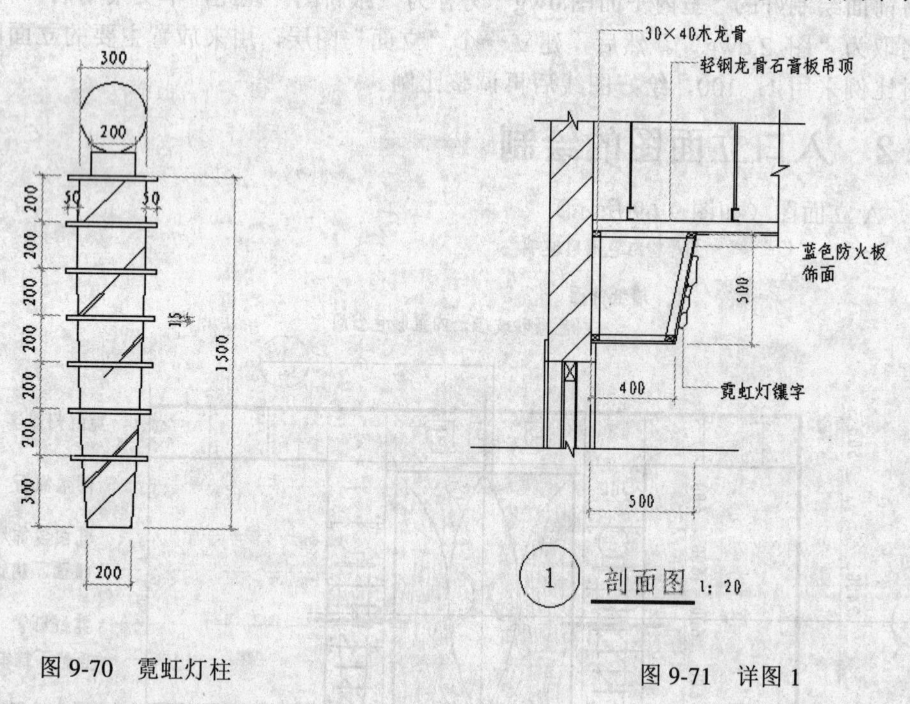

图 9-70　霓虹灯柱　　　　图 9-71　详图 1

3．图面调整、标注及布图

（1）由于需要将立面图、详图比例放大，所以首先将这三个图之间拉开一些距离。

（2）立面图的图面比例取 1:50，所以利用“比例放大”命令将其放大 2 倍；详图的图面比例取 1:20，所以用“比例放大”命令将其放大 5 倍。

（3）下面进行标注。在标注样式设置中，对于 1：50 的图样，样式中的测量比例因子设置为 0.5；对于 1：20 的图样，样式中的测量比例因子设置为 0.2。

（4）标注结束后，插入图框，结果如图 9-73 所示。

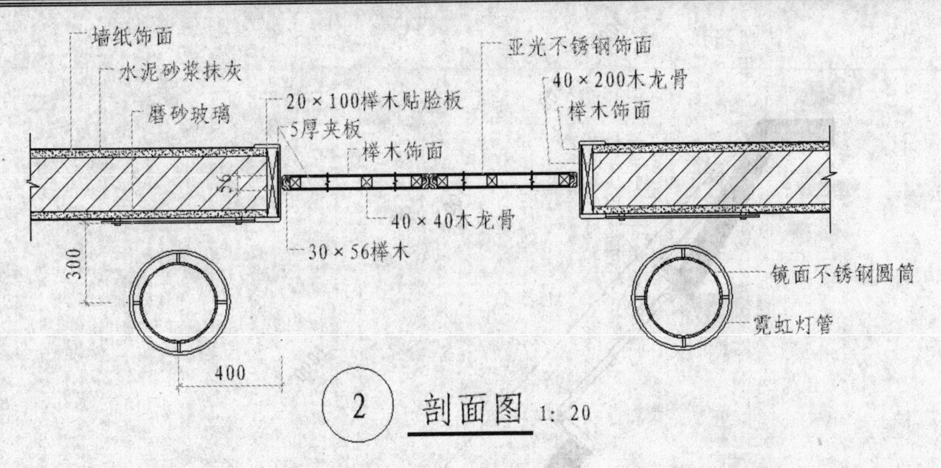

图9-72 详图2

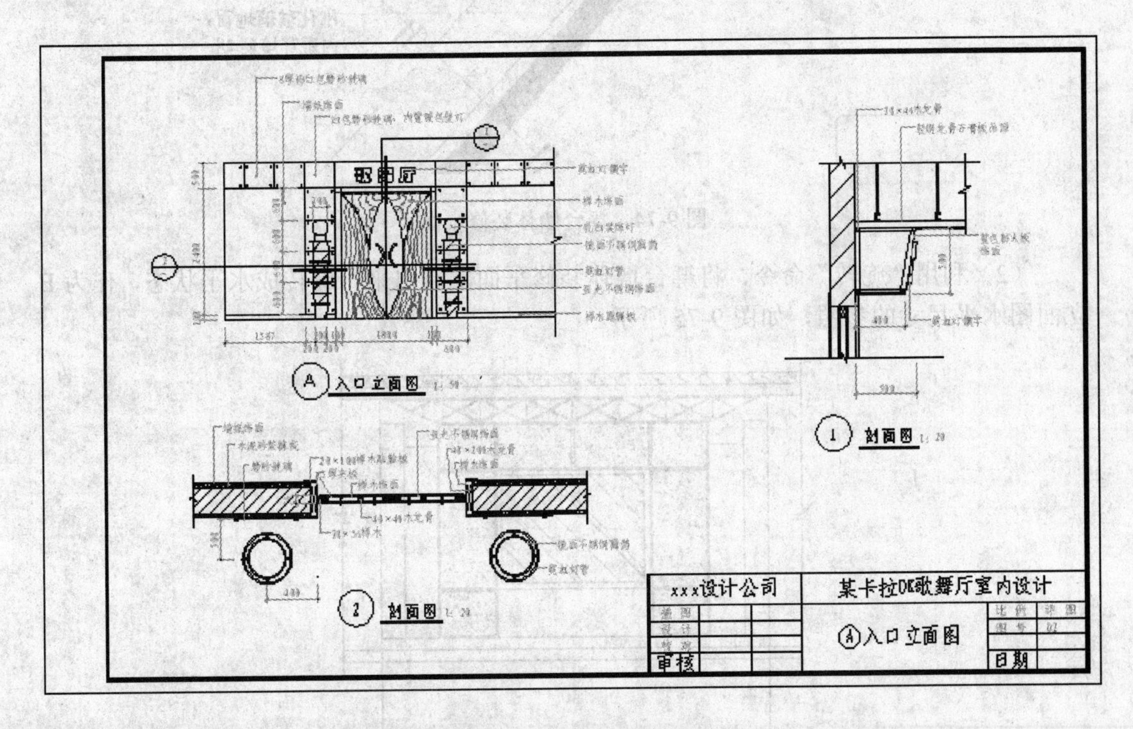

图9-73 图2的图面效果

9.3.3 B、C立面的绘制

首先，将刚才的“图2.dwg”另存为“图3.dwg”，然后在此图形文件中绘制B立面图和C立面图。

1．B立面图

（1）首先，完善舞台平面图部分，如图9-74所示，然后以此作为立面、剖面绘制参照。

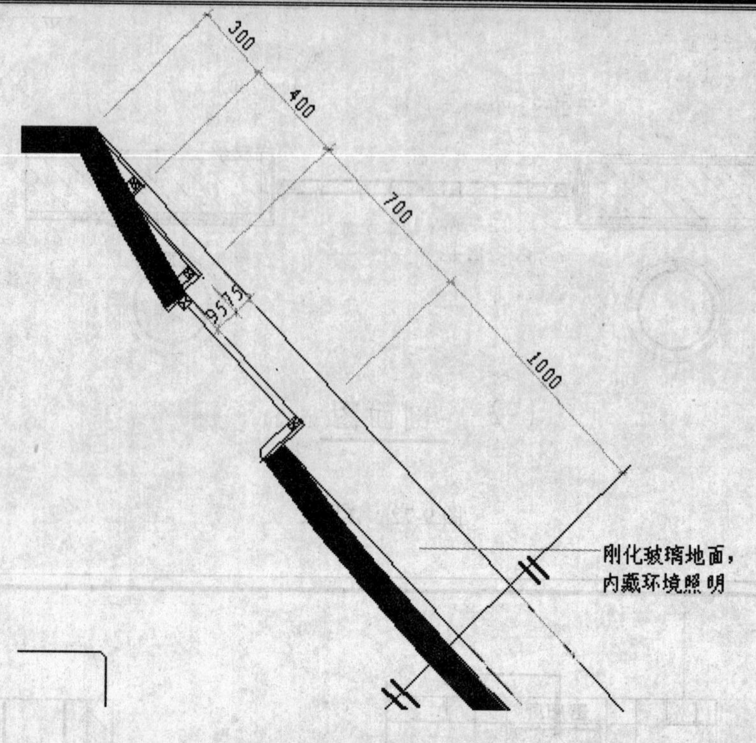

图 9-74　舞台墙体装修平面

（2）利用“旋转”命令，将舞台墙体装修平面复制出来，旋转成水平状态，作为 B 立面图水平尺寸的参照，如图 9-75 所示。

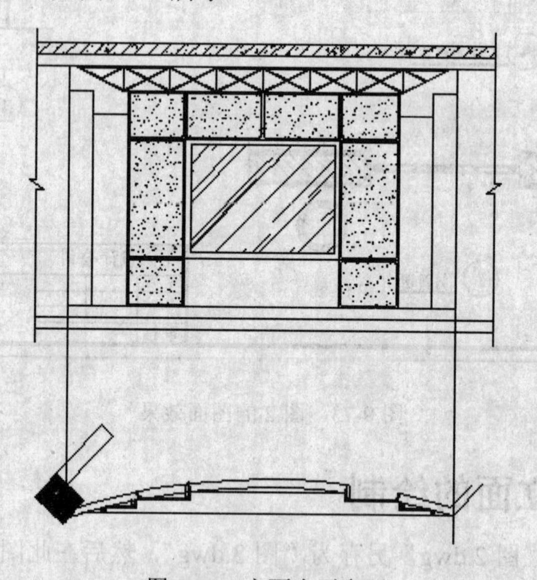

图 9-75　立面水平参照

（3）舞台射灯安转架，可以先汇出轴线网架，然后利用“多线”命令，沿轴线绘制杆件。绘制的 B 立面图如图 9-76 所示。

2．1-1 剖面图

（1）绘制 1-1 剖面图时，利用“复制”和“旋转”命令，将墙体平面复制一个并将它旋转成竖直状态，如图 9-77 所示。

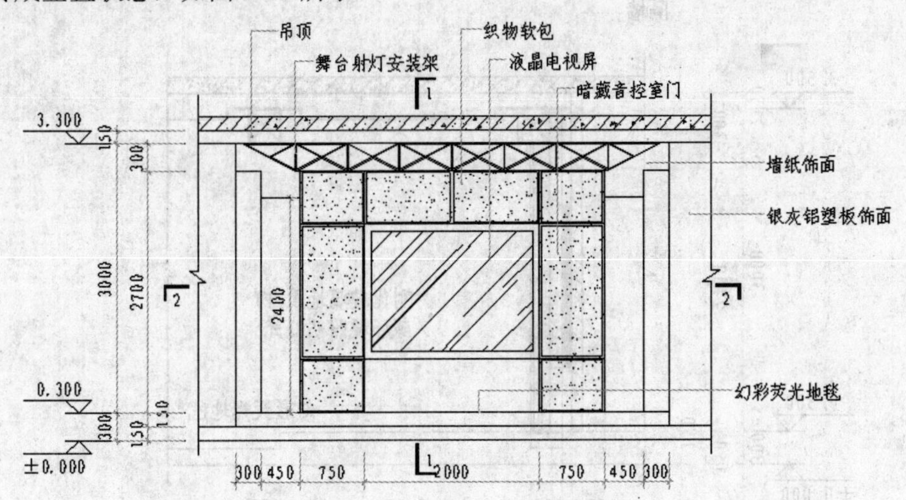

图 9-76　B 立面图

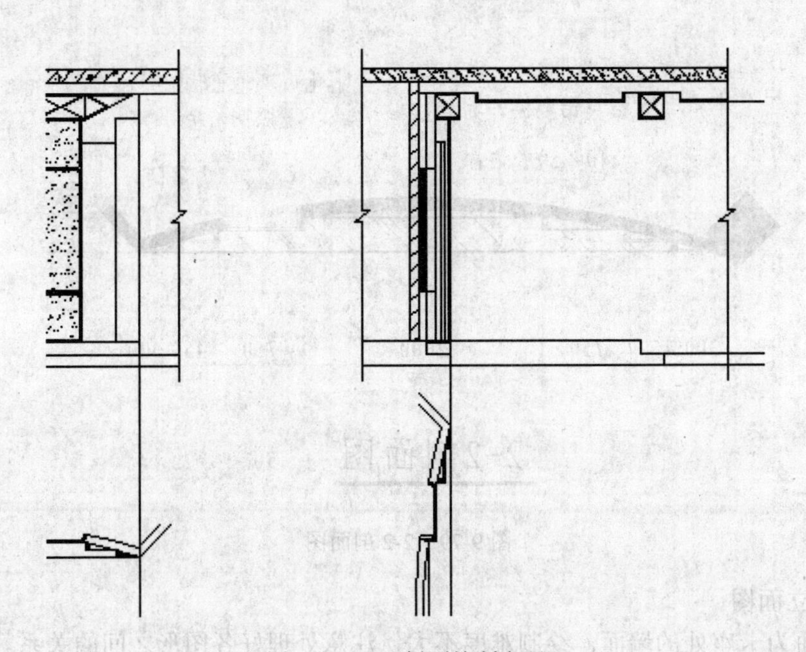

图 9-77　1-1 剖面绘制参照

（2）绘制剖面时，注意竖向各层次的标高关系。绘制好的 1-1 剖面图如图 9-78 所示。

3．2-2 剖面图

把图 9-106 所示的墙体装修平面整理成为 2-2 剖面图，结果如图 9-79 所示。

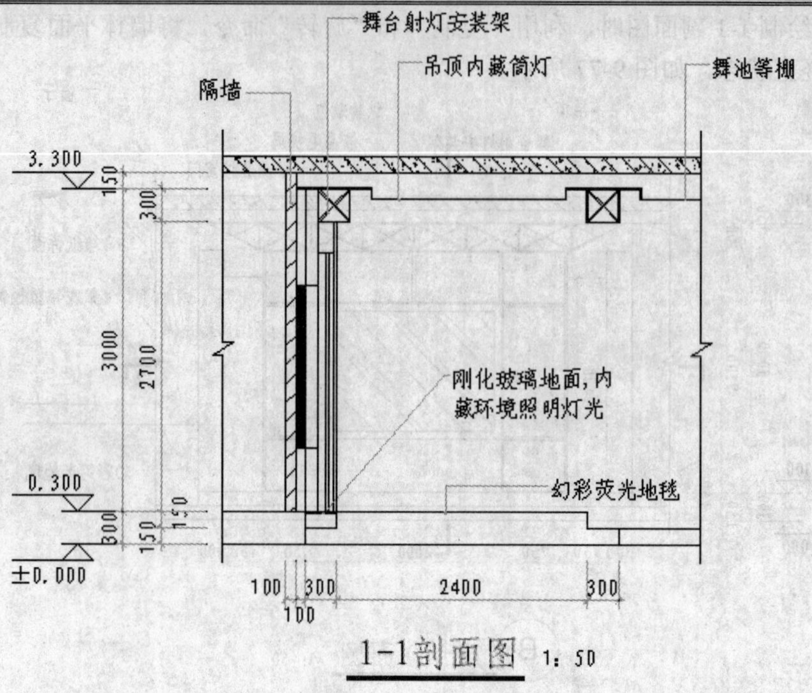

图 9-78 1-1剖面图

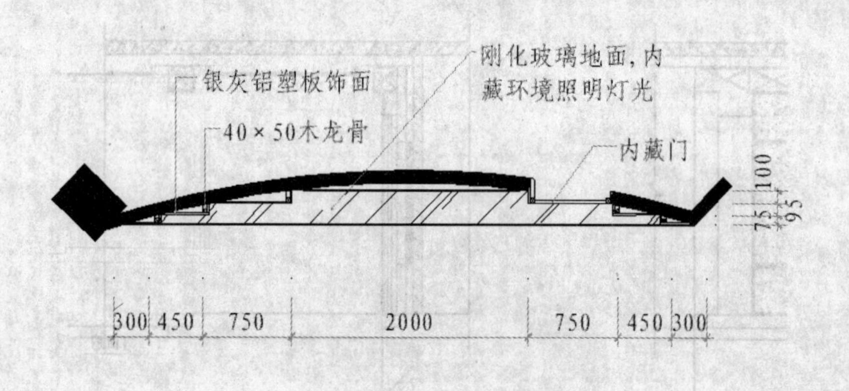

图 9-79 2-2剖面图

4．C立面图

C 立面为卡座处的墙面，绘制难度不大，注意处理好各图形之间的关系。其结果如图 9-80 所示。

5．图面调整、标注及布图

（1）“图 3.dwg”中的所有图形比例均取 1：50，按照“图 2.dwg”的方法首先将这三个图 “比例放大” 2 倍。

（2）将“图 2.dwg”的图框复制过来，调整图面，修改图标。

（3）完成标注。结果如图 9-81 所示。

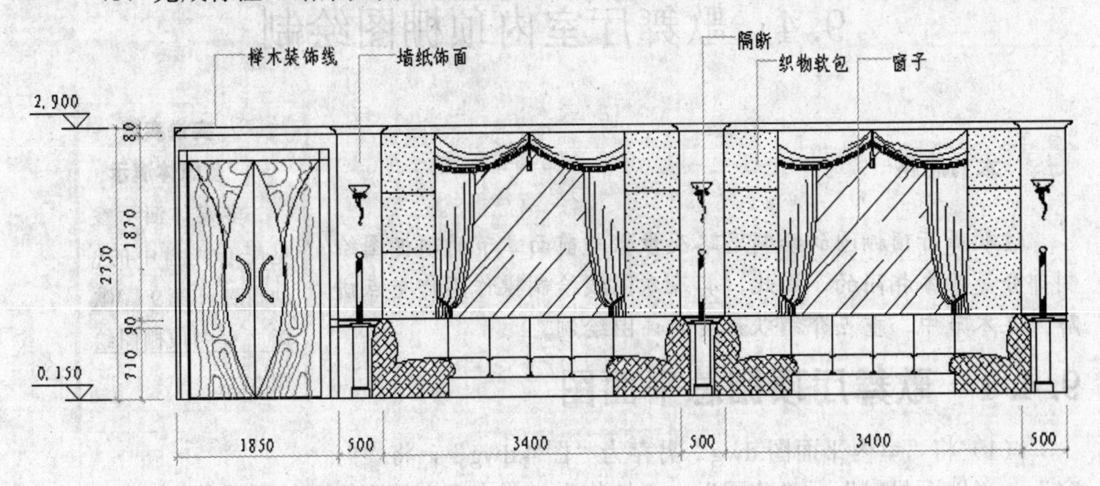

图 9-80　卡座立面图

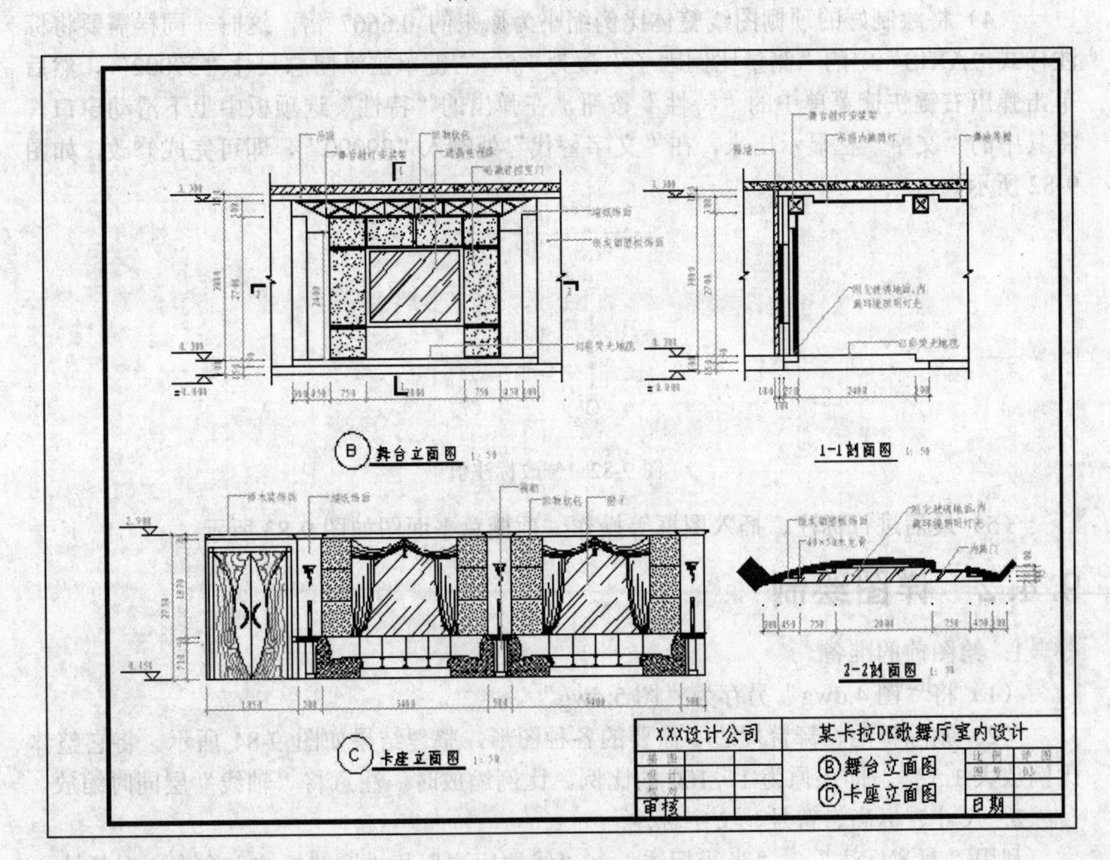

图 9-81　图 3.dwg 的图面效果

9.4 歌舞厅室内顶棚图绘制

> **实讲实训 多媒体演示**
>
> 多媒体演示参见配套光盘中的\\动画演示\第 9 章\歌舞厅室内顶棚图绘制.avi。

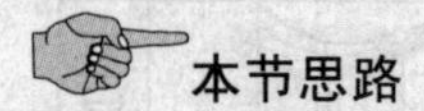

本节思路

该歌舞厅顶棚图的绘制思路及步骤与前面章节的顶棚图绘制部分是基本相同的，因此，其基本图线绘制操作不作重点讲解。在本节中，重点介绍歌舞厅的详图绘制。

9.4.1 歌舞厅顶棚总平面图

（1）将“室内平面图.dwg”另存为“图 4.dwg”，将“门窗”、“地面材料”、“花园”、“植物”、“山石”等不需要的图层关闭。然后，分别建立“顶棚”、“灯具”图层。

（2）删除不需要的家具平面图，修整剩下的图线，使它符合顶棚图要求。

（3）按设计要求绘制顶棚图线。

（4）将绘制好的顶棚图线整体比例缩小为原来的 0.6667 倍，这时，同样需要将标注样式“AXIS”中的“测量比例因子”改为 1.5。右键单击纵向总尺寸“39002”，然后单击弹出右键快捷菜单中的“特性”按钮，在弹出的“特性”选项板中上下滑动窗口，将其中的“文字”栏显示出来，在“文字替代”处输入“39000”，即可完成修改，如图 9-82 所示。

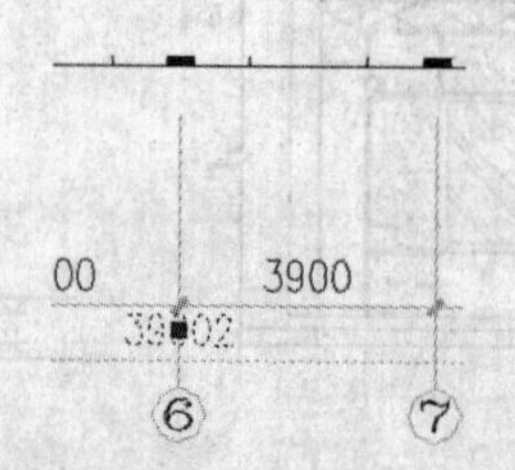

图 9-82 修改标注值

（5）最后进行标注、插入图框等操作。顶棚总平面图如图 9-83 所示。

9.4.2 详图绘制

1．绘图前的准备

（1）将“图 4.dwg”另存为“图 5.dwg”。

（2）删除舞池、舞台周边不需要的各种图形，整理结果如图 9-84 所示。将它整体比例放大 1.5 倍，即还原为 1：100 的比例。比例缩放时，注意将“轴线”层同时缩放。

2．尺寸、标高、符号、文字标注

利用“对齐标注”、“半径标注”、“线性标注”和“连续标注”命令，对舞池、舞台顶棚图线进行尺寸、标高、符号、文字标注，结果如图 9-85 所示。

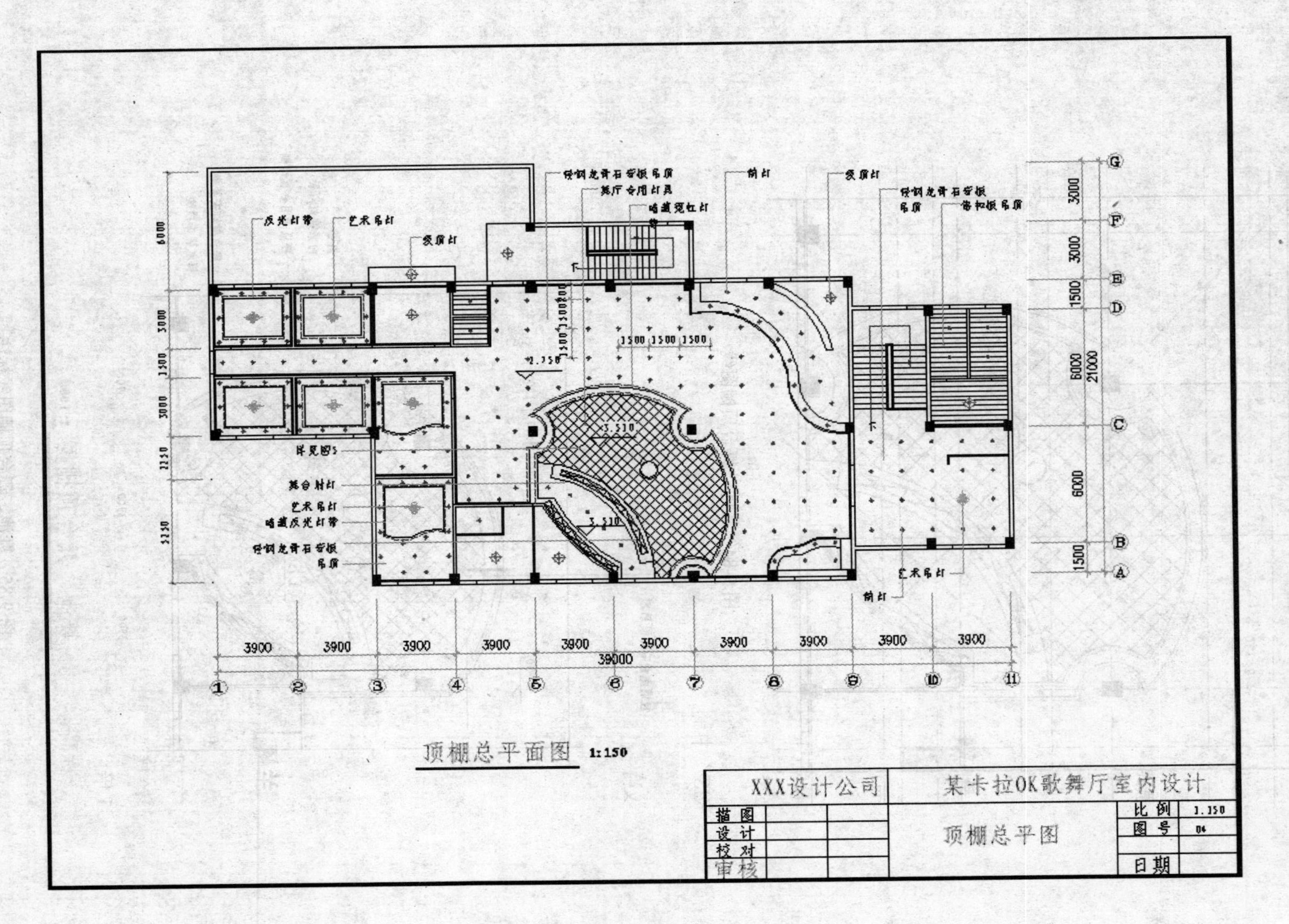
反光灯带
艺术吊灯
吸顶灯
轻钢龙骨石膏板吊顶
舞厅专用灯具
暗藏霓虹灯
筒灯
吸顶灯
轻钢龙骨石膏板
吊顶
铝扣板吊顶
详见图5
舞台射灯
艺术吊灯
暗藏反光灯带
轻钢龙骨石膏板
吊顶
艺术吊灯
筒灯
3900
39000
21000
顶棚总平面图 1:150
XXX设计公司
某卡拉OK歌舞厅室内设计
描图
设计
校对
审核
顶棚总平面图
比例 1:150
图号 04
日期

图 9-83 顶棚总平面图

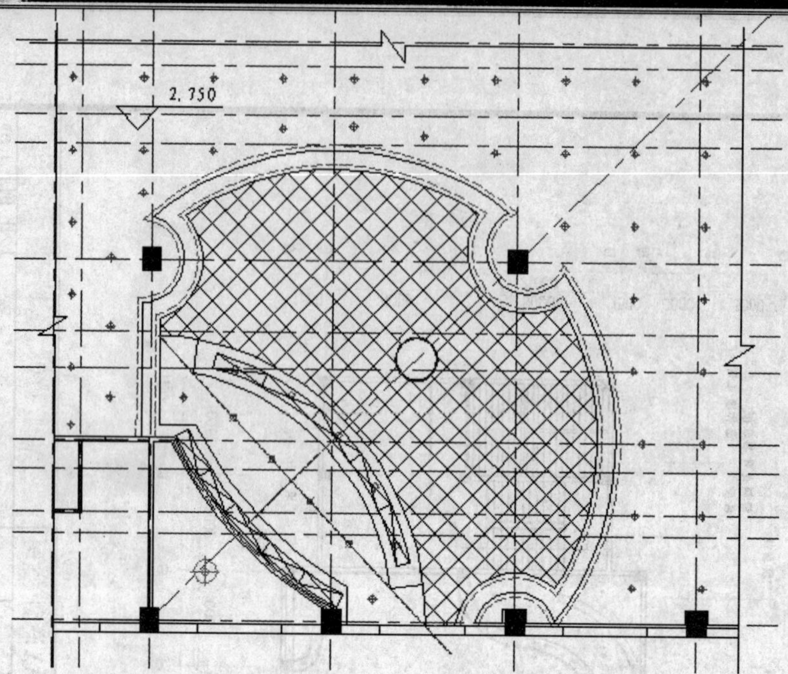

图 9-84　舞池、舞台顶棚图线

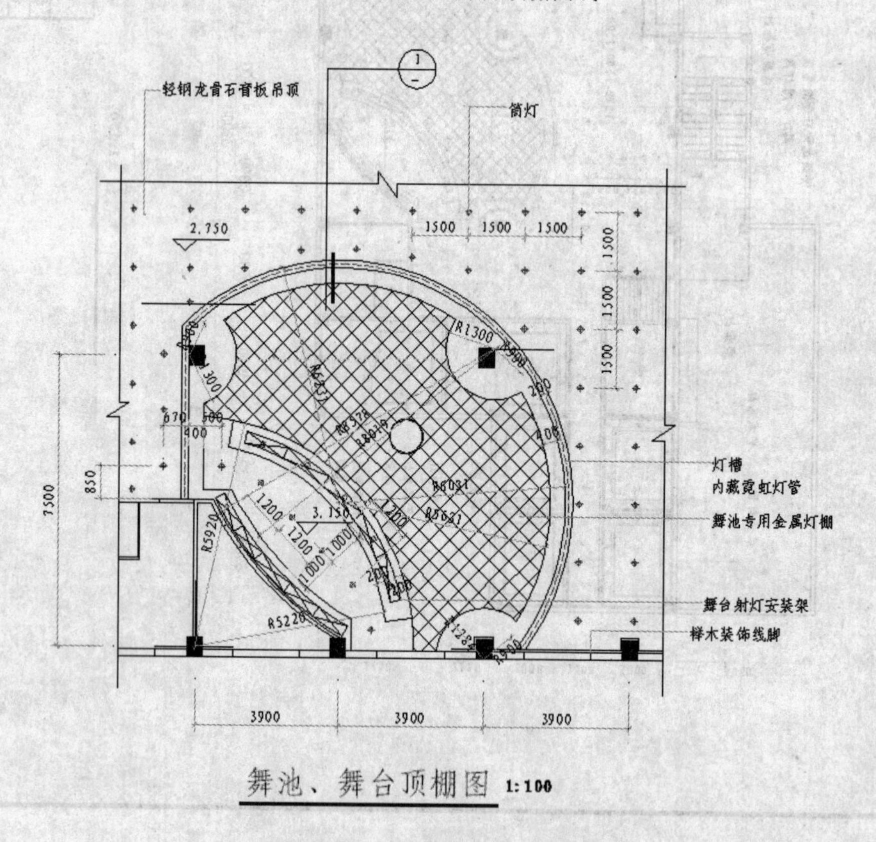

图 9-85　舞池、舞台顶棚图线标注

3．详图 1 绘制

如图 9-85 所示，剖面详图 1 剖切到坐席区吊顶和舞池区吊顶的交接位置，因此，图中

需要表示出不同的吊顶做法及交接处理，绘制结果如图 9-86 所示。该详图的图面比例为 1：10，所以，图线绘制完后，放大 10 倍，标注样式中的“测量比例因子”设为 0.1。

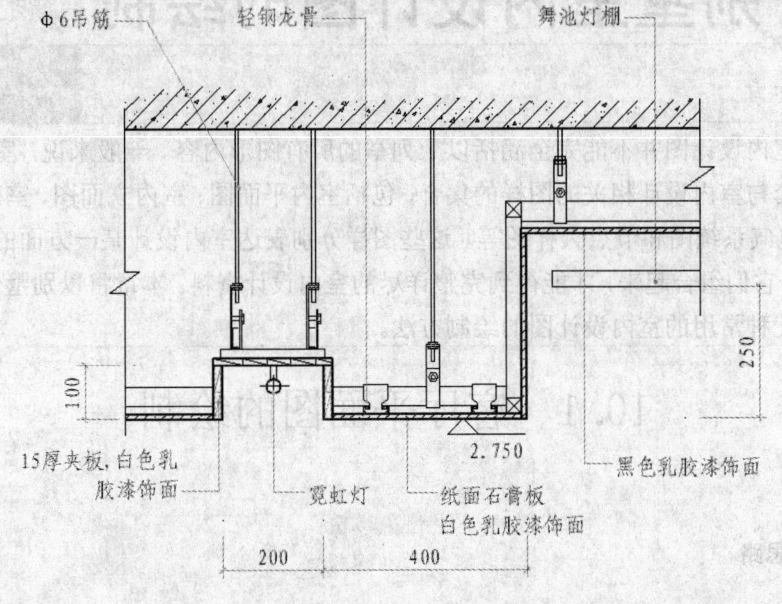

1　1:10

图 9-86　详图 1

4．布图

将舞台、舞池顶棚图和详图 1 放在一张 A3 图中，图号设为“05”，图标填写如图 9-87 所示。

XXX设计公司			某卡拉OK歌舞厅室内设计		
描图			舞池、舞台顶棚图	比例	详图
设计				图号	05
校对					
审核				日期	

图 9-87　图 5 的图标

第 10 章 别墅室内设计图的绘制

本章导读：

一张室内设计图并不能完全涵括以上列举的所有图形内容。一般来说，室内设计图是指一整套与室内设计相关的图样的集合，包括室内平面图、室内立面图、室内地坪图、顶棚图、电气系统图和节点大样图等。这些图样分别表达室内设计某一方面的情况和数据，只有将它们组合起来，才能得到完整详尽的室内设计资料。本章将以别墅作为实例，依次介绍几种常用的室内设计图的绘制方法。

10.1 客厅平面图的绘制

绘制思路

客厅平面图的主要绘制思路大致为：首先利用已绘制的首层平面图生成客厅平面图轮廓，然后在客厅平面中添加各种家具图形；最后对所绘制的客厅平面图进行尺寸标注，如有必要，还有添加室内方向索引符号进行方向标识。下面按照这个思路绘制别墅客厅的平面图（如图 10-1 所示）。

实讲实训
多媒体演示

多媒体演示参见配套光盘中的\\动画演示\第 10 章\客厅平面图的绘制.avi。

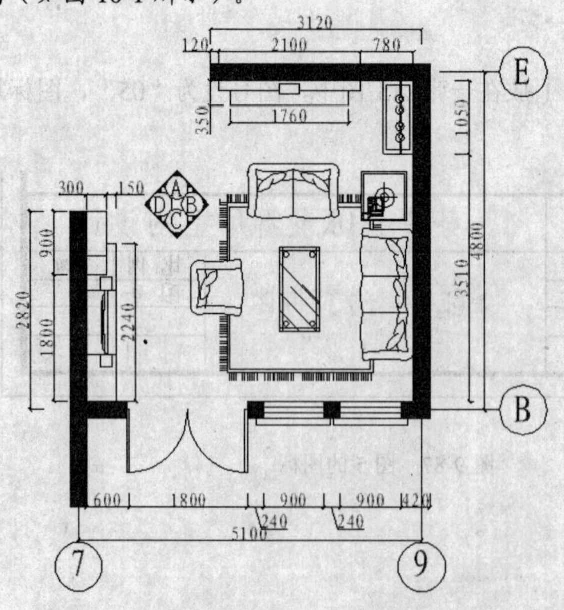

图 10-1　别墅客厅平面图

10.1.1　设置绘图环境

1．创建图形文件

打开的“别墅首层平面图.dwg”文件，在“文件”菜单中选择“另存为”命令，打开“图形另存为”对话框。在“文件名”下拉列表框中输入新的图形文件名称为“客厅平面图.dwg”，如图10-2所示。单击“保存”按钮，建立图形文件。

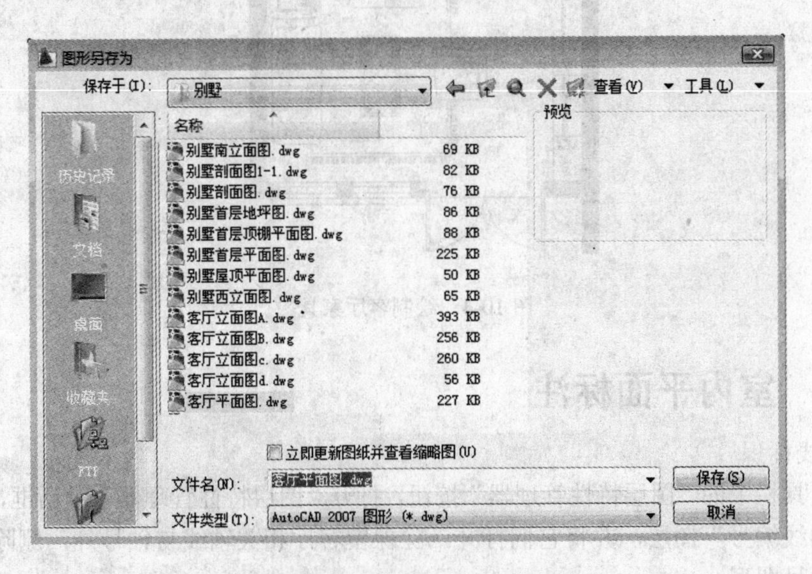

图10-2　“图形另存为”对话框

2．清理图形元素

（1）利用“删除”命令，删除平面图中多余图形元素，仅保留客厅四周的墙线及门窗。

（2）利用“图案填充”命令，在弹出的“图案填充和渐变色”对话框中，选择填充图案为“SOLID”，填充客厅墙体，填充结果如图10-3所示。

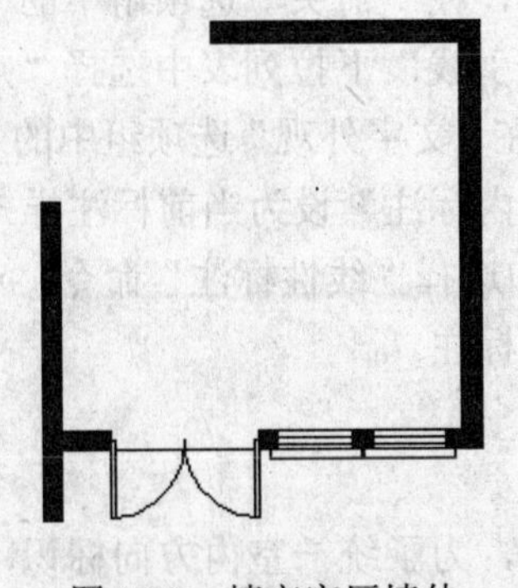

图10-3　填充客厅墙体

10.1.2　绘制家具

客厅是别墅主人会客和休闲娱乐的场所。在客厅中，应设置的家具有：沙发、茶几、电视柜等。除此之外，还可以设计和摆放一些可以体现主人个人品位和兴趣爱好的室内装饰物品，利用“插入块”命令，将上述家具插入到客厅，结果如图 10-4 所示。

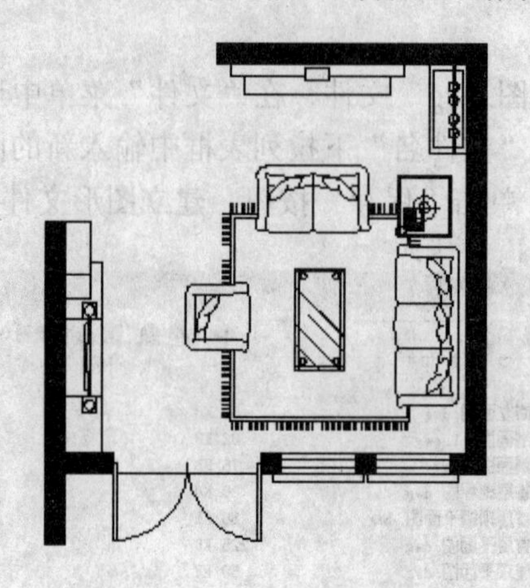

图 10-4　绘制客厅家具

10.1.3　室内平面标注

1．轴线标识

单击工具栏中的“图层特性管理器”按钮，打开“图层特性管理器”对话框，选择“轴线”和“轴线编号”图层，并将它们打开，除保留客厅相关轴线与轴号外，删除所有多余的轴线和轴号图形。

2．尺寸标注

（1）在“图层”下拉列表中选择“标注”图层，将其设置为当前图层。

（2）设置标注样式：在“格式”菜单中选择“标注样式”命令，打开“标注样式管理器”对话框，创建新的标注样式，并将其命名为“室内标注”。

单击“继续”按钮，打开“新建标注样式：室内标注”对话框，进行以下设置：

选择“符号和箭头”选项卡，在“箭头”选项组中的“第一项”和“第二个”下拉列表中均选择“建筑标记”，在“引线”下拉列表中选择“点”，在“箭头大小”微调框中输入 50；选择“文字”选项卡，在“文字外观”选项组中的“文字高度”微调框中输入 150。

完成设置后，将新建的“室内标注”设为当前标注样式。

（3）在“标注”下拉菜单中选择“线性标注”命令，对客厅平面中的墙体尺寸、门窗位置和主要家具的平面尺寸进行标注。

标注结果如图 10-5 所示。

3．方向索引

在绘制一组室内设计图样时，为了统一室内方向标识，通常要在平面图中添加方向索引符号。

（1）在“图层”下拉列表中选择“标注”图层，将其设置为当前图层。

（2）利用“矩形”命令，绘制一个边长为 300mm 的正方形；接着，利用“直线”命令，绘制正方形对角线；然后，利用“旋转”命令，将所绘制的正方形旋转 45°。

（3）利用“圆”命令，以正方形对角线交点为圆心，绘制半径为150mm的圆，该圆与正方形内切。

（4）利用“分解”命令，将正方形进行分解，并删除正方形下半部的两条边和垂直方向的对角线，剩余图形为等腰直角三角形与圆；然后，利用“修剪”命令，结合已知圆，修剪正方形水平对角线。

（5）利用“图案填充”命令，在弹出的“图案填充和渐变色”对话框中，选择填充图案为SOLID，对等腰三角形中未与圆重叠的部分进行填充，得到如图10-6所示的索引符号。

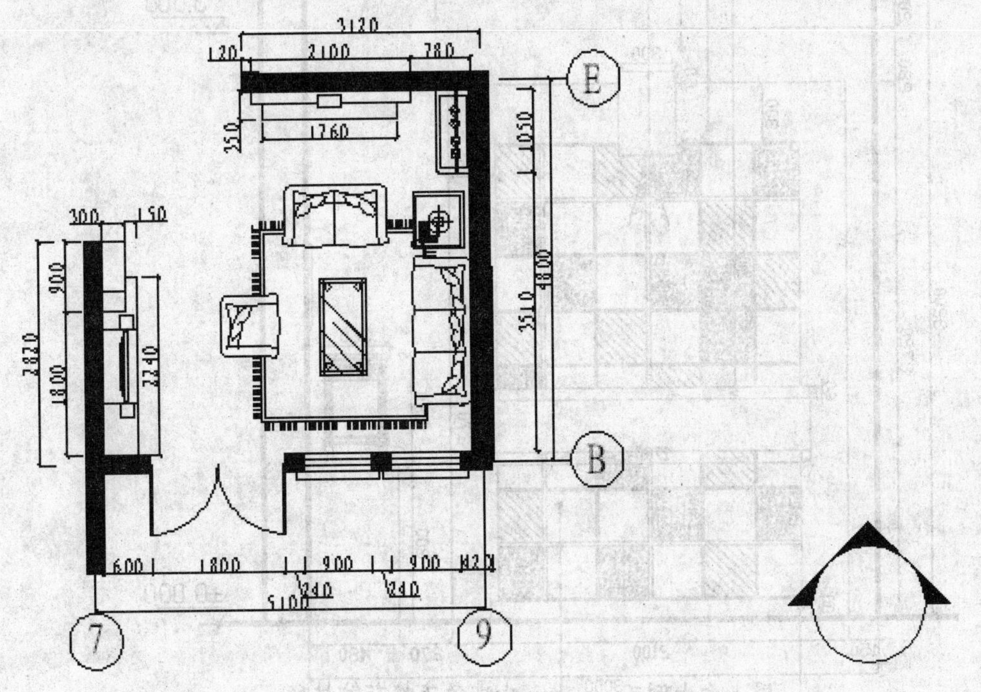

图10-5　添加轴线标识和尺寸标注　　　　图10-6　绘制方向索引符号

（6）利用“创建块”命令，将所绘索引符号定义为图块，命名为“室内索引符号”。

（7）利用“插入块”命令，在平面图中插入索引符号，并根据需要调整符号角度。

（8）利用“多行文字”命令，在索引符号的圆内添加字母或数字进行标识。

10.2　客厅立面图A的绘制

> **实讲实训**
> **多媒体演示**
> 多媒体演示参见配套光盘中的\\动画演示\第10章\客厅立面图A的绘制.avi。

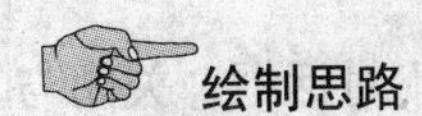

绘制思路

客厅立面图的主要绘制思路为：首先利用已绘制的客厅平面图生成墙体和楼板剖立面，然后利用图库中的图形模块绘制各种家具立面；最后对所绘制的客厅平面图进行尺寸标注和文字说明。下面按照这个思路绘制别墅客厅的立面图 A（如图 10-7 所示）。

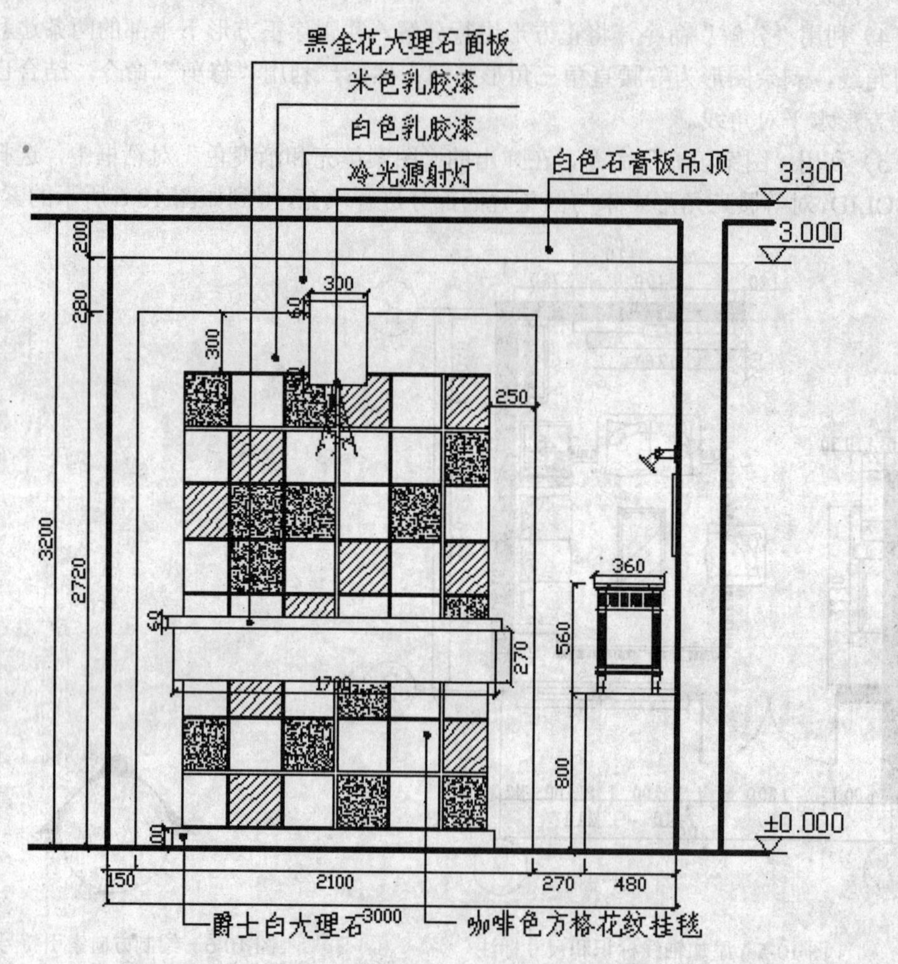

图 10-7　客厅立面图 A

10.2.1　设置绘图环境

1. 创建图形文件

打开已绘制的“客厅平面图.dwg”文件，在“文件”菜单中选择“另存为”命令，打开“图形另存为”对话框。在“文件名”下拉列表框中输入新的图形文件名称“客厅立面图 A.dwg”，如图 10-8 所示。单击“保存”按钮，建立图形文件。

2. 清理图形元素

（1）单击工具栏中的“图层特性管理器”按钮，打开“图层管理器”对话框，关闭与绘制对象相关不大的图层，如“轴线”、“轴线编号”图层等。

（2）利用“删除”和“修剪”命令，清理平面图中多余的家具和墙体线条。

清理后，所得平面图形如图 10-8 所示。

10.2.2　绘制地面、楼板与墙体

在室内立面图中，被剖切的墙线和楼板线都用粗实线表示。

1．绘制室内地坪

（1）单击工具栏中的“图层特性管理器”按钮，打开“图层管理器”对话框，创建新图层，将新图层命名为“粗实线”，设置该图层线宽为“0.30 毫米”；并将其设置为当前图层。

（2）利用“直线”命令，在平面图上方绘制长度为4000mm的室内地坪线，其标高为±0.000。

2．绘制楼板线和梁线

（1）利用“偏移”命令，将室内地坪线连续向上偏移两次，偏移量依次为3200mm和100mm，得到楼板定位线。

（2）单击工具栏中的“图层特性管理器”按钮，打开“图层管理器”对话框，创建新图层，将新图层命名为“细实线”，并将其设置为当前图层。

（3）利用“偏移”命令，将室内地坪线向上偏移3000mm，得到梁底面位置。

（4）将所绘梁底定位线转移到“细实线”图层。

3．绘制墙体

（1）利用“直线”命令，由平面图中的墙体位置，生成立面图中的墙体定位线；

（2）利用“修剪”命令，对墙线、楼板线以及梁底定位线进行修剪，如图10-9所示。

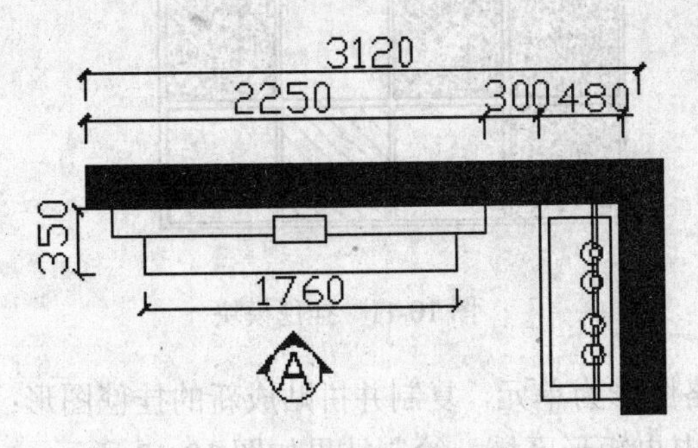

图10-8　清理后的平面图形

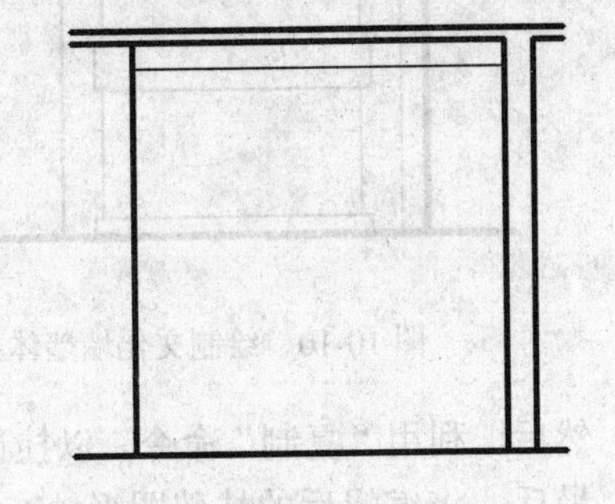
图10-9　绘制地面、楼板与墙体

10.2.3　绘制文化墙

1．绘制墙体

（1）单击工具栏中的“图层特性管理器”按钮，打开“图层管理器”对话框，创建新图层，将新图层命名为“文化墙”，并将其设置为当前图层。

（2）利用“偏移”命令，将左侧墙线向右偏移，偏移量为 150mm，得到文化墙左侧定位线。

（3）利用“矩形”命令，以定位线与室内地坪线交点为左下角点绘制“矩形 1”，尺寸为2100mm×2720mm；然后利用“删除”命令，删除定位线。

（4）利用“矩形”命令，依次绘制绘制“矩形 2”、“矩形 3”、“矩形 4”、“矩

形5”，各矩形尺寸依次为1600mm×2420mm、1700mm×100mm、300mm×420mm、1760mm×60mm和1700mm×270mm；使得各矩形底边中点均与“矩形1”底边中点重合。

（5）利用“移动”命令，依次向上移动“矩形4”、“矩形5”和“矩形6”，移动距离分别为2360mm、1120mm、850mm。

（6）利用“修剪”命令，修剪多余线条，如图10-10所示。

2．绘制装饰挂毯

（1）单击“标准”工具栏中的“打开”按钮，在弹出的“选择文件”对话框中，选择“光盘：\ 图库”路径，找到“CAD图库.dwg”文件并将其打开。

（2）在名称为“装饰”的一栏中，选择“挂毯”图形模块进行复制，如图10-11所示；返回“客厅立面图”的绘图界面，将复制的图形模块粘贴到立面图右侧空白区域。

（3）由于“挂毯”模块尺寸为1140mm×840mm，小于铺放挂毯的矩形区域（1600mm×2320mm），因此，有必要对挂毯模块进行重新编辑：

首先，利用“分解”命令，将“挂毯”图形模块进行分解。

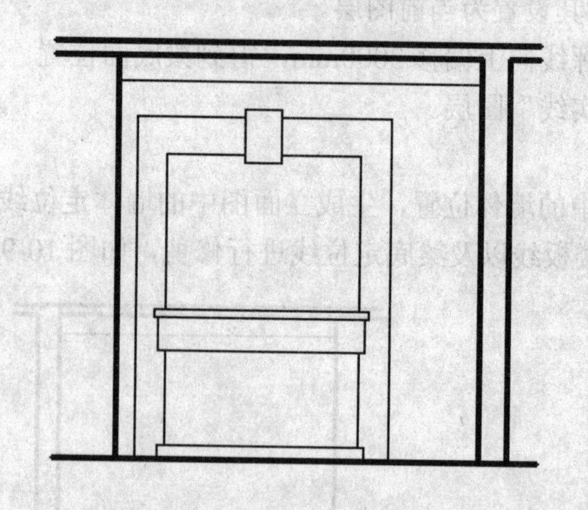

图10-10 绘制文化墙墙体

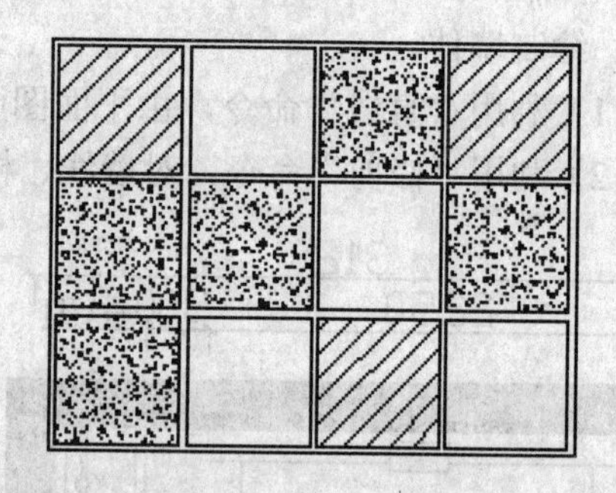

图10-11 挂毯模块

然后，利用“复制”命令，以挂毯中的方格图形为单元，复制并拼贴成新的挂毯图形；最后，将编辑后的挂毯图形填充到文化墙中央矩形区域，绘制结果如图10-12所示。

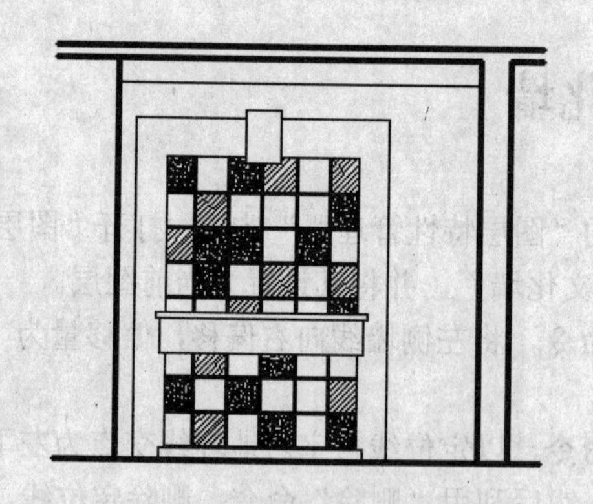

图10-12 绘制装饰挂毯

3．绘制筒灯

（1）单击“标准”工具栏中的“打开”按钮，在弹出的“选择文件”对话框中，选择“光盘：\ 图库”路径，找到“CAD 图库.dwg”文件并将其打开。

（2）在名称为“灯具和电器”的一栏中，选择“筒灯立面”，如图 10-13 所示；选中该图形后，单击鼠标右键，在快捷菜单中点击“带基点复制”命令，点取筒灯图形上端顶点作为基点。

（3）返回“客厅立面图”的绘图界面，将复制的“筒灯立面”模块，粘贴到文化墙中“矩形 4”的下方，如图 10-14 所示。

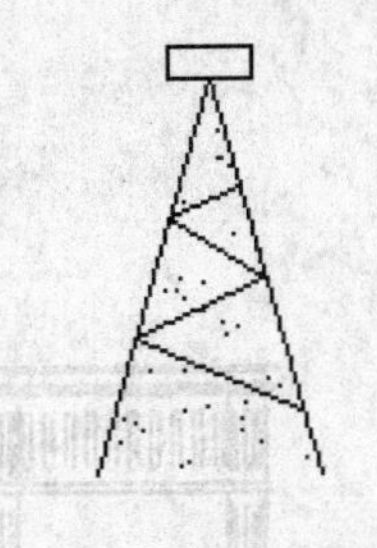

图 10-13　筒灯立面

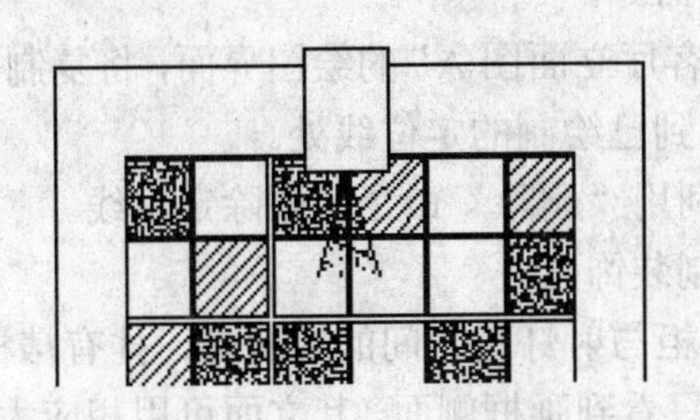

图 10-14　绘制筒灯

10.2.4　绘制家具

1．绘制柜子底座

（1）在“图层”下拉列表中选择“家具”图层，将其设置为当前图层。

（2）利用“矩形”命令，以右侧墙体的底部端点为矩形右下角点，绘制尺寸为 480mm ×800mm 的矩形。

2．绘制装饰柜

（1）单击“标准”工具栏中的“打开”按钮，在弹出的“选择文件”对话框中，选择“光盘：\ 图库”路径，找到“CAD 图库.dwg”文件并将其打开。

（2）在名称为“柜子”的一栏中，选择“柜子—01CL”，如图 10-15 所示；选中该图形，将其复制。

返回“客厅立面图 A”的绘图界面，将复制的图形粘贴到已绘制的柜子底座上方。

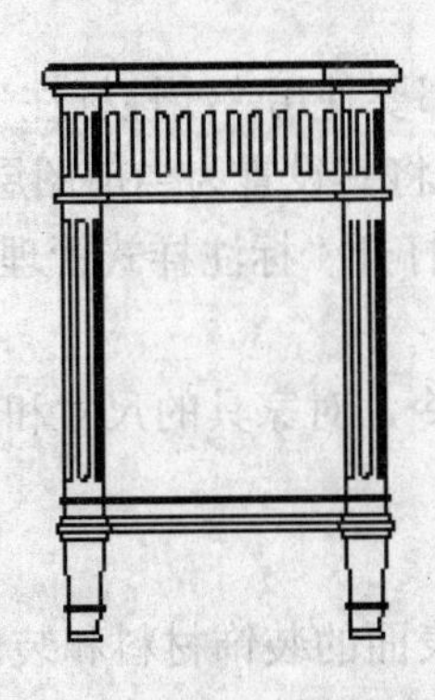

图 10-15　“柜子—01CL”图形模块

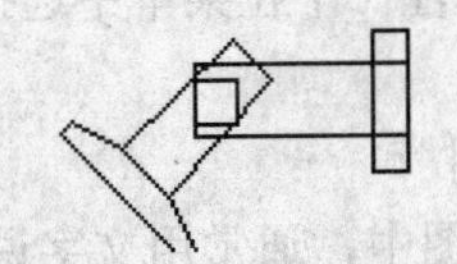

图 10-16　“射灯组 CL”图形模块

3．绘制射灯组

（1）利用“偏移”命令，将室内地坪线向上偏移，偏移量为2000mm，得到射灯组定位线。

（2）单击“标准”工具栏中的“打开”按钮，在弹出的“选择文件”对话框中，选择“光盘：\ 图库”路径，找到“CAD 图库.dwg”文件并将其打开。

（3）在名称为“灯具”的一栏中，选择“射灯组 CL”，如图 10-16 所示；选中该图形后，在鼠标右键的快捷菜单中选择“复制”命令。

返回“客厅立面图 A”的绘图界面，将复制的“射灯组 CL”模块，粘贴到已绘制的定位线处。

（4）利用“删除”命令，删除定位线。

4．绘制装饰画

在装饰柜与射灯组之间的墙面上，挂有裱框装饰画一幅。从本图中，只看到画框侧面，其立面可用相应大小的矩形表示。

具体绘制方法为：

（1）利用“偏移”命令，将室内地坪线向上偏移，偏移量为1500mm，得到画框底边定位线。

（2）利用“矩形”命令，以定位线与墙线交点作为矩形右下角点，绘制尺寸为30mm×420mm的画框侧面。

（3）利用“删除”命令，删除定位线。

如图 10-17 所示为以装饰柜为中心的家具组合立面。

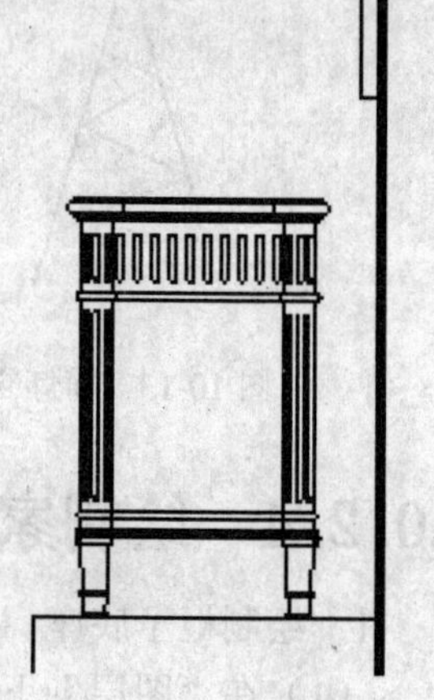

图 10-17　以装饰柜为中心的家具组合

10.2.5　室内立面标注

1．室内立面标高

（1）在“图层”下拉列表中选择“标注”图层，将其设置为当前图层。

（2）利用“插入块”命令，在立面图中地坪、楼板和梁的位置插入标高符号。

（3）利用“多行文字”命令，在标高符号的长直线上方添加标高数值。

2．尺寸标注

在室内立面图中，对家具的尺寸和空间位置关系都要使用“线性标注”命令进行标注。

（1）在“图层”下拉列表中选择“标注”图层，将其设置为当前图层。

（2）在“格式”菜单中选择“标注样式”命令，打开“标注样式管理器”对话框，选择“室内标注”作为当前标注样式。

（3）在“标注”下拉菜单中选择“线性标注”命令，对家具的尺寸和空间位置关系进行标注。

3．文字说明

在室内立面图中，通常用文字说明来表达各部位表面的装饰材料和装修做法。

（1）在“图层”下拉列表中选择“文字”图层，将其设置为当前图层。

（2）在“标注”下拉菜单中选择“引线”命令，绘制标注引线。

（3）利用“多行文字”命令，设置字体为“仿宋 GB2312”，文字高度为 100，在引线一端添加文字说明。

标注的结果如图 10-18 所示。

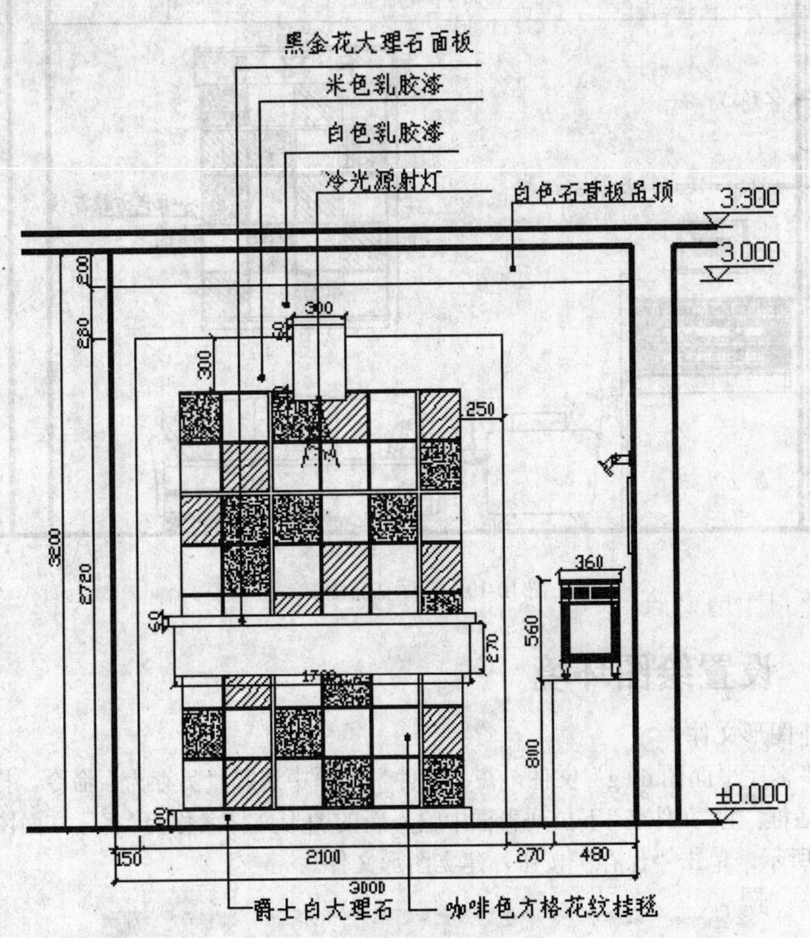

图 10-18　室内立面标注

10.3 客厅立面图 B 的绘制

> **实讲实训**
> **多媒体演示**
> 多媒体演示参见配套光盘中的\\动画\第 10 章\客厅立面图 B 的绘制.avi。

绘制思路

客厅立面图 B 的主要绘制思路为：首先利用已绘制的客厅平面图生成墙体和楼板，然后利用图库中的图形模块绘制各种家具和墙面装饰；最后对所绘制的客厅平面图进行尺寸标注和文字说明。下面按照这个思路绘制别墅客厅的立面图 B（如图 10-19 所示）。

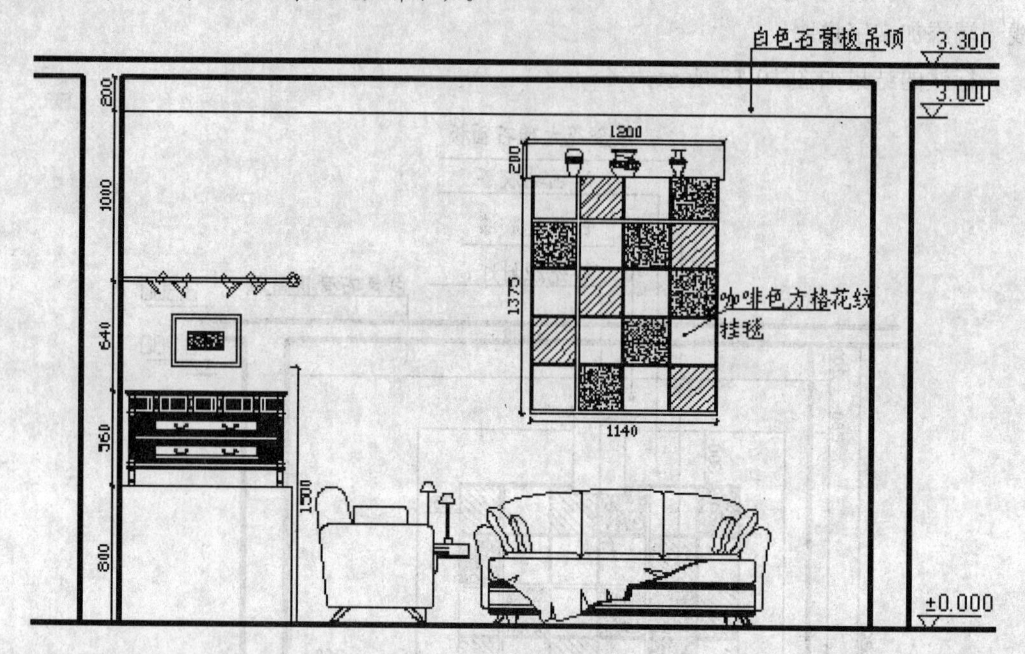

图 10-19　客厅立面图 B

10.3.1　设置绘图环境

1．创建图形文件

打开 “客厅平面图.dwg” 文件，在“文件”菜单中选择“另存为”命令，打开“图形另存为”对话框。在“文件名”下拉列表框中输入新的图形文件名称为“客厅立面图 B.dwg”，如图 10-20 所示。单击“保存”按钮，建立图形文件。

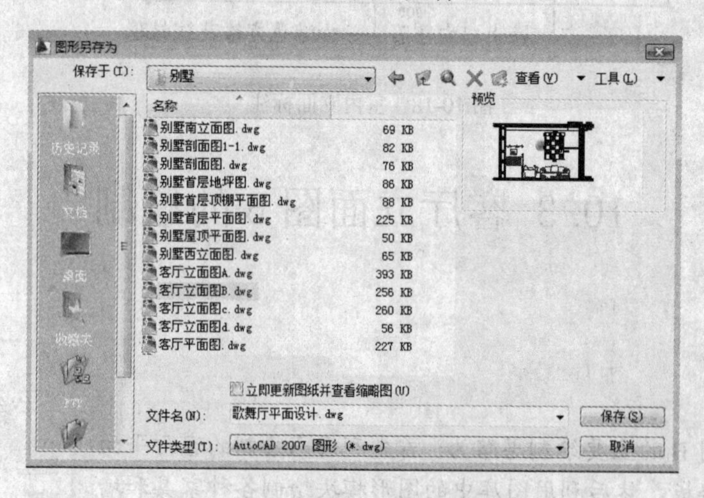

图 10-20　“图形另存为”对话框

2．清理图形元素

（1）单击工具栏中的"图层特性管理器"按钮，打开"图层管理器"对话框，关闭与绘制对象相关不大的图层，如"轴线"、"轴线编号"图层等。

（2）利用"旋转"命令，将平面图进行旋转，旋转角度为90º。

（3）利用"删除"和"修剪"命令，清理平面图中多余的家具和墙体线条。

清理后，所得平面图形如图10-21所示。

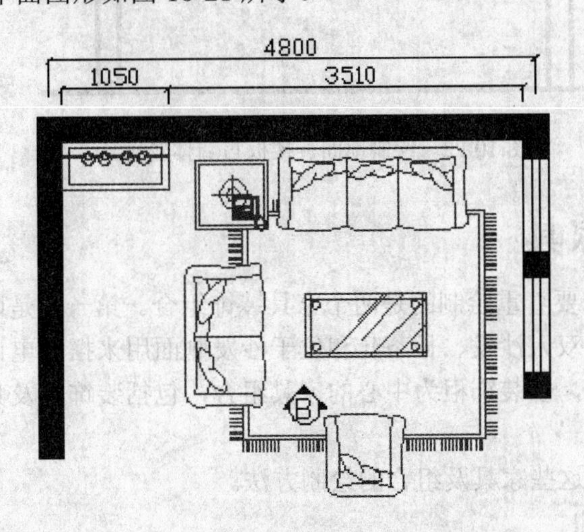

图10-21　清理后的平面图形

10.3.2　绘制地坪、楼板与墙体

1．绘制室内地坪

（1）单击工具栏中的"图层特性管理器"按钮，打开"图层管理器"对话框，创建新图层，图层名称为"粗实线"，设置图层线宽为"0.30毫米"；并将其设置为当前图层。

（2）利用"直线"命令，在平面图上方绘制长度为6000mm的客厅室内地坪线，标高为±0.000。

2．绘制楼板

（1）利用"偏移"命令，将室内地坪线连续向上偏移两次，偏移量依次为3200mm和100mm，得到楼板位置。

（2）单击工具栏中的"图层特性管理器"按钮，打开"图层管理器"对话框，创建新图层，将新图层命名为"细实线"，并将其设置为当前图层。

（3）利用"偏移"命令，将室内地坪线向上偏移3000mm，得到梁底位置。

（4）将偏移得到的梁底定位线转移到"细实线"图层。

3．绘制墙体

（1）利用"直线"命令，由平面图中的墙体位置，生成立面墙体定位线。

（2）利用"修剪"命令，对墙线和楼板线进行修剪，得到墙体、楼板和梁的轮廓线，如图10-22所示。

图 10-22　绘制地面、楼板与墙体轮廓

10.3.3　绘制家具

在立面图 B 中，需要着重绘制的是两个家具装饰组合。第一个是以沙发为中心的家具组合，包括三人沙发、双人沙发、长茶几和位于沙发侧面用来摆放电话和台灯的小茶几。另外一个是位于左侧的，以装饰柜为中心的家具组合，包括装饰柜及其底座、裱框装饰画和射灯组。

下面就分别来介绍这些家具及组合的绘制方法。

1. 绘制沙发与茶几

（1）在“图层”下拉列表中选择“家具”图层，将其设置为当前图层。

（2）单击“标准”工具栏中的“打开”按钮，在弹出的“选择文件”对话框中，选择“光盘：\ 图库”路径，找到“CAD 图库.dwg”文件并将其打开。

在名称为“沙发和茶几”的一栏中，选择“沙发—002B”、“沙发—002C”和“茶几—03L”和“小茶几与台灯”这 4 个图形模块，分别对它们进行复制。

返回“客厅立面图 B”的绘图界面，按照平面图中提供的各家具之间的位置关系，将复制的家具模块依次粘贴到立面图中相应位置，如图 10-23 所示。

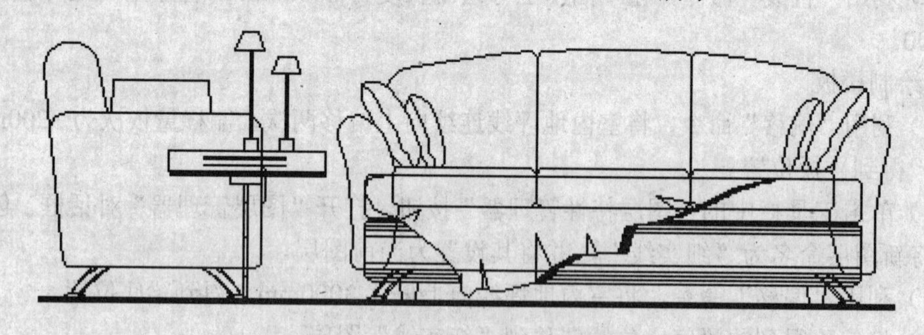

图 10-23　粘贴沙发和茶几图形模块

（3）由于各图形模块在此方向上的立面投影有交叉重合现象，因此有必要对这些家具进行重新组合。具体方法为：

首先，将图中的沙发和茶几图形模块分别进行分解；

然后，根据平面图中反映的各家具间的位置关系，删去家具模块中被遮挡的线条，仅保留立面投影中可见的部分。

最后，将编辑后的图形组合定义为块。

如图10-24所示为绘制完成的以沙发为中心的家具组合。

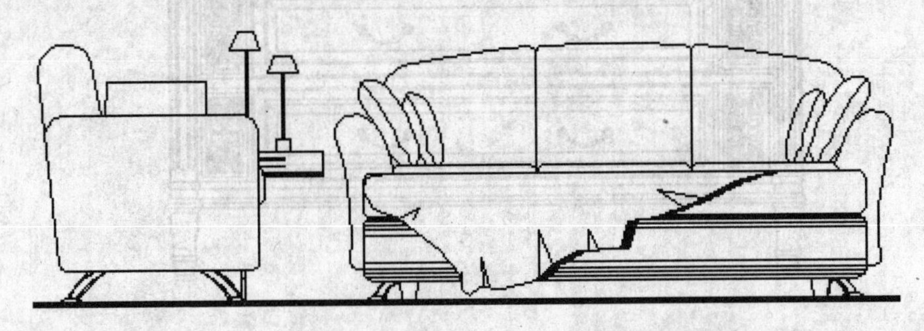

图10-24　重新组合家具图形模块

技巧

在图库中，很多家具图形模块都是以个体为单元进行绘制的，因此，当多个家具模块被选取并插入到同一室内立面图中时，由于投影位置的重叠，不同家具模块间难免会出现互相重叠和相交的情况，线条变得繁多且杂乱。对于这种情况，可以采用重新编辑模块的方法进行绘制，具体步骤如下：

首先，利用“分解”命令，将相交或重叠的家具模块分别进行分解；

然后，利用“修剪”和“删除”命令，根据家具立面图投影的前后次序，清除图形中被遮挡的线条，仅保留家具立面投影的可见部分；

最后，将编辑后得到的图形定义为块，避免因分解后的线条过于繁杂而影响图形的绘制。

2．绘制装饰柜

（1）利用“矩形”命令，以左侧墙体的底部端点为矩形左下角点，绘制尺寸为1050mm×800mm的矩形底座。

（2）单击“标准”工具栏中的“打开”按钮，在弹出的“选择文件”对话框中，选择“光盘：\ 图库”路径，找到“CAD图库.dwg”文件并将其打开。

在名称为“装饰”的一栏中，选择“柜子—01ZL”，如图10-25所示；选中该图形模块进行复制。

返回“客厅立面图B”的绘图界面，将复制的图形模块，粘贴到已绘制的柜子底座上方。

3．绘制射灯组与装饰画

图 10-25　装饰柜正立面

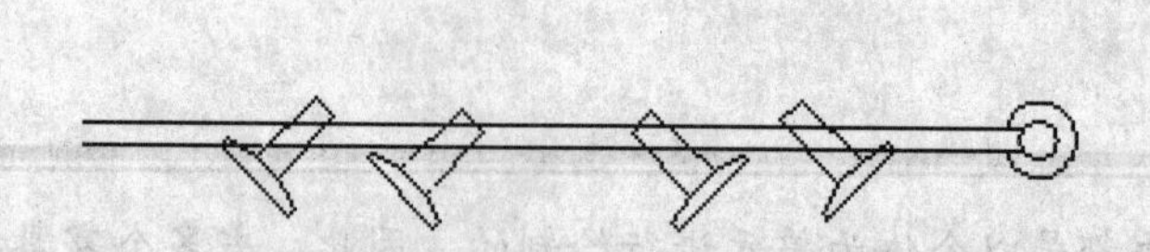

图 10-26　射灯组正立面

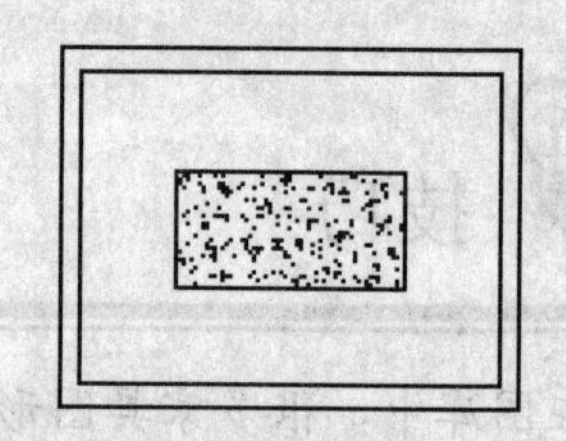

图 10-27　装饰画正立面

（1）利用“偏移”命令，将室内地坪线向上偏移，偏移量为 2000mm，得到射灯组定位线。

（2）单击“标准”工具栏中的“打开”按钮，在弹出的“选择文件”对话框中，选择“光盘：\ 图库”路径，找到“CAD 图库.dwg”文件并将其打开。

在名称为“灯具和电器”的一栏中，选择“射灯组 ZL”，如图 10-26 所示；选中该图形模块进行复制。

返回“客厅立面图 B”的绘图界面，将复制的模块粘贴到已绘制的定位线处。

然后，利用“删除”命令，删除定位线。

（3）再次打开图库文件，在名称为“装饰”的一栏中，选择“装饰画 01”，如图 10-27 所示；对该模块进行“带基点复制”，复制基点为画框底边中点。

（4）返回“客厅立面图 B”的绘图界面，以装饰柜底座的底边中点为插入点，将复制的模块粘贴到立面图中。

（5）利用“移动”命令，将装饰画模块垂直向上移动，移动距离为 1500mm。

如图 10-28 所示为绘制完成的以装饰柜为中心的家具组合。

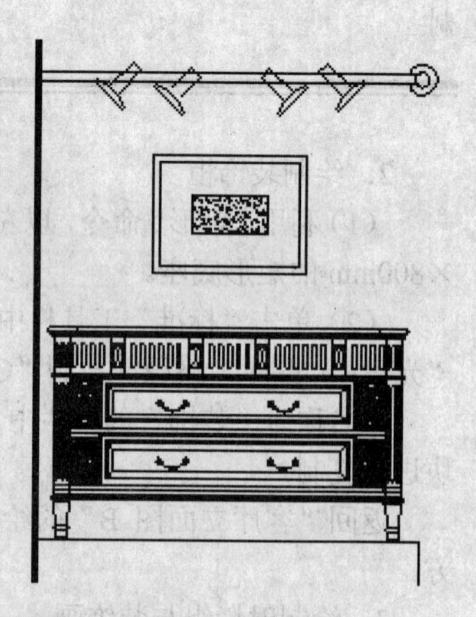

图 10-28　以装饰柜为中心的家具组合

10.3.4　绘制墙面装饰

1．绘制条形壁龛

（1）单击工具栏中的“图层特性管理器”按钮，打开“图层管理器”对话框，创建新图层，将新图层命名为“墙面装饰”，并将其设置为当前图层。

（2）利用“偏移”命令，将梁底面投影线向下偏移180mm，得到“辅助线1”；再次利用“偏移”命令，将右侧墙线向左偏移900mm，得到“辅助线2”。

（3）利用“矩形”命令，以“辅助线1”与“辅助线2”的交点为矩形右上角点，绘制尺寸为1200mm×200mm的矩形壁龛。

（4）利用“删除”命令，删除两条辅助线。

2．绘制挂毯

在壁龛下方，垂挂一条咖啡色挂毯作为墙面装饰。此处挂毯与立面图A中文化墙内的挂毯均为同一花纹样式，不同的是此处挂毯面积较小。因此，可以继续利用前面章节中介绍过的挂毯图形模块进行绘制。

具体绘制方法为：

（1）重新编辑挂毯模块：将挂毯模块进行分解，然后以挂毯表面花纹方格为单元，重新编辑模块，得到规格为4×6的方格花纹挂毯模块（4、6分别指方格的列数与行数），如图10-29所示。

（2）绘制挂毯垂挂效果：挂毯的垂挂方式是将挂毯上端伸入壁龛，用壁龛内侧的细木条将挂毯上端压实固定，并使其下端垂挂在壁龛下方墙面上。

首先，利用“移动”命令，将绘制好的新挂毯模块，移动到条形壁龛下方，使其上侧边线中点与壁龛下侧边线中点重合。

再次利用“移动”命令，将挂毯模块垂直向上移动40mm。

然后，利用“偏移”命令，将壁龛下侧边线向上偏移，偏移量为10mm。

最后，利用“分解”命令，将新挂毯模块进行分解，并利用“修剪”和“删除”命令，以偏移线为边界，修剪并删除挂毯上端多余部分。

绘制结果如图10-30所示。

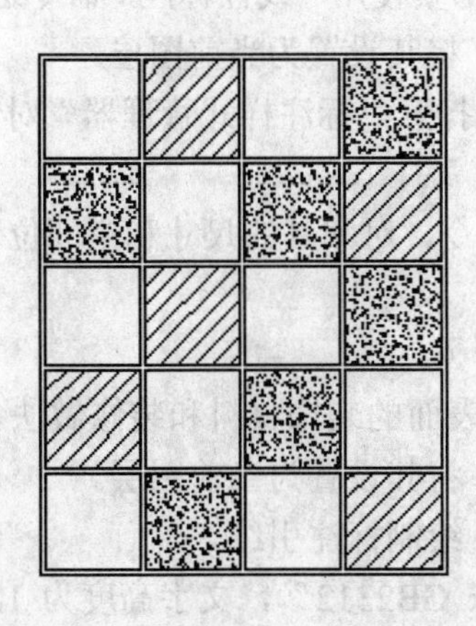

图10-29　重新编辑挂毯模块

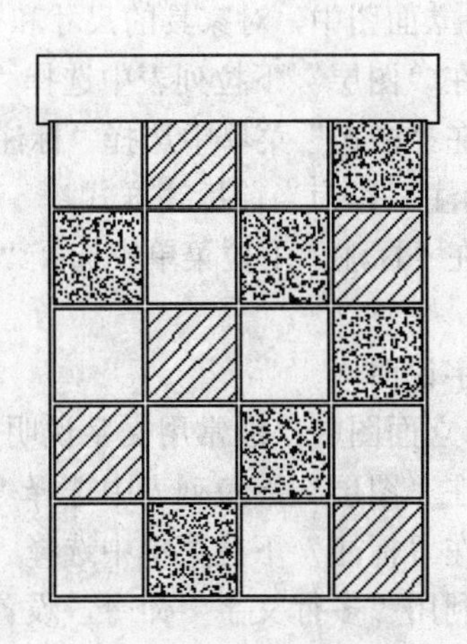

图10-30　垂挂的挂毯

3．绘制瓷器

（1）在“图层”下拉列表中选择“墙面装饰”图层，将其设置为当前图层。

（2）单击“标准”工具栏中的“打开”按钮，在弹出的“选择文件”对话框中，选择“光盘：\ 图库”路径，找到“CAD 图库.dwg”文件并将其打开。

在名称为“装饰”的一栏中，选择“陈列品 6”、“陈列品 7”和“陈列品 8”模块，对选中的图形模块进行复制，并将其粘贴到立面图 B 中。

（3）根据壁龛的高度，分别对每个图形模块的尺寸比例进行适当调整，然后将它们依次插入壁龛中，如图 10-31 所示。

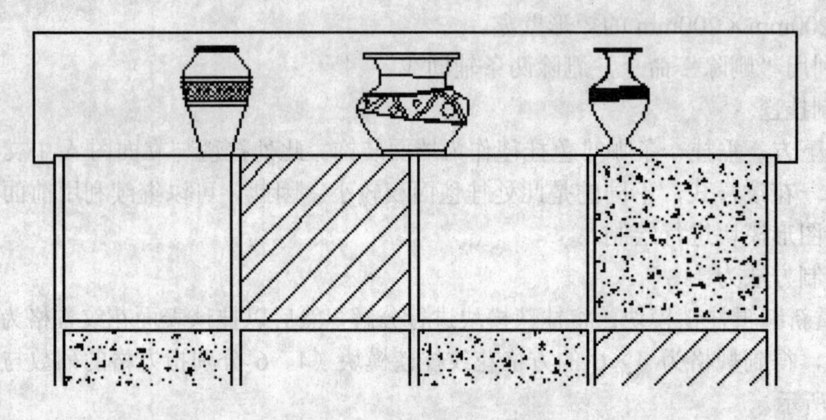

图 10-31 绘制壁龛中的瓷器

10.3.5 立面标注

1．室内立面标高

（1）在“图层”下拉列表中选择“标注”图层，将其设置为当前图层。

（2）利用“插入块”命令，在立面图中地坪、楼板和梁的位置插入标高符号。

（3）利用“多行文字”命令，在标高符号的长直线上方添加标高数值。

2．尺寸标注

在室内立面图中，对家具的尺寸和空间位置关系都要使用“线性标注”命令进行标注。

（1）在“图层”下拉列表中选择“标注”图层，将其设置为当前图层。

（2）在“格式”菜单中选择“标注样式”命令，打开“标注样式管理器”对话框，选择“室内标注”作为当前标注样式。

（3）在“标注”下拉菜单中选择“线性标注”命令，对家具的尺寸和空间位置关系进行标注。

3．文字说明

在室内立面图中，通常用文字说明来表达各部位表面的装饰材料和装修做法。

（1）在“图层”下拉列表中选择“文字”图层，将其设置为当前图层。

（2）在“标注”下拉菜单中选择“引线”命令，绘制标注引线。

（3）利用“多行文字”命令，设置字体为“仿宋 GB2312”，文字高度为 100，在引线一端添加文字说明。

10.4 别墅首层地坪图的绘制

实讲实训
多媒体演示
多媒体演示参见配套光盘中的\\动画演示\第10章\别墅首层地坪图的绘制.avi。

绘制思路

别墅首层地坪图的绘制思路为：首先，由已知的首层平面图生成平面墙体轮廓；接着，各门窗洞口位置绘制投影线；然后，根据各房间地面材料类型，选取适当的填充图案对各房间地面进行填充；最后，添加尺寸和文字标注。下面就按照这个思路绘制别墅的首层地坪图（如图10-32所示）。

10.4.1 设置绘图环境

1. 创建图形文件

打开已绘制的“别墅首层平面图.dwg”文件，在“文件”菜单中选择“另存为”命令，打开“图形另存为”对话框。在“文件名”下拉列表框中输入新的图形名称为“别墅首层地坪图.dwg”，如图10-33所示。单击“保存”按钮，建立图形文件。

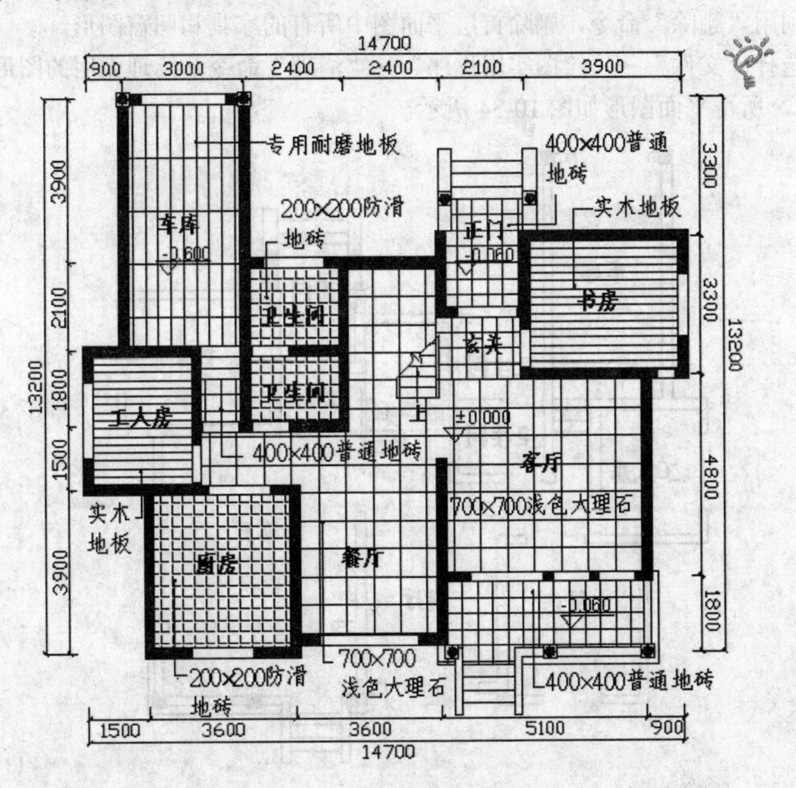

图10-32 别墅首层地坪图

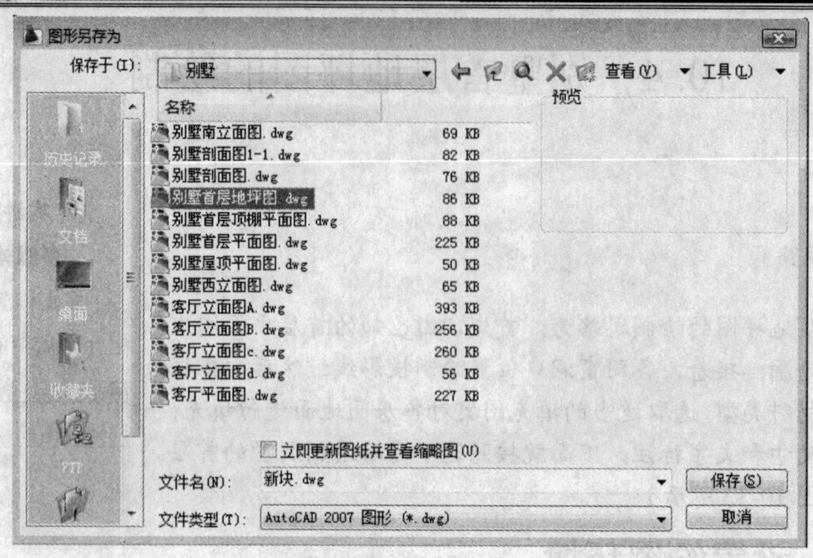

图 10-33 “图形另存为”对话框

2．清理图形元素

（1）单击工具栏中的“图层特性管理器”按钮，打开“图层管理器”对话框，关闭“轴线”、“轴线编号”和“标注”图层。

（2）利用“删除”命令，删除首层平面图中所有的家具和门窗图形。

（3）选择“文件”→“绘图实用程序”→“清理”命令，清理无用的图形元素。清理后，所得平面图形如图 10-34 所示。

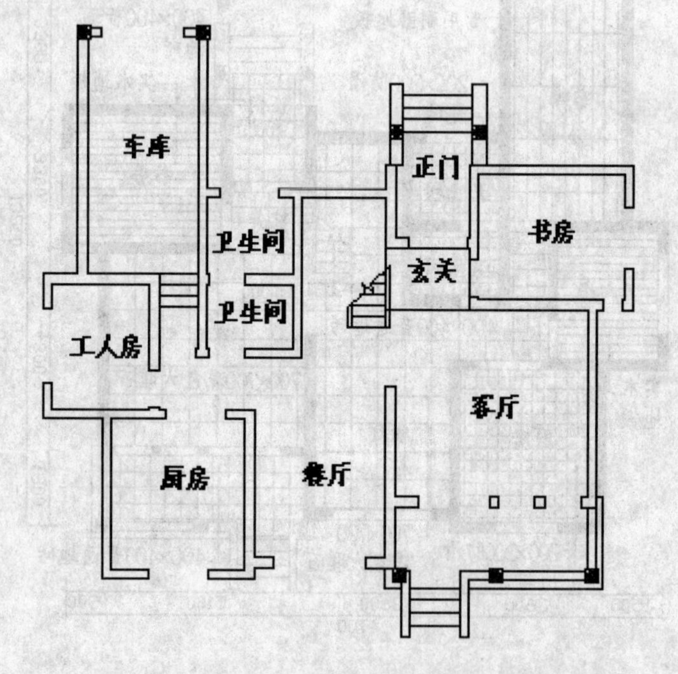

图 10-34 清理后的平面图

10.4.2　补充平面元素

1. 填充平面墙体

（1）在“图层”下拉列表中选择“墙体”图层，将其设置为当前图层。

（2）利用“图案填充”命令，弹出“图案填充和渐变色”对话框，在对话框中选择填充图案为“SOLID”，在绘图区域中拾取墙体内部点，选择墙体作为填充对象进行填充。

2. 绘制门窗投影线

（1）在“图层”下拉列表中选择“门窗”图层，将其设置为当前图层。

（2）利用“直线”命令，在门窗洞口处，绘制洞口平面投影线，如图 10-35 所示。

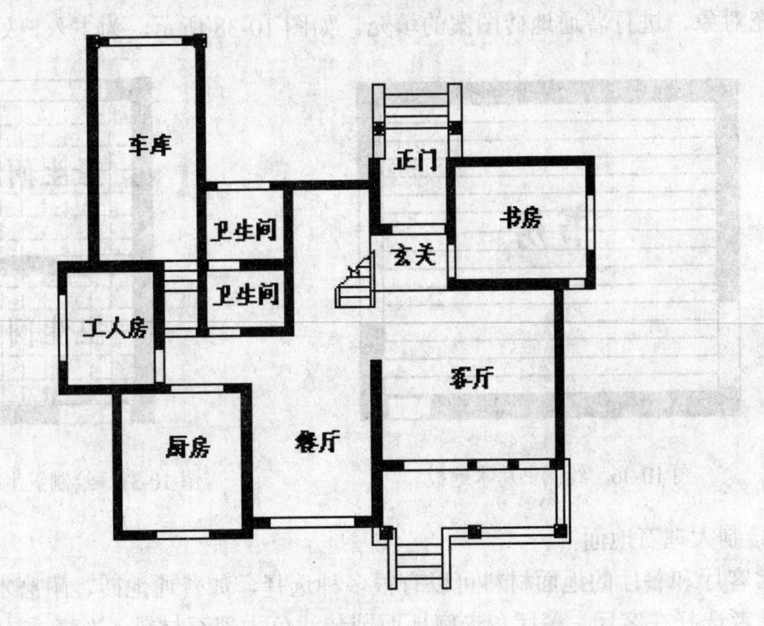

图 10-35　补充平面元素

10.4.3　绘制地板

1. 绘制木地板

在首层平面中，铺装木地板的房间包括工人房和书房。

（1）单击工具栏中的“图层特性管理器”按钮，打开“图层特性管理器”对话框，创建新图层，将新图层命名为“地坪”，并将其设置为当前图层。

（2）利用“图案填充”命令，弹出“图案填充和渐变色”对话框，在对话框中选择填充图案为“LINE”并设置图案填充比例为“60”；在绘图区域中依次选择工人房和书房平面作为填充对象，进行地板图案填充。如图 10-36 所示，为书房地板绘制效果。

2. 绘制地砖

在本例中，使用的地砖种类主要有两种，即卫生间、厨房使用的防滑地砖和入口、阳台等处地面使用普通地砖。

（1）绘制防滑地砖：在卫生间和和厨房里，地面的铺装材料为 200mm×200mm 防滑地砖。

利用“图案填充”命令，弹出“图案填充和渐变色”对话框，在对话框中选择填充图案为“ANGEL”，并设置图案填充比例为“30”。

在绘图区域中依次选择卫生间和厨房平面作为填充对象，进行防滑地砖图案的填充。如图 10-37 所示，为卫生间地板绘制效果。

（2）绘制普通地砖：在别墅的入口和外廊处，地面铺装材料为 400mm×400mm 普通地砖。

利用“图案填充”命令，弹出“图案填充和渐变色”对话框，在对话框中选择填充图案为“NET”， 并设置图案填充比例为“120”；在绘图区域中依次选择入口和外廊平面作为填充对象，进行普通地砖图案的填充。如图 10-38 所示，为主入口处地板绘制效果。

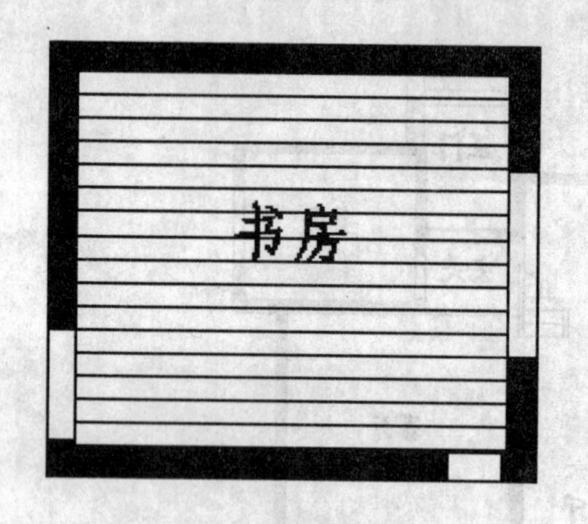

图 10-36 绘制书房木地板

图 10-37 绘制卫生间防滑地砖

3. 绘制大理石地面

通常客厅和餐厅的地面材料可以有很多种选择，如普通地砖、耐磨木地板等。在本例中，设计者选择在客厅、餐厅和走廊地面铺装浅色大理石材料，光亮、易清洁而且耐磨损。

利用“图案填充”命令，弹出“图案填充和渐变色”对话框，在对话框中选择填充图案为“NET”，并设置图案填充比例为“210”。

在绘图区域中依次选择客厅、餐厅和走廊平面作为填充对象，进行大理石地面图案的填充。如图 10-39 所示，为客厅地板绘制效果。

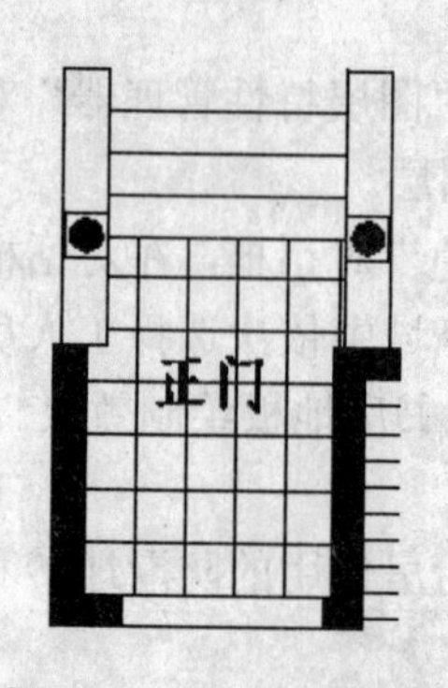

图 10-38 绘制入口地砖

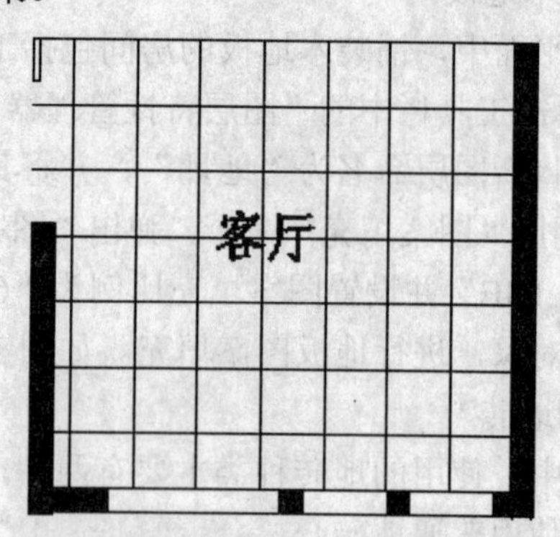

图 10-39 绘制客厅大理石地板

4. 绘制车库地板

本例中车库地板材料采用的是车库专用耐磨地板。

利用“图案填充”命令，弹出“图案填充和渐变色”对话框，在对话框中选择填充图案为“GRATE”、 并设置图案填充角度为90º、比例为“400”.

在绘图区域中选择车库平面作为填充对象，进行车库地面图案的填充，如图 10-40 所示。

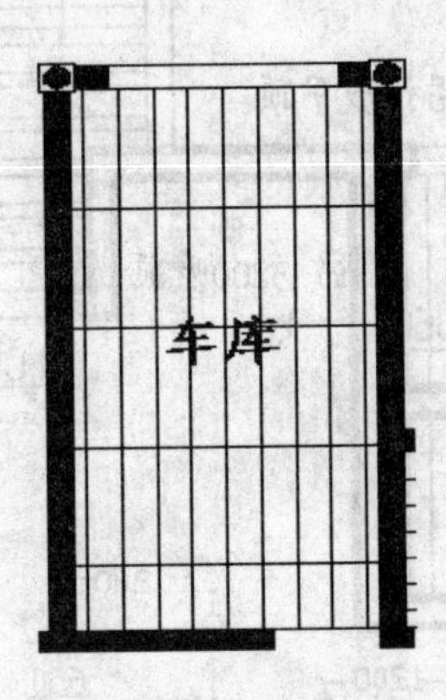

图 10-40 绘制车库地板

10.4.4 尺寸标注与文字说明

1. 尺寸标注与标高

图中尺寸标注和平面标高的内容及要求与平面图基本相同。由于本图是基于已有首层平面图基础上绘制生成的，因此，本图中的尺寸标注可以直接沿用首层平面图的标注结果。

2. 文字说明

（1）在“图层”下拉列表中选择“文字”图层，将其设置为当前图层.

（2）在“标注”下拉工具菜单中选择“引线”命令，并设置引线的箭头形式为“点”，箭头大小为60;

（3）利用“多行文字”命令，设置字体为“仿宋 GB2312”， 文字高度为 300，在引线一端添加文字说明，标明该房间地面的铺装材料和做法。

10.5 别墅首层顶棚平面图的绘制

实讲实训

多媒体演示

多媒体演示参见配套光盘中的\\动画演示\第 10 章\别墅首层顶棚平面图的绘制.avi。

绘制思路

别墅首层顶棚图的主要绘制思路为：首先，清理首层平面图，留下墙体轮廓，并在各门窗洞口位置绘制投影线；然后绘制吊顶并根据各房间选用的照明方式绘制灯具；最后进行文字说明和尺寸标注。下面按照这个思路绘制别墅首层顶棚平面图(如图 10-41 所示)。

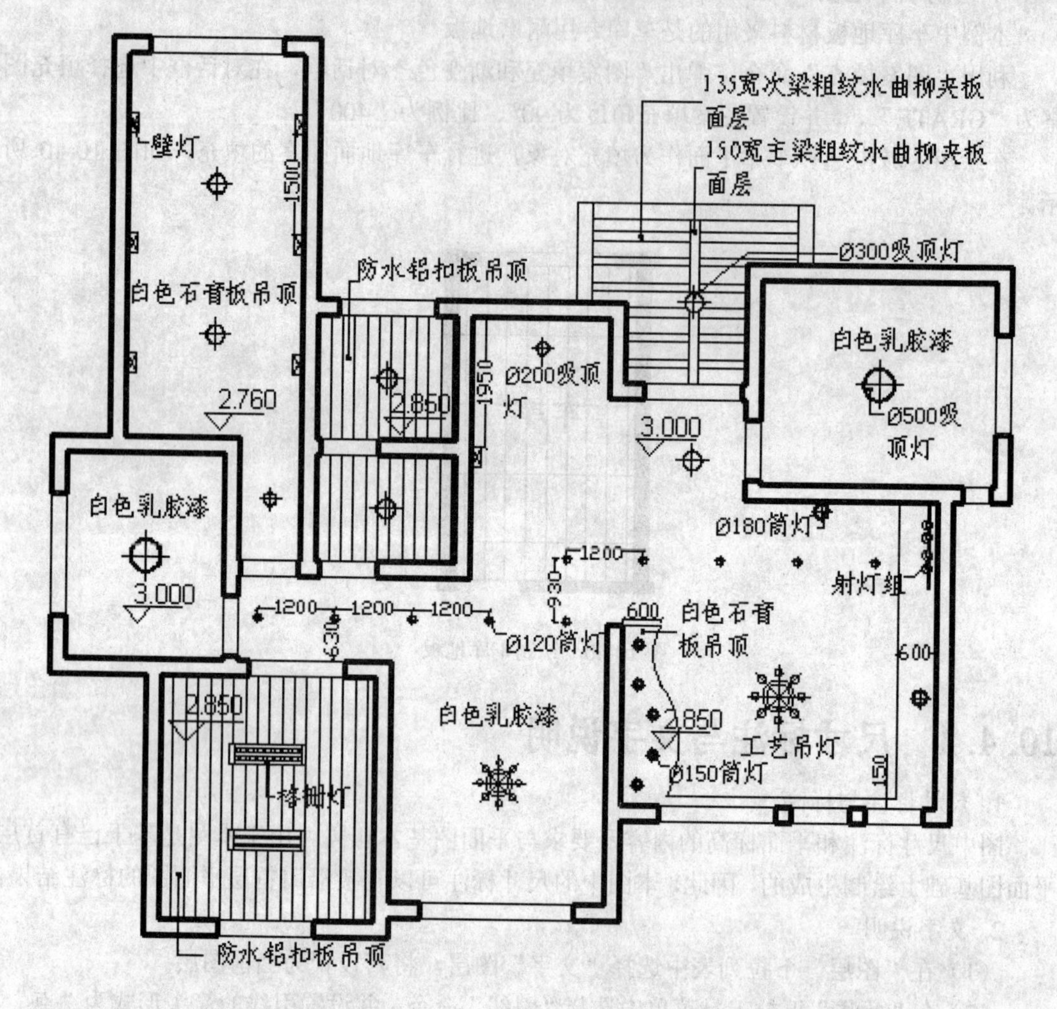

图 10-41　别墅首层顶棚平面图

10.5.1　设置绘图环境

1．创建图形文件

打开已绘制的“别墅首层平面图.dwg”文件，在“文件”菜单中选择“另存为”命令，打开“图形另存为”对话框。在“文件名”下拉列表框中输入新的图形文件名称为“别墅首层顶棚平面图.dwg”，如图 10-42 所示。单击“保存”按钮，建立图形文件。

2．清理图形元素

（1）单击工具栏中的“图层特性管理器”按钮，打开“图层管理器”对话框，关闭“轴线”、“轴线编号”和“标注”图层；

（2）利用“删除”命令，删除首层平面图中的家具、门窗图形以及所有文字；

（3）选择“文件”→“绘图实用程序”→“清理”命令，清理无用的图层和其他图形元素。清理后，所得平面图形如图 10-43 所示。

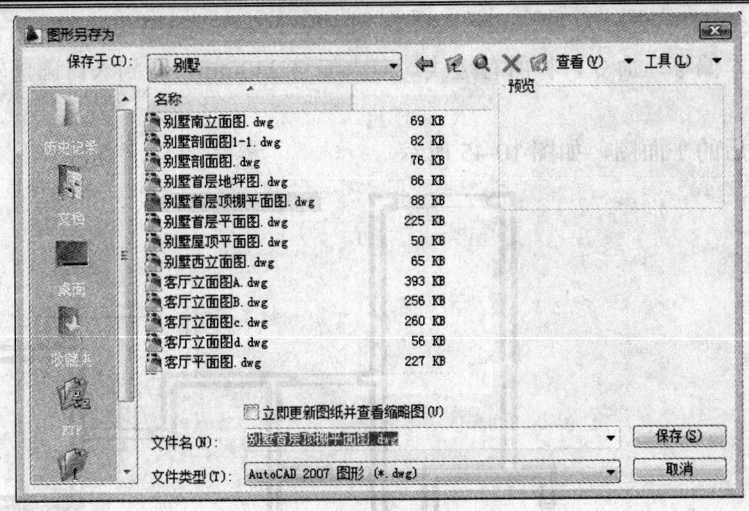

图 10-42　“图形另存为”对话框

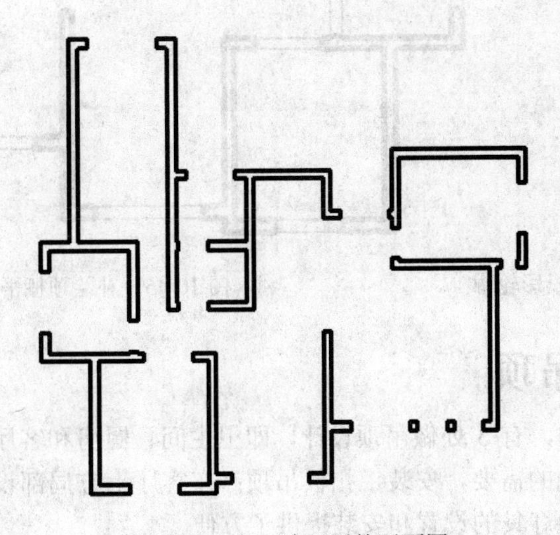

图 10-43　清理后的平面图

10.5.2　补绘平面轮廓

1. 绘制门窗投影线

（1）在“图层”下拉列表中选择“门窗”图层，将其设置为当前图层.

（2）利用“直线”命令，在门窗洞口处，绘制洞口投影线。

2. 绘制入口雨篷轮廓

（1）单击工具栏中的“图层特性管理器”按钮，打开“图层管理器”对话框，创建新图层，将新图层命名为“雨篷”，并将其设置为当前图层.

（2）利用“直线”命令，以正门外侧投影线中点为起点向上绘制长度为 2700mm 的雨篷中心线；然后，以中心线的上侧端点为中点，绘制长度为 3660mm 的水平边线.

（3）利用“偏移”命令，将屋顶中心线分别向两侧偏移，偏移量均为 1830mm，得到屋顶两侧边线.

再次利用"偏移"命令，将所有边线均向内偏移240mm，得到入口雨篷轮廓线，如图10-44所示。

经过补绘后的平面图，如图10-45所示。

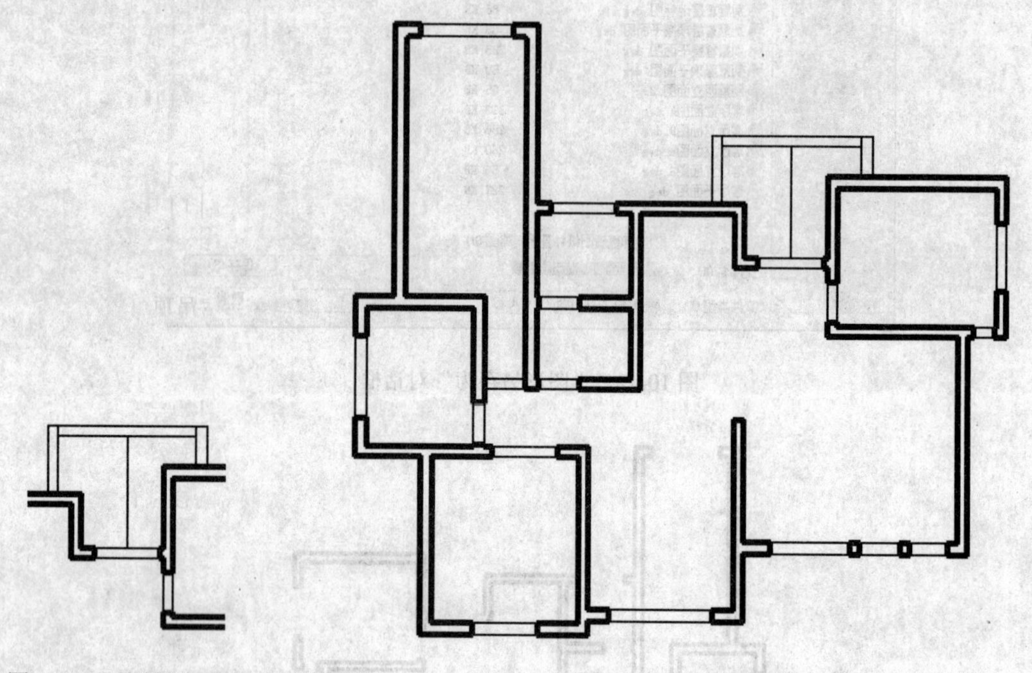

图10-44　绘制入口雨篷投影轮廓　　图10-45　补绘顶棚平面轮廓

10.5.3　绘制吊顶

在别墅首层平面中，有3处做吊顶设计，即卫生间、厨房和客厅。其中，卫生间和厨房是出于防水或防油烟的需要，安装铝扣板吊顶；在客厅上方局部设计石膏板吊顶，既美观大方又为各种装饰性灯具的设置和安装提供了方便。

1. 绘制卫生间吊顶

基于卫生间使用过程中的防水要求，在卫生间顶部安装铝扣板吊顶。

（1）单击工具栏中的"图层特性管理器"按钮，打开"图层管理器"对话框，创建新图层，将新图层命名为"吊顶"，并将其设置为当前图层.

（2）利用"图案填充"命令，弹出"图案填充和渐变色"对话框，在对话框中选择填充图案为"LINE"；并设置图案填充角度为"90"、比例为"60".

在绘图区域中选择卫生间顶棚平面作为填充对象，进行图案填充，如图10-46所示。

2. 绘制厨房吊顶

基于厨房使用过程中的防水和防油的要求，在厨房顶部安装铝扣板吊顶。

（1）在"图层"下拉列表中选择"吊顶"图层，将其设置为当前图层.

（2）利用"图案填充"命令，弹出"图案填充和渐变色"对话框，在对话框中选择填充图案为"LINE"； 并设置图案填充角度为"90"、比例为"60".

在绘图区域中选择厨房顶棚平面作为填充对象，进行图案填充，如图 10-47 所示。

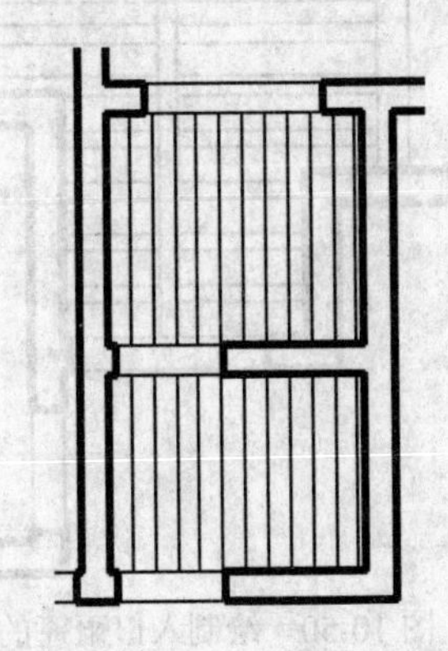

图 10-46　绘制卫生间吊顶

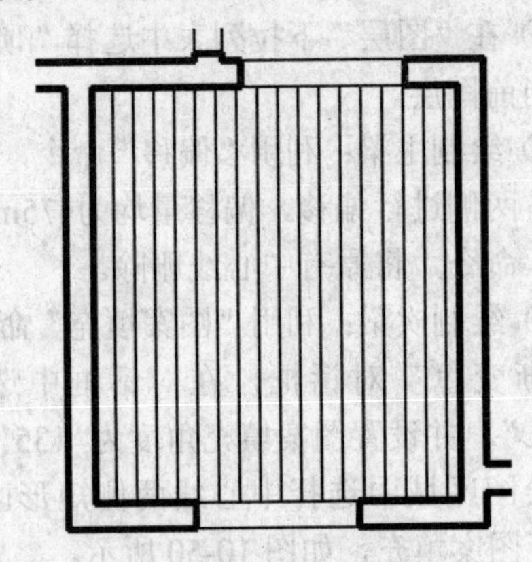

图 10-47　绘制厨房吊顶

3. 绘制客厅吊顶

客厅吊顶的方式为周边式，不同于前面介绍的卫生间和厨房所采用的完全式吊顶。客厅吊顶的重点部位在西面电视墙的上方。

（1）利用“偏移”命令，将客厅顶棚东、南两个方向轮廓线向内偏移，偏移量分别为 600mm 和 100mm，得到“轮廓线 1”和“轮廓线 2”。

（2）利用“样条曲线”命令，以客厅西侧墙线为基准线，绘制样条曲线，如图 10-48 所示。

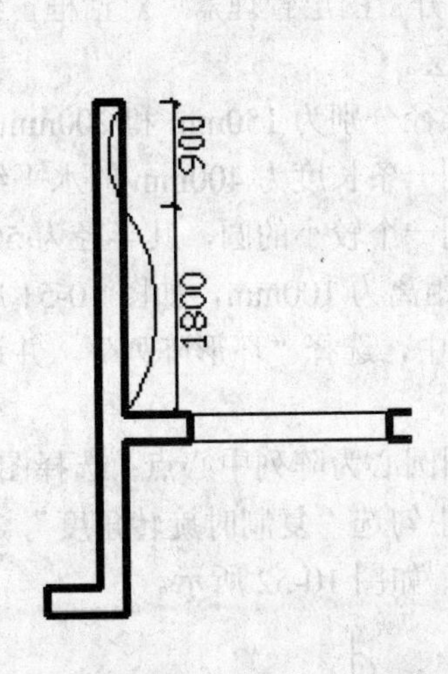

图 10-48　绘制样条曲线

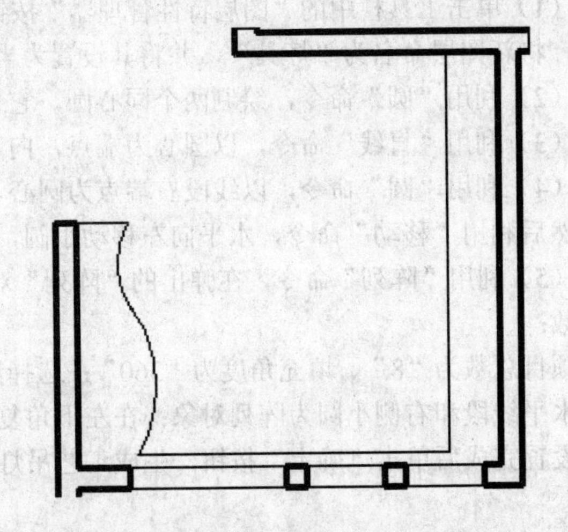

图 10-49　客厅吊顶轮廓

（3）利用“移动”命令，将样条曲线水平向右移动，移动距离为 600mm。

（4）利用“直线”命令，连结样条曲线与墙线的端点。

（5）利用“修剪”命令，修剪吊顶轮廓线条，完成客厅吊顶的绘制，如图 10-49 所示。

10.5.4　绘制入口雨篷顶棚

别墅正门入口雨篷的顶棚由一条水平的主梁和两侧数条对称布置的次梁组成。

具体绘制方法为：

（1）在“图层”下拉列表中选择“顶棚”图层，将其设置为当前图层。

（2）绘制主梁：利用“偏移”命令，将雨篷中心线依次向左右两侧进行偏移，偏移量均为75mm；然后，利用“删除”命令，将原有中心线删除。

（3）绘制次梁：利用“图案填充”命令，弹出“图案填充和渐变色”对话框，在对话框中选择填充图案为“STEEL”、并设置图案填充角度为“135”、比例为“135”。

在绘图区域中选择中心线两侧矩形区域作为填充对象，进行图案填充，如图10-50所示。

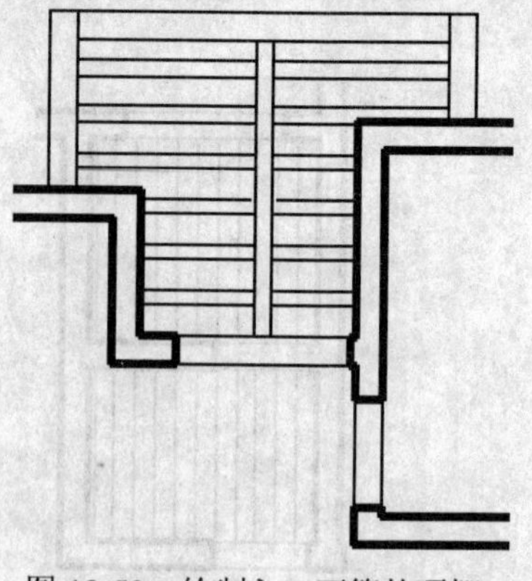

图10-50　绘制入口雨篷的顶棚

10.5.5　绘制灯具

不同种类的灯具由于材料和形状的差异，其平面图形也大有不同。在本别墅实例中，灯具种类主要包括：工艺吊灯、吸顶灯、筒灯、射灯和壁灯等。在AutoCAD图纸中，并不需要详细描绘出各种灯具的具体式样，一般情况下，每种灯具都是用灯具图例来表示的。下面分别介绍几种灯具图例的绘制方法。

1. 绘制工艺吊灯

工艺吊灯仅在客厅和餐厅使用，与其他灯具相比，形状比较复杂。

（1）单击工具栏中的“图层特性管理器”按钮，打开“图层管理器”对话框，创建新图层，将新图层命名为“灯具”，并将其设置为当前图层。

（2）利用“圆”命令，绘制两个同心圆，它们的半径分别为150mm和200mm。

（3）利用“直线”命令，以圆心为端点，向右绘制一条长度为400mm的水平线段。

（4）利用“圆”命令，以线段右端点为圆心，绘制一个较小的圆，其半径为50mm；然后利用“移动”命令，水平向左移动小圆，移动距离为100mm，如图10-51所示。

（5）利用“阵列”命令，在弹出的“阵列”对话框中，选择“环形阵列”，并设置如下参数：

项目总数为“8”、填充角度为“360”；选择同心圆圆心为阵列中心点；选择图10-51中的水平线段和右侧小圆为阵列对象；在左下角复选框中勾选“复制时旋转角度”。

设置完成后单击“确定”按钮，生成工艺吊灯图例，如图10-52所示。

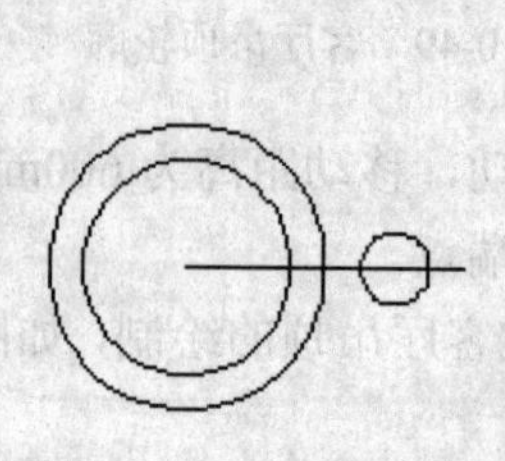

图10-51　绘制第一个吊灯单元

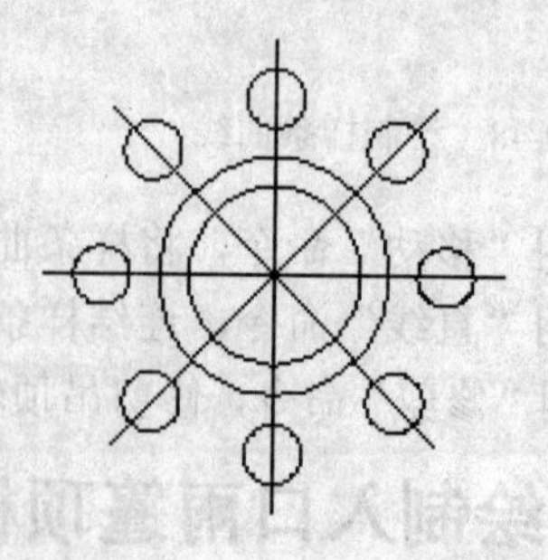

图10-52　工艺吊灯图例

2. 绘制吸顶灯

在别墅首层平面中，使用最广泛的灯具要算吸顶灯了。别墅入口、卫生间和卧室的房间都使用吸顶灯来进行照明。

常用的吸顶灯图例有圆形和矩形两种。在这里，主要介绍圆形吸顶灯图例。

（1）利用“圆”命令，绘制两个同心圆，它们的半径分别为 90mm 和 120mm；

（2）利用“直线”命令，绘制两条互相垂直的直径；激活已绘直径的两端点，将直径向两侧分别拉伸，每个端点处拉伸量均为 40mm，得到一个正交十字；

（3）利用“图案填充”命令，在弹出的“图案填充和渐变色”对话框中，选择填充图案为“SOLID”，对同心圆中的圆环部分进行填充。

如图 10-53 所示为绘制完成的吸顶灯图例。

3. 绘制格栅灯

在别墅中，格栅灯是专用于厨房的照明灯具。

（1）利用“矩形”命令，绘制尺寸为 1200mm×300 mm 的矩形格栅灯轮廓。

（2）利用“分解”命令，将矩形分解；然后，选择“偏移”命令，将矩形两条短边分别向内偏移，偏移量均为 80mm。

（3）利用“矩形”命令，绘制两个尺寸为 1040 mm×45mm 的矩形灯管，两个灯管平行间距为 70mm。

（4）利用“图案填充”命令，弹出“图案填充和渐变色”对话框，在对话框中选择填充图案为“ANSI32”、并设置填充比例为“10”，对两矩形灯管区域进行填充。

如图 10-54 所示为绘制完成的格栅灯图例。

图 10-53　吸顶灯图例

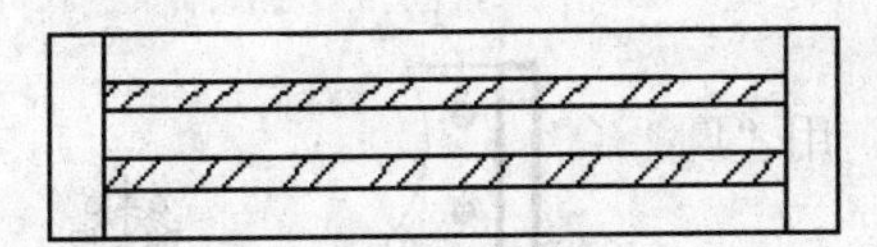

图 10-54　格栅灯图例

4. 绘制筒灯

筒灯体积较小，主要应用于室内装饰照明和走廊照明。

常见筒灯图例由两个同心圆和一个十字组成。

（1）利用“圆”命令，绘制两个同心圆，它们的半径分别为 45mm 和 60mm。

（2）利用“直线”命令，绘制两条互相垂直的直径。

（3）激活已绘两条直径的所有端点，将两条直径分别向其两端方向拉伸，每个方向拉伸量均为 20mm，得到正交的十字。

如图 10-55 所示为绘制完成的筒灯图例。

5. 绘制壁灯

在别墅中，车库和楼梯侧墙面都通过设置壁灯来辅助照明。本图中使用的壁灯图例由矩形及其两条对角线组成。

（1）利用“矩形”命令，绘制尺寸为300mm×150mm的矩形。

（2）利用“直线”命令，绘制矩形的两条对角线。

如图10-56所示为绘制完成的壁灯图例。

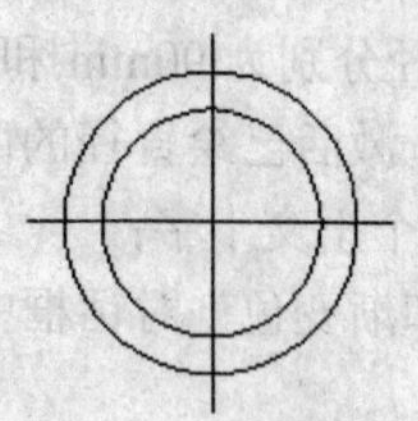

图10-55　筒灯图例

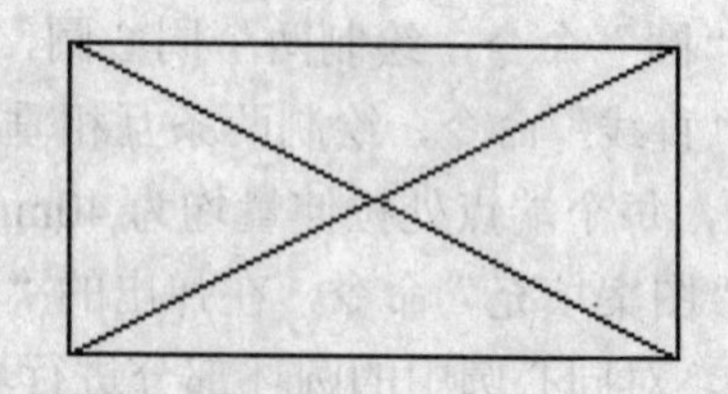

图10-56　壁灯图例

6. 绘制射灯组

射灯组的平面图例在绘制客厅平面图时已有介绍，具体绘制方法可参看前面章节内容。

7. 在顶棚图中插入灯具图例

（1）利用“创建块”命令，将所绘制的各种灯具图例分别定义为图块；

（2）利用“插入块”命令，根据各房间或空间的功能，选择适合的灯具图例并根据需要设置图块比例，然后将其插入顶棚中相应位置。

如图10-57所示为客厅顶棚灯具布置效果。

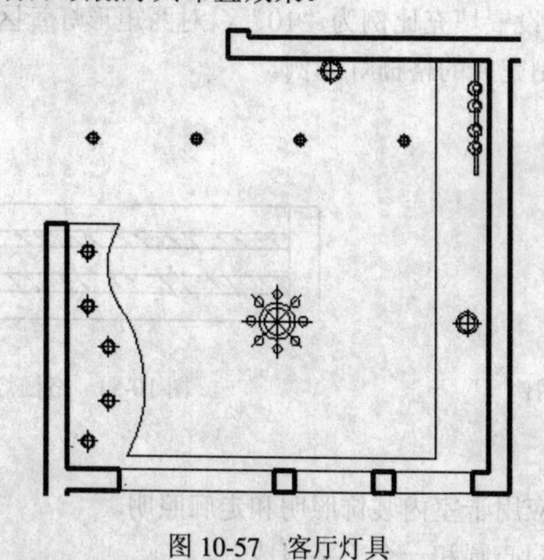

图10-57　客厅灯具

10.5.6　尺寸标注与文字说明

1. 尺寸标注

在顶棚图中，尺寸标注的内容主要包括灯具和吊顶的尺寸以及它们的水平位置。这里的尺寸标注依然同前面一样，是通过“线性标注”命令来完成的。

（1）在“图层”下拉菜单中选择“标注”图层，将其设置为当前图层。

（2）在“标注”下拉菜单中选择“标注样式”命令，将“室内标注”设置为当前标注样式。

（3）在“标注”下拉菜单中选择“线性标注”命令，对顶棚图进行尺寸标注。

2. 标高标注

在顶棚图中，各房间顶棚的高度需要通过标高来表示。

（1）利用“插入块”命令，将标高符号插入到各房间顶棚位置。

（2）利用“多行文字”命令，在标高符号的长直线上方添加相应的标高数值。

标注结果如图 10-58 所示。

3. 文字说明

在顶棚图中，各房间的顶棚材料做法和灯具的类型都要通过文字说明来表达。

（1）在“图层”下拉列表中选择“文字”图层，将其设置为当前图层。

（2）在“标注”下拉菜单中选择“引线”命令，并设置引线箭头大小为 60。

（3）选择“多行文字”命令，设置字体为“仿宋 GB2312”，文字高度为 300，在引线的一端添加文字说明。

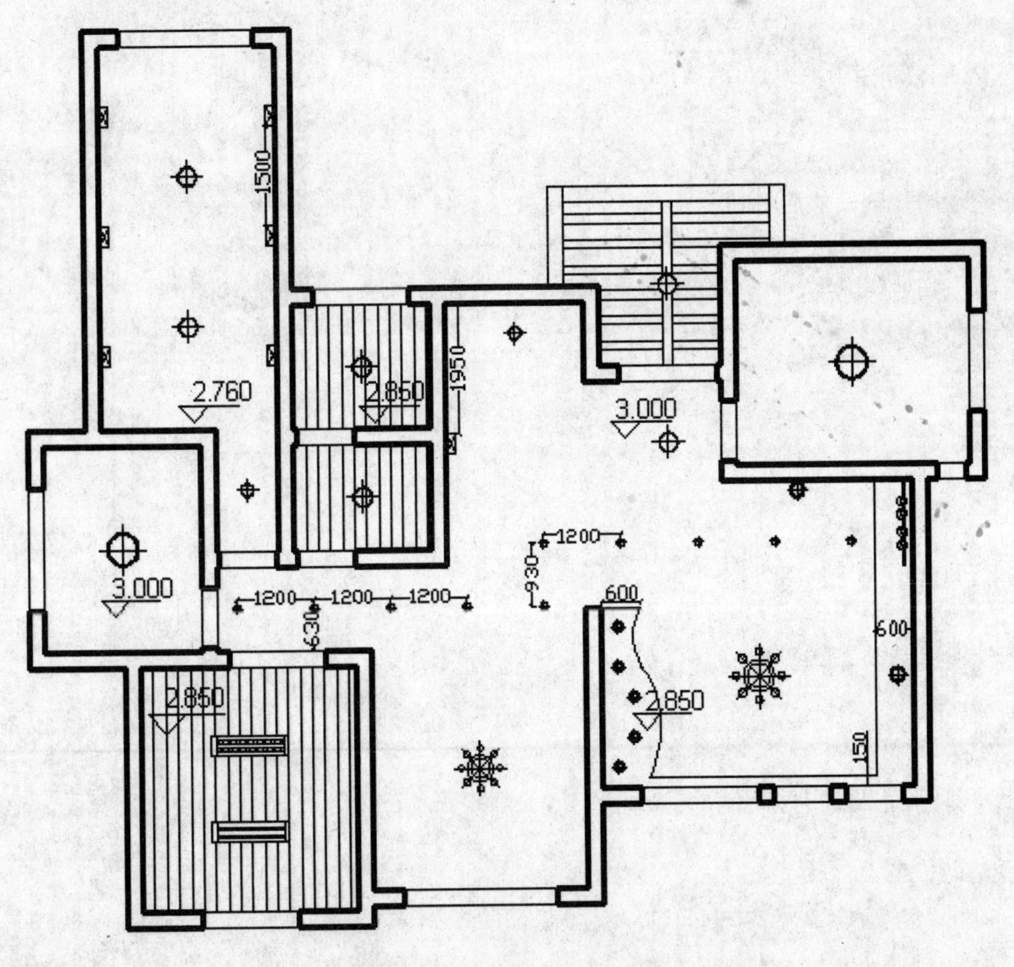

图 10-58 添加尺寸标注与标高

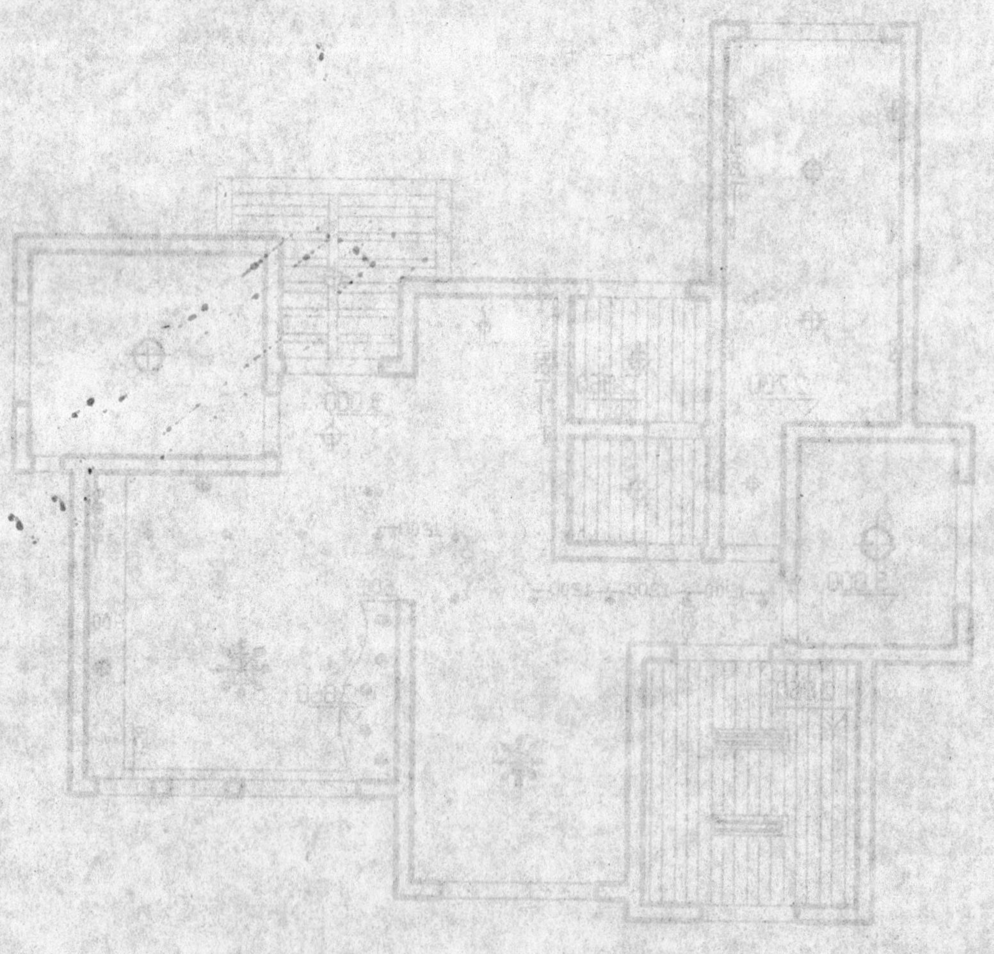